Jetzt helfe ich mir selbst

Motor
buch
Verlag

Einbandgestaltung: Louis Dos Santos

Abbildungen: Volkswagen AG; Althaus-Fichtmüller; ATH-Heinl GmbH, Celestron, Dunlop, Finkbeiner (finkbeiner-lifts), Hella, Kreishandwerkerschaft Fulda, Michelin, Dr. Wack; Motor-Presse Stuttgart.

Text und redaktionelle Bearbeitung:
Rainer Althaus-Fichtmüller

Vielen Dank für tatkräftige Unterstützung an:
Zemke Autohaus Bernau GmbH: Hr. George,
Stefan Koepnick, Kevin Schönebeck.

ISBN 978-3-613-03135-7

1. Auflage 2010

Lizenznehmer des Motorbuch Verlags, Postfach 10 37 43, 70032 Stuttgart
Ein Unternehmen der Paul Pietsch Verlage GmbH & Co.

Sie finden uns im Internet unter:
www.motorbuch-verlag.de

Herstellung: Althaus-Fichtmüller&Partner
16321 Bernau b. Berlin
Druck und Bindung: Druck + Verlag Südwest,
76131 Karlsruhe
Printed in Germany

VW Golf VI Diesel

ab Modelljahr 2009/2010

Vierzylinder-Motoren TDI CR mit Partikelfilter	
1,6 Liter (auch für BlueMotion)	77 kW/105 PS
2,0 Liter	103 kW/140 PS
2,0 Liter im Golf GTD	125 kW/170 PS
In der Anfangsphase auch:	
1,9 Liter	77 kW/105 PS
2,0 Liter	81 kW/110 PS

Inhalt

Einleitung

Das Modell

Reparatur, Wartung, Pflege

Fit durch den Winter

Große Fahrt und kleine Pannen

Kleine Schäden und Pannen

Achsen, Servolenkung, Räder

Wissenswertes

Prüfungen und Reparaturen

Die Bremsanlage

Wissenswertes

Prüfungen und Reparaturen:

Fahrzeugaufbau

Fahrzeugelektrik

Der Antrieb

Technische Daten

Wartungsplan

Techniklexikon

Ein Ratgeber stellt sich vor

»An den neuen Autos kann ich ja doch nichts mehr selber machen.« Diesen Satz hören wir häufig, aber wir stimmen ihm ebenso wenig zu wie Sie. Wir denken, dass trotz allem Fortschritt immer noch genügend Spielraum für richtig angepackte Selbsthilfe bleibt. Natürlich ist durch den wachsenden Anteil von Elektronik und durch die Vernetzung der Systeme im Fahrzeug mancher Fehler nicht mehr so leicht zu orten wie früher. Gerade durch die Elektronik sind moderne Autos aber wesentlich zuverlässiger, sicherer und umweltfreundlicher als die einfacher aufgebauten, doch wartungsintensiven Fahrzeuge früherer Tage.

Hilfe zur Selbsthilfe

Was Sie tun können, wenn das Auto den Dienst verweigert, oder besser noch: was Sie tun sollten, damit es gar nicht erst soweit kommt, ist Gegenstand dieses Ratgebers. Selbst wenn Sie den Fehler vielleicht nicht selbst beheben können, ist es doch viel Wert, die Ursache präzise einzukreisen. So können Sie der Werkstatt wesentliche Informationen liefern und kostbare Arbeitszeit für die Fehlersuche einsparen.

Tipps und Wissenswertes

Wir wollen Einblicke in die Autotechnik geben, Fachbegriffe im umfangreichen Techniklexikon erläutern und Sie über Wissenswertes aus der Welt der Technik informieren. Wir geben Tipps, die zum Teil bares Geld wert sind.
Ein ganzes Kapitel widmen wir dem Thema Winter, weil in der dunklen Jahreszeit besonders viel zu beachten ist. Das fängt bei der Wahl der richtigen Bereifung an und reicht bis zu den robusten Schuhen im Kofferraum.
Denn immer noch wagen sich zum Beispiel zu viele Autofahrer in dem festen Glauben, es werde schon gut gehen, mit Sommerreifen auf die Piste. Damit jedoch wirklich alles gut geht, präsentieren wir in diesem Buch viele nützliche Hinweise und Tipps, die für den Urlaub so gut sind wie für jede tägliche Fahrt.

Sicherheit hat Vorrang

Natürlich wollen wir Sie mit diesem Ratgeber auch durch die übrigen Jahreszeiten begleiten. Sicherheit und Zufriedenheit stehen dabei an erster Stelle.
Wichtiger als das Reparieren von sicherheitsrelevanten Baugruppen ist das frühzeitige Erkennen eines Schadens. Dabei wollen wir Sie unterstützen. Ein »Störungsbeistand« ist fester Bestandteil der meisten Kapitel. Ein Diagnose-Schema soll ganz allgemein eventuelle Unzulänglichkeiten am Auto offenlegen, bevor etwas schief läuft, und auch helfen, bei einer Hauptuntersuchung jede Menge Ärger und Geld zu sparen. Regelmäßig wiederkehrende Überprüfungsarbeiten haben wir in einer Übersicht zusammengefasst, zum kopieren und abheften.

Reparaturen in der Garage daheim

Sollten Sie bereits im Umgang mit Werkzeug geübt sein, werden wir Sie Schritt für Schritt durch die einzelnen Arbeitsgänge führen. Dabei beschränken wir uns in der Reihe »Jetzt helfe ich mir selbst« auf leichte Wartungs-, Pflege- und Reparaturmaßnahmen, die Sie ohne Weiteres in der heimischen Garage durchführen können. Welche Grundausstattung Sie dafür benötigen und wie das Ganze ideal in Ihre Garage passt, haben wir hier zusammengefasst. Für alle weiter führenden Arbeiten möchten wir auf den entsprechenden Band »Reparaturanleitung« des Bucheli-Verlages hinweisen. Dort wird mit bewährter Präzision das Zerlegen komplizierter Baugruppen beschrieben.

Für mehr Spaß am Auto

In manchem Kapitel bieten wir einen Überblick zum Thema »besser machen«. In diesem Abschnitt stellen wir eine Auswahl von empfehlenswerten Zubehör- und Anbauteilen vor, die Sie in Eigenregie montieren können. Dadurch sollen Sie in Zukunft noch mehr Freude an Ihrem Auto haben.

Damit Sie sich gut zurechtfinden

Wenn Sie etwas Bestimmtes in diesem Buch suchen, haben Sie verschiedene Möglichkeiten. Natürlich können Sie auf das vertraute Inhaltsverzeichnis zurückgreifen. Aber auch beim schnellen Durchblättern werden Sie sich leicht zurechtfinden. Den Hinweis, in welchem Kapitel Sie sich bewegen, finden Sie oben links. Dazu die Information, ob es sich in diesem Abschnitt um theoretisches Wissen, konkrete Arbeitsanleitungen oder Vorschläge zur Optimierung handelt. Rechts oben auf jeder Seite haben wir den Bereich dargestellt, der im jeweiligen Abschnitt behandelt wird. Damit können Sie auf der Suche nach bestimmten Inhalten auch durchaus einmal ohne Inhaltsverzeichnis auskommen.

INFORMATION

Bevor man Teile ausbaut oder etwas auseinander nimmt, ist es immer besser, die technischen Zusammenhänge zu kennen. Wenn Sie dieses Zeichen sehen, erklären wir die Funktion der Technik, deren Bedeutung für das gesamte Auto und den richtigen Umgang damit. Oder wir informieren ganz einfach über den historischen Hintergrund der Entwicklung. Dieser Abschnitt soll Sie mit Baugruppen wie z. B. dem Luftfilter im Bild vertraut machen. Denn mit dem nötigen Wissen im Hinterkopf schraubt es sich oft leichter.

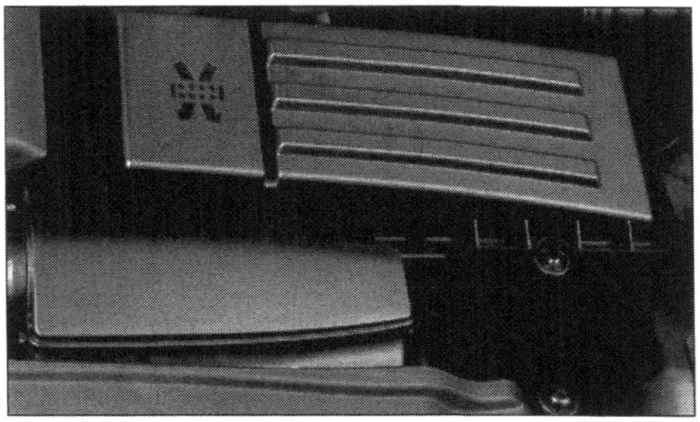

ARBEITSSCHRITTE

Sobald am Auto gearbeitet wird, werden Sie dieses Symbol sehen. Dann erhalten Sie Schritt für Schritt Anleitungen zum Aus- und Einbau von Teilen. Wir haben uns daran gehalten, was in der heimischen Garage noch machbar ist und was nicht. Bei unserer Arbeit haben wir gebrauchtes Werkzeug benutzt, uns nicht ständig die Hände gewaschen und nicht immerfort Staub gewischt. Vielleicht machen die Fotos gerade deshalb Appetit aufs Schrauben.

BESSER MACHEN

Nicht alles muss serienmäßig bleiben. In der Praxis wird tiefer gelegt, werden neue Felgen mit anderen Reifen eingebaut, verändert man Karosserieteile oder individualisiert die Innenausstattung. Verbessern Sie mit Hilfe dieses Buches also auch gezielt Ihr Auto.
Wir stellen Ihnen einige zusätzliche Teile vor und erläutern Ihnen, worauf Sie bei Zubehöreinkauf und »Tuning« achten sollten.

Rechte und Pflichten

Als Käufer eines gebrauchten oder neuen Kraftfahrzeugs müssen Sie Ihre Rechte und Pflichten kennen. Wir möchten Sie daher hier auch in gebotener Kürze darüber informieren, mit welchem Hintergrund Sie eine nötige Reklamation auf den Weg bringen können. Wenn Sie Fehler reklamieren wollen, müssen Sie sicherstellen, dass Sie wirklich keinem Irrtum unterliegen. Nach § 434 BGB ist eine Sache frei von Mängeln, wenn sie sich für die Verwendung eignet, für die sie gemäß Kaufvertrag gedacht war. Liegt nach dieser Definition tatsächlich ein Mangel vor, sollten Sie im Gespräch mit dem Kundendiensttechniker Ihr Recht auf der Basis der folgenden Kriterien einfordern.

Die Garantie

Garantie ist eine freiwillige zusätzliche Leistung des Herstellers oder Verkäufers. Sie kann nach Belieben ausgestaltet oder befristet sein und folgt aus einer eigenständigen Vereinbarung im Rahmen des Kaufvertrages oder in Verbindung mit ihm. Auf Verlangen müssen Ihnen die Garantiebestimmungen schriftlich ausgehändigt werden.
Verwirken Sie aber später nicht das Ihnen Zugestandene durch Falschverhalten! Die Garantie kann an bestimmte Voraussetzungen geknüpft sein, bestimmte Kosten ausschließen und auch die Leistungen einschränken. Sie ist oft nur gegeben, wenn Sie das Fahrzeug in der dem Händler angegliederten Werkstatt warten lassen, und gesteht Ihnen bei Schäden häufig nur Material-, aber keine Arbeitskosten zu.

Hinweis: Unsere Darlegungen zu den Rechten und Pflichten können nur als erste wesentliche Informationen verstanden werden. Sie erheben keinen Anspruch auf Vollständigkeit. Obwohl mit größtmöglicher Sorgfalt erstellt, kann eine Haftung für die inhaltliche Richtigkeit nicht übernommen werden.

Die Gewährleistung

Eine Gewährleistung folgt aus den gesetzlichen Regelungen zum gültigen Kaufvertrag. Diese »Sachmangelhaftung« kann im Rahmen eines Kaufvertrags zwischen einem Unternehmer (Kfz-Händler) als Verkäufer und einer Privatperson als Käufer nicht wirksam ausgeschlossen werden. Zwischen Privatpersonen hingegen ist das möglich, wenn es ausdrücklich und individuell im Kaufvertrag geregelt wird.
Seit 2007 beträgt die Gewährleistungsfrist bei neuen Sachen grundsätzlich zwei Jahre ab Datum der Übergabe. Bei gebrauchten Autos (älter als ein Jahr ab Erstzulassung) kann eine Frist von 1 Jahr vereinbart werden.
Innerhalb der ersten sechs Monate hat bei

1

Neues Ziel für Käufer: Das größte VW-Autohaus Deutschlands wurde im Herbst 2009 in Berlin eröffnet.

2

NABU traut dem Golf: Der Naturschutzbund Deutschland ist seit fünf Jahren als Kunde mit VW verbunden.

einer Reklamation der Händler zu beweisen, dass die Sache zum Zeitpunkt der Übergabe dem Vertrag entsprach und keinen Mangel hatte. Nach sechs Monaten hat der Kunde die Beweispflicht.
Gerade beim Verkauf von Gebrauchtwagen wird oft genug versucht, Gewährleistungsansprüche auszuschließen. Ein Weg dazu ist es, das verkaufte Auto als Schrott- oder Bastlerfahrzeug zu deklarieren. Ratsam zur Vermeidung eventueller Gerichtsstreitigkeiten sind ein Musterkaufvertrag für Gebrauchtwagen und ein Zustandsprüfbericht.

Farbabweichung als Sachmangel

Farbabweichung kann ein Sachmangel sein. Nach einer Entscheidung des Oberlandesgerichts Köln gehört die Farbe eines Neufahrzeugs zu den Beschaffenheitsmerkmalen und stellt ein äußerliches Merkmal dar, das für den Käufer im Rahmen der Kaufentscheidung maßgeblich ist. Gibt es beim tatsächlich gelieferten Fahrzeug Abweichungen vom Farbton des bestellten, kann der Käufer grundsätzlich Gewährleistungsansprüche geltend machen.

Nachbesserung oder Nacherfüllung

Seit Anfang 2002 haben Käufer und Verkäufer einen Anspruch auf Beseitigung eines Mangels. Anstatt von Nachbesserung spricht das Gesetz jetzt von Nacherfüllung. Grundsätzlich hat der Händler das Recht, bis zu dreimal nachzuerfüllen. Er muss dann die erforderlichen Aufwendungen wie Transport-, Wege-, Arbeits- und Materialkosten tragen.
Der Verkäufer behält auch dann sein Recht, einen Mangel nachzubessern, wenn in einer fremden Werkstatt bereits erfolglos Reparaturen vorgenommen wurden. Er muss sich diese Nachbesserungsversuche nicht zurechnen lassen, sondern kann auf Nacherfüllung im eigenen Firmensitz bestehen.

Wandlung und Preisnachlass

Hat sich ein erheblicher Mangel nach drei Nacherfüllungsversuchen immer noch nicht beseitigen lassen oder fehlen zugesicherte Eigenschaften, haben Sie das Recht auf Wandlung oder Preisnachlass. Dies ist dann auch der Zeitpunkt, an dem sie einen Rechtsanwalt zu Rate ziehen sollten. Sie werden sich auf jeden Fall eine Nutzungspauschale anrechnen lassen müssen, die von der genutzten Laufleistung des Fahrzeugs abhängig ist. Eine Wandlung ist grundsätzlich nur dann möglich, wenn sich das Fahrzeug noch im Originalzustand befindet.

Der Kulanzantrag

Nach Ablauf der Gewährleistungsjahre und der Garantiezeit bleibt immer noch die Möglichkeit der Kulanzregelung beim Händler. Die Kulanz bezeichnet ein Entgegenkommen der Vertragspartner nach Vertragsabschluss. Sie regelt als Maßnahme zur Kundenbindung den Umfang freiwilliger Reparatur- und Serviceleistungen, wenn alle Fristen abgelaufen sind.

Golf gewonnen: Garantie und Kulanz selbst für den Siegespreis der Jubiläumskampagne »60 Jahre Wertigkeit«.

Spende für Klinik: Auch dieser Schulungs-Golf für behinderte Menschen unterliegt der Gewährleistung.

Lernen Sie Ihr Auto kennen

Erkunden Sie Ihr Fahrzeug gründlich in allen seinen Details. Das ist schon deshalb wichtig, weil Kennzeichnungen des jeweiligen Fahrzeugmodells beim Bestellen von Ersatzteilen oder Austauschteilen unbedingt anzugeben sind. Viele Teile eignen sich einfach nur speziell für den von Ihnen ausgewählten Typ, obwohl sie durchaus Ähnlichkeiten mit Teilen anderer Fahrzeuge haben können. Außer den am Fahrzeug zu findenden Daten ist Ihr Fahrzeugschein (Zulassungsbescheinigung Teil 1) dafür eine gute Quelle.

Die Fahrgestellnummer

Auf der Verlängerung des rechten Längsträgers (Bild 1) befindet sich beim Golf VI die Fahrzeug-Identifizierungsnummer (Fahrgestellnummer). Die ID (Pfeil) ist ins Blech eingeschlagen. Sie ist ferner links im Bereich der Scheibenwischeraufnahme von außen sichtbar in der Frontscheibe angebracht (Bild 2) und auch im Typschild enthalten. Die ID ist wie folgt aufgebaut:

- WVW = Weltcode des Herstellers
- ZZZ = Füllzeichen
- 1K = Typ (Beispiel: Golf VI)
- Z = Füllzeichen
- 9 = Modelljahr 2009
- W = Produktionsstätte (Wolfsburg)
- 902535 = Laufende Nummer (Bild 2)

Das Typschild

Das Typschild ist nach Öffnen der linken vorderen Tür bei 4-türigen Fahrzeugen im unteren Bereich der B-Säule und bei 2-türigen Fahrzeugen im Bereich des Türschlosses an der B-Säule zu sehen. Es enthält neben der Fahrgestellnummer (Fahrzeug-ID) variable Angaben wie Achslasten, zulässiges Gesamtgewicht und zulässiges Zuggewicht, die Typnummer und die Motorkennbuchstaben. Typnummer des Golf IV war 1J; Typnummer 1K bezeichnet Golf V und Golf VI. Das Modelljahr lässt sich am 10. Zeichen der ID ermitteln. Das Modelljahr beginnt im Mai und wird mit der Jahreszahl bezeichnet, in der es endet. Der im Oktober 2008 gestartete Golf VI zählt demnach zu Modelljahr 2009 (Ziffer 9; siehe ID-Beispiel im Bild 2).

Datenträger und Fahrzeugschein

Typ, Motorisierung, Identifikationsnummern und andere Daten, die das Fahrzeug eindeutig bestimmen, sind schließlich auf dem Fahrzeug-Datenträger zu finden. Er befindet sich im Service-Heft für den Kunden und als Aufkleber links auf dem Gepäckraumboden neben der Reserveradmulde (Bild 3). Dieser Datenträger, den wir in Abbildung 4 als Prinzipbild zeigen, enthält:

1

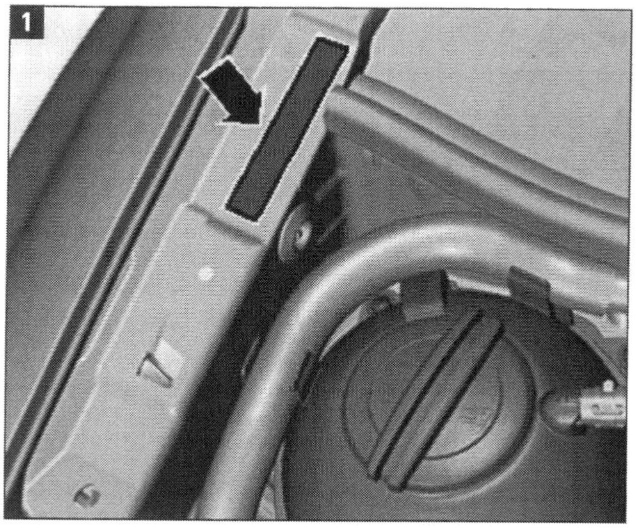

Fahrgestellnummer im Motorraum: Auf dem rechten Längsträger (Pfeil) eingeprägt.

2

Fahrgestellnummer an der Windschutzscheibe: In der linken unteren Ecke platziert.

(1) Fahrzeug-Identifizierungsnummer;
(2) Typ-Kennnummer, Motorleistung, Getriebe;
(3) Motor- und Getriebekennbuchstaben Lacknummer (-kennzeichnung) und Innen ausstattungs-Kennzeichen;
(4) Mehrausstattungs-Kennnummer und PR-Nummern.

Der Zeichenblock für Mehrausstattung / PR-Nummern enthält auch spezifische Angaben für die Bremsen. Das ist ganz wichtig beim Werkstattbesuch. Die bereits erwähnte Zulassungsbescheinigung Teil 1 (Fahrzeugschein) enthält neben Herstellercode, Fahrgestellnummer (Fahrzeug-ID), Typ- sowie Ausführungsbeschreibung und Datum der Erstzulassung viele Angaben von Motor und Abgasklasse bis zu den Reifengrößen.

Die Motornummer

Die Motorisierung wird durch eine Motornummer aus Kennbuchstaben und Zahlen genau ausgewiesen. In ähnlicher Weise sind die Getriebe mit Buchstaben und Zahlen codiert.
Die Kennbuchstaben für die in diesem Ratgeber behandelten Dieselmotoren sind für die

- 1,6-Liter-TDI / 77 kW CAYC

und für die

- 2,0-Liter-TDI / 81 kW CBDC,
- 2,0-Liter-TDI / 103 kW CBAB, CFFB und CFHC.
- 2,0-Liter-TDI / 125 kW CBBB, CFGB.

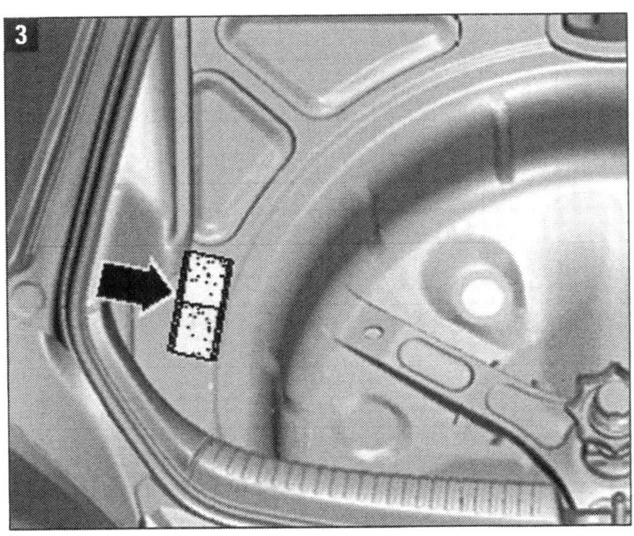

Der Fahrzeugdatenträger: Er ist in der Reserveradmulde hinten links aufgeklebt (Pfeil).

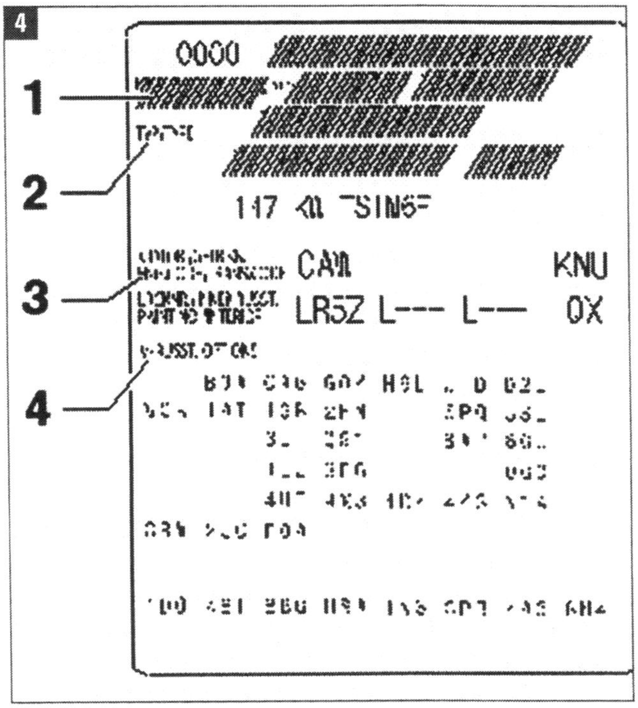

Fahrzeugdatenträger: Das VW-Prinzipbild lässt keine Angaben zu einem konkreten Motor erkennen. Es soll nur den Aufbau und die Code-Platzierung deutlich machen.

Die Kennbuchstaben für den Motor plus laufender Nummer sind auf dem Fahrzeugdatenträger (z. B. Aufkleber in der Reserveradmulde), auf dem Typschild und auf dem Antriebsaggregat (Bild 5) vermerkt. Vierstellig sind die VW-Motor-Buchstaben erst seit Ende 2008, vorher waren sie dreistellig.

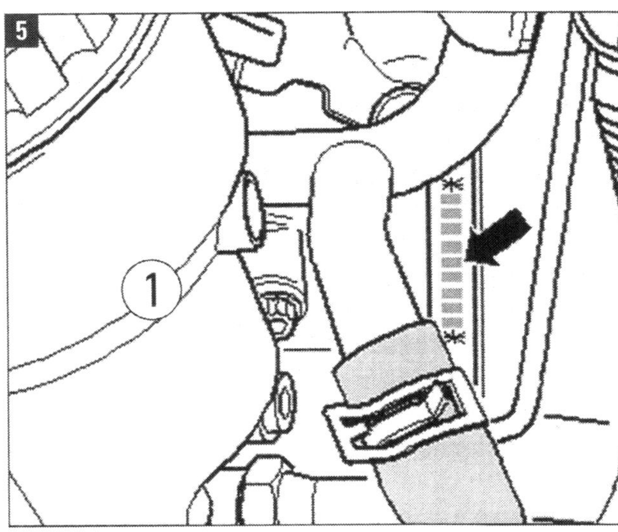

Platzierung der Motornummer: Unterhalb des Ölfilters (1) an der Trennfuge Motor/Getriebe (Pfeil).

Werkstatt und Schiedsstellen

Wenn Sie eine Werkstatt aufsuchen müssen, nehmen Sie alle Papiere wie Serviceheft, Radiocode, ABEs und Zubehörunterlagen mit. Gebraucht werden auch Adapter oder Schlüssel für Felgenschlösser und bei Arbeiten an Wegfahrsperre oder Schließsystemen alle Fahrzeugschlüssel. Räumen Sie Ihr Auto aus, entfernen Sie private Sachen und Musik-CDs.

Klare Auftragserteilung

Geben Sie der Werkstatt ein Kostenlimit vor und vereinbaren Sie Kontaktaufnahme, falls es zu unerwarteten Mehrarbeiten kommt. Arbeitsauftrag immer schriftlich abfassen, denn mündliche Absprachen sind schwer beweisbar. Die Kopie des schriftlichen Arbeitsauftrags in Ihrer Tasche gibt Ihnen Rechtssicherheit.
Per Computer ist schnell ein schriftlicher Kostenvoranschlag zu erhalten. Dieser ist ebenfalls verbindlich und in der Regel noch detaillierter als der Arbeitsauftrag. Der tatsächliche Rechnungsbetrag darf bis zu 10% über den geschätzten Kosten liegen, ohne dass es erneut Ihrer Zustimmung bedarf. Übrigens ist termingerechte Fertigstellung einer Standardreparatur heutzutage üblich.

Die Fehlerbeschreibung

Voraussetzung für gute Arbeit zu passablem Preis ist eine exakte Fehlerbeschreibung mit Angabe des Reparaturziels. Dann kann der Mechaniker die Störung schneller eingrenzen. Beantworten Sie am besten die »W-Fragen«, die mit leichten Abwandlungen auf nahezu alle Mängel anwendbar sind:

- **Wann** tritt das Problem immer auf und haben Sie es erstmals bemerkt?
- **Wie** gelingt es Ihnen, Einfluss auf die Störung zu nehmen?
- **Woher** kommt die Störung, z. B. ein Klapper-Geräusch?
- **Wer** hatte zuletzt am Wagen Hand angelegt?
- **Was** haben Sie eventuell schon gegen die Störung unternommen?

Im Falle von Differenzen

Gibt es Meinungsverschiedenheiten zum Ergebnis, sollten Sie das mit den Verantwortlichen sachlich durchgehen, auch unter Beteiligung des Mechanikers oder Meisters. Dieses Gespräch sollte in einem separaten Raum stattfinden und nicht vor weiteren Kunden.
Nehmen Sie sachkundige Verstärkung mit, Ihr Gegenüber wird auch nicht alleine sein. Ein Zeuge ist später oft sehr wichtig. Kommt es nicht zur Einigung, können Sie ein Schlich-

1

Vor dem Innungszeichen: Der Geschäftsführer der Innung in Fulda, Manfred Schüler, leitet eine Beratung der schon 25 Jahre bestehenden Schiedsstelle.

tungsverfahren in Regie der jeweils zuständigen Handwerkskammer einleiten. Es stellt ein Angebot dar, sich außergerichtlich schnell und unbürokratisch zu einigen. Erst wenn das nicht gelingt, sollten Sie den langwierigen und oft kostspieligen juristischen Weg einschlagen.

Schiedsstellen nutzen

Wenn sich Unstimmigkeiten wirklich nicht ausräumen lassen, helfen die Schiedsstellen der Kfz-Innung kostenlos weiter. Ihre Werkstatt muss dazu aber Mitglied der Innung sein, was Sie am entsprechenden Schild erkennen (Bild 1). Als neutrale Institution soll die Schiedsstelle Streitigkeiten aus Werkstattaufträgen und Kaufverträgen über gebrauchte Kraftfahrzeuge ohne gerichtliche Auseinandersetzung beilegen helfen. Bereits vor Gericht anhängige Streitigkeiten werden nicht bearbeitet.
Seit Jahren erfolgreiche Schiedsstellen wie z. B. die der Kfz-Innung Fulda (unser Bild) geben folgende Tipps zur (schriftlichen) Anrufung:

- Zuerst klären, ob Werkstatt oder Händler Innungsmitglied sind, erkennbar am Schild.
- Im Telefongespräch den Fall kurz schildern und beurteilen lassen, ob er für ein Schiedsverfahren geeignet ist. Streitigkeiten über den Kaufpreis von Gebrauchtwagen sind vom Schlichtungsverfahren ausgeschlossen.
- Auf einem Fragebogen ist dann der Antrag konkret zu formulieren. Für allgemeine Rechnungsprüfung ist die Schiedsstelle nicht zuständig.
- Reparaturauftrag oder Kaufvertrag, Rechnungen, eventuell auch Notizen über Telefonate mit Datum und Uhrzeit sowie Zeugenaussagen sind dem Fragebogen beizufügen. Wie vor Gericht müssen die Ansprüche bewiesen werden.
- Zur Beweissicherung können auch ausgebaute Fahrzeugteile gehören. Deshalb eventuell schon beim Reparaturauftrag darauf hinweisen, dass ausgebaute Teile ausgehändigt werden sollen.

Hinweis: Wenn Sie bei Fahrzeugabholung Grund zur Reklamation haben, kann die Werkstatt trotzdem auf Bezahlung in voller Höhe bestehen. Auf der Rechnung (Arbeitslohn und Material müssen getrennt ausgewiesen sein!) notieren, dass die Zahlung unter Vorbehalt erfolgt! Rechnungsfehler können Sie innerhalb von sechs Wochen reklamieren.

Die Kfz-Schiedsstellen

WISSENSWERTES

Zahl der Beschwerden wächst
Die Beschwerden von Werkstattkunden und Gebrauchtwagenkäufern bei den Schiedsstellen des Kraftfahrzeuggewerbes nehmen von Jahr zu Jahr zu. Das deutet aber nicht auf schlechtere Arbeit in den Kfz-Meisterbetrieben hin. Die Mehrzahl der Kundenaufträge wird nach wie vor beschwerdefrei ausgeführt. Die wachsende Beschwerdezahl resultiert aus der stärkeren Aufklärung der Kunden über ihre Rechte aufgrund von Sachmangelhaftungsrecht (Gewährleistung) und Garantie.

Gründe für Beschwerden
Rund 80 Prozent der Beanstandungen betreffen Werkstattleistungen und 20 Prozent den Gebrauchtwagenhandel. Die häufigsten Beschwerdegründe sind vermeintlich unsachgemäße Ausführung der Werkstattarbeiten, die Rechnungshöhe und technische Mängel.

Auf Innungsschild und Zusatzzeichen achten
Der Kunde sollte beim Werkstattbesuch oder Gebrauchtwagenkauf auf das Meisterschild der Kfz-Innung (Bild 1) und das Zusatzzeichen zum Meisterschild »Gebrauchtwagen mit Qualität und Sicherheit« achten. Nur dann kann im Streitfall die Schiedsstelle der Kfz-Innung tätig werden.
Die Kfz-Schiedsstellen schaffen es in den meisten Fällen, Meinungsverschiedenheiten zwischen Kunden und Kfz-Meisterbetrieben schnell, unbürokratisch und für den Verbraucher kostenlos zu beseitigen. Der Spruch der Schiedsstelle ist für den Kfz-Betrieb verbindlich. Dem Kunden steht in jedem Fall der Rechtsweg weiterhin offen.

Adressen im Internet
Die Kfz-Schiedsstellen setzen sich aus je einem Vertreter der regional zuständigen Kraftfahrzeuginnung, eines Automobilclubs und einer technischen Überwachungsorganisation zusammen. Zudem führt stets ein zum Richteramt befähigter Jurist den Vorsitz. Informationen über das Schiedsstellenverfahren vermitteln die regional zuständigen Kraftfahrzeuginnungen. Die Adressen der bundesweit rund 130 Schiedsstellen sind im Internet zu finden. Nutzen Sie dazu die Adresse:
www.kfzschiedsstelle.de

Der Golf in Generation VI

Mit dem Ende Oktober 2008 als Limousine und Anfang 2009 als Variant auf den Markt gebrachten jüngsten Golf festigte Volkswagen seine Marktführerrolle in dieser Wagenklasse. Volkswagen hatte den Golf der sechsten Generation auch gleich als den »besten aller Zeiten« präsentiert, und tatsächlich ist und bleibt der Golf ein Phänomen.

Ein Golf »passt« immer

Der Golf ist mit bisher über 26 Millionen Fahrzeugen eines der erfolgreichsten Autos der Welt. Seine Vielfältigkeit und Qualität sind sprichwörtlich und machen ihn seit über 30 Jahren zu einer sicheren Wahl. Positioniert in der Kompaktklasse, widersetzt sich die Stil-Ikone Golf allen automobilen und gesellschaftlichen Klassengrenzen.
Kein anderes Auto im selben Preissegment hat es je geschafft, ein auch nur annähernd vergleichbar großes Spektrum an Menschen zu erreichen. Er ist einfach »Das Auto« und steht wie kein zweites Fahrzeug für die Weltmarke Volkswagen. Der Golf ist tatsächlich ein Auto, das immer passt. Und wie sich zeigte: der Neue wieder einmal noch besser als die Vorgänger.

Golf Plus: Die Van-Version bietet mehr Raum und Höhe.

Präsenz, Schärfe und Kraft

Perfektion soll nach erklärter Absicht der Konstrukteure jedes Detail des Wagens kennzeichnen. Mit Perfektion sollte schon »das Design des Golf auf ein neues Niveau gehoben« werden. Das Team um Chefdesigner Walter de Silva habe »dem Golf Präsenz, Schärfe und Kraft gegeben, die erheblichen Spaß beim Ansehen wie beim Fahren machen« (Bilder Seiten 14/15), heißt es selbstbewusst aus Wolfsburg.
Die Dachpartie ruht jetzt auf einer dominanten Schulter. Eine prägnant modulierte Linie erstreckt sich von den Scheinwerfern bis zu den Rückleuchten. In der Silhouette sorgt diese »Charakterlinie« dafür, dass der neue Golf auch in der seitlichen Perspektive satter auf der Straße liegt. Alle Flächen sind sichtlich gespannter, sie wirken regelrecht athletisch.

Hohes Maß an Sicherheit

Das neue, im Regelbereich feiner ansprechende ESP-System, weiter optimierte Crasheigenschaften, sieben Airbags inklusive Knie-Airbag (Bild 3), WOKS-Kopfstützen, die dem Schleudertrauma entgegenwirken, eine »Anschnallerkennung« auch für den Fond und Tagfahrlicht sorgen für ein Höchstmaß an Sicherheit. Entsprechend wurde dem Golf durch Euro-NCAP-Test eine hervorragende Stellung bescheinigt: Er erzielte ausgezeichnete 36 von 37 möglichen Punkten und bekam fünf Sterne beim Insassenschutz.

Sichtbare Dynamik: Der Golf VI, ganz besonders auch als GTD, soll »Präsenz, Schärfe und Kraft« vermitteln.

Sicheres Fahren: Airbags vorn auch im Kniebereich und viele andere Maßnahmen gewährleisten hohen Insassenschutz.

Vier Sterne erzielt er in der Rubrik Kindersicherheit und hierbei die maximal mögliche Punktzahl bei den biomechanischen Werten. Mit drei Sternen ist der Golf laut ADAC eines der Autos auf dem Markt mit dem besten Fußgängerschutz.

Qualität groß geschrieben

Über allem steht ein in dieser Preisklasse sehr hoher Qualitätsanspruch. VW-Vorstandsvorsitzender Martin Winterkorn brachte das so auf den Punkt: Wertiger denn je, definiere die sechste Golf-Generation das Qualitäts- und Komfortniveau dieser Klasse »in weiten Teilen völlig neu«. Die akustischen Eigenschaften und der Gesamtkomfort des als Zwei- sowie Viertürer in den Ausstattungslinien »Trendline«, »Comfortline« und »Highline« angebotenen Golf wiesen der gesamten Marke den Weg in die Zukunft.

Viele Assistenzsysteme

Einer Studie des Gesamtverbands der deutschen Versicherungswirtschaft zufolge gehen 25 Prozent aller Unfälle auf Unaufmerksamkeit (Müdigkeit, Ablenkung und Unkonzentriertheit) der Fahrer zurück. Auf diesem Problemfeld setzen neue Systeme für Entspannung und Sicherheit im Golf Maßstäbe.
Die mit Sensortechnik und schnellen Steuergeräten arbeitenden Assistenzsysteme sind in der Lage, Teile des Fahrzeugumfelds zu erfassen und aus ihren Erkenntnissen die richtigen Entscheidungen und Handlungen abzuleiten. Die Regelung »adaptive cruise control« (ACC) z. B. hält auf der Autobahn durch Distanzmessung (Bilder 4 und 5) die Geschwindigkeit und den Ideal-Abstand zum vorausfahrenden Fahrzeug konstant Der Wagen wird auf Knopfdruck vom Cruiser zum Sportler, sobald die neue »adaptive Fahrwerksregelung (DCC)« an Bord ist.

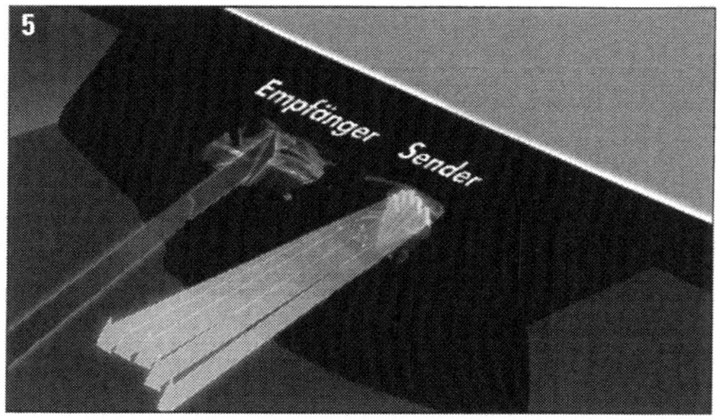

Radar für Sicherheit: Geräte oberhalb des Rückspiegels.

Parkassistent für kleinste Lücken

Sehr hilfreich ist das System »Park Assist«, mit dem sich das Fahrzeug nahezu selbstständig einparkt. Im Februar 2009 teilte VW mit, der seit zwei Jahren erhältliche Parkassistent habe »einen neuen Schliff bekommen«. Mit dem verfeinerten System zum Einparken parallel zum Fahrbahnrand ist nun auch das mehrzügige Einparken möglich.
Der neue Assistent wird auf Knopfdruck aktiviert. Er sucht auf der per Blinker vorgegebenen Fahrbahnseite nach möglichen Parklücken. Sobald er eine geeignete Lücke erkannt hat, die mindestens 1,1 Meter länger ist als die Gesamtfahrzeuglänge (vorher waren das noch 1,4 Meter), wird dies dem Fahrer im Display des Kombiinstruments angezeigt.
Um die perfekte Parkposition zu erreichen, erhält der Fahrer alle weiteren Aufforderungen zum Vor- und Rückwärtsfahren weiterhin über das Display. Der Parklenkassistent PLA übernimmt die Lenkbewegungen. Der Fahrer bleibt für Gas, Kupplung, Bremse und die Beobachtung des Umfeldes verantwortlich, die Hände kann er – richtiger gesagt: soll er sogar – vom Lenkrad nehmen.

Distanzregelung ACC: Der Ideal-Abstand zum vorausfahrenden Fahrzeug wird automatisch konstant gehalten.

Bessere Proportionen

Der neue Golf ist 4.199 mm lang und damit 5,0 mm kürzer als sein Vorgänger. Für die Breite ergibt sich ein Zuwachs von 27 auf nun 1.786 mm. Die Höhe wuchs auf 1.512 mm (Bild 6). Die sechste Generation wirkt dabei deutlich gestreckter. Dies ist auf das Design selbst sowie die behutsam neu sortierten Proportionen zurückzuführen. Vorne verkürzte sich der Karosserieüberhang von 880 auf 871 mm; hinten wurde der Überhang um sieben mm vergrößert (nunmehr 753 mm). Der Radstand hat sich mit 2.575 mm kaum verändert. In der Summe aller dieser Veränderungen ergibt sich allerdings ein deutlich dynamischerer Gesamteindruck.

Wie sein Vorgänger, wird auch der neue Golf als Zweitürer und Viertürer angeboten. Die Außenabmessungen beider Karosserieversionen sind allerdings praktisch identisch.

6

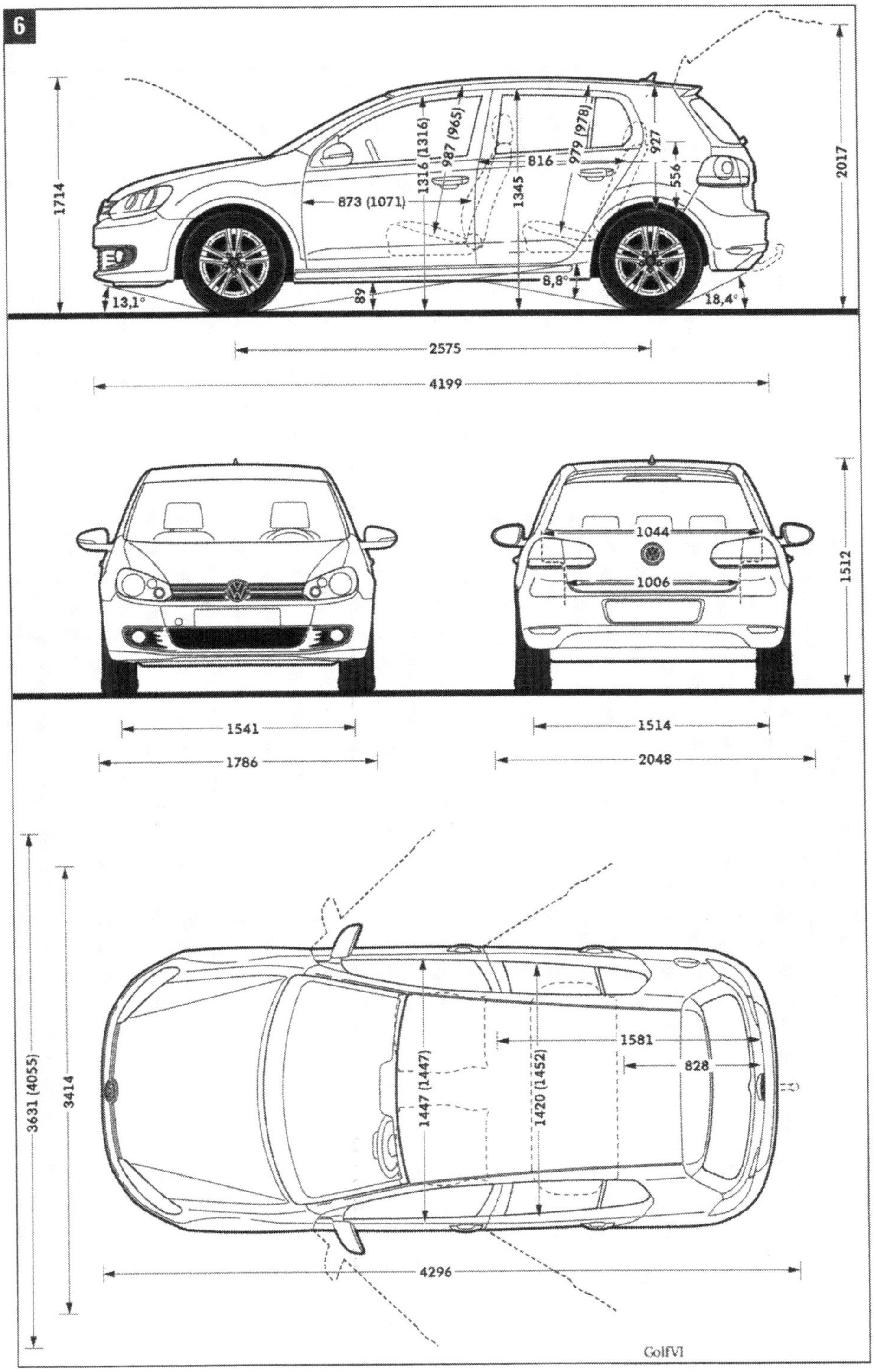

Rückfahrkamera

Aus höheren Fahrzeugklassen stammt auch die nun für den Golf erhältliche Rückfahrkamera »Rear Assist«. Ihre Bilder werden mit entzerrter Optik auf dem Monitor des Bediensystems dargestellt. Das System weist dem Fahrer mit Hilfslinien

Golf-Dimensionen:
Die neue Generation definiert wieder maßgeblich die Abmessungen von Fahrzeugen dieser Klasse. Die Außenlänge über alles beträgt 4.199 mm (Golf Plus: 4.204), die Breite mit/ohne Spiegel: 2.048/1.786 mm (Golf Plus: 1946/1759). Die Höhe über den Sitzen vorn (maximal 987 mm) und hinten (maximal 979 mm) lässt genügend Raum über dem Kopf (Golf Plus: 1.007/976). Die Außenhöhe beträgt 1.512 mm (Golf Plus: 1.592).

und -feldern den Weg. Beim Rückwärtsparken quer zur Fahrtrichtung (Standardmodus) markieren orangefarbene Linien den Kurs. Beim Längseinparken rückwärts zeigen blau unterlegte Flächen den Platzbedarf des Wagens. Blaue Linien helfen beim Lenken und Gegenlenken. Das Kamerabild zeigt auch die (optionale) Anhängerkupplung, damit sich der Golf punktgenau an die Hängerdeichsel heranrangieren lässt.

Common-Rail-Motoren

Bei Modell-Start im Oktober 2008 wartete der Golf VI Diesel mit einem 4-Zylinder-Motor in den beiden Leistungsstufen 110 und 140 PS auf. Diese 2,0 l TDI 16V (81 kW/110 PS und 103 kW/140 PS) sind zum ersten Mal bei einem Golf so genannte Common-Rail-Motoren (TDI CR), die merklich geräuschärmer arbeiten (Bild 7) als die vordem eingesetzten Diesel mit Pumpe-Düse-Technik (TDI PD). Die 103 kW-Motoren sind zudem mit zwei Ausgleichswellen gegen unerwünschte Vibrationen ausgestattet.
Der neue Variant, der im Mai 2009 ins Programm kam und ab September ausgeliefert wurde, hatte neben diesen Triebwerken (Bild 8) für kurze Zeit noch den jahrelang bewährten 1,9 Liter TDI mit Pumpe-Düse-Technik (77 kW/105 PS) als Motorisierung. Mit dem ebenfalls im Mai 2009 herausgebrachten GTD kam der 2,0 Liter TDI Common Rail mit 125 kW/170 PS neu in die Palette. Alle Motoren sind serienmäßig mit Diesel-

Die beliebtesten Golf-Modelle

Zulassungsanteile (in Deutschland):

Golf VI:	58%
Golf Variant:	29%
Golf Plus:	13%

Reihenfolge gewählter Diesel-Motorisierungen:

Golf VI	Golf Plus	Golf Variant
1,6 l TDI 77 kW	1,6 l TDI 77 kW	1,6 l TDI 77 kW
2,0 l TDI 103 kW	2,0 l TDI 103 kW	2,0 l TDI 103 kW
2,0 l TDI 125 kW	2,0 l TDI 125 kW	2,0 l TDI 125 kW

(Quelle: Volkswagen-Kommunikation/Produktkommunikation)

7

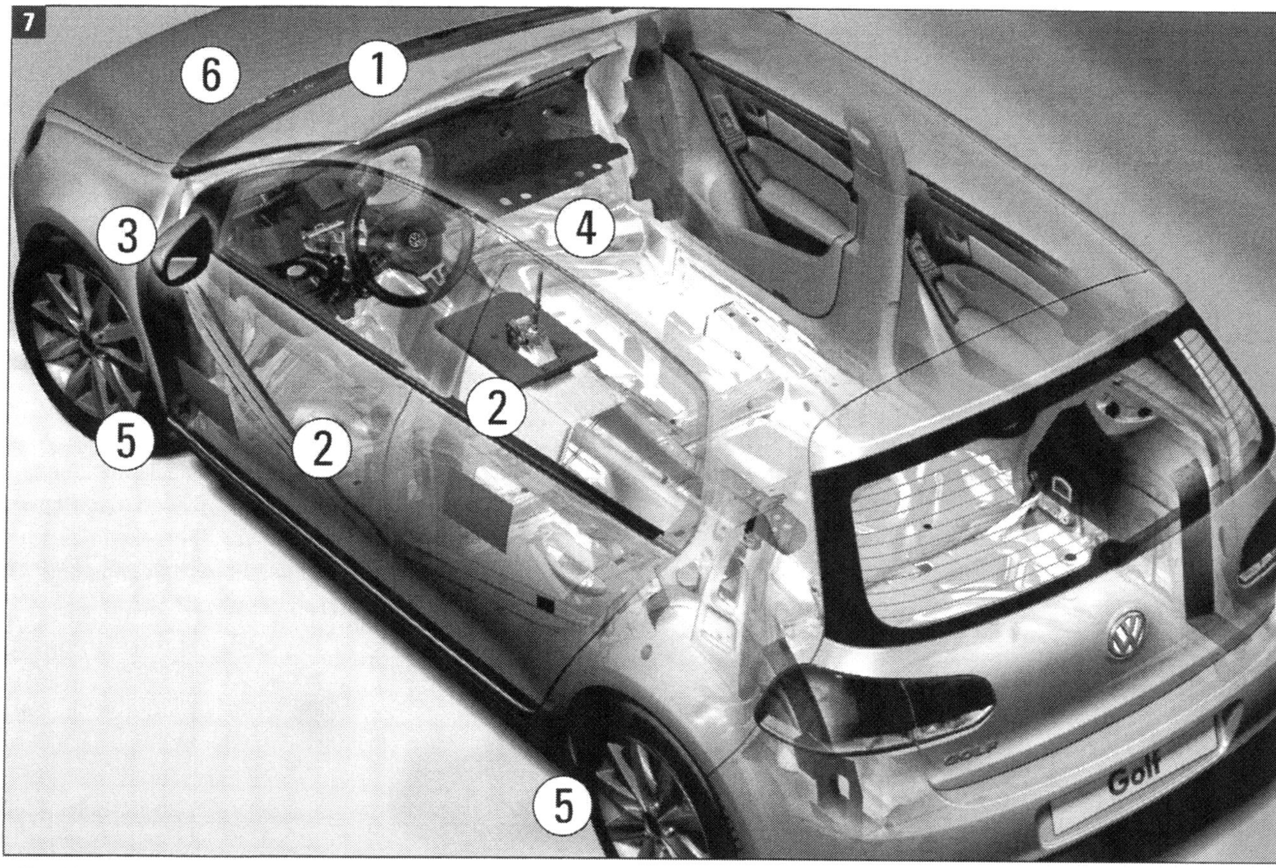

***Akustik-Konzept*:** (1) Frontscheibe mit Dämmfolie, (2) Dichtungen von Türen und Seitenscheiben, (3) neu geformte Außenspiegel, (4) Isolierung zwischen Motor- und Fahrgastraum, (5) leise abrollende Reifen, (6) Common-Rail-Motoren.

Partikelfilter kombiniert. Im Juni 2009 begann dann eine große Ablösung: der 1,6 TDI CR mit 77 kW/105 PS ersetzt seitdem den 1,9 l TDI PD/77 kW und vor allem auch den 2,0 l TDI CR/81 kW.
Alle neuen Diesel-Motoren sind, wie bisher schon von den Volkswagen-TDI gewohnt, wegweisend sparsam. Die Durchschnittsverbräuche werden für den 110-PS-Antrieb mit 4,5 Liter pro 100 km, für das 140-PS-Aggregat mit 4,9 Litern angegeben.

DSG und optimale Geräuschdämpfung

Alle Motoren sind mit den Volkswagen Doppelkupplungsgetrieben (DSG) kombinierbar. Je nach Motordrehmoment kommt dabei ein 7- oder im Einzelfall ein 6-Gang-DSG zum Einsatz. Im Golf hat das extrem effiziente und agile DSG damit die klassische Wandlerautomatik abgelöst. Wie sparsam die Allianz aus TDI und DSG ist, zeigt der Durchschnittsverbrauch des neuen 1.6 TDI mit 105 PS und 7-Gang-DSG: Innerorts 4,7 Liter, außerorts 3,9 Liter und im durchschnittlichen Mix nur 4,2 Liter Diesel auf 100 km.
Den neuen Golf kennzeichnen erstklassige akustische Eigenschaften (Bild 7). Eine spezielle Dämpfungsfolie in der Frontscheibe (1) reduziert ebenso Fahrgeräusche wie ein neu entwickeltes Dichtungskonzept der Türen und Seitenscheibenführungen (2). Deutlich we-

Erfolgreicher Kombi: Der Variant (Bild 8) mit den neuen Golf-Armaturen (Bild 9) und viel Platz für Gepäck (Bild 10).

11

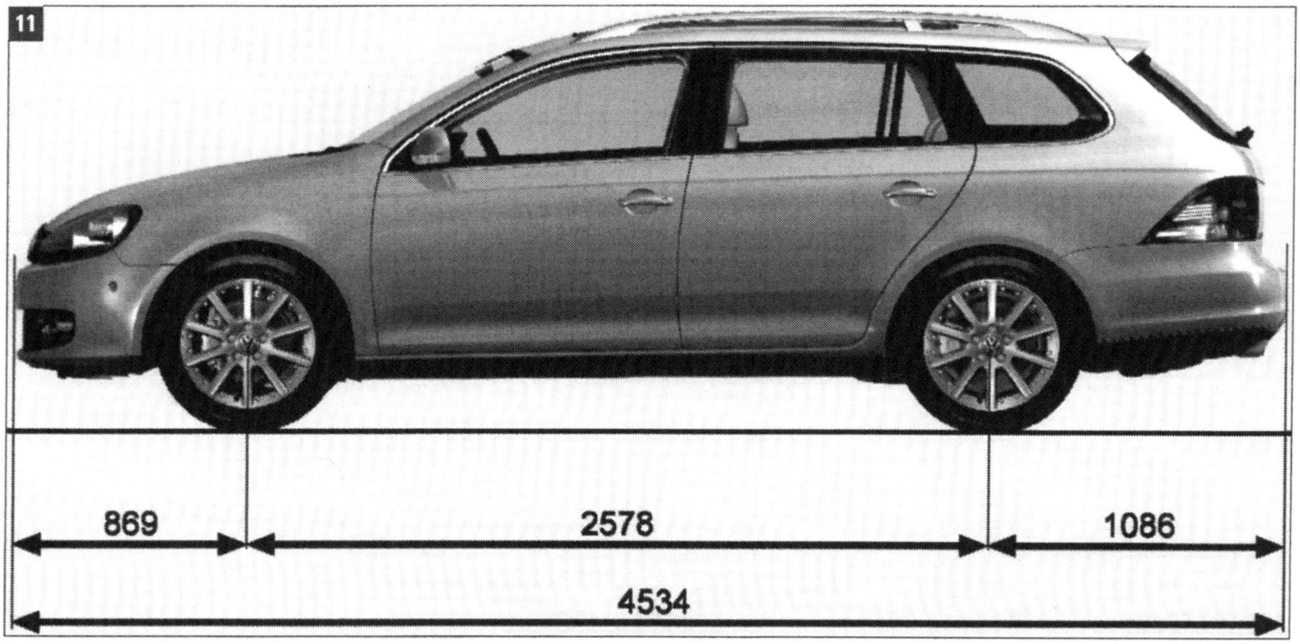

niger Windgeräusche entstehen durch die neue Form der Außenspiegel (3). Darüber hinaus wurden Motor- und Fahrgastraum durch gezielte Maßnahmen akustisch besser voneinander isoliert (4). Leise abrollende Reifen (5) und neue Motorlager runden die Geräuschdämmung ab.

Auto des Jahres 2009

Prompt wählten 51 von 59 Juroren aus 25 Ländern bei der Wahl im April 2009 den neuen Golf zum »World Car Of The Year (WCOTY)«. Solide Verarbeitung, hochwertiger Innenraum, antrittsstarke TSI und TDI-Motoren, so lautete das Fazit im Rahmen einer Pressekonferenz während der New York International Auto Show. Die WCOTY-Jury aus international bekannten Fachjournalisten wertete dabei ganz besonders Leistung, Wertigkeit, Sicherheit, Umweltverträglichkeit, Marktbedeutung und Design.
Vor allem das Abrollverhalten und das niedrige Geräuschniveau fiel den Juroren positiv auf: »Das außergewöhnliche Fahrwerk ist besser abgestimmt als das der Wettbewerber, was besonders auf Autobahnen spürbar ist. Wind-, Abroll- und Motorgeräusche wurden auf ein Minimum reduziert. Das macht den Golf zu einem entspannenden Langstreckenbegleiter«, heißt es in ihrem abschließenden Urteil.
Zwei Monate später wählten Experten, Journalisten und Kunden in der Jahresabstimmung der deutschen Fachzeitschrift AUTO TEST den neuen Golf zum Gesamtsieger. Der Wagen bleibt damit Maßstab in der »Golf-Klasse«. Bewertet wurden neben Beschleunigung, Bremsweg und Verbrauch auch die Fahrzeugqualität, die Sicherheit sowie der Wiederverkauf und die Betriebskosten. Dafür wurden Testergebnisse durch Kundenbefragung und TÜV-Daten ergänzt.

Variant in vierter Generation

Ende September 2009 kam der neue Golf Variant auf den Markt. Nach dem 2- und 4-türigen Golf der sechsten Generation, dem Golf Plus (Bild 2) und dem Golf GTD (Bild 1) ging damit die vierte Karosserieversion (Bild 8) des Weltbestsellers an den Start. Der Kombi ist im Geschäftswagenbereich eines der erfolgreichsten Modelle und soll seine Position auch als Familienauto weiter ausbauen.
Die Frontpartie des jüngsten Golf Variant folgt optisch dem neuen Volkswagen-Design (Bild zum Kapitelauftakt sowie Bilder 8 und 12). Klare Linien und souverän gestylte Scheinwerfer bestimmen das Erscheinungsbild. Im Interieur setzen die anerkannt hochwertigen Armaturen des aktuellen Golf (Bild 9) Akzente.
Im Heckbereich (Bild 12) unterscheidet sich der neue Variant von seinem Vorgänger durch das geänderte Design der Rückleuchten und den nun komplett in Wagenfarbe lackierten Stoßfänger. Der Wagen bietet eine enorme erweiterte Ladekapazität (Bild 10), in Zahlen: 1.550 Liter. Umfangreich ist nun die Komfort- und Sicherheitsausstattung bereits im Basisniveau

12

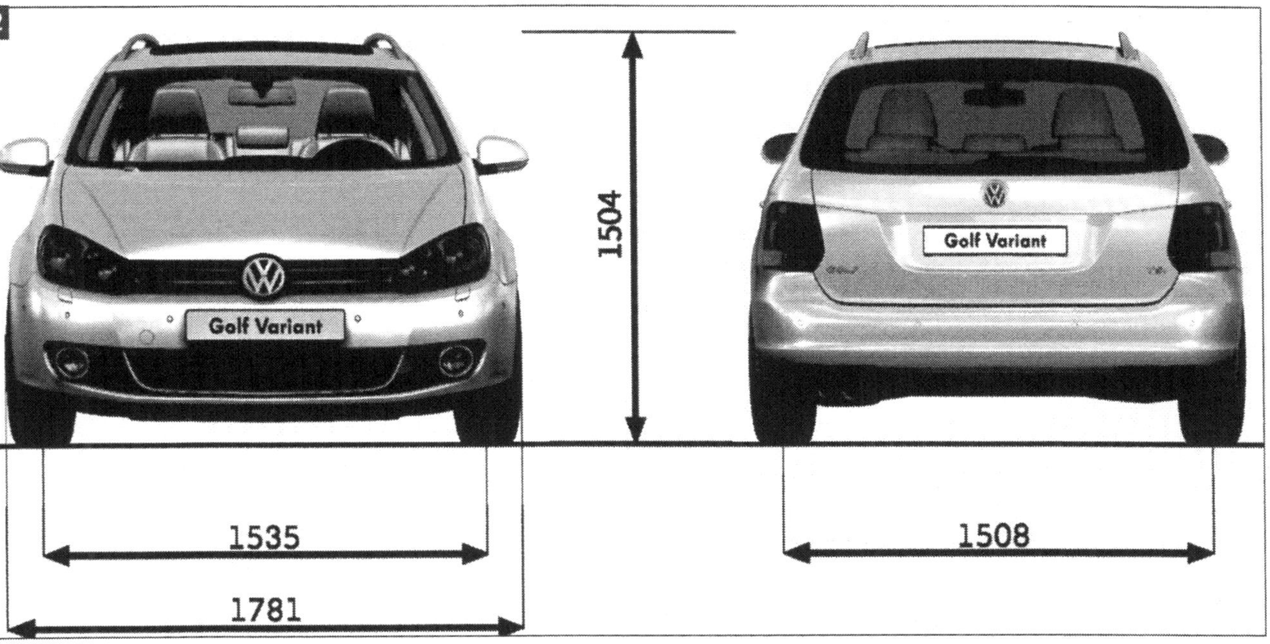

»Trendline« mit Klimaanlage, elektrisch verstell- und beheizbaren Außenspiegeln, MP3-fähigem CD-Radio, Dachreling, Stabilitätsprogramm ESP und sechs Airbags. Die Ausstattungen »Comfortline« und »Highline« bieten Geschwindigkeitsregelanlage, Multifunktionslederlenkrad und Komfort- bzw. Sportsitze.
In einer kleinen Zeremonie zur Markteinführung hatte Ende September in der Autostadt Wolfsburg der erste VW-Werksangehörige seinen neuen Golf Variant entgegen genommen. Denn der Variant ist auch bei den VW-Mitarbeitern eine Erfolgsgeschichte: Seit dem ersten Exemplar im September 1993 wurden rund 85.000 Fahrzeuge an Kollegen ausgeliefert. Ähnlich wie in Wolfsburg präsentierte Volkswagen seinen Mitarbeitern den neuen Variant an allen Standorten. Insgesamt 25 Fahrzeuge in allen Ausstattungslinien und verschiedenen Motorvarianten waren überall vor Kundencenter und Werkstoren ausgestellt.

13

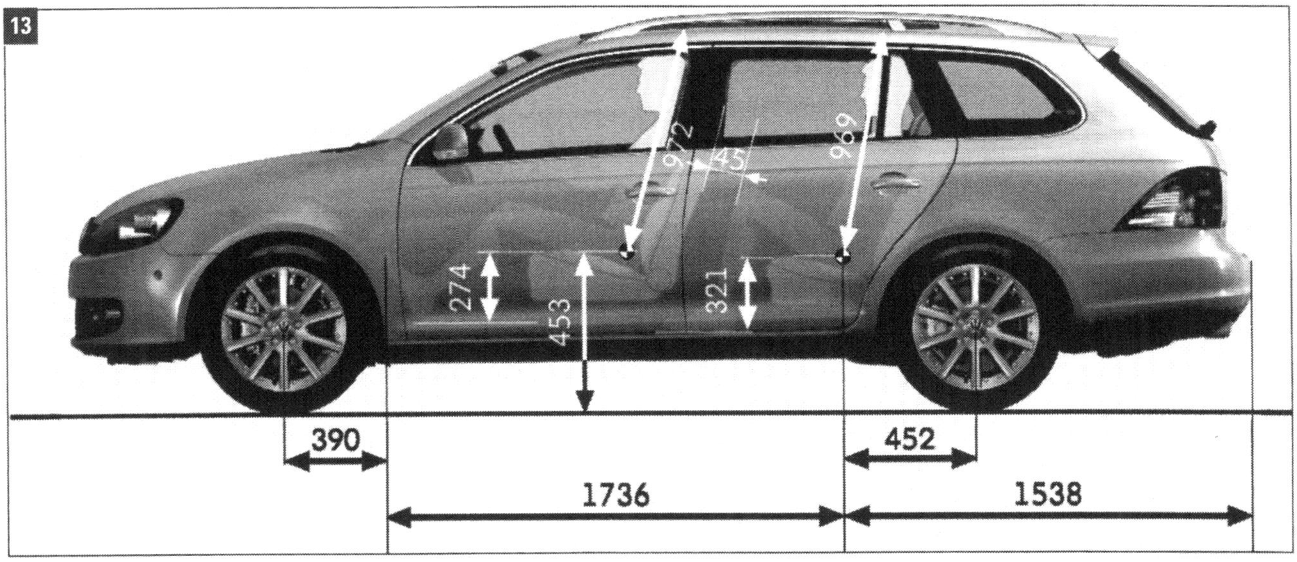

Raumwunder (Bilder 11-13): Alle Maße am Variant sind beeindruckend, vor allem aber die für die Ladefähigkeit. Niedrige Einladestufe, niedrige Ladekante, fast gerade Seitenwände und ebener Boden machen den Gepäckraum bestens nutzbar. Er bietet 1.005 mm kleinste und 1.292 mm größte Breite bei einer Ladehöhe bis zum Fahrzeughimmel von 832 mm. Die Heckklappe ist oben 1.061 mm und unten 1.004 mm breit. Zwischen 560 und 1.550 Liter Gepäck können verstaut werden.

Auch als GTD sehr sparsam

Noch vor dem Variant der vierten Generation war wie schon erwähnt im Mai 2009 der sechste GTD in den Verkauf gekommen (Bilder 14 und 15). Im Spätsommer folgte die Markteinführung in Nordamerika und Asien, Volkswagen baut den sportlichen Golf ja vor allem mit kraftvollem 210 PS-Benzinmotor als GTI. Aber auch als Diesel mit dem 2.0 TDI CR, der 170 PS hergibt, macht der »GT« eine prächtige Figur. Denn ob italienisch »Gran Turismo«, französisch »Grand Tourisme« oder englisch »Grand Touring« – immer geht es bei dem Kürzel um komfortable und gut motorisierte Sportwagen für lange Strecken. Das genau ist der GTD.

14

In Testfahrtberichten wird betont, »der GTI eignet sich eher für die Brautschau, der GTD für die junge Familie.« Dieser Unterschied erweist sich als äußerst vorteilhaft im Kraftstoffverbrauch. Der GTD gibt sich deutlich zurückhaltender als der GTI, wie schon der ausgewiesene Normverbrauch zeigt: Im Schnitt soll der handgeschaltete GTD mit 5,3 Litern Diesel auskommen, schafft aber durchaus auch schon mal nur 4,7 Liter. Die 100 Kilometer im GTD kosten mindestens drei Euro weniger als im GTI.

Stilelemente wie GTI oder R8

Der serienmäßig mit Sportfahrwerk und Leichtmetallfelgen ausgestattete GTD zeigt die Verwandtschaft zum Golf GTI über leichte Parallelen in Optik und Ausstattung. So hat auch der Diesel wabenvergitterte Lufteinlässe in Frontschürze und Kühlergrill. Der Grill selbst wartet mit verchromtem Rahmen auf. Die seitlichen Elemente der Schürze tragen Finnen im Stil des Audi R8 sowie die Nebelscheinwerfer (Bild 15a).

15

15a

Der sportliche Golf GTD: Serienmäßiges Sportfahrwerk mit Leichtmetallfelgen zeigt die Verwandtschaft mit dem Golf GTI.

Chrom-Applikationen in seidenmatt und edle Rundinstrumente lassen den Eindruck eines Fahrzeugs der nächst höheren Klasse oder eines weitaus teureren Sportwagens entstehen.
In der Golfgeschichte hat auch das Kürzel GTD durchaus Tradition. Den ersten Golf GTD als »den GTI unter den Dieseln« gab es bereits 1982. Der neue Golf GTD ist nach Ansicht seiner Entwickler bestimmt für »alle Diesel-Fans, die ein Höchstmaß an Dynamik schätzen«. Der wichtigste Bestandteil der GTD-Ausstattung, das 2,0 Liter-TDI-Aggregat mit 170 PS/125 kW, wird erstmals in einem Golf eingesetzt. Solche kräftigen und sparsamen Dieselmotoren sind übrigens inzwischen auch in Amerika gefragt: Nur ein Jahr nach dortiger Markteinführung hatte sich im August 2009 bereits jeder vierte Kunde eines Volkswagen Jetta für den so genannten Clean Diesel entschieden, denn VW bietet sein meistverkauftes US-Modell seit September 2008 mit TDI-Motor an. Der erst im Frühjahr 2009 eingeführte Touareg V6 TDI hat sogar schon 27 Prozent Anteil am Gesamtumsatz. Die VW-TDI erfüllen die US-Abgasnorm Tier II BIN 5, die im internationalen Vergleich zu den strengsten Richtwerten gehört. Ins Gewicht fällt der extrem geringe Stickoxid- und Partikelausstoß.

16

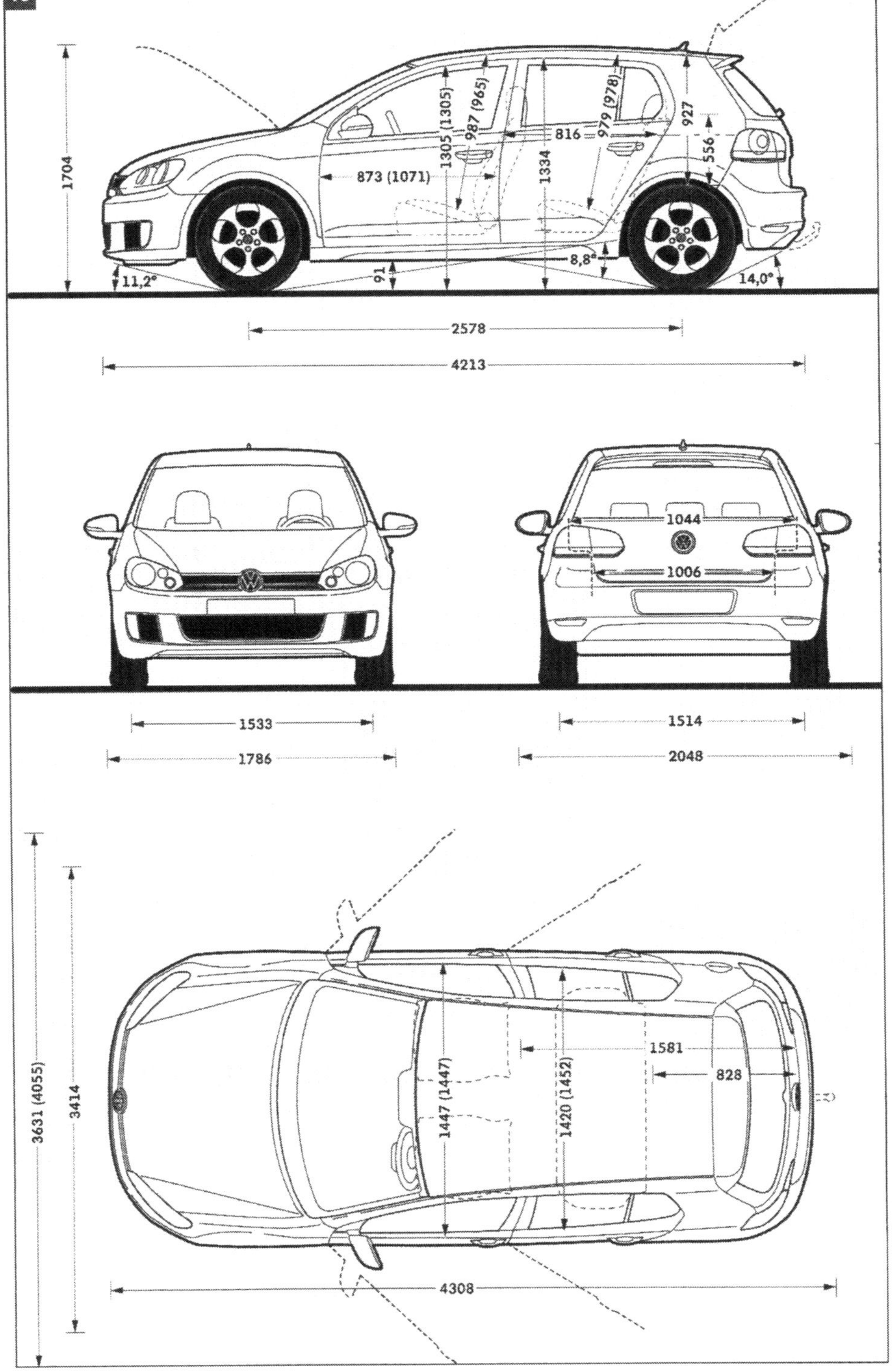

GTD-Dimensionen:
Die Abmessungen sind denen des »normalen« Golf sehr ähnlich (S. 17). Einige Abweichungen: Außenlänge über alles 4.213 mm statt 4.199 mm, 2 mm mehr Bodenfreiheit, Neigungswinkel von Radmitte unten bis Unterkante Vorder- bzw. Hinterwagen rund 2° bzw. 4° geringer. Die Außenhöhe beläuft sich auf 1.501 mm statt 1.512 mm.

Die Golf-Story – Highlights seit 1974

1974 ist die Stimmung in Autodeutschland auf einem Tiefpunkt: Ölkrise, steigende Spritpreise, gesperrte Autobahnen. Der Pkw-Absatz bricht um ein Viertel ein. Der veraltete Käfer verkauft sich nicht mehr gut. Retter in der Not soll ein neues Massenauto sein, das VW vor einer drohenden Pleite bewahrt. Die Vorzeichen sind alles andere als gut, und doch kommt es für den »Neuen« besser als erhofft. Seit mehr als drei Jahrzehnten ist der Golf ohne Unterbrechung das meistverkaufte Auto in und aus Deutschland. Die wichtigsten Meilensteine dieser ganz eigenen Erfolgsstory sind hier als Übersicht zusammengefasst.

Prototyp EA 266: Das Mittelmotorkonzept von Porsche mit Luftkühlung. Für den Serienbau leider untauglich, da zu teuer und nicht für eine Modellfamilie geeignet. Der Stopp erfolgte erst nach Fertigstellung der Produktionsanlagen

Juni 1974 — Die Geburtsstunde des Golf

Der Käfer-Nachfolger setzt mit Frontmotor und Frontantrieb technisch auf ein völlig anderes Konzept. Nachdem in der konzeptionellen Phase die hauseigenen Designmodelle von Porsche und VW selbst nicht überzeugen können, holt sich VW den Designer Giorgetto Giugiaro zu Hilfe. Sein Entwurf sorgt für Begeisterung und schafft es in die Serie.
Der Golf baut auf einer selbsttragenden Karosserie mit großer Heckklappe auf, Antrieb sind quereingebaute, wassergekühlte Vierzylindermotoren. Die leichte Fahrwerkskonstruktion besteht aus Federbein-Vorderachse und Verbundlenker-Hinterachse. Ein Golf mit 1,1-l-Motor kommt mit 37 kW (50 PS) auf eine Höchstgeschwindigkeit von 140 km/h. Der 1,5-l-Motor leistet 70 PS und schafft Tempo 160.

Knallgelb und froschgrün: Der Beginn der »Ära Golf«

Juni - Sept. 1976 — GTI und GLD

Schon zwei Jahre noch Modelleinführung ist der 500.000. Golf vom Band gelaufen. Da schreibt Volkswagen mit zwei neuen Golfmodellen Automobilgeschichte: Der 110 PS starke Golf GTI (Juni) überholt die Konkurrenz mit seiner Spurtkraft, während der Golf GLD (September) mit seiner Sparsamkeit die Tankstellen links liegen lässt. Der »Grand Turisme In-

Zwei Liter weniger Kraftstoff: Der sparsame Golf GLD

Die Golf-Story – Highlights seit 1974

jection« GTI ist für Langstrecken und sportliches Fahren geeignet. Sein Einspritzmotor leistet 81 kW (110 PS) aus 1,6 Liter Hubraum. Höchstgeschwindigkeit: 181 km/h. Er wird zum Kultauto ganzer Generationen.
Der GLD hat einen leichten und kultivierten Dieselmotor mit 1,5 Liter Hubraum. Bei rund 2 Liter weniger Verbrauch auf 100 km fährt sich der Selbstzünder wie ein Benziner.

Weltrekord: Kein anderes Cabrio wurde öfter gebaut

März 1979 Golf Cabriolet

Das offene Auto auf Basis des Golf 1 bleibt 14 Jahre im Programm. Der Überollbügel, welcher der Karosserie mehr Steifigkeit verleiht, beschert dem Golf Cabrio seinen Kosenamen »Erdbeerkörbchen«. Bis zum Ende der Produktion 1993 werden 388 522 Exemplare gefertigt. Damit ist der »Oben-ohne-Golf« das meistverkaufte Cabriolet der Welt.

Golf II: Größer, komfortabler und besser verarbeitet

August 1983 Der Golf II

Nach mehr als 6,7 Millionen verkauften Einheiten folgt die Ablösung durch ein neues Modell. Die zweite Generation ist größer, der Radstand verlängert sich auf 2,47 Meter. Zum vergrößerten Innenraum kommt nun auch mehr Kofferraumvolumen. Die markant breite C-Säule als Designelement behält auch der neue Golf bei. Der Innenraum wirkt hochwertiger und komfortabler. Auch beim Fahrwerk haben sich die Entwickler ins Zeug gelegt: Eine neue Verbundlenker-Hinterachse sorgt für verbesserte Fahreigenschaften. Die Motorenpalette umfasst Aggregate von 1,3 l bis 1,8 l Hubraum sowie einen Turbodiesel. In seiner zehnjährigen Produktionszeit wird der Golf II insgesamt 6,3 Millionen mal hergestellt.

Doppelscheinwerfer, roter Grill, Pirelli-Felgen: Vom GTI gibt es 1983 ein Pirelli-Sondermodell. Es wurde 40.000mal gebaut, aber heute existieren nur noch knapp 250

März 1986 Vierventilmotor

Der Golf 16V erreicht mit 102 kW/139 PS maximal Tempo 210. GTI und 16V werden als erste Fahrzeuge der Baureihe auch mit geregeltem Katalysator ausgerüstet.

Die dritte Generation: Der Golf III wird 1991 aufgelegt

Die Golf-Story – Highlights seit 1974

April 1986 Allrad-Golf

Eine Visco-Kupplung dient dem Golf syncro als elastisches Bindeglied zwischen Vorder- und Hinterachse. Der Allrad Golf erreicht als Rallye-Golf G60 mit einem Spiral-Lader 118 kW (160 PS) und ist als Golf Limited mit Vierventil-Technik und 210 PS stärkster Golf.
1990 kommt der Golf-Country als höhergelegter Offroader mit Allradantrieb. Mit einer Stückzahl von knapp 8.000 Einheiten erfüllt er aber nicht die in ihn gesetzten Erwartungen.

Golf Country: Missglückter Ausflug ins Offroader-Segment

Januar 1990 Aufladung und Oxy-Kat

Bei den Turbo-Dieselmotoren zieht die Ladeluftkühlung ein. In Verbindung mit Oxidationskatalysatoren führt das zu höherer Leistung und besserer Abgasreinigung.

August 1991 Golf III

Ovale Scheinwerfer und fließende Formen kennzeichnen ein neues Gesicht. Als im August 1992 Airbags für Fahrer und Beifahrer eingeführt werden, kann die Golf-Limousine mit besten Crash-Eigenschaften dienen.

Verkaufsrekord: 1992 werden vom Golf III 431.835 Fahrzeuge verkauft. So viel wie nie zuvor

November 1991 Golf VR6

Der Golf VR6 kommt als erster 6-Zylinder in der Kompaktklasse. Für den Quereinbau wurde eine Maschine mit sechs in spitzen Winkel (15°) verschränkten Zylindern entwickelt, ein V-Motor fast in Reihe.

Februar 1993 syncro und VR6syncro

Golf III in der Allrad-Version syncro, kurz darauf als Golf VR6-syncro – nun schon mit 2,9 l Hubraum und 140 kw (190 PS) Leistung. Beim Diesel hält die Direkteinspritzung Einzug.

Golf-Sechszylinder VR6: Dem kleinen Winkel zwischen den in Reihe gebauten Zylindern verdankt er seinen Namen

Die Golf-Story – Highlights seit 1974

August 1993 **Neues Golf Cabrio**

Der Cabrio-Nachfolger behält den markanten Überrollbügel aus Sicherheitsgründen bei und wird mit modifizierter Front auch noch zur Laufzeit des Nachfolgers Golf IV gebaut. Die Ablösung erfolgt 2006 durch den EOS. Womit das legendäre Golf-Cabrio vorerst leider Geschichte ist.

Wieder mit Bügel: Das zweite Golf Cabrio

September 1993 **Erster Golf Variant**

Der Variant erweitert die Modellpalette um einen praktischen Kombi mit bis zu 1.426 Liter Stauvolumen. Die Entscheidung zum Bau fällt in Wolfsburg sehr spät. Erst durch das deutliche Wachstum beim Passat kann die Befürchtung, der Golf Variant würde für hausgemachte Konkurrenz sorgen, beigelegt werden. Beliebt sind die flotten und damals noch konkurrenzlosen Diesel-Direkteinspritzer.

Lastesel: Die Dachreling kostete aber damals noch extra

März 1996 **GTI mit Diesel – ABS in Serie**

Der GTI wird 20 und kommt als Sondermodell mit rotvernähtem Lederpaket sowie dem Retrolook Golfball-Schaltknauf. Erstmals wird er auch mit einem Turbodieselmotor (110 PS) ausgerüstet. Im Zuge der gestiegenen Kundenansprüche, auch was die Fahrzeugsicherheit angeht, wird der Golf nun serienmäßig mit ABS gebaut.

20 Jahre GTI: Fans freuen sich über das Editionsmodell

September 1997 **Golf IV**

Der Golf IV löst seinen Vorgänger nach knapp siebenjähriger Bauzeit ab. Die Außenlänge ist wieder einmal gewachsen und der Innenraum setzt durch seine Qualität neue Maßstäbe in der unteren Mittelklasse. Sein Leistungsspektrum ist so breit wie nie zuvor.
Auch bei der Sicherheitsausstattung setzt der Golf IV mit ABS und vier Airbags serienmäßig ein Zeichen. ESP kommt in den Modellen ab 1999 hinzu.

Golf IV: Wieder einmal in Länge und Breite gewachsen

Die Golf-Story – Von V zu VI / Beispiellose Vielfalt

Die Golf-Geschichte der 30 Jahre bis zur fünften Generation stellt sich so erfolgreich dar, weil jede Modellgeneration zu ihrer Zeit Standards gesetzt hat, ohne sich dem Zeitgeist zu beugen. Dabei wurde das ehedem als revolutionär betrachtete Grundkonzept über alle Generationen gewahrt:

- Eine selbsttragende Karosserie mit
- ausreichend bemessenen Knautschzonen,
- großer Heckklappe und
- erweiterbarem Gepäckraum.
- Dazu Frontantrieb,
- wassergekühlte, sparsame Vierzylindermotoren und
- ein straffes Fahrwerk mit
- leicht untersteuernd ausgelegter Lenkung.

Der Golf hatte einfach von Anfang an alles, was ihn zum Vorbild der Kompaktklasse prädestinierte. Mittlerweile hat Volkswagen mehr als 26 Millionen Golf produziert und ein Ende dieser Erfolgsgeschichte ist nicht abzusehen. Die sechste Generation bietet nicht nur viele Ausstattungsoptionen der Oberklasse, sondern auch deren Fertigungsqualität.

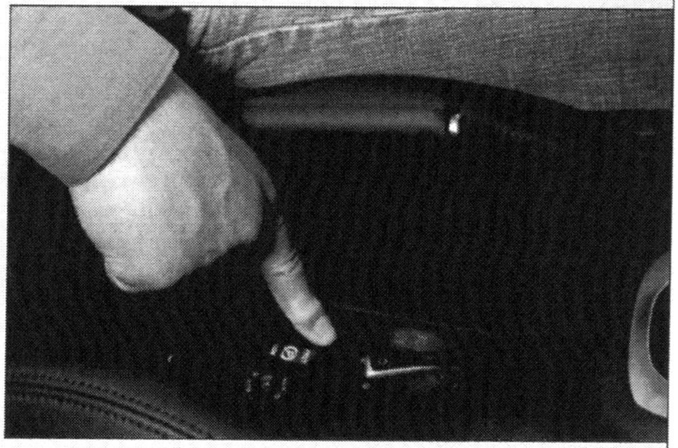

Gehobene Ausstattungsdetails: Elektrische Feststellbremse, Lichtautomatik, weiß leuchtende Rundinstrumente

2004 - 2009 Beispiellose Vielfalt

Heute ist kaum ein neuer Golf wie der andere. Er ist als Kurzheck, mit höherer und geräumigerer Karosserie als Golf Plus sowie als Raumwunder Variant erhältlich und zudem die technische Basis für alle in dieser Klasse erfolgreichen Fahrzeugkonzepte des Konzerns.

Allein für das Kurzheck bestehen mehr als 250.000 Bestellmöglichkeiten. Statistisch gesehen gleichen sich damit nur drei Autos pro Jahr weltweit in der Kombination Ausstattung, Farbe und Motorisierung. Heute gibt es auf rund 180 Märkten Motoren von 80 bis 270 PS, es gibt manuelle Getriebe mit fünf und sechs Gängen, Doppelkupplungsgetriebe mit sechs und sieben Gängen, Vorderrad- und Allradantrieb (4Motion), Saugmotoren, Turbomotoren und mit Kompressor und Turbolader in Kombination arbeitende Benzindirekteinspritzer.

Viel Komfort: Gepäckorganisator und Panoramadach

Die Golf-Story – Von V zu VI / Variant Exclusive und Golf R

September 2009 **Variant**

Seit Markteinführung im September 2009 wird der erfolgreiche Variant (2008 mehr als 95.000 Zulassungen) in den Ausstattungen Trendline, Comfortline und Highline angeboten. Highline löst die bisherige Sportline-Version als Topausstattung ab. Stets Serie sind in allen Varianten sechs Airbags, das elektronische Stabilisierungsprogramm ESP mit Gegenlenkunterstützung und Gespannstabilisierung sowie eine Klimaanlage.
Der neue Golf Variant ist auch als erstes Modell einer »Exclusive«-Version von VW zu haben. Unter diesem Label werden künftig besonders attraktive Modelle und Sonderausstattungen für die verschiedensten Baureihen auf den Markt kommen.

Oktober 2009 **BlueMotion II**

Die zweite Generation des Golf BlueMotion kommt auf den Markt. TDI, Start-Stopp-System und Bremsenergie-Rückgewinnung sorgen für Spitzenwerte in seiner Klasse. Mit einem Durchschnittsverbrauch von 3,8 l/100 km bei einem CO_2-Ausstoß von nur 99 g/km empfiehlt er sich als der sparsamste Golf aller Zeiten. Weitere Golf BlueMotion Features außer automatischer Motorabschaltung im Stand: rollwiderstandsoptimierte Reifen, besonders leichte und strömungsgünstige Felgen sowie ein aerodynamischer Karosserie-Feinschliff.

Der Sparsamste: Der Golf BlueMotion mit 1,6 Liter TDI verbraucht trotz 105 PS nur 3,8 Liter Diesel auf 100 km

Januar 2010 **Golf R**

Ende Januar 2010 berichtet VW aus Wolfsburg und dem österreichischen Ski-Ort Ellmau: »Der neue Golf R ist da. Von Volkswagen Individual konzipiert. Allradgetrieben. Als Flaggschiff der Baureihe serienmäßig mit Bi-Xenonscheinwerfern, LED-Tagfahrlicht und LED-Rückleuchten ausgestattet. Manuell oder optional per DSG geschaltet. Mit 199 kW/270 PS die stärkste jemals gebaute Variante. Gleichzeitig ist er der sparsamste Golf R aller Zeiten.«

Der Stärkste: Golf R mit Allradantrieb und 270 PS starkem TSI-Motor. Verbrauch: Nur 8,5 Liter Super auf 100 km

Reparatur, Wartung, Pflege

Wenn der Arbeitsplatz geeignet ist, das nötige Material zur Verfügung steht und die Ausrüstung stimmt, haben Sie am Reparieren auch Spaß. Als Arbeitsplatz taugt eine breite, gut beleuchtete Garage mit Stromanschluss, die durchaus so schlicht eingerichtet sein kann wie die im Bild. Wartung und Pflege, selbst wenn sie im Freien erfolgen müssen, sind nun mal wichtig für den Werterhalt.

Arbeitsplatz und Ausrüstung

Vor allem bei älteren Wagen sinkt die Lust, Arbeiten in der Werkstatt erledigen zu lassen. Garantieansprüche gibt es nicht mehr zu verlieren, und bei Stundensätzen weit über 50 Euro lässt sich für denjenigen, der handwerklich geschickt ist, eine ganze Menge Geld sparen. Aber auch an neueren Fahrzeugen lassen sich viele Arbeiten von der gründlichen Aufbereitung bis zum kleinen Unfallschaden selbst erledigen. Verfügen Sie nicht über eine Garage, können Sie auch im Freien zum Werkzeug greifen, wenn eine ebene und befestigte Fläche vorhanden ist. Die beste Empfehlung für Selbstschrauber aber sind Mietwerkstätten. Sie bieten meist mehrere Arbeitsplätze, die allerdings während der Woche eher frei sind als am Wochenende.
Adressen finden Sie in den Gelben Seiten, in Zeitungsanzeigen oder in den von Automobilverbänden empfohlenen Reparatur- und Verleihführern. Im Internet werden Sie auch fündig: Allein der Anbieter
www.geldsparen.de
hält im »Portal Auto« unter der Rubrik »Betrieb, Wartung und Reparatur« auch Hinweise auf 50 Mietwerkstätten deutschlandweit bereit.

Was bietet mir die Mietwerkstatt?

In Mietwerkstätten ist es möglich, eine Hebebühne zu nutzen. Im Entgelt für die Werkstattbenutzung ist ein Werkzeugsatz inklusive. Spezialwerkzeug wie Kolbenrücksetzer für Scheibenbremsen kann extra gemietet werden, und oft steht auch ein Fachmann mit gutem Rat und Praxistipps zur Verfügung.
Als Beispiel möchten wir hier das Profil einer derartigen Einrichtung in Berlin vorführen, die Sie im Internet unter der Adresse
www.selbstreparatur-werkstatt.de
auch zunächst einmal virtuell besuchen können. Diese »Schöneberger Selbstreparatur-Werkstatt« steht sieben Tage die Woche von 09.00 Uhr bis 18.00 Uhr zur Verfügung, für Sonntag allerdings und auch nach 18.00 Uhr müssen Terminvereinbarungen getroffen werden. Auch feiertags ist zumeist geöffnet.
Wer »eine kostengünstige Alternative« sucht, »der ist bei uns genau richtig«, verspricht die Homepage. Gut beleuchtete, im Winter beheizte Räumlichkeiten, griff-

Mini-Hebebühne: Diese Geräte von ATH-Heinl sind gut für den Reifenservice und für Arbeiten an den Bremsen.

Werkstattwagen: Ordnung und bequemen Werkzeugtransport bringen Helfer wie dieser von ATH für 550,0 Euro.

bereites Werkzeug, hilfsbereite Leute und auch schon mal eine Tasse Kaffee machen Service-, Wartungs- und Reparaturarbeiten problemlos durchführbar.

Womit muss ich rechnen?

Die einzelnen Werkräume sind jeweils mit Hebebühne und Werkbank ausgestattet, gemietet werden kann stundenweise. Die Stunde mit Hebebühne, inklusive Grundwerkzeug: Koffer mit gängigen Schlüsseln, Pressluftschrauber, Hammer und eine Lampe kostet 10,0 Euro. Bei längerer Mietzeit gibt es Rabatt, Sie zahlen z. B. nur noch 8,0 Euro pro Stunde bei 5 Stunden Miete.

Alt-Öl wird für 1,0 Euro je Liter angenommen, Schutzgas-Schweißen kostet 20,0 Euro und für den Satz Federspanner muss man pro angefangene 60 Minuten 5,0 Euro zahlen. Ein Kfz-Meister steht »für jede Hilfe« zur Verfügung, Spezialwerkzeuge sind vorhanden und können ebenfalls gemietet werden.

Arbeit in der Mietwerkstatt lohnt sich aber nur, wenn die Reparatur flott von der Hand geht und eine angefangene Arbeit auch direkt zu Ende geführt werden kann. Akribische Vorbereitung zahlt sich also aus. Reparaturen, die man nicht genau abzuschätzen vermag, sollten unbedingt auf einen Termin gelegt werden, der einen außerplanmäßigen Besuch beim Händler zum Kauf von Ersatzteilen erlaubt.

Was ist beim Teilekauf zu beachten?

Die benötigten Ersatzteile sollten spätestens am Tag der Arbeit parat sein, denn jede Werkstattstunde kostet ja. Kaufen Sie nach Liste und denken Sie an Zubehör wie Dichtungen, Sicherungsringe, Schlauchschellen, Clipselemente oder selbstsichernde Muttern. Sie müssen um die 10 Euro Kosten einplanen, wenn die Arbeiten abends nicht fertig werden und das Auto über Nacht in der Werkstatt stehen bleibt.

Achten Sie beim Ersatzteilkauf auf den Preis, denn Unterschiede bis zu 35 Prozent sind die Regel. Bei typenoffenen Serviceketten kann der Kunde manchmal bis zu 60 Prozent sparen, 20 Prozent sind jedenfalls immer drin – und zwar für dieselbe Qualität, meist sogar für die exakt gleichen Ersatzteile.

Auf No-name-Produkte sollten Sie beim Ersatzteilkauf allerdings verzichten. Solche Käufe machen die eventuell fehlende Beratung beim Kauf von Verschleißteilen nicht wett, und zweitens könnte die Garantie auf das betreffende Teil und von ihm in Mitleidenschaft

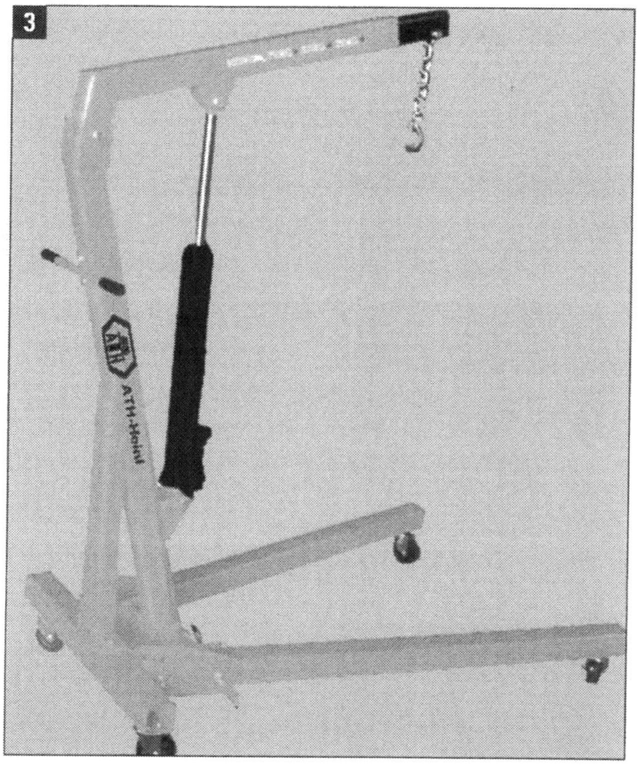

Werkstattkran: Unentbehrlich zum Transport schwerer Teile. ATH bietet eine clevere Ausführung schon für 180,0 Euro an.

Ölabsauggeräte: Die elegante Lösung zum Absaugen und Auffangen von Motoröl kostet zwischen 150,0 und 300,0 Euro.

gezogene Teile in Gefahr geraten. Bei sicherheitsrelevanten Ersatzteilen ist Sparsamkeit ohnehin fehl am Platz. Bremsbeläge, Bremsscheiben, Radlager, Antriebswellen und Gelenke sollte man grundsätzlich in Originalqualität kaufen.

Bei Schäden an Kurbeltrieb, Kolben und Ölwanne lohnt sich der Kauf eines Teilmotors. Zylinderkopf und Nebenaggregate übernimmt man vom alten Motor. Bei gut erhaltenen Fahrzeugen macht ein Austauschmotor Sinn. Firmen, die auf die Überholung von Motoren spezialisiert sind und Reparaturen nach Qualitätsrichtlinien garantieren, finden Sie im Internet unter

www.vmi-ev.de

oder beim

Verband der Motoreninstandsetzungsbetriebe
Christinenstr. 3 / 40880 Ratingen
Tel.: 0 21 02/ 44 72 22 / Fax: 0 21 02/ 44 72 25
E-mail: info@vmi-ev.de

⚠ Vorsicht bei der Arbeit!

GEFAHRHINWEISE

■ Tragen Sie beim Blechtrennen oder bei Arbeiten mit laufendem Motor Ohrenschützer und beim Bohren, Schleifen, Meißeln und Arbeiten unter dem Fahrzeug stets eine Schutzbrille.

■ Arbeitshandschuhe sind gut gegen Schmutz oder Abschürfungen an scharfem Blech. Wenn Sie mit der Handbohrmaschine arbeiten, sollten Sie wegen der Gefahr durch das rotierende Bohrfutter aber besser keine Handschuhe tragen.

■ Achten Sie in Montagegruben und beim Lackieren größerer Flächen am Fahrzeug auf gute Belüftung. Beim Lackieren Schutzmaske tragen!

■ Durchgebrannte Sicherungen müssen Sie immer durch neue Sicherungen desselben Typs und identischer Stromstärke in Ampere (A) ersetzen. Niemals Drahtbrücken einbauen! Die Folge solcher Behelfsmaßnahmen können Schäden an Bauteilen im betreffenden Stromkreis oder sogar Kabelbrände sein.

■ Sprühdosen, Altöl, Bremsflüssigkeit, alte Bremsbeläge oder Farbdosen sind Sondermüll. Sie müssen entsprechend entsorgt werden.

■ Bei allen Wartungs- und Reparaturarbeiten sollte das Rauchen strikt unterbleiben.

■ Für Ihren TDI nicht relevant, hier aber doch erwähnt: Oberste Vorsicht an Zündanlagen! Prüfungen nur bei Motorstillstand durchführen. Bei unbedingt nötigem Motorlauf nicht die Hand anlegen, der Primärstromkreis hat Spannung bis 30.000 Volt!

6

Handstablampe: Für viele Fälle nützlich, oft gar unentbehrlich.

7

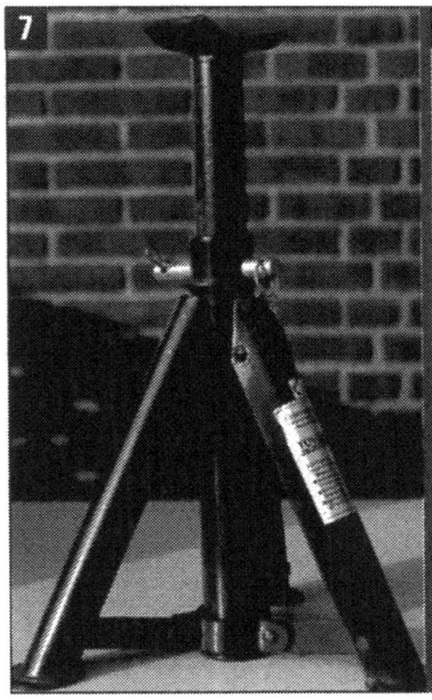

8

Unterstellböcke: Einfache klappbare Ausführung (7) und Finkbeiner-Abstützbock mit Spindel, Feder und Lenkrollen (8).

9

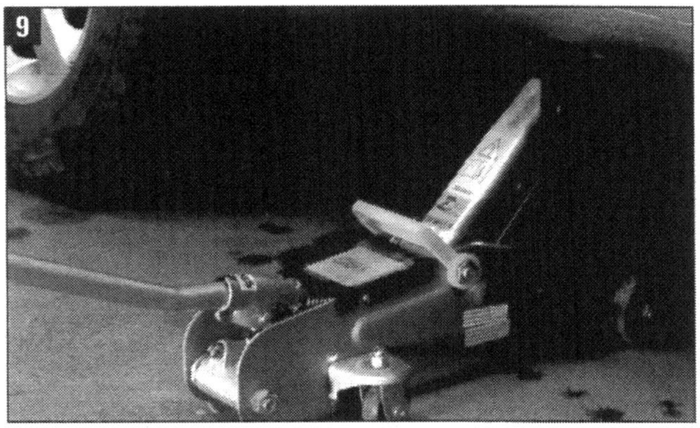

Rangierwagenheber: Sicherer als der Spindelwagenheber.

Welches Werkzeug brauche ich?

Nur vollständiges und gutes Werkzeug garantiert Ihnen das gewünschte Ergebnis. Überprüfen Sie daher Ihre Ausrüstung, bevor Sie mit der Arbeit beginnen. Schlechtes Werkzeug, das sich schon bei der ersten verrosteten Schraube verbiegt oder ausbricht, bringt Probleme und verdirbt jede Freude am Werken. Achten Sie also beim Kauf auf Qualität!

Gute Werkzeuge werden aus einwandfreiem Material hergestellt und arbeiten stets maßgenau. Sie haben natürlich ihren Preis, der für einen 10er-Satz wirklich guter Ring-/Maulschlüssel bei 80 Euro liegen kann. Ein Steckschlüssel-Kasten mit knapp 20 Teilen – Umschaltknarre, Stecknüsse und Verlängerungen – kostet an die 200 Euro. Für die komplette Werkstattausrüstung in Profiqualität sind 8.000 Euro nicht zu hoch gegriffen. So etwas rentiert sich allerdings nur bei häufigem Einsatz über 10 bis 20 Jahre hinweg.

Grundwerkzeuge:

- Schraubendreher, Ring-, Maul- und Inbusschlüssel (oft sind gekröpfte Schlüssel nötig; Bilder 11 und 12).
- Seitenschneider, Kombizange und Wasserpumpenzange mit mindestens 240 mm Länge. Damit trennen, biegen, halten und drehen Sie so ziemlich alle Werkstoffe und -stücke.
- Kunststoff- oder Gummihammer für empfindliche Bauteile wie Lager, gegossene oder gehärtete Teile. Damit vermeiden Sie etwaige Schäden (Bild 11).
- Der Schlosserhammer wird benutzt, um z. B. mit einem Durchschlag festsitzende Bolzen zu lösen.
- Durchschläge (Durchmesser 3 und 6 mm) sind bei Montage- und Demontagearbeiten an Fahrwerk, Motor und Bremsen universell einsetzbar.
- Ein Körner hilft bei Bohrarbeiten an Metallen.
- Flachmeißel mit gehärteter Schneide werden oft an deformierten oder festgerosteten Schraubverbindungen gebraucht.
- Quetschzange, isolierte Kombizange, Phasenprüflampe mit Nadelspitze und Massekabel sowie isolierte Schraubendreher sind für die Elektrik nötig.
- Für Motorraum und unterm Fahrzeug brauchen Sie

Bild 10 Bordwerkzeug: (1) Spindelwagenheber; (2) Schraubendreher zur Montage und zum Abhebeln von Abdeckungen; (3) Abschleppöse, (4) Radschraubenschlüssel; (5) Radkappen-Haken; (6) Adapter für gesicherte Radschraube.

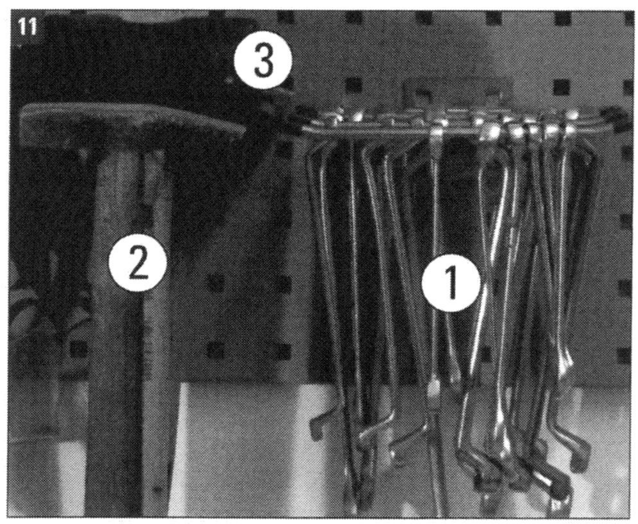

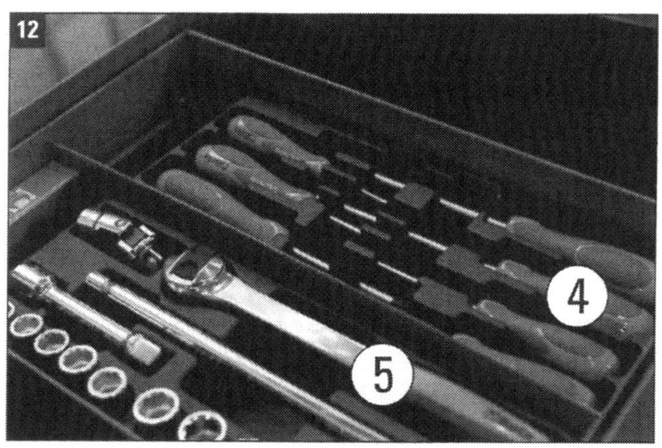

Bilder 11 und 12 Grundwerkzeuge: (1) Gekröpfte Ringschlüssel, (2) Schlosser- und (3) Gummihammer, (4) Flach-, Kreuzschlitz und Torxschraubendreher sowie (5) Knarre mit Steckeinsätzen, so genannten »Stecknüssen«. Das Hakenbrett für die Werkzeuge in Bild 11 hängt über der Werkbank. Flexibler ist man mit Box (Bild 12) oder Werkstattwagen wie in Bild 2.

einen Steckschlüsselsatz mit den Größen 10 bis 32 mm und Umschaltknarre mit 1/2-Zoll-Antrieb (Bild 12).

- Für den Innenraum ist der Schlüsselsatz 6 bis 13 mm, 1/4-Zoll-Umschaltknarre erforderlich.
- Gripzange und Schraubzwingen: Die Maulweite der Gripzange kann am Griffteil exakt eingestellt werden. Eine Schraubzwinge, die in vielen Größen erhältlich ist, fungiert beim Montieren äußerst hilfreich als Ihre »dritte Hand«.
- Abzieher (Bild 13) gehören zur Grundausstattung jeder Autowerkstatt.

Auch für Heimwerker lohnt sich die Anschaffung in allerdings geeigneten Dimensionen und Ausführungen. Damit lassen sich Radnaben lösen, Achsgelenke aus der Führung pressen o. Ä.

Spezialwerkzeuge:

Mit der Grundausstattung können Sie viele Wartungen und Reparaturen selbst erledigen. Sie ist unentbehrlich für vernünftige Arbeit, reicht aber für viele Fälle nicht aus. Sinnvolle weitere Anschaffungen sind:

- Handstablampe (Bild 6): Gut fürs Schrauben unter dem Auto oder im Motorraum, im Innenraum und in weniger gut beleuchteten Garagen. Wasserdicht, mit Blendschutz, ölresistent und schlagsicher.
- Ein Paar Unterstellböcke und ein hydraulischer (»Rangier«-)Wagenheber mit möglichst nicht zu kleinen Rollen (Bilder 7, 8 und 9).
- Batterietester zum Prüfen von Batteriezustand und Ladestatus (ähnlich Bild 14). Regelmäßige Überprüfung des Startsystems hilft, das gefürchtete Liegenbleiben wegen schwächelnder Batterie vor allem in der kalten Jahreszeit zu vermeiden.
- Elektronisches Akkuladegerät (Bild 15). Solch ein Gerät mit automatischer Ladestromanpassung ist vor allem bei häufigen Kurzstreckenfahrten im Winter gut.
- Drehmomentschlüssel (Automatikschlüssel): Zur präzisen Beachtung von Anzugsdrehmomenten.
- Ölfilterschlüssel: Wichtig für den Ölwechsel. Günstig ist ein Universalschlüssel.
- Fühlerblattlehre zum Prüfen das Ventilspiels oder des Spaltmaßes von Gebern (Drehzahlgeber etc.).
- Messinstrument (Multimeter): Unerlässlich für ge-

13

14

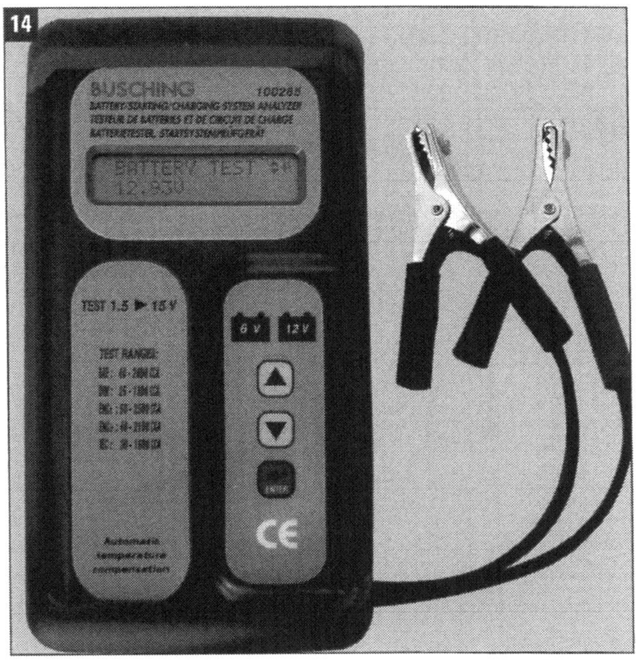

15

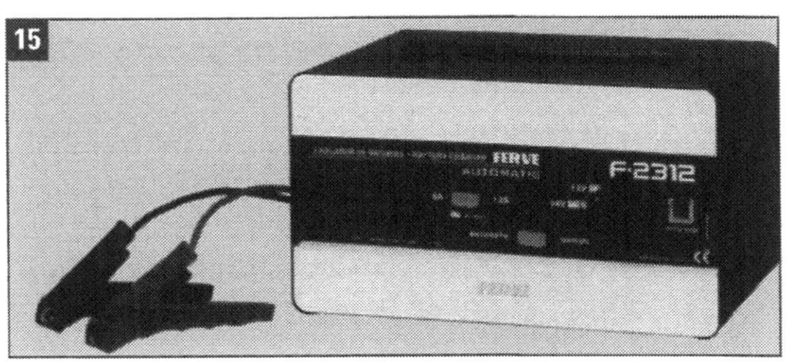

Spezialwerkzeug: Abzieher, hier stilisiert für den entsprechenden Katalog von ATH (Bild 13), Startsystemtester zur Prüfung der Bordbatterie (Bild 14) und automatisches Batterie-Ladegerät (Bild 15). Tester und Ladegerät sind vor allem im Winter und bei älteren Batterien unverzichtbar, weil dann die meisten Pannen durch schwache Akkus verursacht werden.

naue Messungen an elektronischen Bauteilen. Es gibt auf die Autoelektrik abgestimmte Geräte.

- Durchgangsprüfer und Abisolierzange sind weitere wichtige Geräte für Arbeiten an der Fahrzeugelektrik. Die Prüferlampe liefert eine zuverlässige Aussage, ob Spannung an den Prüfspitzen anliegt.

Nützliches Zubehör:

- Felgenbaum mit Abdeckhusse aus Nylongewebe (Bilder 16/17). Die Reifen vor dem Stapeln und Abdecken mit Kreide kennzeichnen, damit sie wieder an ursprünglicher Position eingebaut werden können.
- Teilereiniger, Sprühfett, Kupferpaste und andere »chemische Helfer«. Sie werden selten gebraucht und sind im Einzelfall umstritten; also Rat einholen.
- Auffahrrampen und ein zum Hocker faltbares Rollbrett sind außerordentlich nützlich, und auch durchaus noch kein Luxus.

Braucht man eine Hebebühne?

Diese kostspieligen und auch platzaufwändigen Gerätschaften gehen natürlich über das Übliche schon weit hinaus. Wer dafür in Garage, Remise oder umfunktionierter Scheune Raum hat, wer häufig und fachlich versiert schraubt, wer neben dem eigenen auch noch den Zweitwagen und/oder Autos von Freunden betreut, für den kann sich die Anschaffung lohnen.

Optimale Arbeitsfreiheit bietet die mobile 2-Säulen-Hebebühne von Finkbeiner (Bild 18). Keine Befestigung auf dem Boden, freie Zugänglichkeit zum Fahrzeugboden, türfrei in jeder Hubhöhe. Hydraulischer Antrieb, absolut unempfindlich und nahezu wartungsfrei. Tragfähigkeit: 3.000 kg auf vier Gelenkarmen, Hubhöhe: max. 1850 mm in ca. 40 Sekunden.

Die stationäre elektrohydraulische Einsäulenhebebühne ATH 1.25S (Bild 19) ist für netto 2.845,00 Euro zu haben. Sie hat Profiqualität und ist auch bei wenig Platz einsetzbar. Die stabile Säulenkonstruktion mit Teleskoparmen kann 2.500 kg in 36 Sekunden bis knapp zwei Meter hoch heben.

Was muss ich unbedingt beachten?

Sicherheit hat beim Heimwerken absolute Priorität. Wagen Sie sich nur an Arbeiten, die Sie sich wirklich zutrauen können. Nehmen Sie handwerkliche Aufga-

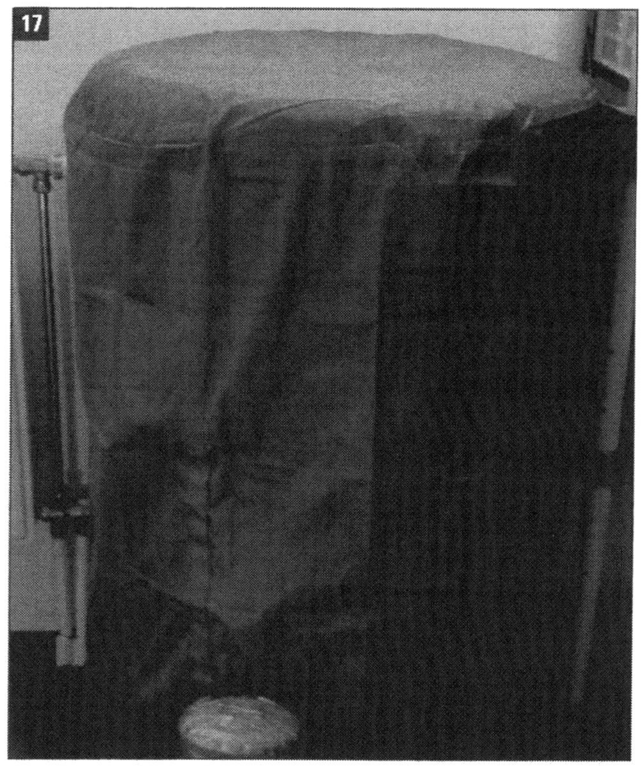

Felgenbaum: Zur saisonalen Reifenlagerung zu empfehlen. Das preisgünstige Stapelgerät erlaubt platzsparendes und reifenschonendes Einlagern in Garage oder Keller.

ben, mit denen Sie in der Praxis wenig oder gar keine Erfahrung haben, nicht auf die leichte Schulter. Mangelhaft ausgeführte Arbeiten können im Straßenverkehr fatale Folgen haben, für Sie und für Dritte. Um diese zu vermeiden, geben wir Ihnen stets auch die entsprechenden »Gefahrenhinweise«.

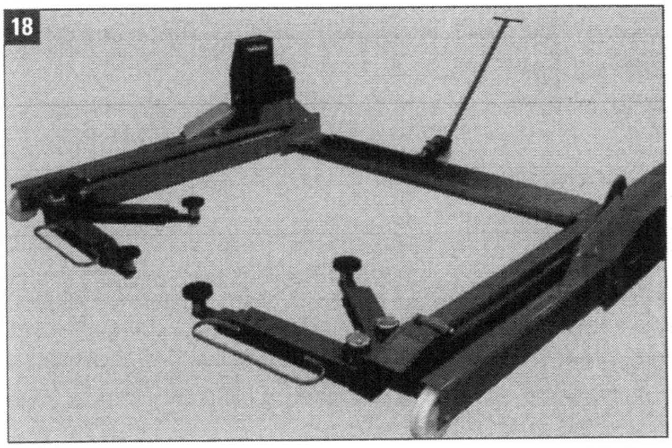

Hebebühnen für daheim: Nicht unmöglich, aber wohl eher eine Frage der Räumlichkeiten und der Effektivität. Wer viel Platz hat und häufig schraubt, kann sie brauchen..

Werterhalt durch Pflege

In diesem Unterkapitel beantworten wir die wichtigsten Fragen zu Innen- und Außenreinigung, Lack- und Glaspflege sowie Beseitigung kleinerer Karosserieschäden. Ausführlicher behandeln wir dieses Thema in unserem Sonderband 175 »Die Autokarosserie«.

Die Pflege des Innenraums

Den Innenraum sollten Sie bei Pflegeaktionen zuerst in Angriff nehmen. Wenn Sie sich diese Arbeit bis zuletzt aufheben, verschmutzen die Staubwolken aus Polstern und Fußmatten nämlich wieder die frisch gewaschene Außenseite.
Für die Säuberung verwenden Sie am besten spezielle Autopflegemittel. Scheiben, Polster und Kunststoffoberflächen sind durch Witterung, Staub, Schmutz und Feuchtigkeit extremen Belastungen ausgesetzt, denen nur besondere Pflegesubstanzen wirklich gewachsen sind. Spezialreiniger sind daher allemal ihr

Reiben mit dem Schwamm: Polster reinigen macht wenig Spaß, bedeutet aber Werterhalt und -steigerung. Denn jeder Wagen braucht sorgfältige Pflege, wenn er beim Wiederverkauf sein Geld einbringen und bei den Prüfern von TÜV und DEKRA gute Chancen sichern soll.

Geld wert. Zur gründlichen Innenreinigung brauchen Sie ferner:

- Nicht flusende Lappen zum feuchten und trockenen Ab- und Auswischen;
- Kleider- oder Polsterbürste;
- Staubsauger mit verschiedenen Düsen;
- Handfeger und Kehrschaufel;
- ein Fensterleder und einen
- feinporigen Kunststoffschwamm.

So gehen Sie am besten vor:

- Wagen ausräumen, Ascher leeren und auswischen. Fußmatten nach innen zusammenschlagen und herausnehmen, ausschütteln, ausklopfen und staubsaugen. Gummimatten feucht abwischen und trocknen lassen. Eine feuchte Matte kann üblen Geruch und Stockflecken im Textilbelag verursachen.
- Grobschmutz im Innenraum mit Staubsauger entfernen. Für weiche Textilbeläge eignen sich starre Düsenaufsätze, für harte Kunststoffe sind Borstenaufsätze besser. Sitzpolster abbürsten oder staubsaugen, Kunststoffoberflächen abwischen. Staub in Ecken mit Pinsel entfernen.
- Bei stark verschmutzten Sicherheitsgurten kann das Aufrollen des Automatikgurts beeinträchtigt werden. Deshalb Gurte trocken abbürsten oder bei starker Verschmutzung mit milder Seifenlauge abwaschen, dazu aber niemals ausbauen. Chemische Reinigungsmittel und ätzende Flüssigkeiten können das Gewebe zerstören. Vor dem Aufrollen müssen die gereinigten Gurte trocken sein.
- Zum Reinigen von Kunststoffteilen, Lederverkleidungen, Dachhimmel, Leuchtengläsern, mattschwarz gespritzten Teilen und Armaturenbrett ein mit klarem Wasser angefeuchtetes Tuch verwenden. Sollte das für die Grundreinigung nicht ausreichen: lösungsmittelfreie Reiniger und Pfleger sowie Kunststoffreiniger verwenden. Die besprühten Stellen mit klarem Wasser nachwischen und mit einem Tuch trockenreiben. Empfehlenswert ist auch Cockpitpflege-Spray (Bild 2), das gut riecht und antistatisch ist.
- Beachten Sie: Lösungsmittelhaltige Reiniger sind gefährlich für Instrumententafel und Oberflächen von

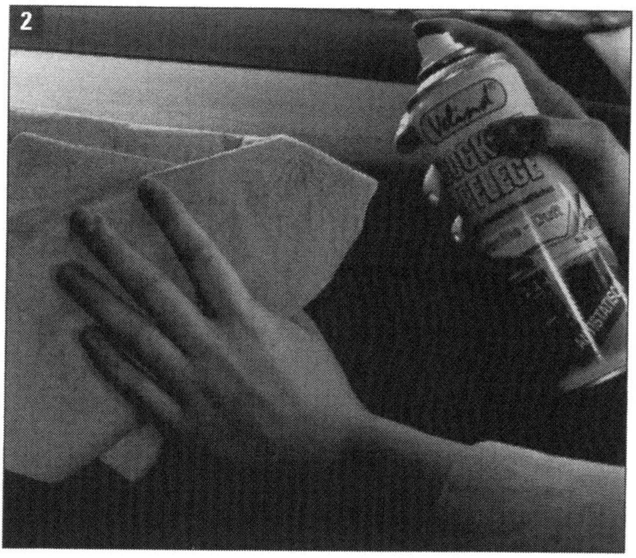

Cockpitpflege: Damit werden Kunststoffoberflächen sauber, glänzender und auch antistatisch.

Innenfenster-Reinigungswerkzeug: Es werden immer wieder Neuerungen angeboten, mit denen die Arbeit erleichtert werden soll. Einen Versuch sind sie sicher wert, aber oft genug erweist sich die »konservative« Art mit dem Ledertuch als effektiver: Innenseiten der Fenster mit feuchtem Waschleder oder sauberem weichem Lappen reinigen. Bei starker Verschmutzung mit Spiritus oder Salmiakgeist und warmem Wasser oder mit Glasreiniger behandeln. Trocken nachpolieren.

Airbagmodulen, die porös werden können. Bei einer Airbagauslösung sind dann Verletzungen durch sich lösende Kunststoffteile möglich!

- Den Dachhimmel nur bei starker Verschmutzung reinigen und auf keinen Fall durchfeuchten. Himmel mit Reiniger großflächig einsprühen. Mit Schwamm und Frottierhandtuch nachwischen. Behandlung bei Bedarf wiederholen. Nicht auf die verschmutzten Stellen beschränken, weil hässliche Platten mit Rändern entstehen können.
- Polsterstoffe und Stoffverkleidungen (Bild 1) werden mit speziellen Reinigungsmitteln oder mit Trockenschaum und feuchtem Schwamm behandelt. Die Polster noch feucht gründlich absaugen. Der Schmutz löst sich so am besten.
- Leder von Sitzbezügen und Verkleidungen (Bilder 4 und 5) reagiert empfindlich auf Sonneneinstrahlung, vor allem aber auf Öle, Fette und Verschmutzungen. Das gilt auch für Mikrofaserfabrikate (»Alcantara«), bei vor allem den Highline-Modellen.
- Zur Lederreinigung einen Baumwoll- oder Wolllappen mit Wasser, bei stärkerer Verschmutzung mit einer Seifenlösung leicht anfeuchten und die verschmutzten Stellen wischen. Das Leder soll aber nicht durchfeuchtet werden! Fett- und Ölflecke oder anderen hartnäckigen Schmutz vorsichtig mit Schwamm und Spezialreiniger behandeln. Mit weichem, trockenem Tuch nachwischen und trocknen lassen.
- Regelmäßig alle zwei, mindestens aber alle sechs Monate ein Lederpflegemittel anwenden. Nur spezielle Lederpflegemittel nehmen, die auch die Nähte flexibel und geschmeidig halten. Die versiegelnde Pflege-Lotion sparsam auftragen und nach Einwirkung mit weichem Lappen (Microfasertuch) nachwischen. Das Leder wird geschmeidiger, die Farben wirken frischer. Für Alcantara niemals Lederpflegemittel, sondern nur Wasser oder verdünnten Spiritus verwenden!
- Türdichtungen mit Gummipflegemittel geschmeidig halten (Bild 6). So werden auch Quietschen und Knarren beim Türenschließen vermieden. Regelmäßige Pflege mit Hirschtalgstift oder silikonhaltigem Pflegemittel verlängert die Lebensdauer.
- Zur Innenfenster-Reinigung bietet der Fachhandel ein Reinigungswerkzeug mit auswechselbarem Vlies-

4

5

6

Leder und Gummi: Reinigen mit Seifenwasser und Pflegemittel. Sitzbezüge und Verkleidungen aus Leder (Bild 4) sind sehr empfindlich. Staub und Schmutzpartikel in Poren, Falten und Nähten (Bild 5) können scheuern und die Oberfläche beschädigen. Regelmäßig die Sitze absaugen!
Die Dichtungen an Fenstern und Türen mit einem Hirschtalgstift oder Silikon aus der Flasche (Bild 6) pflegen.

belag an (Bild 3), mit dem man besser in alle Ecken kommen soll. Ausprobieren schadet nicht!

- Gegen Rauchgeruch im Innenraum und in den Polstern helfen Markenprodukte aus Zubehör- oder Tankstellenshops. Im Auto mit Klimaanlage aber sollten Sie bei Umluftbetrieb besser gar nicht rauchen. Der angesaugte Rauch setzt sich auf dem Verdampfer ab und verursacht dauerhafte Geruchsbelästigung.
- Vor dem Verkauf eines Raucher-Autos wird eine Behandlung mit neutralisierendem Ozon empfohlen. Diese dauert aber meist zwei Tage und kann allerhand Geld kosten.

Die richtige Außenwäsche

Autowaschen auf der Straße ist heute so gut wie überall verboten. Denn mit dem Schmutzwasser der Wagenreinigung könnten Ölrückstände und andere die Umwelt schädigende Substanzen in die Kanalisation und ins Grundwasser geraten.

Eine saubere Sache ist dagegen die Wagenwäsche in einer automatischen Waschanlage. Die verwendeten Wassermengen sind großzügig, die Wäsche ist relativ schonend. Ölabscheider und Wasseraufbereitungsanlagen sorgen für Umweltschutz. Sie können meist zwischen mehreren Programmen wählen. Nutzen Sie auf jeden Fall Waschen und Pflege mit Vorwäsche.

Unabhängig davon, ob mit Bürsten, Textilstreifen oder Schaumstoff gewaschen wird: Beansprucht wird der Lack immer. Man kann durchaus des Guten zuviel tun, wenn man zu häufig wäscht. Ist der Lack noch in Ordnung, gibt es keinen zwingenden Grund, das Auto ständig zu waschen. Mit Ausnahme von aggressivem Vogelkot oder Säuren werden die meisten Schmutzangriffe von gutem Lack mühelos verkraftet.

Nach dem Waschgang müssen Sie die Sauberkeit kontrollieren und an manchen Stellen nachputzen. Die Bürsten behandeln Radhäuser, Radläufe, Türschwellerkanten, Türrahmen und Ritzen nachlässig. Handarbeit mit Schwamm und Putztuch ist angesagt.

Selbstwaschanlagen benutzen

Ihren Wagen selbst zu waschen, ist durchaus empfehlenswert. Die Waschplätze an der Tankstelle (SB-Wäsche) bieten gute Möglichkeiten. Dort stehen Ihnen alle Hilfsmittel zur Verfügung.

- Waschen Sie Ihr Fahrzeug nicht in der prallen Sonne, weil das dem Lack schaden kann.
- Vor Arbeitsbeginn den Zustand der Waschbürsten prüfen. Eventuellen groben Dreck vom Vorgänger beseitigen, wenn Sie keine Kratzer riskieren möchten.

Zur wirksamen Außenwäsche brauchen Sie:

- Jede Menge Wasser. Wird der Schmutz mit zu wenig Wasser abgewischt, schmirgeln Staub- und Sandkörnchen über den Lack und zerkratzen ihn.

7

8

Bilder 7 bis 9 Profis machen es vor: Nach einem VW-Event werden Fahrzeuge wieder auf Vordermann gebracht.

● Mindestens zwei Eimer, wenn kein Schlauch zur Verfügung steht. Sie müssen immer frisches Nachspülwasser parat haben.

● Möglichst eine Sprühdüse aus Kunststoff für den Schlauch, sofern dieser verfügbar ist. Sie können dann wie mit dem Hochdruckreiniger (Bild 7) arbeiten.

● Wenn Schlauchanschluss möglich und Schlauch vorhanden, eine Schlauchbürste. Bei deren Einsatz kann das durchfließende Wasser den abgebürsteten Schmutz wegschwemmen.

● Waschhandschuh oder Schwamm. Nach jedem zweiten oder dritten Waschstrich in den vollen Wassereimer tauchen und ausdrücken.

● Eine langstielige Waschbürste, die sich besonders für Felgen und Radkästen eignet. Setzen Sie Spezialreiniger gegen Bremsstaub an Felgen ein (Bild 8).

● Fensterleder, das man in einem anderen Eimer auswäscht, damit es sauber bleibt. Evtl. mit Glasreiniger nachpolieren (Bild 9).

● Einen großporigen Viskoseschwamm und einen Fliegenschwamm für Insektenrückstände sowie ein großflächiges echtes Leder zum Trockenreiben.

9

GEFAHRHINWEISE

Vorsicht mit Dampfstrahlern

■ Wird der Dampfstrahler eingesetzt, dann die Wassertemperatur auf maximal 60 °C (zu heißes Wasser greift Gummi und Versiegelungen an) und den Druckregler auf maximal 30 bar einstellen.

■ Einen Abstand zum Auto von 60 bis 80, wenigstens jedoch 50 Zentimeter einhalten. Den Hochdruckreiniger auch vom Kühler fernhalten, weil der scharfe Strahl die feinen Lamellen deformieren könnte.

■ Gut geeignet ist das Gerät zur Felgensäuberung. Hier aber gilt: Nicht den Reifen zu nahe kommen! Die Reifenflanken selbst der stabilen modernen Pneus können durch den hohen Druck des Wasserstrahls Schaden nehmen.

■ Heißes Wasser aus Druckdüsen löst fast jede verhärtete Schmutzschicht, natürlich auch dicke Ölkrusten an Motor und Getriebe. Von Druckwäsche am Motor müssen wir aber abraten: Eindringende Nässe kann die Elektronik lahm legen oder über den Ansaugtrakt in den Motor gelangen. Ein kapitaler Schaden mit hohen Kosten z. B. für ein neues Motorsteuergerät wäre die Folge. Motorwäsche daher nur mit Kaltreinigern in Handarbeit vornehmen.

Taugt Motorwäsche in Eigenregie?

Motorraumwäsche ist nicht nur Schönheitskur für den Motor, sondern auch eine wichtige Pflegemaßnahme zur Aufrechterhaltung ungestörter Funktion. Die Motorwäsche darf allerdings nur dort erfolgen, wo es einen Ölabscheider gibt. In einer Selbstwaschanlage oder auf einem Waschplatz geht das also. Wenn Sie diese Arbeit nicht einem Profi überlassen wollen, dann verwenden Sie auf jeden Fall als Fettlösemittel einen Kaltreiniger aus der nachfüllbaren Pumpflasche. Damit können Sie den Schmutz in allen Ecken und Winkeln gut aufweichen, vor allem, wenn Sie den Reiniger noch mit einem alten Lappen gut verteilen. Dann das Reinigungsmittel mit viel Wasser abspülen. Das muss sehr vorsichtig geschehen, um keine Schäden an der Elektronik anzurichten.
Kontrollieren Sie nach getaner Arbeit, ob noch genug Schmierfett an neuralgischen Punkten vorhanden ist. Bei Bedarf sollten Sie maßvoll nachfetten. Gut geeignet sind Festschmierstoffpasten oder Spezialfette.

PRAXISTIPP

Schmierfette für Fahrzeuge

Schmierfette sind nach ihrer Beständigkeit gegenüber Knetbelastung eingeteilt. Je höher der »Walkpenetrationswert« (zwischen 100 und 500), desto niedriger ist die »NLGI-Konsistenz-Nummer« (zwischen 6 und 000) und desto weicher also ist das Fett.

Abschmierfette: Calciumseifen-Fette, NLGI-Kl. 1. Wasserbeständig, wasserabweisend. Für Fahrgestellbauteile.

Blattfederfette: Mit Graphitzusätzen. Gutes Haftvermögen, Wasser abweisend, gut bei Notlauf.

Fließfette: Lithium-12-OH-Stearat-Fette, NLGI-Klasse 00/000. Halbfließende Schmierfette mit gutem Korrosionsschutz.

Komplexfette: Calcium-Komplexseifen-Fette, NLGI-Kl. 2. Hochgradig walkstabil, wasserbeständig und druckaufnahmefähig.

Langzeitschmierfette: Li-Seifen-Fette mit Molybdändisulfid. Zur Hochdruck- und Langzeitschmierung.

Mehrzweckfette: Li-Seifen-Fette, NLGI-Kl. 2. Für alle Schmierstellen, die keine Spezialfette brauchen. Gute Gesamteigenschaften, guter Korrosionsschutz.

Wälzlagerfette: Li-Komplexseifen-Fette, NLGI-Kl. 2. Speziell für Pkw-Vorderradlager. Hoher Tropfpunkt, ausgezeichnete Walkstabilität.

Alle Fette zwischen -10 und +90 °C, meist zwischen -30 und +130 °C (Extremfall: +170 °C) einsetzbar.

Damit sich der Schmutz auf dem Motor nicht zu schnell wieder festsetzt, können Sie Motorblock und Anbauteile mit einem besonders hitzefesten Motorschutzlack versiegeln. Für die Umgebung reichen ein Konservierungsspray oder Konservierungswachs.
Motorschutzlack versiegelt auf der Basis hochwertiger Acryllacke, bringt neuen Glanz auf Motor, Aggregate oder Schläuche und bildet einen hoch elastischen Schutzfilm gegen Nässe und Schmutz. Gute Produkte sind hochglänzend, haften zuverlässig, sind temperaturbeständig bis 100 °C und gilbfest. Sie werden auf die gründlich gereinigten und getrockneten Flächen bei ausgeschalteter Zündung gleichmäßig aufgetragen. Normale Klarlacke aus Spraydosen würden verbrennen oder zumindest reißen.

Fetten und Schmieren

Schmierfette sollen Reibung und Verschleiß verringern, Korrosion verhindern, Schmierstellen abdichten und gegenüber den Betriebstemperaturen beständig sein. Für Scharniere und Gelenke mit engen Durchgängen, in die kein Fett eindringen kann, sind Öl oder Schmierspray gut geeignet. Gegeneinander reibende Flächen werden günstiger gefettet oder mit einer Schmierpaste bzw. mit Sprühfett in Gelform behandelt. Paste und Gel haften besser an vertikalen Flächen, die Öl herabrinnen lassen.
Schmierfette bestehen aus Mineral- oder Syntheseöl mit Verdickungsmittel und Additiven, die Oxidation und Korrosion aufhalten, Haftung verbessern und Reibwert verändern (Graphit und Molybdändisulfid). Hochwertige Schmierfette zeichnen sich durch optimale Kombination von Grundölen, Verdickungsmitteln und Additiven aus.
Hersteller und Verbraucher bezeichnen die Schmierfette unterschiedlich. Die Produzenten unterscheiden nach den verwendeten Verdickungsmitteln (Calcium-, Natrium und Lithiumseifenfette), die Anwender nach dem praktischen Einsatz: Wälzlagerfette, Abschmierfette oder Wasserpumpenfette.

So gehen Sie vor:

- Scharniere an Türen und Klappen gelegentlich mit einem Spritzer Öl (Mehrzweckfett) versorgen.

- Nach der Wagenwäsche ist ein knapp dosierter Einsatz von Öl (Fließfett) für das Türschloss gut. Schließzapfen und -ösen mit Fließfett behandeln.

- Türfeststeller am unteren Scharnier mit Mehrzweckfett, Vorderradnaben mit Hochtemperatur-Wälzlagerfett bestreichen.

10

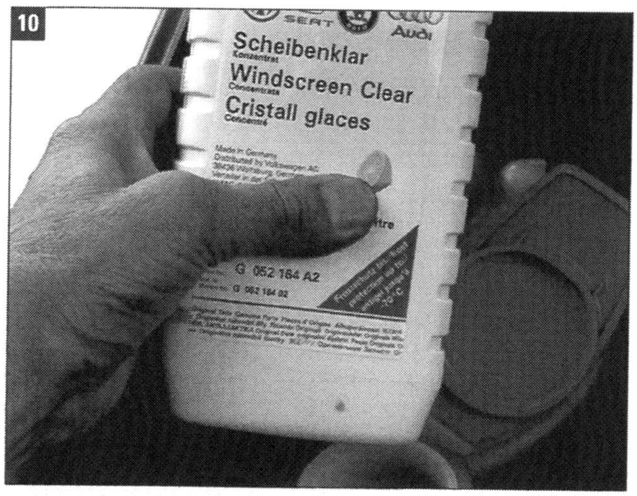

Waschwasser-Zusatz: Erst Reinigungsmittel (Winter: plus Frostschutz), dann Wasser in die Scheibenwaschanlage.

- Schlüsselschlitz der Schließzylinder: Im Herbst mit Rostlöser-Isolierspray einsprühen. Schmiert, verdrängt Feuchtigkeit, schützt vor Rost und Einfrieren.

- Spezielles Schlossöl bewahrt vor Zufrieren und taut zugefrorene Schlösser auf.

- Kupplungsteile mit Langzeitschmierfett, Schmierstellen außer Radnaben mit Abschmierfett behandeln.

Scheiben und Scheinwerferglas

Um bei Staub, Regen und Schnee den Durchblick zu erhalten, ist das Fahrzeug mit einer Waschanlage ausgestattet. Ihr Wasserbehälter (rechts vorn im Motorraum) soll immer gut mit Wasser plus Zusatzmittel befüllt sein (Bild 10). Die Anlage reinigt Front- und Heckscheiben sowie das Abdeckglas der Hauptscheinwerfer (Bild 11) über Spritzdüsen.
An dieser Stelle möchten wir nur darauf hinweisen, dass diese Spritzdüsen für alle Pflegefälle immer einsatzbereit sein müssen. Beste Wischresultate werden nämlich nur dann erzielt, wenn die Strahlen der Spritzdüsen das Waschwasser präzise auf die definierten Bereiche der Windschutzscheibe und der Heckscheibe sprühen.
Verstopfte Scheibenwaschdüsen müssen daher mit einer geeigneten Nadel gereinigt oder/und mit Druckluft durchgeblasen werden. Die Düsen dabei niemals entgegen Spritzrichtung reinigen! Hilft Reinigen nicht, muss die Düse ausgewechselt werden. Schauen Sie in die Fahrzeug-Bedienungsanleitung: Vom Reinigen mit Nadeln wird manchmal abgeraten.

Lackpflege nach dem Waschen

Dem besten Lack haben nach zwei, drei Jahren Sonne, Regen, Schmutz und Wagenwäschen so zugesetzt, dass er eine sanfte Grundreinigung nötig hat. Wenn Wassertropfen auf dem sauberen Lack mit unscharfen Rändern zerfließen, ist es Zeit für die Lackpflege. Dabei genügt für gut erhaltenen Lack eine milde Politur. Sie glättet die aufgeraute Lackierung, indem sie die mikroskopisch kleinen Furchen in der oberen Schicht abschmirgelt. Eine Politur enthält Wachskomponenten, die das Blechkleid konservieren.
Bevor Sie einem ins Alter gekommenen Wagen eine Neulackierung spendieren, sollten Sie es mit einem Lackreiniger versuchen. Wenn der verwendete Reiniger keine konservierenden Komponenten enthält, müssen Sie den aufbereiteten Lack in einem neuen Arbeitsgang mit einem Autowachs versiegeln. Lackreiniger funktioniert wie eine Politur. Er enthält jedoch gröbere Schleifmittel, die auch mit stärkeren Verschmutzungen fertig werden.

Pigmente überdecken Kratzer:
Bestimmte Pflegemittel frischen gleichzeitig Farben auf und bringen Glanz. Solche Produkte enthalten Farbpigmente, die in ähnlichen Tönen wie die Wagenfarbe gewählt werden können. Die Pigmente überdecken kleine Kratzer, die Wachskomponente bietet Langzeitschutz für mehrere Monate.
Während der Fahrt verüben aufwirbelnde Steine immer wieder Anschläge auf die Karosserie. Bei hohem Tempo schlagen selbst winzige Sandkörner wie Meteoriten im Lack ein. Im Winter sind vor allem

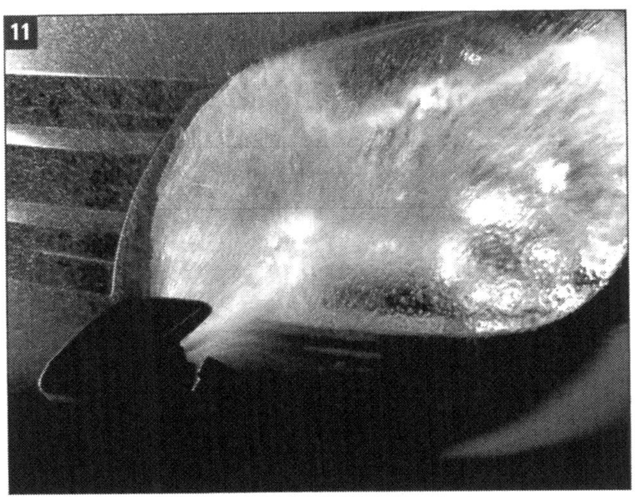

Licht gibt Sicherheit: Die Scheinwerfer-Reinigungsanlage bereitet den Grund...

... Insektenschwamm mit kratzfreier Reinigungs- und saugstarker Viskoseseite plus Reiniger besorgen den Rest.

Frontpartie und Motorhaube durch Rollsplitt gefährdet. Derartige Schäden sollen möglichst schnell ausgebessert werden. Auch ein Parkrempler mit Kratzern und Schrammen bietet keinen Anlass zur Panik. Solche Stellen lassen sich ebenso wie Fremdlack mit Lackreiniger oder Schleifpolitur oft einfach auspolieren. Lackbezeichnung und Code für die Farbe Ihres Wagens finden Sie in Ihren Fahrzeugpapieren.
Viele Hersteller bieten für Lackschäden durch Steinschlag (etwa in der Größe eines Stecknadelkopfes) Reparatursets an, die sich leicht handhaben lassen. Eine Alternative ist Tupflack, bei dem der Krater mit einem Pinsel in mehreren Lackschichten aufgefüllt wird.

So gehen Sie bei der Lackpflege vor:

- Fahrzeug gründlich waschen und trocknen. An unauffälliger Stelle prüfen, ob der Autolack die Politur verträgt. Bei Lackreinigern immer nur dünne Schichten in mehreren Durchgängen auftragen.

- Politur oder Lackreiniger mit Baumwoll- oder Synthesewatte (Bild 13) in handballengroßen Stücken oder mit weichem Schwamm oder Tuch (kein Kunstfaserlappen) auftragen.

- Mit sanftem Druck in kreisförmigen Bewegungen einreiben (Bild 14). Immer nur kleine Flächen vornehmen. Nach kurzer Einwirkzeit bildet sich ein trockener weißer Belag, der mit einem Watteballen in kreisenden Bewegungen auspoliert wird. Vorsicht an Kanten bei verwittertem Lack: Nicht zu lange dieselbe Stelle bearbeiten und Watteballen oft wenden oder erneuern. Abschließend mit sauberem Baumwolllappen Poliermittelreste und Watteflusen entfernen.

13
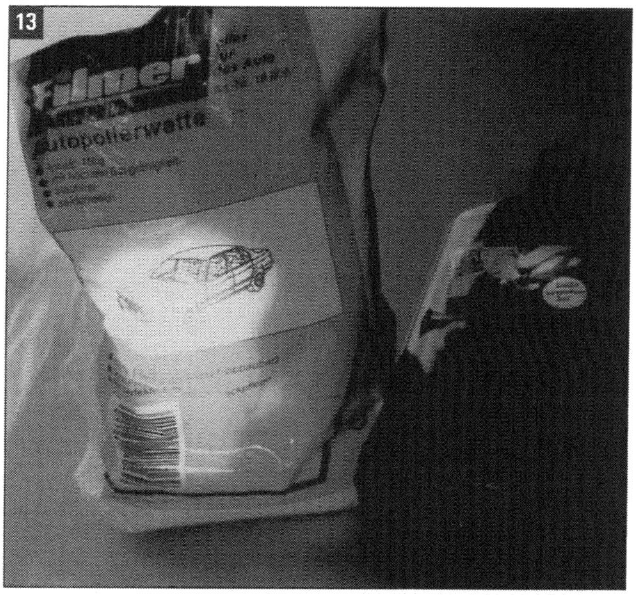

Lackpflege: Kombimittel aus Politur und Wachs mehrmalig dünn und gründlich auftragen. Mittel mit Farbpigmenten (im Bild von Sonax) erlauben das Kaschieren kleiner Kratzer.

- Autowachs mit Watte auftragen. Die Größe der zu bearbeitenden Fläche hängt vom verwendeten Produkt ab. Am besten geeignet sind lösungsmittelfreie Konservierer auf Wasserbasis.

- Die Flüssigkeit mit Watteballen in kreisenden Bewegungen gleichmäßig und druckvoll einreiben. So erzeugt man den besten Tiefenglanz! Die Watte muss mit nur wenig Widerstand über den Lack gleiten können. Häufig die Watte wenden und wechseln.

- Mittel mit Farbpigmenten nach dem Auftragen nicht antrocknen lassen, sondern sofort auspolieren.

- Weist der Lack nach dem Konservieren Streifen oder Wolken auf, liegt das meist an verschmierten Farbpartikeln einer früheren Politur. An diesen Stellen nochmals mit einer Politur beginnen.

Kleine Lackschäden beseitigen

Wenn Politur und Wachs nicht mehr ausreichen, muss eine vorsichtige Lackreparatur versucht werden. Wenn Sie vorsichtig vorgehen und etwas Erfahrung haben, brauchen Sie dafür noch keinen Profi.

- Stehen rund um den Lackkrater (Steinschlag) Ränder ab: Mit Nadel abheben. Stelle mit Waschbenzin oder Verdünnung reinigen, gründlich trocknen.

- Haftgrund in den Sprühdosendeckel spritzen und mit Tupfpinsel oder Fingerkuppe von dort dünn an der Schadstelle auftragen. Haftgrund trocknen lassen.

- Abgeriebene Fremdfarbe mit Polierwatte, Schleifpolitur oder Lackreiniger in mehreren Arbeitsgängen aus dem Decklack reiben. Polierfläche klein halten.

- Ein wenig Spachtel bündig zur Umgebung in den Krater drücken und trocknen lassen. Mit Lappen und Verdünnung die Spachtelflecken vom Lack wischen.

- Raue Ränder mit feinstem Nassschleifpapier (mindestens Körnung 600) behutsam glatt schleifen. Das

Schleifpapier dabei immer wieder anfeuchten und auswechseln, wenn die Körnung verschmiert ist.

● Lack in Dosendeckel sprühen, kurz ablüften, mit Fingerkuppe oder spitzem Pinsel auftragen. Lack vollständig trocknen lassen, im Sommer etwa zwei, im Winter fünf Tage. Die Stelle mit Politur, die Übergänge bei Bedarf mit einem Lackreiniger bearbeiten.

● Bei tiefen Schrammen an Stoßfänger oder Kotflügel das Karosserieteil ausbauen. Fläche mit Schleifpapier (Körnung 80 oder 100) eben schleifen.

● Sollte Rost vorhanden sein, bis aufs blanke Blech schleifen, Rostumwandler auftragen, eine Stunde wirken lassen. Mit Waschbenzin oder Verdünnung reinigen und entfetten, trocknen lassen.

● Spachtel und Härter mischen. Immer nur kleine Mengen gleichmäßig und zügig in mehreren dünnen Schichten auftragen. Riefen mit Spritzspachtel ausgleichen. Nach etwa einer Stunde Aushärtung Unebenheiten mit Trockenschleifpapier (Körnung 240) vorsichtig abschmirgeln. Feinschliff mit Nassschleifpapier (Körnung 400) und wenig Druck. Schleifstaub sorgfältig abwischen.

● Schadstelle mit wasserfestem, dehnbarem Lackierer-Klebeband sowie einer Folie abkleben. Haftgrund (Füller) sprühen und trocknen lassen, mit Nassschleifpapier (Körnung 600) plan schleifen. Decklack aus der Sprühdose (Abstand 20 bis 30 Zentimeter) gleichmäßig in mehreren Schichten auftragen (Bild 15).

● Klebeband an der Reparaturstelle lösen, umknicken und diese Stellen nachsprühen. Das macht den Übergang zum Originallack unscharf.

● Trocknen lassen, ausgebesserte Stelle mit Politur, die Übergänge mit Lackreiniger bearbeiten.

● Mit Wachs konservieren und nochmals polieren.

WISSENSWERTES

Hilfreiche Nanotechnologie

Hersteller wie der Volkswagen-Konzern bieten Fahrzeuge mit einer so genannten Nanoschicht im Klarlack an. Sie sorgt für höhere Resistenz gegen mechanische Beanspruchung und Korrosion, also für mehr Kratzfestigkeit der Autolackierung.

Auch Pflegefachbetriebe bieten Nanobeschichtung an, die bei ähnlichen Kosten länger halten soll als eine Wachsschicht – nämlich bis zu drei Jahren. Der Sammelbegriff »Nano« gründet auf Größenordnungen vom Einzelatom bis zu 100 nm. 1 nm (Nanometer) ist 1 Milliardstel Meter.

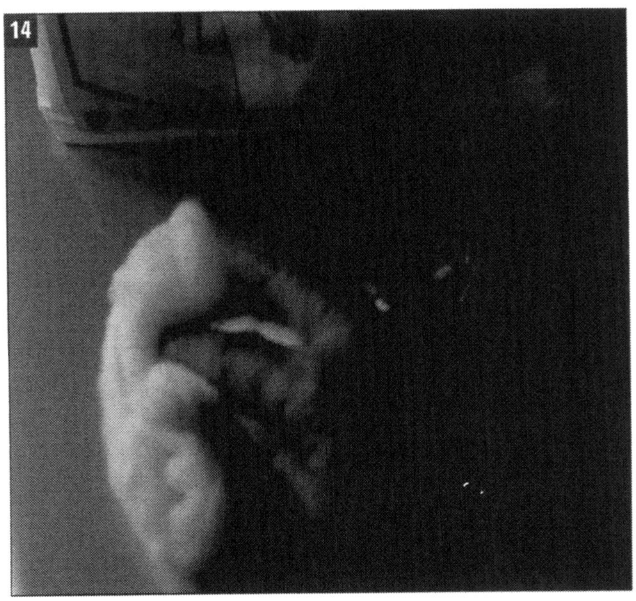

14

Polierwatte: Damit der Wattebausch immer mit wenig Widerstand über das lackierte Blech gleitet, sind häufiges Wenden und rechtzeiger Wechsel erforderlich.

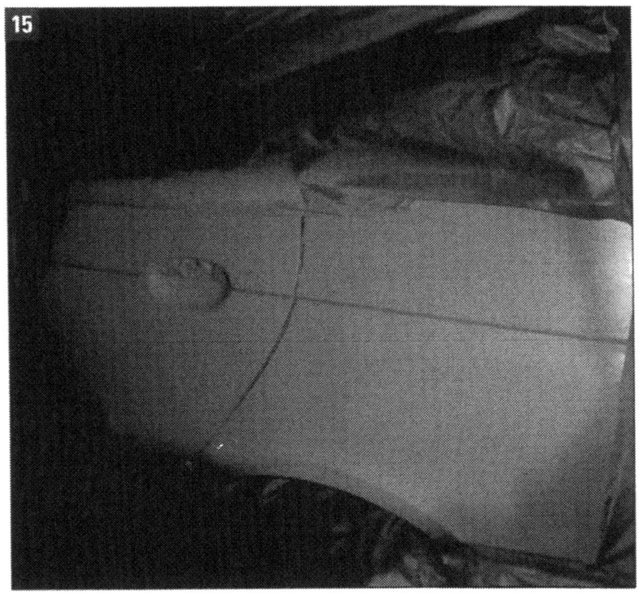

15

Lackreparatur: Die Schadstelle an Kotflügel und Hinterwagen wurde geschliffen und gespachtelt. Dann abkleben und gesamtes Umfeld mit Lack in Wagenfarbe sprühen.

Fit durch den Winter

Ein gutes und gepflegtes Fahrzeug wie Ihr Golf, auch wenn es nicht gleich ein »R« ist, bereitet Fahrspaß selbst bei heftigem Schnee. Es muss zwar nicht gleich so dick kommen wie in unseren Bildern, aber entsprechend auf den Winter vorbereitet sollte der Wagen schon sein. Auf die kalte Jahreszeit mit ihren besonderen Tücken muss man sich umsichtig einstellen.

Antrieb und Fahrwerk gut geeignet

Mit seinem Frontantrieb und dem tendenziell untersteuernden Fahrwerk, das in schnellen Kurven über die Vorderachse schiebt, hat der Golf im Schnee gute Karten. Noch besser dran sind Sie beim Allrad-Golf 4Motion. Ein Übriges tut die Steuerelektronik: ASR und ABS hatte schon der Golf V, nun gibt es dazu noch das Elektronische Stabilitätsprogramm ESP. Zwar können die physikalischen Grenzen auch durch das beste Regelsystem nicht außer Kraft gesetzt werden. Aber das immer stärker optimierte ESP kann natürlich gerade im Schnee eine hervorragende Fahrhilfe sein.

Winterausrüstung dabei haben!

Für alle wetterbedingten Fälle empfehlen wir Ihnen darüber hinaus, in einer »Winterbox« einige wichtige Utensilien (Bild 1) mitzuführen: Damit Benzin oder Diesel nicht ausgehen können, einen Reservekanister; unbedingt eine warme Decke, falls Sie festsitzen und der Sprit doch ausgeht; eine kleine Schaufel für eine immer mögliche Tiefschneehavarie, um den Schnee vor den Rädern wegschaufeln zu können; eine Handlampe auf jeden Fall, aber viel besser noch eine Kopflampe, mit der Sie im früh einsetzenden und lang an-

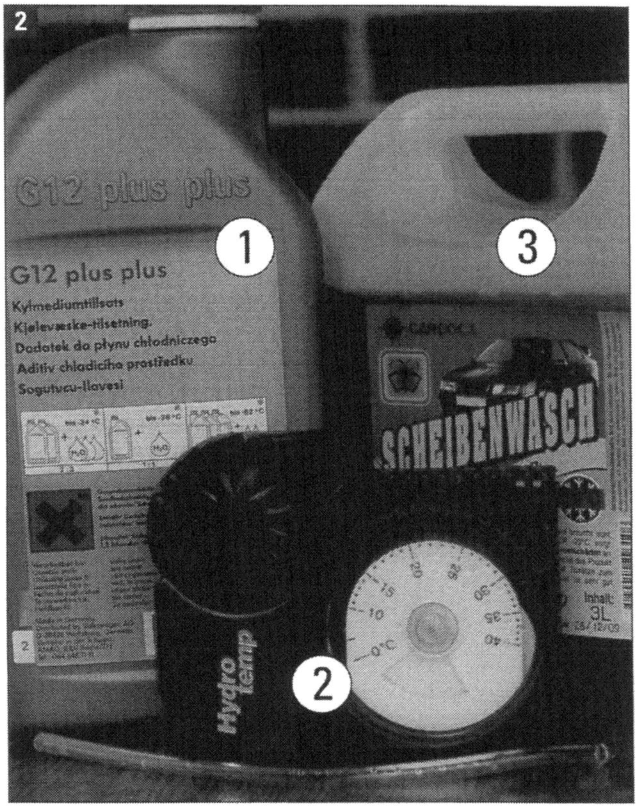

Frostschutzzusatz: G12 plus-Anteil (1) im Kühlwasser mit Prüfer (2) checken. Für Scheiben Fertigmix (3) nehmen.

Winter-Grundausrüstung: Immer dabei haben sollten Sie (von links) Starthilfekabel mit isolierten Klemmen, Frostschutz für die Waschanlage (fertig gemischt oder Konzentrat), Lampe und Eiskratzer, Gummipflegemittel, Decke, kleine Schaufel, Sicherheitsweste und Abschleppseil. Weiterhin empfehlenswert: Reservekanister mit Kraftstoff.

haltenden Winterdunkel die Hände frei haben; unbedingt Starthilfekabel und Abschleppseil oder Schwerlast-Spanngurt; eine fertige Mischung Frostschutz oder Konzentrat für die Scheibenwaschanlage sowie Frostschutzzusatz zum Kühlwasser (Bilder 1 und 2). Der Spanngurt kann helfen, andere Autofahrer aus dem Graben zu ziehen oder selbst geborgen werden zu können. Mit Hilfe von Rätsche und Baum können Sie sich damit sogar selbst helfen.

Startschwierigkeiten vermeiden

Der Motorstart wird bei anhaltendem Frost häufig zu einem Problemfall. Das Motoröl wird dickflüssiger, die Batterie gibt weniger Leistung ab. Gerade dann aber brauchen Anlasser und Motor mehr Leistung. Machen Sie es der Batterie so leicht wie möglich, indem Sie auf stromfressende Funktionen bei stehendem Motor verzichten (Heckscheibenheizung, Radio etc.).
Obgleich das im Augenblick des Startens automatisch geschieht, schalten Sie vor dem Start besser alle unnötigen Verbraucher wie Lüftung, Radio, Licht oder Sitzheizung ab. So wird die Batterie am wenigsten in Anspruch genommen, was das Risiko von Startschwierigkeiten mindert.

Spezielle Reifen im Winter

Grundvoraussetzung für sicheres Vorankommen bei Frost, Eis und Schnee ist die richtige Bereifung. Seit 2006 schreibt selbst die Straßenverkehrsordnung eine »geeignete Bereifung« (§2 Abs.3a) für den Winter vor. Wie diese aber auszusehen hat oder welche Spezifikationen sie erfüllen muss, ist nicht näher definiert. Ganzjahresreifen können für unkritische Wetterlagen mit milden Temperaturen ausreichend sein. Bei einem plötzlichen Einbruch von Kälte und Schnee sind sie aber ungeeignet.

Wann und wofür Winterreifen?

Weder die geübte Hand noch die Elektronik können bei falscher Bereifung und damit schlechter Bodenhaftung das Fahrzeug noch kontrollieren. Gehen Sie auf Nummer sicher und verwenden Sie einen vernünftigen Satz Winterreifen. Zwar können noch bei Temperaturen knapp über dem Gefrierpunkt mit Sommerreifen sowohl auf nasser als auch auf trockener Fahrbahn kürzere Bremswege erzielt werden als mit vergleichbaren Winterreifen. Diese sind jedoch ganz ein-

Das Schneeflockensymbol

WISSENSWERTES

Der Deutsche Verkehrssicherheitsrat empfiehlt den Winterreifen mit Schneeflockensymbol als Favorit für die sichere Fahrt (Bilder 3 und 4). Die Schneeflocke auf der Reifenflanke hat sich im Jahr 2002 europaweit als freiwilliges Hersteller-Kennzeichen von Winterreifen zusätzlich zur M+S-Markierung durchgesetzt. Sie darf nur an Reifen eingeprägt sein, die auch streng den Spezifikationen entsprechen.

Diese müssen im Vergleich mit einem Standard-Referenzreifen mindestens sieben Prozent mehr Traktion auf Schnee bieten und einen ebenfalls sieben Prozent kürzeren Bremsweg ermöglichen. M+S-Reifen hingegen müssen nur ein besonders grobes Profil haben. Eine bestimmte Schnee-Performance ist nicht gefordert.

Das Schneeflocken-Symbol ist als Antwort auf den zum Teil betriebenen Missbrauch mit der M+S-Kennung (engl.: Mud and Snow = Matsch und Schnee) entstanden. Nicht alle mit M+S gekennzeichneten Reifen weisen die Lamelleneinschnitte in den Profilblöcken auf, die für gute Traktion auf Schnee sorgen. Auch Reifen für den Geländeeinsatz tragen das M+S-Symbol. Doch gerade gröbere Allradreifen sind für den Einsatz im Winter gar nicht so gut geeignet.

3

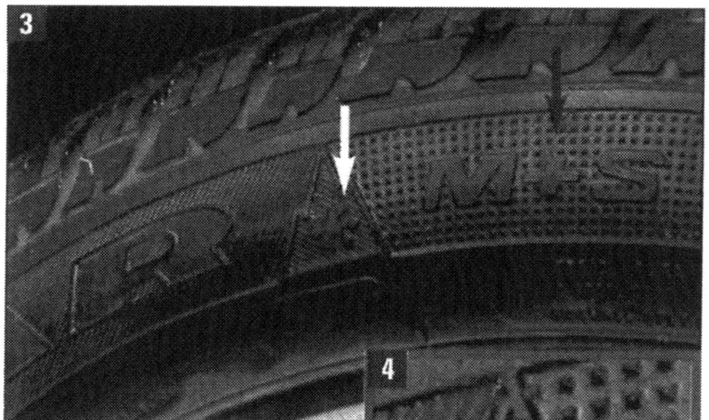

4

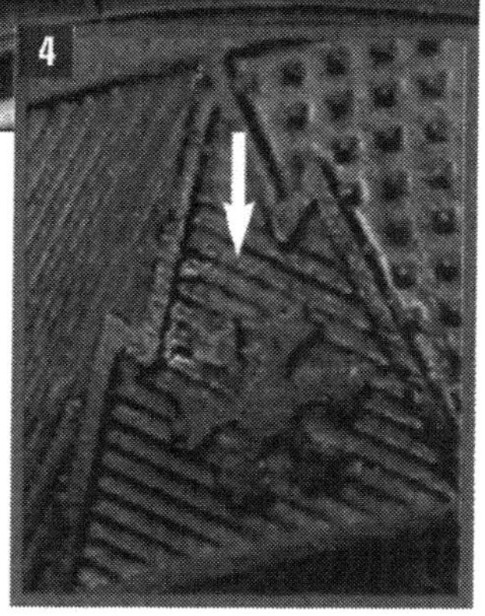

Garant für Wintertauglichkeit: Reifen mit der Schneeflocke (weißer Pfeil) zusätzlich zur M+S Kennung (roter Pfeil).

deutig die bessere Wahl für winterliche Straßenverhältnisse. Ihre kälteresistente Gummimischung verhärtet bei Minustemperaturen weniger und ermöglicht damit eine bessere Verzahnung mit dem Untergrund, was bessere Kraftübertragung bedeutet.

Gute Haftung dank Lamellen

Winterreifen sind mit dem M+S-Symbol (englisch: Mud and Snow, deutsch: Matsch und Schnee) und einer stilisierten Schneeflocke gekennzeichnet (Bilder 3 und 4). Winterreifen dürfen einen niedrigeren Geschwindigkeitsindex haben als im Fahrzeugschein ausgewiesen. Dafür muss dann allerdings ein Aufkleber »XXX km/h« zur ständigen Erinnerung und Mahnung in Fahrersicht angebracht werden.
Wichtig bei Winterreifen sind neben der kälteresistenten Gummimischung die Lamellen-Einschnitte und Rillen der einzelnen Profilblöcke (Bild 5). Sie dienen als scharfe Greifkanten beim Abrollen des Rades. Der dynamische Prozess an der Auflagefläche erhöht die Verzahnungskräfte besonders mit losem Untergrund wie Schnee. Lamellierte Reifen haben mehr »Grip«.

Mindestens 4 mm Profil sind nötig

Die Lamellen sind andererseits auch ein guter Verschleißindikator: Bei Abnutzung verschwinden sie allmählich, ihre Wirkung nimmt ab. Unter 4 mm Profildicke verlieren Winterreifen auf Schnee ihren Nutzen und sollten durch neue ersetzt werden. Im Frühjahr kann man sie aber noch bis auf eine Profiltiefe von rund 3 mm aufbrauchen.
Die Lamellenprofile gestatten eine geringere Höhe der einzelnen Blöcke. Dadurch werden die Eigenschwingungen reduziert, was die Reifen leiser macht. Zum anderen werden die Profilblöcke unterschiedlich groß gestaltet, so dass sie beim Nachschwingen nach dem Abrollen verschiedene Frequenzen haben. Eigendynamisches und geräuschvolles Schwingen bei einer bestimmten Geschwindigkeit wird so unterbunden.

5

Winterreifen-Profil: Die Blöcke sind verschieden groß und haben Lamellen. Folge: Besserer Grip, ruhigeres Abrollen.

Welche Reifen sind richtig?

Die Wahl der richtigen Winterreifen für den Golf fällt bei dem großen Angebot nicht leicht. Internet-Anbieter wie beispielsweise »www.reifendirekt.de/Winterreifen« oder »www.reifen.com« warten mit zig Felgen-Reifen-Kombinationen auf. Bei »www.reifentief-

PRAXISTIPP

Gebrauchte Winterreifen

Seit Januar 2006 sind Autofahrer verpflichtet, im Winter ihr Fahrzeug mit »geeigneter Bereifung« auszurüsten. Ohne Winterreifen riskieren Sie ein Bußgeld und bei Unfall sogar Verlust des Versicherungsschutzes.

■ Der Erwerb eines Komplettsatzes von Reifen und Felgen ist natürlich eine Kostenfrage. Sparen lässt sich mit gebrauchten Winterrädern, die Sie zum Beispiel bei speziellen Börsen, meist Anfang November, finden können. Achten Sie auf Zeitungsanzeigen oder Internet-Hinweise (Seiten des ADAC).

■ Notieren Sie sich vor dem Kauf die für Ihr Fahrzeug passenden Reifengrößen (Fahrzeugschein).

■ Einige Reifenhersteller wie z. B. Continental bieten auf ihren Internetseiten mit dem »Reifenkonfigurator« eine gute Hilfe an, Klarheit zu schaffen. Nach Eingabe der Schlüsselnummer laut Fahrzeugschein werden auch alternative Reifengrößen aufgeführt.

■ Wenn Sie einen passenden Satz gefunden haben, untersuchen Sie ihn nach den Prüfkriterien Profiltiefe, Reifenalter und Erscheinungsbild (Beschädigungen etc.), bevor Sie zugreifen.

preis.de« finden Sie Reifen wenig bekannter Firmen wie EP Tyres, Fate, Avon, Matador oder Debica zu Preisen, die bis zu 80% unter denen von Markenfabrikaten liegen können.
Volkswagen empfiehlt seit längerem Markenreifen, die jüngsten ADAC-Tests zufolge (10/2009) ebenfalls als »besonders empfehlenswert« gelten:

- Continental: Winter Contact TS 830;
- Goodyear: Ultra Grip Performance, Ultra Grip 7+;
- Dunlop: SP Winter Sport 3 D;
- Michelin: Pilot Alpin PA 3, Primacy Alpin PA 3;
- Hankook: Icebear W 440;
- Vredestein: Wintrac xtreme, Snowtrac 3.

Orientieren Sie sich an den gründlichen ADAC-Tests. Sie geben verlässliche Hinweise, welche Winterreifen auch in den Golf-Dimensionen (Reifen: 195/65 R 15 T; 215/40 R 17 W; 225/40 R 18; 225/45 R 17 W. Räder: 6 J x 15; 6 1/2 J x 16; 7 J x 17; 7 1/2 J x 17) empfehlenswert und welche weniger geeignet sind.

Schneeketten anlegen

Schneeketten für den Golf gibt's im Autohaus (Bild 6: Demonstration bei VW/Audi-Zemke in Bernau) und im Zubehörhandel. Das Set umfasst zwei Ketten im wasserfesten Transportbeutel, der im Kofferraum verstaubar ist und sich auch als Unterlage bei der Montage verwenden lässt. Ketten können beim ADAC ausgeliehen werden, wenn sie nur mal für eine Fahrt in Gebiete mit Schneeketten-Vorschrift nötig sind.
Schneeketten gehören auf die angetriebenen Räder, also nach vorn. Üben Sie einmal in Ruhe das Anlegen, damit es schnell genug geht, wenn Sie es bei Frost tun müssen. Arbeitshandschuhe und Gebrauchsanleitung in einer Folienhülle zu den Ketten legen.

6

Dichtgummis und Türschlossenteiser

Die Dichtungsgummis sind bei Minustemperaturen besonderen Anforderungen ausgesetzt. Kaputte Dichtungen sind optisch ein Problem und können im Extremfall zu Wassereinbruch und übermäßigem Scheibenbeschlag führen. Das Auswechseln defekter Dichtungen aber ist aufwändig und nicht billig. Verwenden Sie lieber regelmäßig einen Gummipflegestift (Hirschtalg oder Silikon; Bild 7). Dieser verhindert im Winter das Festfrieren von Türen, Scheiben und Kofferraumdeckeln. Das Gummi wird geschmeidig gehalten.
Ein Türschlossenteiser in der Tasche kann nicht schaden, wenngleich Sie die Türen Ihres Golf so gut wie immer per Funkschlüssel öffnen. Der Enteiser, ein spezielles Schlossöl (Bild 8), gehört nicht ins Fahrzeug! Das Erhitzen des Schlüssels per Feuerzeug ist keine Alternative: Sie riskieren einen Schaden am integrierten Speicherchip, u. a. mit den Daten der Wegfahrsperre. Womöglich kommen Sie dann gar nicht vom Fleck.

7

8

Winterräder richtig montieren

Das Montieren von Rädern mit Winterreifen können Sie relativ schnell und auch sicher selbst erledigen. Beachten Sie aber beim Anheben des Fahrzeugs die Sicherheitshinweise, die wir später im Unterkapitel »Kleine Schäden und Pannen« geben (»Fahrzeug richtig heben und aufbocken«).
Nach der Demontage der Sommerreifen müssen diese kühl und trocken eingelagert werden. Empfehlenswert ist hierzu der schon früher erwähnte Felgenbaum (Bild 1), der verhindert, dass Flanken oder Laufflächen während der Einlagerung belastet werden. Zum Felgenbaum gehört üblicherweise eine Schutzhülle mit Klettverschluss (Bild 2), die Staub von den Rädern fernhält.

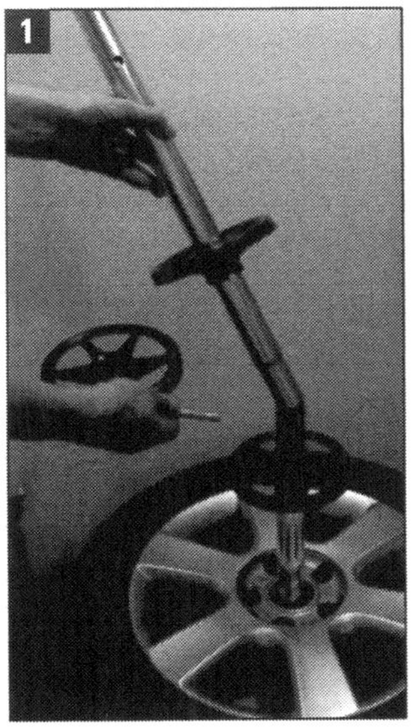
1

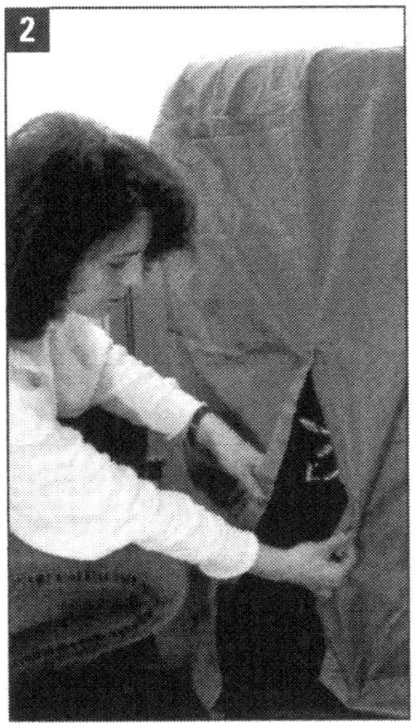
2

Und so gehen Sie vor:

- Werkstattboden oder andere ebene Stelle mit festem Untergrund für den sicheren Radwechsel suchen.
- Aus dem Bordwerkzeug neben Wagenheber und Radschraubenschlüssel den Abziehhaken (H) für Abdeckkappen und Radmittenblenden sowie den Adapter (A) zum Lösen diebstahlhemmender Radschrauben (Bild 3) entnehmen.
- Drahtbügel (1) des Abziehhakens durch die Öffnung in der Abdeckkappe der Radschrauben stecken. Kappe abziehen.
- Ziehen Sie die Handbremse fest an und lösen Sie alle Radbolzen (Bild 4: rote Pfeile) zunächst um eine viertel Umdrehung. Für die diebstahlhemmende Radschraube (blauer Pfeil) den Adapter (1) einsetzen (eingeklinktes Bild).

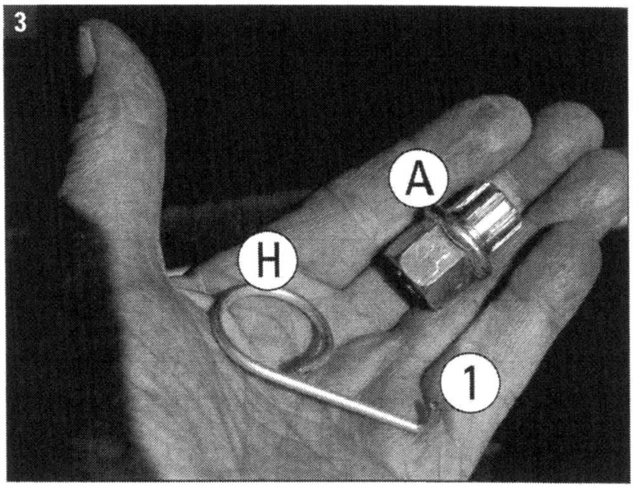

3

- Heben Sie nun das Fahrzeug so weit an, bis das Rad ein paar Zentimeter über dem Boden hängt. (Hinweise aus dem Abschnitt »Fahrzeug richtig aufbocken« beachten!).
- Die fünf Radbolzen herausdrehen und das Rad abnehmen. Wechseln Sie immer ein Rad nach dem anderen!
- Radnabe kontrollieren und gegebenenfalls mit der Drahtbürste säubern. Tragen Sie eine hauchdünne Schicht Kupferpaste auf. Das schützt vor weiterer Korrosion.
- Setzen Sie jetzt das Rad mit den Winterreifen an. Drehen Sie alle Radbolzen so fest wie möglich ein und achten Sie darauf, dass das Rad gerade und nicht verkantet an der Nabe anliegt. Heber entfernen, Golf fest auf alle Räder stellen.
- Ziehen Sie die Radbolzen mit einem Drehmoment von 110 bis maximal 120 Nm an. Nicht etwa fester anknallen und auch niemals einen Schlagschrauber verwenden, weil das zu schweren Schäden am Rad führen kann.

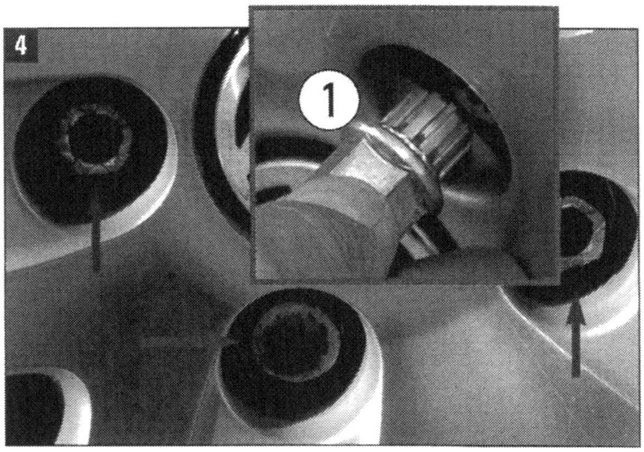

4

- **Nach rund 50 km Fahrt die Radschrauben nachziehen!**

Heizung prüfen / Staubfilter wechseln

Damit im Winter die Scheiben auch von innen möglichst schnell und zuverlässig frei werden, müssen Heizung, Lüftung und Klimaanlage in tadellosem Zustand sein. Die Klimaanlage kann auch im Winter wertvolle Dienste leisten: Sie trocknet die Luft im Fahrzeug und vermindert dadurch das Beschlagen der Scheiben. Beachten Sie, dass aber der im Frischluftkanal integrierte Wärmetauscher der Klimaanlage die Frischluftzufuhr von außen behindert; Gebläse im Winter immer mindestens Stufe 1 mitlaufen lassen!

Arbeitsschritte beim Prüfen:

■ Prüfen Sie, ob das Gebläse in allen Stufen wirkungsvoll arbeitet, indem Sie die Luft auf die mittleren Ausströmer lenken und alle Schalterstellungen durchprobieren. Eventuell den Reinluftfilter wechseln (nachfolgende Anleitung).

■ Ab einer Motortemperatur von 60 Grad oder nach ca. 5 km Fahrt muss aus den Ausströmern (Bild 1: Golf Plus vorn links; auch Mittenausströmer links und rechts sowie Ausströmer im Fußraum und im Fond kontrollieren) warme Luft kommen, sobald Sie den Regler (1) wie im Bild öffnen.

■ Prüfen Sie zum Abschluss noch, ob der Einsteller für die Luftverteilung (Hand oder automatisch) funktioniert. Sie können das an den jeweiligen Düsen erfühlen und auch hören.

Aus- und Einbau des Reinluftfilters:

■ Stellen Sie den Beifahrersitz in die hinterste Position. Gebaut werden muss im Beifahrerfußraum direkt unterhalb des Handschuhkastens (Pfeile in Bild 2, Bild 3).

■ Drehen Sie die sechs Kunststoffschrauben unten an der Filterabschottung heraus und nehmen Sie diese ab (Bild 3).

■ Decken Sie die Bodenmatte im Bereich unter dem Staub- und Pollenfilter (Reinluftfilter) mit Papier ab, damit beim Filterausbau herausfallender Staub die Matte nicht verschmutzt.

■ Lösen Sie die Verrastungen an der linken Seite der Filterabdeckung (2 in Bild 4) durch Druck nach rechts und an der rechten Seite durch Zug nach unten.

■ Jetzt kann der Reinluftfilter (1) entsprechend Bild 4 nach

1

2
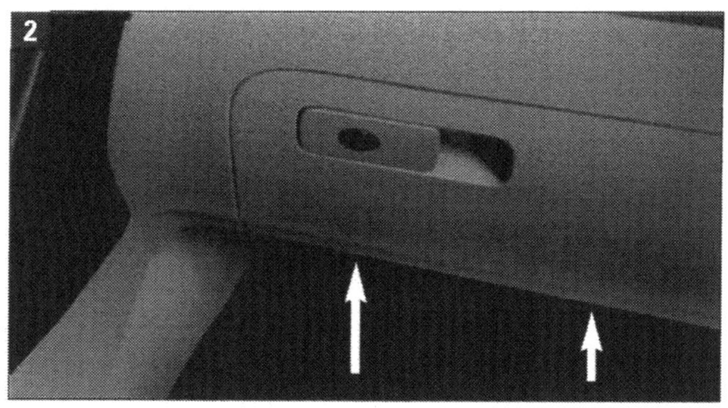

3
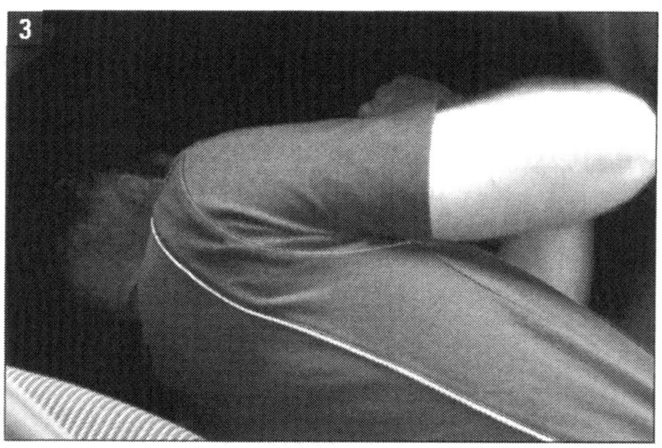

unten aus dem Schacht des Klimagerätes zum Austausch herausgenommen werden.

■ Nach Filterausbau über den Schacht das Klimagerät mit einem Staubsauger reinigen. Der Einbau des neuen Filters erfolgt in umgekehrter Reihenfolge, wobei die vorgegebene Einbaulage zu beachten ist: Die Schräge am Filtereinsatz zeigt zum Frischluftgebläse (Pfeil im Bild 5).

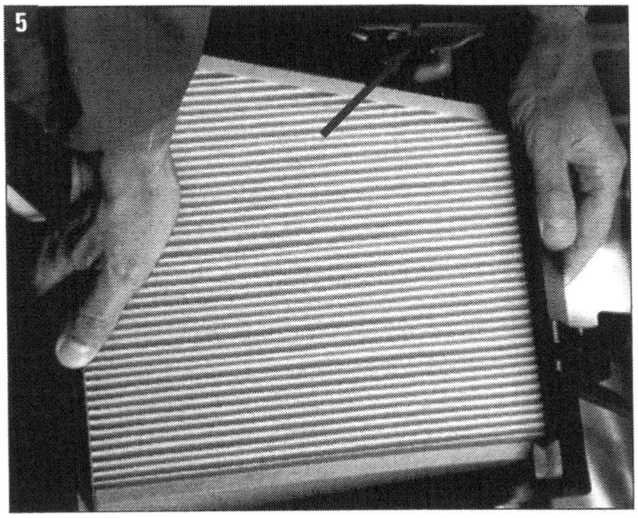

Frostschutz sichern

Dem Scheibenwasch- und dem Kühlwasser werden unterschiedliche Frostschutzmittel beigemischt. Für das Scheibenwaschwasser genügt in Zeiten ohne Frost eigentlich ein Waschzusatz, besser aber ist das Spezialmittel G 052 164. Der Kühlmittelzusatz dagegen sorgt auch für Korrosionsschutz im Motor und muss daher im Sommer im Kühlsystem verbleiben. Bringen Sie die Mittel nicht durcheinander! Frostschutzmittel für die Scheibe im Kühlkreislauf oder umgekehrt: Das kann fatale Folgen haben!

● Der Vorratsbehälter für Waschwasser (1 in Bild 1) sitzt beim Golf im Motorraum ganz rechts vorn.

● Der Ausgleichsbehälter für das Kühlmittel (2 in Bild 1) befindet sich dahinter, rechts im Motorraum hinter dem Einfüllstutzen für das Scheibenwaschwasser.

Richtige Sorte und Menge

■ **Waschwasser** mischen Sie mit Frostschutzmittel-Konzentrat in dem für die maximale Minus-Temperatur angegebenen Verhältnis. Erst Konzentrat, dann Wasser einfüllen.

■ Je nach angegebenem Temperaturbereich kann für die Scheibenwaschanlage auch ein fertiges Wasser-Frostschutz-

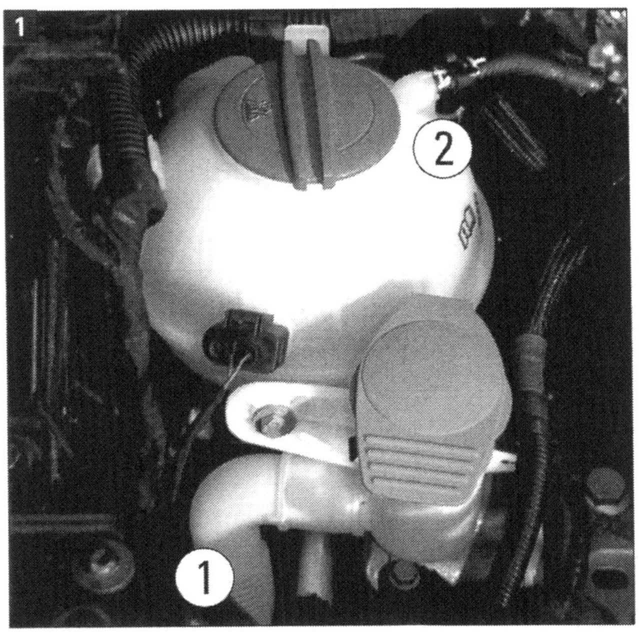

Gemisch verwendet werden. Menge zwischen 3 und 5 Litern je nach Vorhandensein einer Scheinwerferreinigungsanlage.

■ Hat das Fahrzeug eine Scheinwerferreinigungsanlage, dürfen nur Frostschutzzusätze verwendet werden, welche die Polykarbonat-Streuscheiben nicht angreifen. Auch deshalb schreibt VW ganzjährig das Mittel G 052 164 vor, das die Scheiben nicht angreift, die Fächerdüsen sauber hält und Spritzdüsen, Flüssigkeitsbehälter sowie Schläuche vor dem Einfrieren bewahrt.

■ **Kühlmittel**: Die Zusätze zum Wasser verhindern Frost- und Korrosionsschäden sowie Kalkansatz und erhöhen den Siedepunkt des Kühlmittels. In Ländern mit tropischem Klima trägt das Kühlmittel bei hoher Belastung des Motors zur Betriebssicherheit bei. Kühlmittelzusätze sind unbedingt ganzjährig zu benutzen. Die Kühlmittelzusätze aus dem Originalteile-Katalog von VW entsprechen der Norm TL VW 774 F (Typ G12 Plus und Typ G12 Plus Plus). Sie sind untereinander sowie mit den Vorgängersubstanzen G12 und G11 mischbar.

■ Der **Frostschutz** muss bis etwa -25 °C, in Ländern mit arktischem Klima bis etwa -35 °C gewahrleistet sein. Ist stärkerer Frostschutz erforderlich, kann der Anteil bis zu 60% Konzentrat erhöht werden (Frostschutz bis -40 °C). Eine weitere Konzentrationserhöhung würde den Frostschutz verringern und die Kühlwirkung sogar verschlechtern. Sie ist also unsinnig. Die Situation nach Bild 2 hingegen ist ungenügend.

■ Mit **Frostschutzprüfgeräten** (Bild 2), wie sie im Zubehörhandel erhältlich sind, wird durch Betätigen des Balges (1) Flüssigkeit eingesaugt (2). Die Skala (3) zeigt, wie weit der Frostschutz reicht: Im Bild -14 °C (Pfeil); minus 30 °C genügen in jedem Fall.

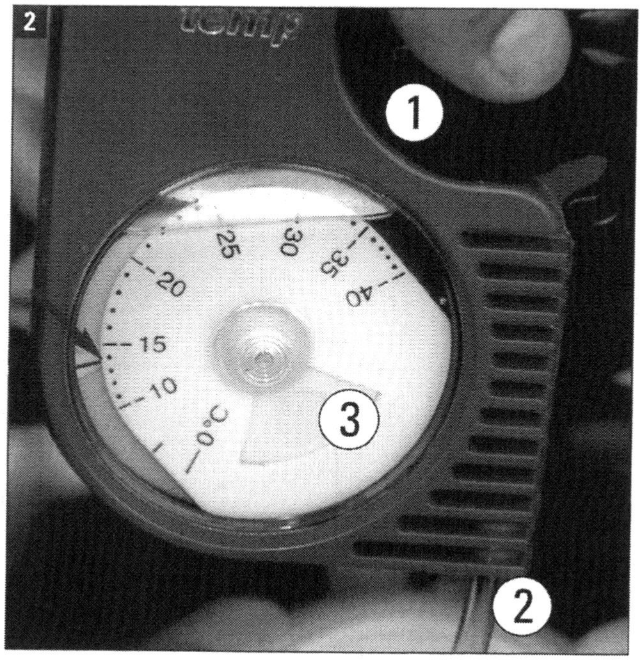

Waschdüsen und Wischereinstellung prüfen

Wenn man weder Garagenstellplatz noch schützenden Carport besitzt, gehören zugefrorene Scheiben im Winter zum alltäglichen morgendlichen Graus. Wer dann nur ein kleines Guckloch freilegt und losfährt, begibt sich und bringt andere in höchste Gefahr. Bei einem Unfall kann er haftbar gemacht werden und evtl. ein saftiges Bußgeld zahlen.

Der Gesetzgeber schreibt dem Fahrzeughalter laut §23 StVO vor, dafür zu sorgen, dass die Sicht weder durch Beladung noch durch den Zustand des Fahrzeugs beeinträchtigt ist. Eine gute, die Scheiben auch vor Zerkratzen bewahrende Möglichkeit ist die Verwendung von Scheiben-Enteiser in Spray- oder Pumpdosen. Dieser sorgt mit einem alkoholischen Konzentrat dafür, dass die Eisschicht abtaut.

Wird die Scheibe gleichmäßig benetzt, ist das Mittel gut in der Wirkung. Die mechanische Beanspruchung beim Wischen ist dann gering. Kontrollieren Sie häufig die Wischerblätter auf Rillen und Risse. Austausch kann öfters nötig sein, denn vereiste Scheiben setzen dem bei Kälte härteren Gummi ganz erheblich zu.

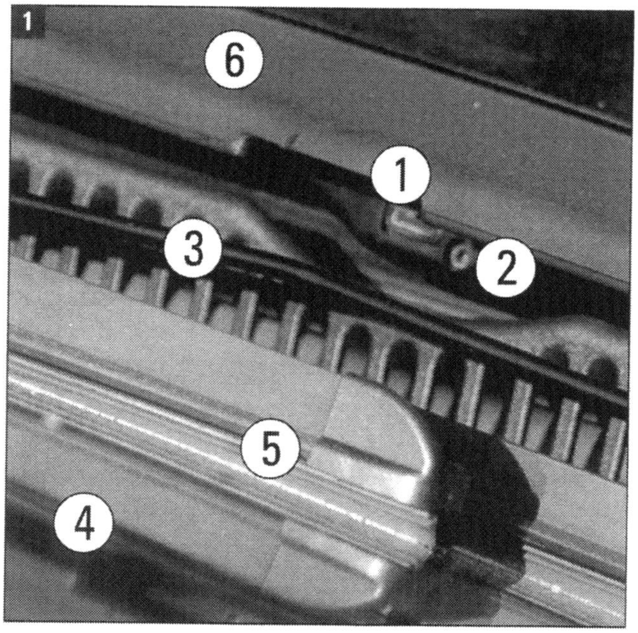

Vordere Spritzdüse rechts von oben: (1) Fächerdüse, (2) Einsteller für Düsenelement, (3) Windlaufblech vor der (4) Frontscheibe, (5) Scheibenwischerblätter, (6) Motorhaube.

Arbeitsabläufe:

■ Für freie Sicht und gegen Beschlagen hilft das Waschkonzentrat. Füllstand im Behälter prüfen! Vor langen Fahrten immer vollständig auffüllen.

Die widrigen Verhältnisse erfordern häufiges Waschen der Scheiben. Sicht nach hinten wird bei schnee- oder regennasser Fahrbahn durch aufgewirbeltes, meist schlammiges Wasser schnell beeinträchtigt. Vernachlässigen Sie daher auch die Kontrolle des Heckwischers nicht! Die Waschdüsen vorn und hinten müssen funktionieren, sonst einstellen oder/und säubern.

■ **Waschdüsen vorn verstellen:** Auf korrekte Höhe und Verteilung der Sprühstrahlen achten! Sind die Düsen richtig eingestellt (wie ab Werk), ergeben sich gut gefächerteSpritzfelder, die links und rechts in gleicher Höhe liegen müssen. Ansonsten Düsen (1 in Bild 1) mit Schraubendreher am Einsteller (2) korrigieren: Im Uhrzeigersinn höher, gegen Uhrzeigersinn tiefer.

■ **Waschdüsen vorn reinigen:** Bei ungleichmäßigem Spritzfeld infolge verunreinigter Spritzdüse muss diese ausgebaut und gereinigt werden. Wasserschlauch und Schutzkappe gemäß Bild 2 abziehen, Düsenelement mit Einsteller entnehmen. Entgegen Spritzrichtung mit klarem Wasser durchspülen. Das anschließende Durchblasen entgegen Spritzrichtung mit Druckluft ist zulässig. Zum Reinigen niemals irgendwelche Gegenstände (Nadel) verwenden! Treten die Strahlen weiterhin ungleichmäßig aus, muss die jeweilige Waschdüse ersetzt werden.

■ **Waschdüse hinten verstellen:** Der Wasserstrahl der Düse hinten muss im oberen Drittel der Heckscheibe auftreffen. Für diese Düse gibt es das an der Spitze nadelförmige VW-Einstellwerkzeug T10127. Düsenstellung damit korrigieren.

■ **Düsen der Scheinwerferreinigungsanlage:** Der Sprühstrahl soll mittig auf die Scheinwerferlampen auftreffen. Um das zu überprüfen, folgendermaßen vorgehen: Abblendlicht einschalten und die Scheibenwaschanlage für die Frontscheibe betätigen. Wenn der Wischerhebel mindestens 1,5 Sekunden in Wischstellung gehalten wird, werden die Spritzdüsen ausgefahren. Der Sprühstrahl kann dann überprüft werden. Auch diese Düsen können mit dem Werkzeug T10167 (oder auch mit der Einstellvorrichtung 3019A) verstellt werden. Die Spritzrichtung der jeweiligen Düse wird an der Oberkante des Scheinwerfers orientiert.

Wenn die Düsen verschmutzt sind, müssen sie ausgebaut werden (Verschraubung lösen, Schlauch abziehen). Die Reinigung erfolgt dann wie für die Spritzdüsen der Frontscheibe.

■ **Ruhestellung Frontwischer:** Nach Wischerwechsel ist es erforderlich, die Scheibenwischerarme richtig in Ruhestellung zu bringen. Scheibenwischer ein- und ausschalten und in Endstellung laufen lassen. Dabei nicht die »Überhub-Endstellung« benutzen, wie sie nach jedem zweiten Ausschalten des Wischermotors eingenommen wird (Motor läuft nach Erreichen der Endstellung wieder ein kleines Stück nach oben), sondern Motor direkt in Endstellung laufen lassen, ggf. nochmals »Tippwischen«. Zündung ausschalten. Scheibenwischerarm mit montiertem Wischerblatt an der Wischerachse ansetzen. Das Blatt an der Frontscheibe so ausrichten, dass die Wischerblattspitzen des oben liegenden Blattes 0 bis 10 mm und die des unteren Blattes 7 bis 17 mm Abstand zum Rand des Windlaufgrills (3 in Bild 1) an der Scheibenunterkante stehen.

Scheibenwischerarme mit 17 Nm an den Muttern festziehen.

■ **Ruhestellung Heckwischer:** Scheibenwischer in Endstellung laufen lassen. Zündung ausschalten. Scheibenwischerarm mit montiertem Wischerblatt an der Wischerachse ansetzen. Die Spitze des Scheibenwischerblattes auf einen Abstand von 19 + 5 mm zur Scheibenunterkante einstellen.

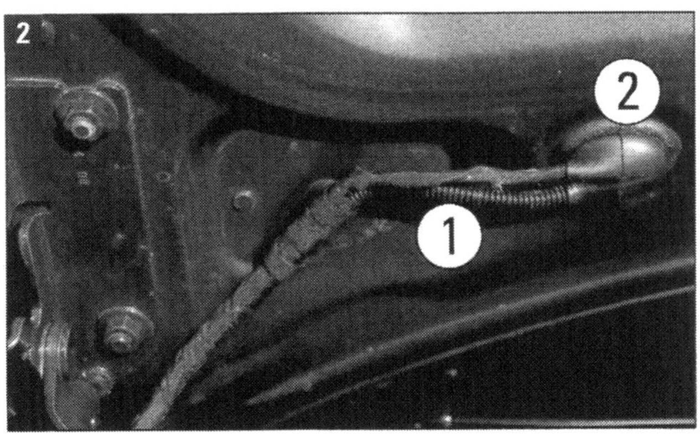

Vordere Spritzdüse rechts von unten: (1) Zuleitungsschlauch von der Waschwasserpumpe, (2) abgedichtete Düsenkapsel.

PRAXISTIPP

Kaltstart mit Vorsicht angehen

Eine frühere Faustregel besagte: Jeder Kaltstart bringt so viel Verschleiß wie 300 Kilometer bei Vollgas auf der Autobahn. Ganz so schlimm ist das heute nicht mehr, aber ein Kaltstart belastet den Motor nach wie vor sehr stark. Für die Motoren ist hochwertiges Synthetic-Öl vorgeschrieben. Dessen Viscositätsklasse »0« gewährleistet, dass es auch bei strengen Minusgraden dünnflüssig genug bleibt, um schnell an die wichtigen Schmierstellen wie Nockenwellen, Hydrostößel, Zylinderlaufbahnen oder Turbolader zu kommen.

■ Nach dem Anlassen den Motor zunächst ein paar Sekunden im Leerlauf belassen, ohne Gas zu geben.

■ Langsam losfahren und während der ersten Kilometer auf die Unterstützung des Turboladers verzichten.

■ Während der Warmlaufphase stets die Gänge so wählen, dass die Drehzahl nicht über 2.000 bis 3.500 Umdrehungen ansteigt. Das schont den Motor und verlängert seine Lebensdauer erheblich.

Starthilfebooster

Bei Fahrten in entlegene Wintergebiete ist ein Starthelfer an Bord sehr ratsam. Er springt ein, wenn die Starterbatterie infolge extremer Kälte oder schlechten Ladezustands den Dienst versagt. Der Starthilfebooster (Bild) lässt Ihren Golf auch bei müdester Batterie starten.

Filter mit Aktivkohle einbauen / wechseln

Den Staub- und Pollenfilter (Aus- und Einbau siehe Seiten 52/53) gibt es in hochwertiger Ausführung mit einer Einlage aus Aktivkohle. Solche Reinluftfilter mit Aktivkohleeinlage werden serienmäßig bei Klimaanlagen gehobenerer Ausstattung eingebaut. Bei Fahrzeugen mit standardmäßigem Klimagerät wird das normale Filter ohne Aktivkohle verwendet.

Da der Filter mit Aktivkohleeinlage zusätzlich auch gasförmige Schadstoffe wie Ozon, Benzol oder Stickstoffdioxid und andere gasförmige Verunreinigungen aus der durchströmenden Luft herausfiltern kann, empfehlen wir den Einbau eines solchen Filters. Die Aktivkohleschicht hält nämlich Belastungsspitzen aus dem Fahrgastraum fern.

Die Verwendung des Reinluftfilters mit Aktivkohleeinlage empfiehlt sich vor allem in Gebieten mit dauernder starker Luftbelastung. Bei zusätzlichem Einbau eines Luftgüte-Sensors aus dem einschlägigen Zubehörhandel oder noch besser nach VW-Originalteilekatalog wird der Filter durch automatisches Umschalten auf Umluftbetrieb bei Schadstoffspitzen geschont. Sonst ist er recht bald gesättigt und muss öfter gewechselt werden.

Richtige Öle, kürzere Wechselintervalle

Winterkälte und dann vielleicht noch Kurzstreckenfahrten mit ihren häufigen Kaltstarts sind die stärksten Stressfaktoren für das Motoröl. Sie wirken trotz aller Erfolge der letzten Jahre hinsichtlich der Wechselintervalle zwangsläufig Intervall-verkürzend.

Öl schmiert ja nicht nur, es soll auch Verbrennungsrückstände lösen, um zum Beispiel das so genannte Kolbenringstecken zu verhindern, und die gelösten Bestandteile in der Schwebe halten, damit sie nicht bei geringer Fließgeschwindigkeit als Schlamm abgelagert werden können.

Filter, auch die besten, können feinste Partikel nicht aus dem Öl herausbekommen. Die Partikelgröße der festen Fremdstoffe ist geringer als die Porenweite sogar der Feinstölfilter. Auch können dem Öl antioxidative Additive durch Adhäsion am Filter entzogen werden. Dann ist natürlich die Öloxidation höher, und diese bei Motorbetrieb im Öl gelösten oxidativen Bestandteile fallen noch zusätzlich als feste Fremdstoffe

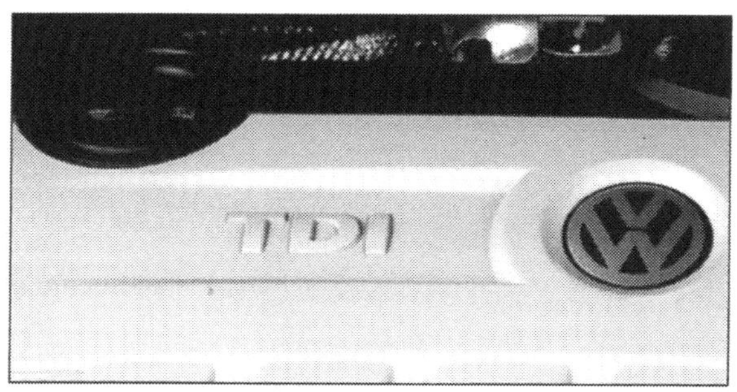

aus. Dadurch bilden sich »kaltfeste« Kompressionsringe am Kolben. Sie beeinflussen Kaltstartfähigkeit und Emissionen und führen zu heißfesten Ringen und damit zum Motortotalausfall durch Kolbenfresser. Auch auf dem heutigen Entwicklungsstand lassen sich Ölwechselintervalle deshalb keinesfalls beliebig verlängern. Im Winter gilt: Öl öfter wechseln.

CHECKLISTE

Fit für den Winter

Bereich	Worauf Sie achten sollten	Was zu tun ist
A Motor	1 Motoröl.	Das Motoröl wird durch extreme Kaltstarts und die großen Temperaturschwankungen stärker belastet als im Sommer. Kürzere Intervalle fahren und ein gutes Öl mit niedriger Viskosität verwenden. (Hinweise im Kapitel »Antrieb / Das Schmiersystem« beachten!)
	2 Kühlmittel	Ist der Frostschutzgehalt zu niedrig und das Kühlwasser friert ein, kann das Eis den Motor sprengen. Also rechtzeitig messen und einen ohnehin bevorstehenden Kühlmittelwechsel auf den Herbst legen.
	3 Thermostat	Wenn im Winter der Thermostat nicht vollständig schließt, braucht der Motor lange, um warm zu werden. Beobachten und bei lzu anger Warmlaufphase den Thermostat wechseln.
B Räder und Reifen	1 Winterreifen	Winterreifen funktionieren auf Schnee nur dann gut, wenn noch mindestens 4 mm Profiltiefe übrig ist. Reifen im Oktober montieren. Falls Sie neue Reifen brauchen: Nicht auf die ersten Schneeflocken warten, denn dann herrscht Hochbetrieb beim Reifenhändler.
C Licht und Sicht	1 Beleuchtung	Kontrollieren Sie regelmäßig die Beleuchtungsanlage und reinigen Sie die Klarglasabdeckungen der Scheinwerfer. Im Winter sind einwandfrei funktionierende Scheinwerfer unentbehrlich.
	2 Verglasung	Scheiben frei von Kratzern und Steinschlägen halten
	3 Scheibenwischer	Neue Wischerblätter und genügend Frostschutz
D Karosserie	1 Türen und Hauben	Sprühen Sie gegen Festfrieren die Dichtungen mit Silikonspray ein oder nehmen Sie den Hirschtalgstift.
	2 Schlösser und Scharniere	Öl oder Fett gegen Quietschen und Korrosion.
	3 Lack	Jetzt sollte der Wagen häufiger gewaschen werden, damit sich erst gar keine Salzkruste festsetzt.
E Elektrik	1 Batterie	Batterie-Kurzschlussprüfung um festzustellen, wie viel Kapazität noch vorhanden ist. Batterien leiden unter Kälte, was auch für den Funkschlüssel gilt.
	2 Heizung und Lüftung	Eventuell den Reinluftfilter wechseln.

Große Fahrt – kleine Pannen

Auch auf großer Fahrt in den Urlaub macht der Golf eine gute Figur. Kompaktlimousine und GTD, Golf Plus und Variant sind hervorragende Reisefahrzeuge. Große Gepäckräume und hoher Komfort im Innenraum, sparsame und starke Motoren sowie optimierte Fahrwerke machen diese Wagen fit und geeignet für lange Strecken. Vorher aber ist ein gründlicher technischer Check-up angeraten.

Reifenfülldruck und Profiltiefe

Erste Regel, die Sie befolgen müssen, ist die Anpassung des Reifenfülldrucks an die Beladung. Mit zwei Personen an Bord und wenig Gepäck reichen 2 bar Reifendruck vorn wie hinten aus. Ist der Wagen voll besetzt und voll beladen, sind für alle Reifengrößen im Sommer vorn 2,3 und hinten 2,8 bar gefordert. Sie finden diese Werte innen auf der Tankklappe.

Vergewissern Sie sich, ob die (Sommer-)Reifen noch mindestens die gesetzlich vorgeschriebenen 1,6 mm Profiltiefe haben. Verschlissene Reifen sind an den Abnutzungsanzeigern (TWI – Tread Wear Indicator) in den Hauptprofilrillen der Reifenschulter zu erkennen (Bilder 1 und 2). Wenn das Profil bis auf diese Anzeiger abgefahren ist, muss unbedingt neue Bereifung her. TWI zeigen die gesetzliche Mindestvorgabe an. Besser ist es, frühzeitig zu messen und zu wechseln. Experten der Kfz-Innung raten zu mindestens 3 mm statt der erlaubten 1,6 mm Profil (Sommerreifen!).

Für grobe Abschätzung reicht eine 1-Euro-Münze. Deren goldfarbener Rand ist 4 mm breit. Messen Sie in den Hauptprofilrillen der abgefahrensten Stellen. Bleibt der Münzenrand noch bedeckt, ist alles in Ordnung. Genauer ermitteln Sie die Daten mit einem Profiltiefemesser (Bild 2).

Flüssigkeits-Füllstände

Kontrollieren Sie alle wichtigen Betriebsstoffe, vor allem Kühlmittelstand, Ölstand, Bremsflüssigkeit und Füllung der Scheibenwaschanlage. Für alle unvorher-

Auf die Bereifung achten

WISSENSWERTES

- Moderne Reifen (bis zu 16 verschiedene Gummimischungen sind möglich) müssen vielen Anforderungen genügen: Geringst möglicher Abrieb, Rissfestigkeit, Rutschwiderstand, geringer Rollwiderstand, dynamische Beständigkeit, Luftdichtigkeit, Laufruhe und Alterungsbeständigkeit.

- Auf der Fahrt in den Urlaub sollte der Bereifung ganz besondere Aufmerksamkeit geschenkt werden. Gerade vor größeren Reisen bei meist auch noch höheren Temperaturen mit erhöhtem Fahrzeuggewicht und sportlicher Geschwindigkeit tut detaillierte Reifenkontrolle not. Beachten Sie Reifendruck, Beschädigungen an Lauffläche, Seitenwand und Ventilabdichtung sowie die Profiltiefe!

- Neue Reifen haben 8 mm Profil (Bild 2). Bei nur noch 1,6 mm verlängert sich bei Nässe der Bremsweg eines 100 km/h schnellen Wagens von 70 auf 100 m, bei noch 3 mm Profil aber auf immerhin »nur« 87 m. Das Gesetz gestattet Mindestwerte von nur 1,6 mm (Sommer) und 4 mm (Winter); die Praxis aber fordert für Sommerreifen ein Minimum von 3 mm.

- Bei nasser Fahrbahn müssen die Drainagerillen pro Sekunde bei 80 km/h bis zu 25 und bei 140 km/h bis zu 43 Liter Wasser kanalisieren. Gehen Sie daher beim einzigen Bindeglied zwischen Ihnen und dem Straßenbelag keine unnötigen Risiken ein, kontrollieren Sie regelmäßig Ihre Fahrzeugbereifung!

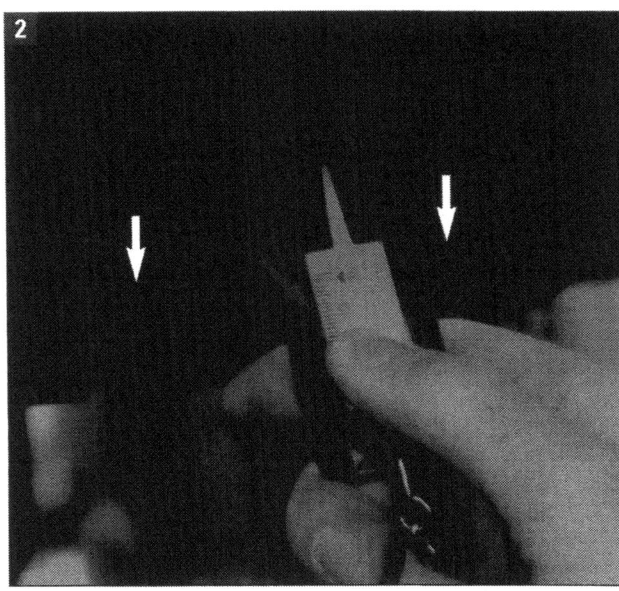

Verschleiß und Profil: TWI-Anzeiger in Hauptprofilrillen (rote Pfeile Bild 1, weiße in Bild 2) markieren die Verschleißgrenze. Roter Pfeil in Bild 2 zeigt Profiltiefe 8 mm.

gesehenen Fälle ist ein Reservetank mit einigen Litern Kraftstoff an Bord empfehlenswert.
Immer mit voller Füllung Scheibenwaschwasser losfahren, jedenfalls zu längeren Reisen. Füllen Sie etwas Reinigungszusatz ein und dann mit Wasser auf bis fast zum Überlaufen. Den Ölstand überprüfen Sie mit dem bekannten Ölmessstab. Im Kapitel »Antrieb / Schmiersystem« erläutern wir den Gebrauch von Messstab und Prüfgerät für Ölstandsanzeige.
Am Kühlmittelausgleichsbehälter lässt sich von außen der Stand im Verhältnis zu Minimum- und Maximum-Markierungen ablesen (1 in Bild 3). Bei Erfordernis vorsichtig den Deckel zunächst leicht aufdrehen und vor dem vollständigen Öffnen Druck ablassen. Vorsichtshalber sollten Sie ein genügend großes Tuch auf den Verschlussdeckel legen (2 in Bild 4), ehe Sie ihn aufdrehen. Dann den Deckel ganz herausschrauben und Wasser auffüllen. Zum Kühlmittelzusatz (VW-Vorgabe) siehe entsprechende Passagen in »Fit durch den Winter« und »Antrieb / Kühlsystem«.
Auffüllen oder Erneuern der (aggressiven und giftigen) Bremsflüssigkeit ist Serviceauftrag der Fachwerkstatt. Nach beanspruchenden Touren mit häufigem starkem Bremsen (Bergfahrt) ist Kontrolle aber durchaus ratsam. Der hinten im Wasserkasten gut zugängliche Bremsflüssigkeitsbehälter (Bild 5) hat Markierungen. Der Flüssigkeitsstand ist abhängig vom Verschleißgrad der Bremsbeläge. Sind diese neu, sollte er bei der MAX-Markierung, aber auch nicht darüber liegen. Normal ist Füllstand zwischen MAX und MIN. Bei stark verschlissenen Bremsbelägen darf er bei MIN oder leicht darüber liegen. Bei Flüssigkeitsstand unter MIN muss vor Nachfüllen das Bremssystem in der Werkstatt überprüft werden.

Undichtigkeiten

Eine wichtige Kontrolle ist die Sichtprüfung des Motors und seiner Umgebung. Dazu müssen die Motorabdeckungen abgenommen werden. Sie sind vorsichtig und keinesfalls ruckartig sowie an allen Seiten gleichmäßig nach oben von den Haltebolzen abzuziehen. Motor und Motorraum auf Undichtigkeiten und Beschädigungen prüfen:.

- Leitungen, Schläuche und Anschlüsse der Kraftstoffanlage, des Kühl- und Heizsystems und der Bremsanlage auf Undichtigkeiten, Scheuerstellen, Porosität und Brüchigkeit untersuchen. Nach Anheben des Fahrzeugs und Abbau der unteren Abdeckung auch von unten prüfen.
- Beim Wiedereinbau der Motorabdeckungen nicht mit der Faust oder mit einem Werkzeug auf die Kunststoffabdeckung schlagen, um Beschädigung zu vermeiden.
- Die Abdeckung genau auf dem Motor positionieren und dabei den Öleinfüllstutzen beachten.
- Die Abdeckung mit beiden Händen in die Gummitüllen drücken.

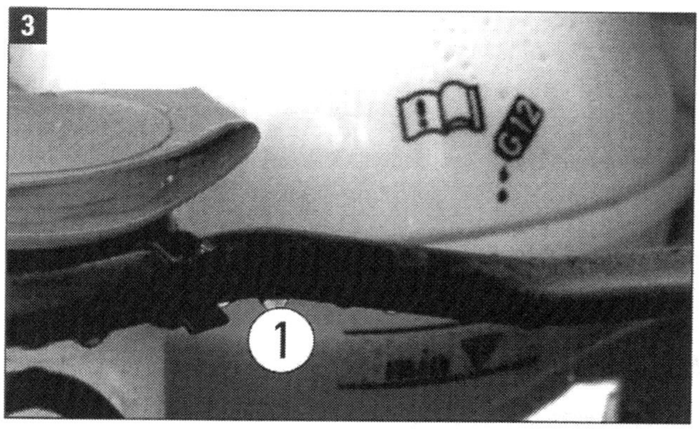

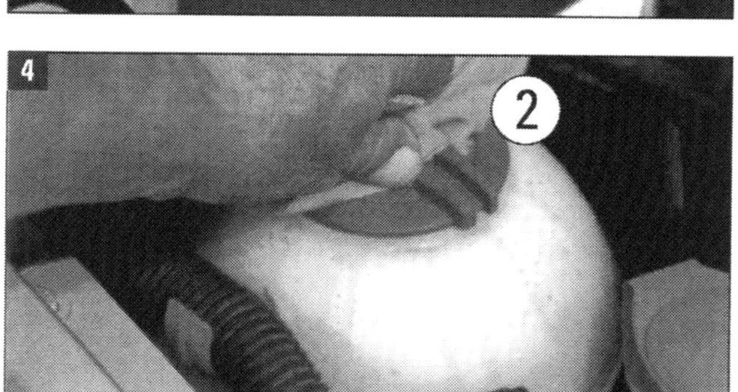

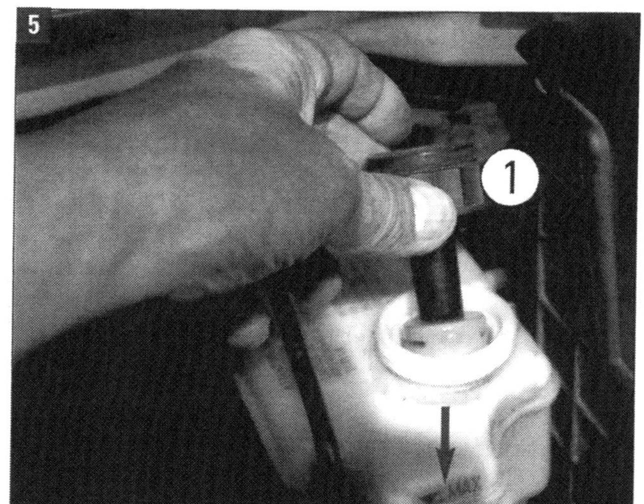

Bilder 3 und 4 Kühlmittel: Füllstand (1) zwischen MIN und MAX, bei kaltem Motor nicht unter MIN. Verschlussdeckel langsam mit Lappen (2) aufdrehen, um Druck abzubauen.
Bild 5 Bremsflüssigkeit: Verschlussdeckel (1) mit Schwimmer im Sieb. Pfeil: MAX-Markierung (nicht überschreiten!).

Die Klimaanlage

Ein vom Motor angetriebener Kompressor verdichtet das dampfförmige Kältemittel, das sich dabei erhitzt (Bild 6: Kältemittelhinweis auf dem Schlossträger). Im Kondensator vor dem Kühlergrill wird das Mittel abgekühlt und wieder flüssig und dann per Ventil in den Verdampfer eingespritzt. Beim Verdampfen wird der am Waben- und Röhrensystem vorbeiströmenden Luft aus dem Fahrgastraum Wärme und Feuchtigkeit entzogen. Die abgekühlte Luft wird wieder in den Innenraum geleitet. Geregelt wird der Prozess über den Luftdurchsatz und die eingestellte Temperatur..

Vollautomatische Regelung

Die serienmäßige Klimaautomatik des Golf VI ist von Grund auf neu. Sie bringt 10% mehr Kühlleistung, arbeitet jedoch effizienter als das bisherige Aggregat und spart etwa 0,2 Liter Kraftstoff pro 100 km. Diese Komfortklima-Automatik hat für linke und rechte Fahrzeugseite getrennt regelbare Kreise (Bild 7).
Die Anlage berücksichtigt auch starke Sonneneinstrahlung. Nachregeln von Hand ist überflüssig. Bei Temperatureinstellung 22 °C und Drücken der Taste AUTO wird am schnellsten das richtige Klima erreicht. **Beachten:** Der Lufteinlass vor der Windschutzscheibe muss frei von Eis, Schnee und Blättern sein. Bei Umluftbetrieb sollte man im Fahrzeug nicht rauchen, da sich der angesaugte Rauch auf dem Verdampfer absetzt, was zu dauerhafter Geruchsbelästigung führt. **Gründe für Fehlfunktion:** Außentemperatur liegt unter +5 °C, der Klimakompressor hat wegen zu warmem Fahrzeugmotor vorübergehend abgeschaltet oder eine Sicherung ist durchgebrannt.

Vorsicht beim Kältemittel!

GEFAHRENHINWEIS

Die Bauteile des Klimasystems sowie die Kältemittelschläuche und -leitungen befinden sich neben und vor dem Motor. Arbeiten dürfen Sie allerdings auch als erfahrener Schrauber nicht daran! Die Komponenten bergen gesundheitliche Risiken und könnten durch Reparaturversuche Schaden nehmen. Kältemittel können bei Berührung Erfrierungen verursachen. Weil sie schwerer als Luft sind, können sie am Boden oder in Montagegruben zum Ersticken führen.

Riskieren Sie keine gesundheitlichen Schäden oder teure Nachreparaturen! Öffnen Sie keinesfalls den Kältemittelkreislauf der Klimaanlage. Das Neubefüllen ist Werkstatt-Sache. Bei unsachgemäßer Handhabung könnten Sie sich auch strafbar machen: Das Ablassen von Kältemittel in die Umwelt ist eine strafbare Handlung. Klimaanlagen des Golf dürfen nur von VW oder in Service-Stützpunktwerkstätten instand gesetzt bzw. gewartet oder ersetzt werden.

Klimaanlage richtig benutzen

PRAXISTIPP

■ Bei Sonne und großer Wärme heizt sich der Innenraum Ihres Fahrzeugs bis zu 60 °C oder sogar noch stärker auf. Deshalb vor dem Losfahren erst einmal alle Türen öffnen und die heiße Luft genügend lange entweichen lassen.

■ Fahrt antreten und zum zügigen Herunterkühlen zunächst die volle Gebläsestufe wählen. Dann rasch zurückschalten, um Zugluft zu vermeiden. Auf Automatik schalten: Temperatur, Gebläse und Luftverteilung werden dann selbsttätig geregelt.

■ Ob Automatik oder Regelung von Hand: Die günstigste Innenraum-Temperatur beträgt im Sommer 22 °C. Bei extremer Hitze kann 3 bis 4 °C höher eingestellt werden. Im Winter wird übrigens eine Idealtemperatur von 21 °C empfohlen.

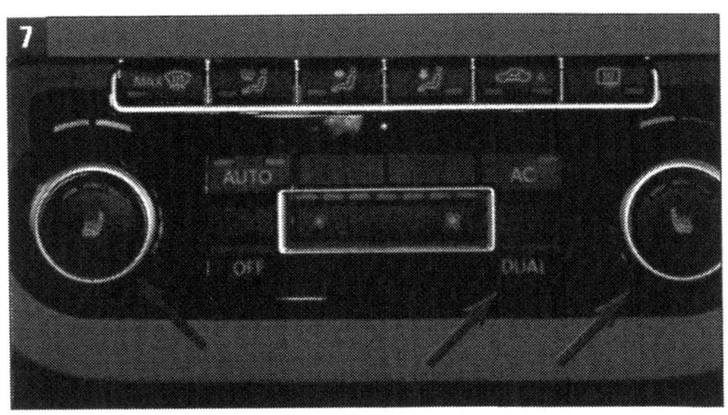

Klimaanlage: Bild 6 Kältemittel-Spezifikation, Bild 7 getrennte Regelung für Fahrer- und Beifahrersitz (Pfeile).

Anhängerkupplung zusätzlich anbauen

Nützliche Verbesserung ist der nachträgliche Einbau einer Anhängevorrichtung, was allerdings eine recht anspruchsvolle Aufgabe ist. Nötig sind Montagearbeiten an tragenden Teilen, nämlich den hinteren Längsträgern. Dazu müssen die Stoßfängerabdeckung und der Aufprallträger abgebaut werden. Stattdessen wird ein Träger mit der Anhängerkupplung montiert. Für die Elektrik des Anhängers (Beleuchtung und Aggregate) müssen Leitungen verlegt und eine Zusatz-Steckdose angebracht werden.
Anhängevorrichtungen sind Sicherheitsteile. Es dürfen nur für den Golf entwickelte und bauartgenehmigte Vorrichtungen verwendet werden. Wir empfehlen hier ausdrücklich, Anhängerkupplungen aus dem VW-Zubehörprogramm (Abbildung) zu verwenden, da sie mit den werkseitig eingebauten Vorrichtungen identisch sind. Die für diese Anhängerkupplungen mitgelieferte Einbauanweisung ist mit VW abgestimmt, was bei Problemen oder im Schadensfall stets von Vorteil ist.

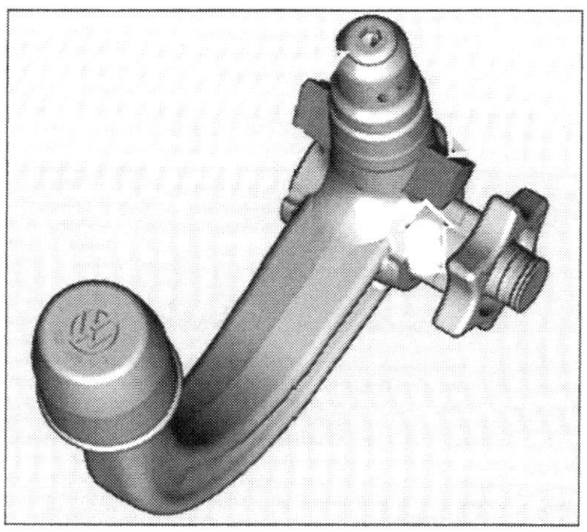

Volkswagen liefert den Nachrüstsatz mit der nötigen Elektrikausstattung. Die Anhängersteckdose kann 7-polig oder 13-polig sein, wonach sich der erforderliche Leitungssatz bestimmt (bei der von uns empfohlenen 13-poligen Steckdose muss das ein 12-adriges Kabel sein). Zum Bausatz gehören ferner die Dichtung der Steckdose, eine Durchführungstülle, das Steuergerät und passendes Befestigungsmaterial (Schrauben, Muttern, Kabelbinder). Wird der Anbausatz eines anderen Anbieters gekauft, müssen Sie auf diese Details unbedingt achten. Mit dem Originalsatz von VW erfolgt auch eine Gespannstabilisierung über ESP.
Die 13-polige Anhängersteckdose ist wesentlich vorteilhafter als die 7-polige. Über die 13 Anschlusskontakte können zum Beispiel Rückfahrscheinwerfer oder Dauerstrom- und Ladeleitung am Anhänger genutzt werden. Wenn ein Fahrradträger auf der Anhängerkupplung montiert oder ein ganzer Wohnwagen gezogen werden sollen, wird eine 13-polige Anhängersteckdose immer empfohlen. Die Steckerbelegung ist übrigens vereinheitlicht (siehe Tabelle).
Die Nachrüstsätze sind in den Abmessungen leicht unterschiedlich für Golf und Variant, worauf beim Kauf zu achten ist. Wir beschreiben Aus- und Einbau der Stoßfängerabdeckung im Kapitel »Fahrzeugaufbau / Karosserie«. Zum Einbau der originalen VW-Anhängevorrichtung brauchen Sie fachlichen Beistand.
Zu beachten ist das Gespanngewicht. Es setzt sich zusammen aus den tatsächlichen Gewichten von Zugwagen und Anhänger. Die zulässigen Gesamtgewichte dürfen nicht überschritten werden. Wenn die zulässige Anhängelast ausgenutzt werden soll, muss eventuell das Gewicht des Zugwagens reduziert werden.

Steckerbelegung 13-polig

WISSENSWERTES

Die Belegung der Stecker ist nach DIN ISO 11 446 wie nachfolgend aufgeführt genormt:

Steckerpol	Belegung	Kabelfarbe
1	Blinker links	gelb
2	Nebelschlussleuchte	blau
3	Masse Stromkreis 1 – 8	weiß
4	Blinker rechts	grün
5	Fahrleuchte rechts	braun
6	Bremsleuchten	rot
7	Fahrleuchte links	schwarz
8	Rückfahrleuchte	pink
9	Stromversorgung (Dauer+ / Klemme 30)	orange
10	Klemme 15 (Batterieladen Anhänger)	grau
11 und 12	frei	
13	Masse für Klemmen 15 und 30	weiß/rot

CHECKLISTE

Vor und nach jeder großen Fahrt kontrollieren

Bereich	Worauf Sie achten sollten	Was zu tun ist
A Motor	1 Motorölstand	Wurde der Motor lange auf Kurzstrecken betrieben, sammeln sich flüchtige Substanzen. Deshalb kann es sein, dass der Ölstand bei heißem Motor schlagartig absinkt. Nach den ersten 100 Kilometern nachmessen.
	2 Kühlmittelstand	Kühlmittel im Ausgleichsbehälter im kalten Zustand auf Maximum auffüllen.
	3 Zustand der Schläuche	Alle Wasserschläuche müssen dicht und elastisch sein. Schläuche kräftig kneten. Kalkablagerungen an den Anschlüssen und harte oder poröse Schläuche sind kein gutes Zeichen. Im Zweifel: austauschen.
	4 Kühlerventilator prüfen	Lassen Sie den Motor im Leerlauf drehen, bis sich der Kühlerventilator ein- und später wieder ausschaltet. Sie werden ihn brauchen, wenn Sie im Stau stehen!
B Räder und Reifen	1 Luftdruck	Der Luftdruck in den Reifen muss an die Beladung angepasst werden. Nach der Reise nicht vergessen, den Druck wieder abzusenken.
	2 Zustand	Die Reifen sollten natürlich auch am Ende der Reise noch genügend Profil haben. Nachmessen!
C Fahrwerk	1 Stoßdämpfer	Wird das Auto richtig vollgeladen, sind die Stoßdämpfer besonders gefordert. Fahnden Sie nach Ölspuren und lassen Sie beim kleinsten Verdacht einen Stoßdämpfertest durchführen. Mit Wippen an der Karosserie lassen sich schwache Dämpfer nicht erkennen.
	2 Manschetten und Gelenke	Sind Achsmanschetten oder die Gummis der Gelenke rissig und porös, werden die Teile bei hoher Belastung rasant verschleißen. Besser vorher austauschen!
D Sonstiges	1 Beleuchtung	Schalten Sie alle Lichter durch und nehmen Sie Ersatzlampen für Scheinwerfer und Rückleuchten mit.
	2 Scheibenwaschanlage	Prüfen Sie die Einstellung der Spritzdüsen und füllen Sie den Vorratsbehälter mit geeignetem Gemisch bis zum Maximum auf.
	3 Zubehör	Einen 5-Liter-Reservekanister, einen Liter Motoröl und eine Rolle starkes Textilklebeband mit auf die Reise nehmen!

Kleine Schäden und Pannen

Es ist Winter, ungemütlich kalt und dunkel. Sie müssen zur Arbeit und sind spät dran. Schnell den Schlüssel ins Zündschloss oder die Starttaste gedrückt - aber nichts passiert. Das Startproblem geht mit großer Sicherheit auf Ihr Konto. Es wäre mit etwas mehr Pflege und Aufmerksamkeit durchaus zu vermeiden gewesen, doch die leere Batterie ist ein Klassiker unter den kleinen Pannen. Für die gelben Engel vom ADAC ist es Winter für Winter langweilige Routine.

Auf mögliche Gefahren achten

Auf den folgenden Seiten wollen wir Ihnen zeigen, was in einem solchen Fall zu tun ist. Genauso wie bei der ebenso unbeliebten Reifenpanne, die allerdings ziemlich eindeutig Pech ist. Denn statistisch gesehen erlebt jeder Autofahrer nur etwa alle 70.000 km dieses Malheur, bei dem man richtig reagieren und umsichtig handeln muss.

Schätzen Sie immer die Situation hinsichtlich eventueller Gefahren ein: Können Sie an dieser Stelle einen Radwechsel oder eine andere Schnellreparatur vornehmen, ohne sich zu gefährden? Auf einer zweispurigen Autobahn ohne Standstreifen sollten Sie besser sofort Hilfe per Handy oder Notrufsäule holen und sich zum nächsten Rastplatz schleppen lassen.

Weiterfahren oder warten?

Der Golf gilt als außerordentlich zuverlässig. Falls er mal nicht fährt, ist er meist richtig kaputt. In den Graubereichen dazwischen müssen Sie selbst entscheiden. Für solche Fälle können wir nur Ratschläge geben oder Empfehlungen aussprechen. Verzichten Sie im Zweifelsfall lieber auf einen Reparaturversuch vor Ort. Man sollte auch unbedingt wissen, wann es besser ist, nicht mehr weiter zu fahren. Sie ersparen sich damit nicht nur teure Folgeschäden, sondern setzen auch nicht Ihre Gesundheit und die Ihrer Mitmenschen aufs Spiel. Wir haben in unseren Störungsbeiständen die wichtigsten Symptome aufgeführt, die auf einen schlimmen Schaden hindeuten, und weisen auch auf Dinge hin, die einen schlimmen Schaden verursachen können.

Lässt sich ein Abschleppen zur Werkstatt nicht vermeiden, sollten Sie folgende Dinge beachten:

- Mitgliedschaft in einem Automobilclub und spezieller Schutzbrief sind immer von Vorteil.
- Legen Sie die in Ihren Papieren angegebene Notrufnummer ins Handschuhfach.
- Bestellen Sie einen Abschleppwagen nur über diese Nummer und
- lassen Sie sich vom Fahrer eine Bestätigung über seinen Auftraggeber zeigen.

Werkstatt ausführlich informieren

Schildern Sie der Werkstatt in Ruhe und chronologisch den Schadenshergang. Je mehr man dort weiß, umso kürzer ist die Zeit für die Fehlersuche. Wichtige Informationen sind: In welchem Betriebszustand hinsichtlich Temperatur, Geschwindigkeit oder Drehzahl trat der Schaden auf? Haben Sie vorher ungewohnte Geräusche oder ein ungewöhnliches Fahrverhalten bemerkt? Wie ist die Vorgeschichte des Wagens bezüglich Reparaturen oder Inspektionen? Denken Sie an:

- schriftlichen Auftrag,
- Kostenvoranschlag,
- finanzielle Grenze ohne Rücksprache mit Ihnen.

Gründlich untersucht: Trotz aller Prüftechnik beim Hersteller und eigener Umsicht – Schäden sind nie auszuschließen.

Fahrzeug richtig heben und aufbocken

Im Bordwerkzeug finden Sie den erwähnten Spindelwagenheber (Bild 1). Damit lässt sich das Fahrzeug für die meisten Arbeiten hoch genug anheben. Mit einer untergelegten Bohle können Sie die Hubhöhe etwas vergrößern.
Ratsam vor allem bei weichem Untergrund (Sand) ist es, ein kleines Brett mit 30 x 30 cm Seitenlänge und 2 cm Dicke unter den Heberfuß zu legen. Das verringert die Gefahr, dass der Heberfuß in den Boden einsinken kann.
Bequemer, effektiver und auch sicherer ist ein Werkstattwagenheber (Bild 2), auch Rangierwagenheber genannt. Er läuft auf Rollen (Pfeile), die nicht zu klein sein sollten. Gehoben wird hydraulisch unterstützt mit Hebelkraft, was die Arbeit erleichtert.
Wenn Sie unter dem Fahrzeug arbeiten müssen, raten wir dringend zur Verwendung eines Paars Unterstellböcke (Bild 3). Nur so können Sie Ihren angehobenen Golf sichern. Arbeiten Sie nicht unter dem angehobenen Wagen, wenn er nicht durch Unterstellböcke gesichert ist, Sie begeben sich sonst in Lebensgefahr!

Benötigtes Werkzeug und Materialien:

- Holz- oder Kunststoffkeil zum Absichern der Räder gegen unbeabsichtigtes Rollen;
- Wagenheber aus dem Bordwerkzeug oder Rangierwagenheber;
- Holzklötze, Unterlegbrett;
- Unterstellböcke.

Arbeitsschritte:

- Wagen sicher auf festen, ebenen Untergrund stellen.
- Handbremse anziehen und zumindest eines der Räder gegenüber der Anhebestelle mit Holzkeilen, notfalls mit geeigneten Steinen gegen Wegrollen sichern. Die angezogene Bremse allein reicht nicht! Manchmal muss sie sogar gelöst werden.
- Wagenheber (Bild 1) aus dem Bordwerkzeug-Set im Reserverad nehmen. Die Kurbel (5) durch Verdrehen ausklappen und

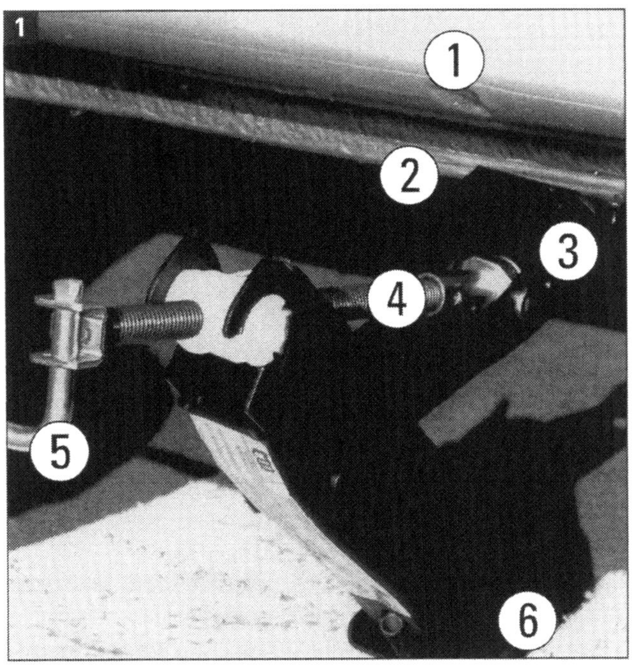

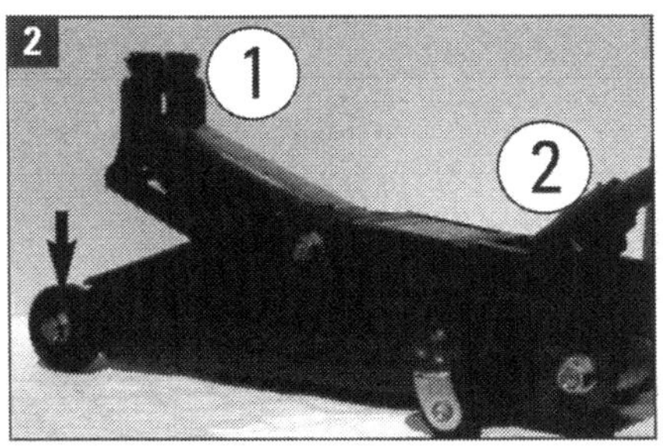

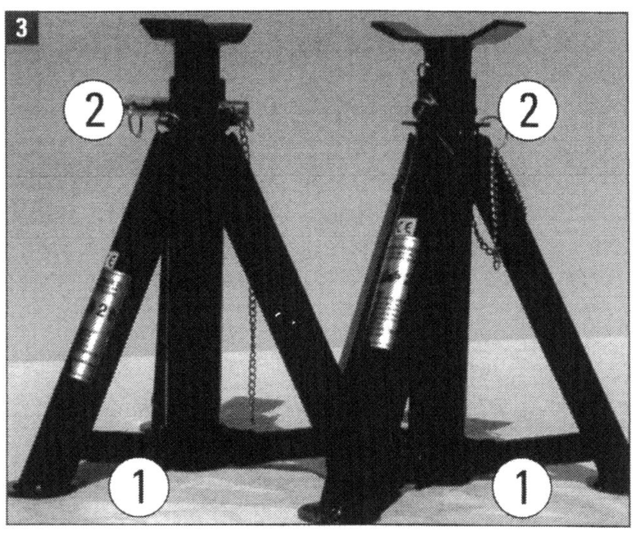

Bild 1 Spindelwagenheber: (1) Markierung, (2) Unterholm, (3) Heberkopf, (4) Spindel, (5) Kurbel, (6) Wagenheberfuß.
Bild 2 Werkstattwagenheber: (1) Aufnahmeteller, (2) unterer Teil der Betätigungsstange für die Hebehydraulik.
Bild 3 Unterstellböcke: (1) Klappmechanik, (2) Sicherung.

den Heber um etwa fünf Umdrehungen der Spindel (4) mit der Kurbel so weit öffnen, dass er noch gut unter den Wagen passt.

■ Den Wagenheber senkrecht zum Aufnahmepunkt (1) am Unterholm ansetzen und weiter hochkurbeln. Der Schlitz des Wagenheberkopfes (3) muss waagerecht in den Aufnahmepunkt greifen. Um Beschädigungen am Fahrzeugboden oder ein Abkippen des Wagens zu vermeiden, das Fahrzeug nur an diesen extra verstärkten Aufnahmestellen anheben!

■ Wagenheberkopf mit der linken Hand gegen die Aufnahme drücken. Mit der rechten Hand die Kurbel im Uhrzeigersinn drehen und den Heberfuß (6) gegen den Boden pressen. Darauf achten, dass der Wagenheber senkrecht steht und nicht nach einer Seite abkippt! Ist der senkrechte Stand nicht gewährleistet, den Heber neu ansetzen. Erst dann auf nötige Höhe kurbeln.

■ Die markierten, vom Hersteller dafür vorgesehenen Aufnahmepunkte (Bilder 4 und 5) gelten natürlich in erster Linie auch für Werkstattwagenheber und Hebebühnen. Auch ein Unterstellbock darf nur an diesen Bodenverstärkungen angesetzt werden. Zwischen Auflage des Bocks und Fahrzeugboden einen Gummi- oder Hartholzklotz legen, der die Last verteilt. Kontrollieren Sie vor dem Ansetzen des Bockes, ob eventuell ein Blechfalz im Weg ist, der eingedrückt werden könnte, oder ob die Bremsleitung eingeklemmt werden kann.

■ Der Dreibein-Unterstellbock (Bild 3) steht am sichersten, wenn eines seiner Beine nach außen und zwei zur Wagenmitte hin zeigen. Achten Sie auf diese Stellung, wenn Sie das Fahrzeug aufbocken. Sonst kann es passieren, dass beim Anheben des Wagens der auf der anderen Seite bereits angesetzte Unterstellbock seitlich weggedrückt wird.

4

Aufnahmepunkte: Die VW-Bilder zeigen die vorgeschriebenen Unterholmstellen vorn (Bild 4) und hinten (Bild 5).

5

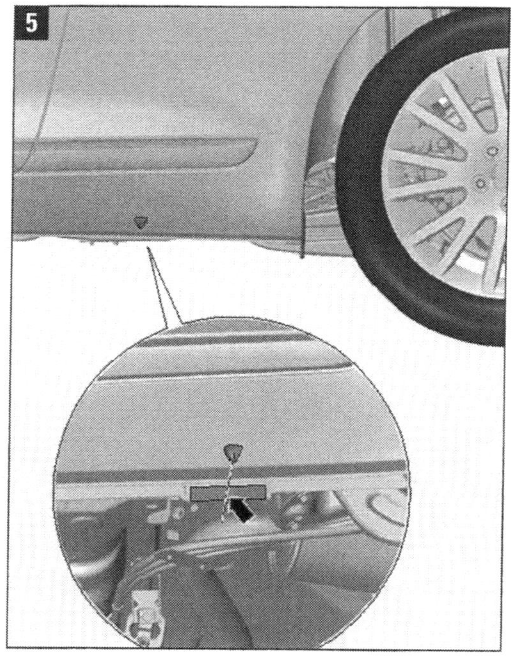

Fahrzeug abschleppen

Wenn sich Ihr Golf nicht mehr aus eigener Kraft fortbewegen lässt, muss er abgeschleppt werden, zumeist bis zur nächsten Werkstatt. Die Aufnahme für die Abschleppöse ist hinter einer kleinen Abdeckung im Stoßfänger versteckt (Bild 1: Deckel abgenommen). Die Öse selbst finden Sie im Bordwerkzeugset im Reserverad. Sie wird von Hand eingeschraubt (Bild 1) und mit Hilfe des Radschraubenschlüssels (Bild 2) oder des recht robusten Schraubendrehers aus dem Bordwerkzeug als Hebel festgezogen.

Wenn Sie selbst mit Ihrem Wagen ein Fahrzeug abschleppen müssen: Die Öse hinten einschrauben. Auch dort ist das Einschraubgewinde unter einer Abdeckung im Stoßfänger zu finden (Bild 3).

Beachten Sie beim Abschleppen unbedingt die folgenden Grundsätze:

- Nie weiter als 50 km schleppen;
- Nicht schneller als mit 50 km/h schleppen;
- Fahrzeuge mit Automatikgetriebe sollen nicht über längere Strecken abgeschleppt werden, 50 km können schon zu viel sein. Ohne laufenden Motor arbeitet die Getriebeölpumpe nicht, weshalb es schlimmstenfalls zu einem Getriebeschaden kommen kann. Am besten mit angehobener Vorderachse abschleppen. Bei Fahrzeugen mit Allradantrieb quattro ist das aber nicht möglich, sie dürfen nicht auf einer Achse geschleppt werden. Generell bleibt das Abschleppen eines Automatik-Fahrzeugs stets ein riskantes Unternehmen.
- Für nötiges Abschleppen gibt es verschiedene Ursachen, vom »Schwächeln« der Batterie bis zum Motorschaden. Auf Batterieprobleme gehen wir gleich noch genauer ein.

1

WISSENSWERTES – Vorschriften beim Abschleppen

Beachten Sie nach einer Havarie beim Abschleppen die Grundsätze nach § 15a der Straßenverkehrsordnung:

- Beim Abschleppen eines auf der Autobahn liegengebliebenen Fahrzeugs ist die Autobahn bei der nächsten Ausfahrt zu verlassen. Ist Ihr Fahrzeug außerhalb der Autobahn liegengeblieben, dürfen Sie nicht auf die Autobahn auffahren.
- Während des Abschleppens müssen beide Fahrzeuge das Warnblinklicht einschalten. Der Nothilfegedanke steht im Vordergrund, also ein abzuschleppendes Fahrzeug nicht über weite Strecken, sondern nur bis zur nächsten geeigneten Werkstatt, zum Fahrzeugverwerter, zum Schrottplatz oder zum nächsten Verladebahnhof schleppen. Denn bei mehr als 50 km Entfernung zum Zielort muss das Kfz verladen werden.
- Der Fahrzeugführer des abschleppenden Kfz benötigt eine Fahrerlaubnis mindestens der Klasse B, jedenfalls der Klasse, zu dem das ziehende Kfz gehört. Der Lenker des abgeschleppten Fahrzeugs benötigt keine Fahrerlaubnis, muss aber mit der sicheren Bedienung des Fahrzeugs vertraut sein.
- Sonderfall des Abschleppens ist das Anschleppen, bei dem unter Ausnutzung der Triebkraft des ziehenden Fahrzeugs der Motor des gezogenen Fahrzeuges zum Anspringen gebracht werden soll.

2

3

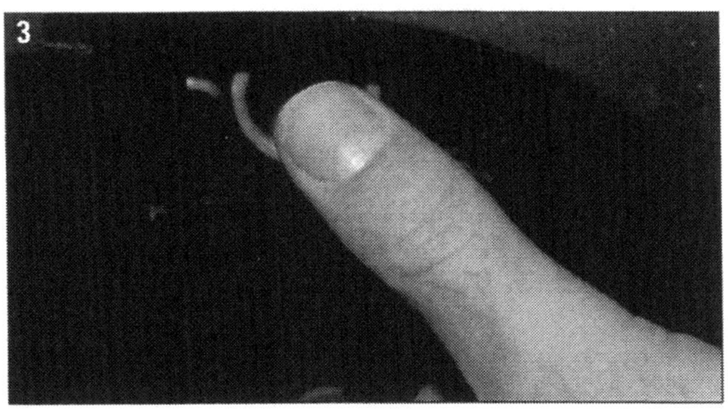

Wasserverlust durch Überhitzung

Wird der Motor zu heiß, droht ein Schaden an der Zylinderkopfdichtung, irgendwann sogar ein kapitaler Motorschaden. In den meisten Fällen von Überhitzung fehlt dem Motor Kühlwasser. Vor dem dann nötigen Auffüllen von Kühlwasser sollten Sie aber besser die genaue Ursache der Überhitzung ergründen:

- Falls der Ventilator streikt und der Motor nur im Stand zu heiß wird, können Sie die Fahrt bei freier Strecke fortsetzen. Im Stand und an roten Ampeln den Motor abstellen. Nachsehen, ob die betreffende Sicherung noch in Ordnung ist. Brennt auch eine neue Sicherung sofort wieder durch, liegt ein Kurzschluss vor oder der Elektromotor des Lüfters ist durchgebrannt.

■ Klemmt der Thermostat, können Sie diesen eventuell ausbauen und die Fahrt ohne fortsetzen. Allerdings muss so schnell wie möglich ein neues Teil eingebaut werden.

■ Ist ein Kühlerschlauch nur leicht undicht, zum Beispiel durch einen Marderbiss, können Sie ihn provisorisch mit festem Gewebeklebeband umwickeln. Der Schlauch muss dazu fettfrei, trocken und am besten kalt sein. Wickeln Sie ein paar Lagen um die schadhafte Stelle.

■ Falls der Schlauch gerissen oder geplatzt ist oder das Gummi ein größeres Loch hat, können Sie die schadhafte Stelle mit einem passenden Rohrstück und zwei Schlauchschellen überbrücken. Schlauch durchschneiden und Rohrstück beidseitig einschieben. Der Rohrdurchmesser sollte ungefähr 4 mm geringer sein als der Außendurchmesser des Schlauches, da die Gummischläuche meist rund 2 mm Materialstärke haben.

■ Wenn Sie Kühlwasser auffüllen, müssen Sie beim Öffnen des Ausgleichsbehälters vorsichtig sein. Heißes oder sogar kochendes Kühlwasser steht unter Druck und sprudelt aus der Öffnung.

■ Füllen Sie bei sehr heißem Motor das Wasser nur in kleinen Schlucken in den Ausgleichsbehälter und und lassen Sie den Motor dabei laufen. Das kalte Wasser kann sonst zu Spannungsrissen innerhalb des Motors führen.

Starthilfekabel richtig anwenden

Wenn der Anlasser (Starter) Ihres Golf nach mehrmaligen Startversuchen von 10 bis 20 Sekunden sich nicht dreht oder den Motor nicht zum Anspringen bringt, ist Starthilfe erforderlich. Die probaten Methoden Anschieben oder Anschleppen sind nicht die beste Wahl. Geht es dabei über eine Strecke von mehr als 50 Metern, kann nämlich der Katalysator ernsthaft geschädigt werden. Wenn der Motor wegen einer defekten Zündanlage nicht startet, sollte man aufs Anschieben oder Anschleppen nun schon ganz und gar verzichten. Vom Defekt der Zündanlage einmal abgesehen, ist die empfehlenswerte Starthilfe die durch ein Fahrzeug mit funktionstüchtigem Akku. Die elektrische Verbindung zwischen beiden Fahrzeugen wird mit einem Starthilfekabel (Bild 1) hergestellt, das bei einem Kupferleiterquerschnitt von 16 mm^2 etwa 3 m lang sein sollte und für 12 bis 24 V geeignet sein muss.

1

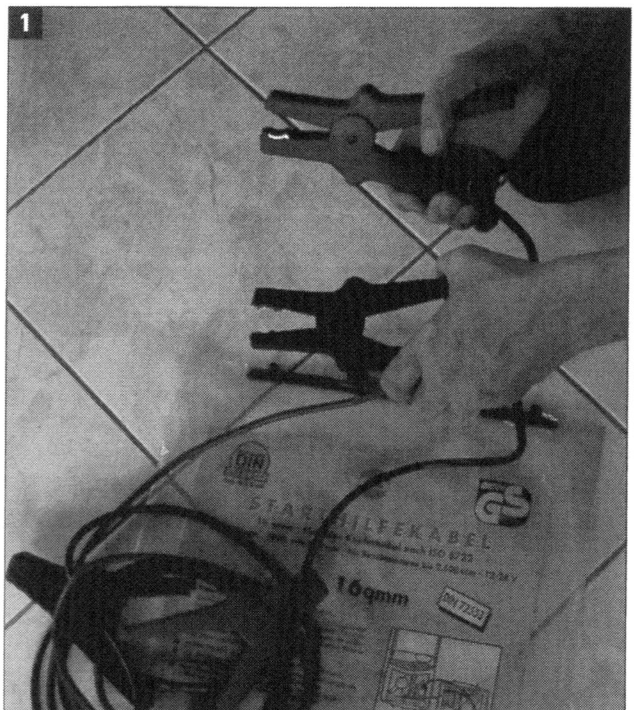

Starthilfekabel: Doppelleitung rot / schwarz mit isolierten Polzangen nach DIN 72553 und ISO 6722.

Wie folgt vorgehen:

■ Hilfsfahrzeug dicht an das Fahrzeug mit der leeren Batterie heran fahren, damit die Kabel bequem angeschlossen werden können. Die Karosserien beider Fahrzeuge dürfen sich während der Starthilfe nicht berühren. Ihre Motoren sind abzustellen.

■ Warnblinkanlage des »Spenderautos« einschalten. Motorraum öffnen. Die Batterie des Golf VI befindet sich im Motorraum hinten links.

■ Die Batterien beider Fahrzeuge miteinander verbinden, und zwar zuerst die Pluspole der Akkus mit dem roten Kabel. Zuerst die leere, dann die volle Batterie anklemmen.

■ Die eine Polzange des schwarzen Starthilfekabels erst am Minuspol der vollen Batterie des Hilfsfahrzeugs anklemmen, die andere an einen blanken Massepunkt des Fahrzeugs mit entladener Batterie. Im Golf befindet sich dieser Massepunkt rechts vom linken Federbeindom (3 in Bild 2).

■ Motor des Hilfswagens starten und mit erhöhter Drehzahl laufen lassen, aber möglichst nicht mehr als 15 Sekunden. Fahrzeug, dem geholfen wird, starten. Wenn der Motor nicht gleich anspringt, nach weiteren Versuchen immer wieder eine Pause von mindestens einer Minute einlegen, damit der Anlasser abkühlen kann.

■ Zum Abnehmen der Kabel hinsichtlich der Reihenfolge des Abklemmens der Polzangen des Starthilfekabels genau umgekehrt vorgehen:

■ Zuerst die schwarze Kabel-Polzange vom Massepunkt (3 in Bild 2) im Fahrzeug, dem geholfen wurde, abklemmen, dann die andere schwarze Zange vom Minuspol der Fremdbatterie abklemmen. Zuletzt das rote Kabel von den Pluspolen abnehmen: erst von der vollen Batterie, dann von der Leerbatterie.

■ Nach dem Start längere Zeit mit höheren Drehzahlen fahren, damit die Lichtmaschine die Batterie rasch aufladen kann.

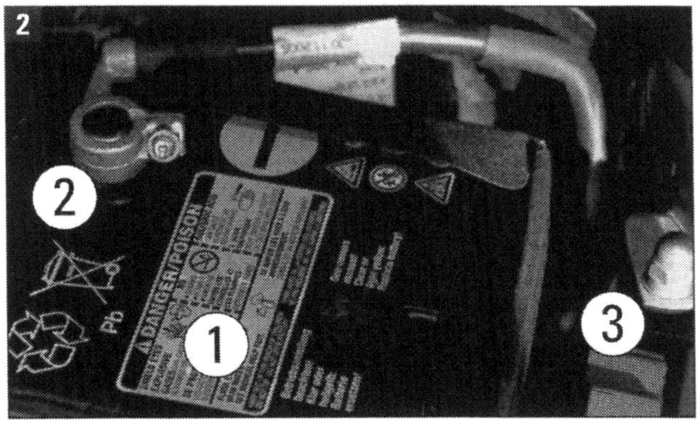

Batterie-Minus: (1) Batterie, (2) Minus-Polklemme, (3) Massepunkt direkt am Masseband hinten links im Motorraum.

Batterie regelmäßig prüfen

Um Probleme durch Ausfall der Batterie zu vermeiden, sollte sie regelmäßig überprüft werden. Arbeiten an der Batterie beschreiben wir im Kapitel »Fahrzeugelektrik – Bordnetz: Batterie, Generator, Anlasser«. In der Werkstatt kann der Batteriezustand über die geführte Fehlersuche mit dem Diagnosesystem VAS 5051/5052 ausgelesen werden. Marke und Modell eingeben, im Menü die Servicearbeiten wählen und den Anweisungen zur Batterieprüfung folgen.

Im laufenden Fahrbetrieb empfiehlt sich das Testen mit einem einfachen Gerät wie im Bild: In Zigarettenanzünder (Bordsteckdose; im Bild Fond des Golf Plus) stecken. Der Ladezustand von leer bis voll geladen (Pfeil) wird mit Leuchtdioden angezeigt.

Elektronik im Notlaufprogramm

Bestimmte Pannen und Fehlfunktionen führen dazu, dass die Motorsteuerung nur noch im Notlaufprogramm arbeitet. Wir gehen im »Elektrik«-Kapitel nochmals darauf ein. Hier möchten wir nur sagen, dass Sie auch im Notlauf noch einen sicheren Ort erreichen können, dann allerdings der Sache auf den Grund gehen müssen.

Der Fehler kann mit einem Diagnosegerät aus dem Speicher abgefragt werden. Deshalb sollten Sie sich unbedingt merken, in welchem Betriebszustand er aufgetreten ist. Sie können den Fehlerspeicher nämlich durch längeres Abklemmen der Batterie (zirka eine halbe Stunde) löschen und die Fahrt eventuell unter Vermeidung dieses Betriebszustandes fortsetzen. Oft sind nur ein Massepunkt, ein Stecker mit Kontaktschwierigkeiten oder ein undichter Unterdruckschlauch schuld. Finden Sie die Ursache nicht und tritt der Fehler nach kurzer Zeit erneut auf, sollten Sie so schnell wie möglich den Fehlerspeicher auslesen lassen (Werkstattsystem VAS 5051/5052).

Fahrwerk: Achsen, Servolenkung, Räder

Was den Golf so agil, präzise und spielerisch beweglich macht, sind die optimierten Baugruppen seines modernen Fahrwerks. Sportlicher Fahrspaß und hohe Fahrsicherheit wurden in beispielhafter Weise so kombiniert, dass vom sportlichen GTD bis zum Lastesel Variant stets das günstigste Fahrverhalten gewährleistet ist.

Auch ein ausgereiftes Auto wie der Golf VI ist nur dann sicher beherrschbar, wenn sein Fahrwerk die Räder präzise führt. Felgen, Reifen, Aufhängungen, Lager und Federn müssen mit Auf- und Abwärtsbewegungen genau so fertig werden wie mit den erheblichen Kräften beim Bremsen, beim Beschleunigen und in Kurven. Das geht nur gut, wenn alle Komponenten optimal aufeinander abgestimmt sind.

Vorderachse für gute Fahrdynamik

Richtige Radaufhängung ist entscheidend. Fährt der Wagen über Bodenwellen oder schnell durch eine Kurve, verändert sich jedes Mal die Geometrie der Räder. Reifen dürfen aber nie den Kontakt zur Fahrbahn verlieren, weil sie dann keine Brems- und Lenkkräfte mehr übertragen können. Die Federung nimmt Stöße auf und folgt den Unebenheiten der Straße. Stoßdämpfer verhindern das Nachschwingen.

Der Golf legt dank ausgewogen konzipiertem Fahrwerk ein stets direktes Fahrgefühl mit besonderer Agilität und Sicherheit an den Tag. Vorne kommt eine Achse nach dem Federbein-Prinzip mit unteren Dreieckslenkern zum Einsatz (Bilder 1 und 2). Sie besteht konstruktiv aus dem zentralen Hilfsrahmen (Aggregateträger; Bild 3 Ansicht von unten) mit den unteren Dreieckslenkern (rote Pfeile). Dieser Aluminium-Hilfsrahmen stellt das Herzstück der Vorderachse dar.

1

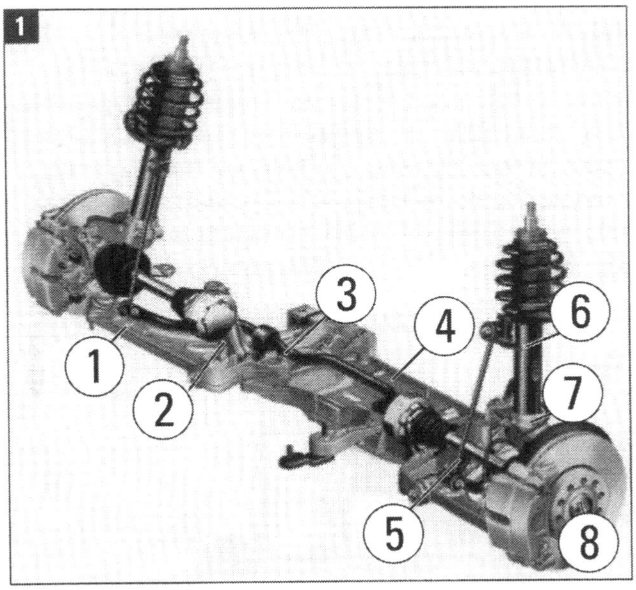

2

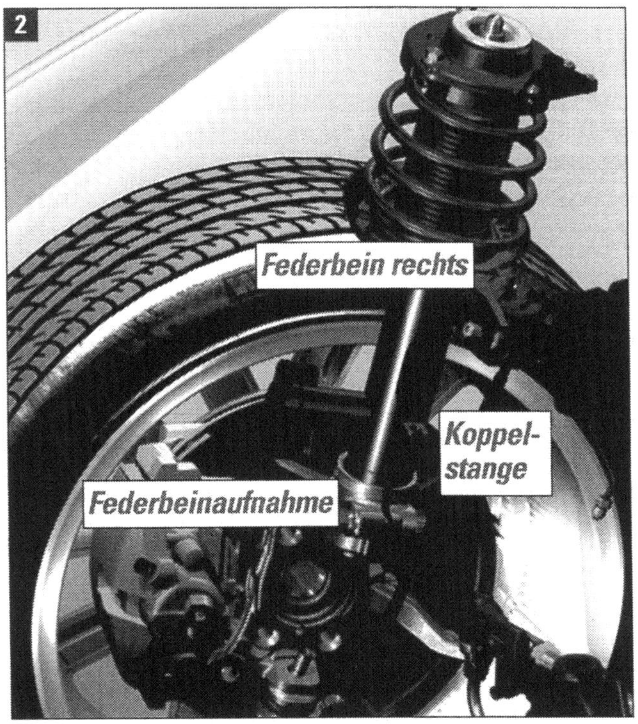

Bild 1 Vorderachse: (1) Dreiecksquerlenker, (2) Konsole, (3) Stabilisator, (4) Hilfsrahmen, (5) Koppelstange, (6) Federbein, (7) Radlagergehäuse, (8) Radlager. **Bild 2 Federbein, Bild 3 Aggregateträger.**

3

Er ist an sechs Punkten mit der Karosserie verbunden und sorgt für gute akustische und fahrdynamische Eigenschaften. Querlenker, Stabilisator und Lenkung werden auf ihm während der Produktion vormontiert und präzise in Position gebracht.
Die Dreiecksquerlenker, die mit den radführenden Federbeinen (Bild 2) verbunden sind, haben neu abgestimmte Gummi-Metalllager (blaue Pfeile in Bild 3) zur Verbindung mit den Hilfsrahmen-Konsolen. Der Rohrstabilisator ist über eine Koppelstange (Bilder 1 und 2) direkt am Federbein angebunden. Damit wird eine hohe Stabilisierung erreicht.
Die Federbeinlagerung leitet die Feder- und Dämpferkräfte unabhängig voneinander in die Karosserie ein. Vorspannen der Dämpferlagerung wird verhindert, der Abrollkomfort wird erhöht, die Abrollgeräusche werden verringert.
Das Federbeinlager ist optimiert: In Fahrtrichtung ist seine Kennlinie weich, wodurch sich Komfort und Akustik verbessern. In Fahrzeugquerrichtung jedoch ist das Lager steif, was eindeutige Radführung und damit ein spontanes, gut ansprechendes Lenkverhalten bewirkt.

Perfektionierte Hinterachse

Die schon im Golf V bewährte Vierlenker-Hinterachse perfektioniert die Komfort- und Handlingeigenschaften. Drei Querlenker (einer davon ist die Spurstange) und ein Längslenker pro Seite sorgen bei kompakter Konstruktion für hochpräzise Hinterradführung. Durch diese Anordnung können Längs- und Querdynamik getrennt voneinander abgestimmt werden. Das Ergebnis ist ein Höchstmaß an Fahrstabilität und spürbarer Komfort.
Die Achseinheit wird über den Hinterachshilfsrahmen (3 in Bild 4) mit der Karosserie verbunden. Wie bei der Vorderachse bewirken torsionsweiche und radial steife Gummi-Metall-Lager ein sehr gutes Ansprechverhalten des Stabilisators. Die Karosserie wird bei Wankbewegungen schnell und effektiv beruhigt.
Feder (2) und Dämpfer (9) sind voneinander getrennt angeordnet (Bild 4). Die Feder stützt sich am Längsträger ab, der Dämpfer ist direkt am Radträger angebunden. Durch die besondere Kinematik der Radstellung beim Einfedern wird »Vorspurlenken« erzeugt, das für ein neutrales bis leicht untersteuerndes Fahr-

4

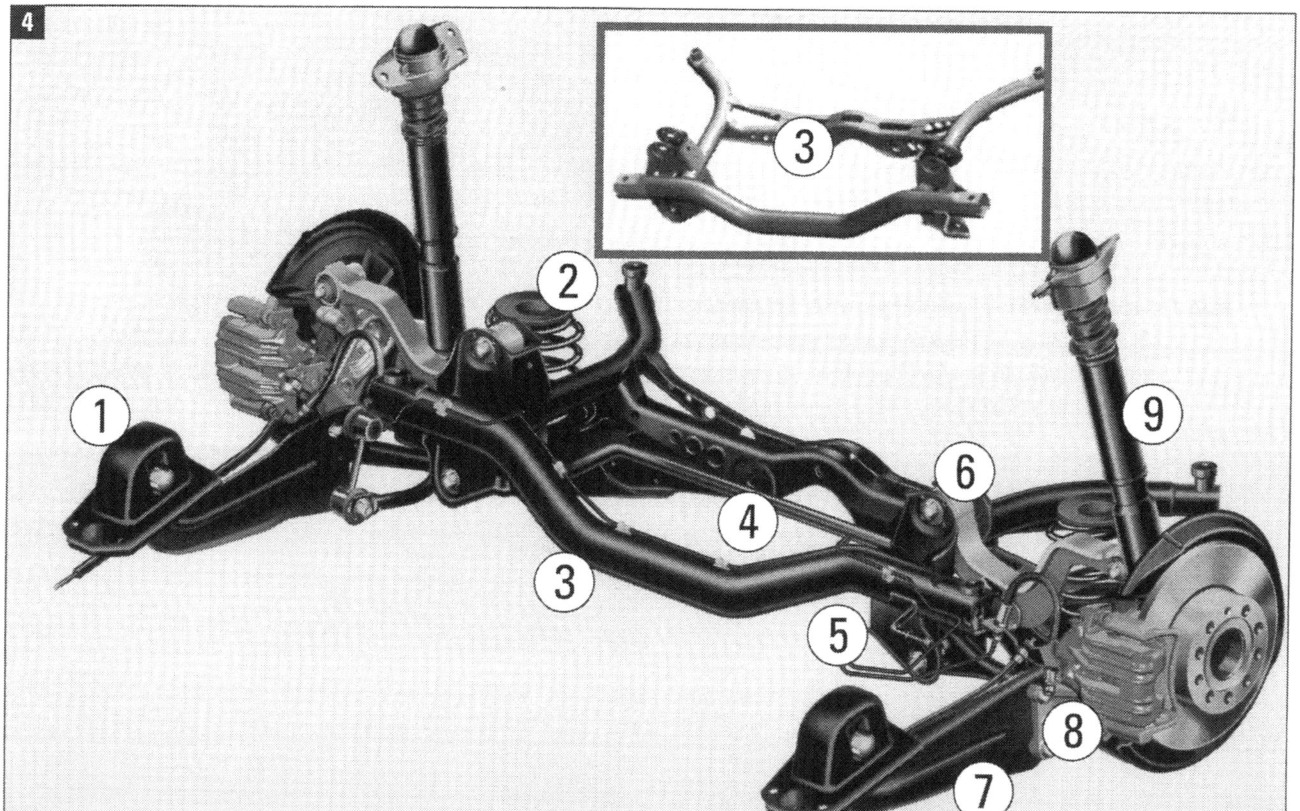

Vierlenker-Hinterachse: (1) Lagerbock und (2) Stahlfeder rechts (links analog); (3) Hilfsrahmen; (4) Stabilisator; (5) Spurstange, (6) oberer Querlenker, (7) Längslenker, (8) unterer Querlenker und (9) Dämpfer; (5) bis (9) links (rechts analog).

verhalten bei allen Bedingungen sorgt. Die weit auseinander stehenden Dämpfer ermöglichen breites Durchladen im Heckabteil.
Radlager und Radnabe bilden eine Einheit, die per Dehnschraube mit dem Achszapfen des Radträgers verschraubt ist. Dadurch wird die Vorspannung des Lagers erreicht. Beim ebenfalls als kompakte Einheit ausgeführten Radlager vorn (»3. Generation«) muss das Lagerspiel nicht mehr eingestellt werden.

Elektromechanische Servolenkung

Die Servolenkung erleichtert durch Hilfskraft erheblich die Lenkarbeit. Sie sorgt für größtmöglichen Komfort beim Rangieren und für präzises Lenkgefühl bei schnellen Autobahnfahrten. Sie bietet die Möglichkeit, mit geringem Kraftaufwand am Lenkrad eine relativ direkte Lenkung zu erreichen, guten Kontakt zur Fahrbahn zu halten und dennoch den Fahrer relativ unbehelligt von den Fahrbahnstößen zu lassen.
VW setzt seit dem Golf V serienmäßig eine elektromechanische Servolenkung ein. Gegenüber hydraulischen Lenkunterstützungen verbraucht sie je nach Fahrweise bis zu 0,2 Liter/100 km weniger Kraftstoff, arbeitet grundsätzlich geschwindigkeitsabhängig und kann besser als andere Systeme aufs Fahrzeug abgestimmt werden. Sie überträgt auch praktisch keine Antriebseinflüsse oder Stöße an das Lenkrad.
Das Golf-System passt sich besser als andere elektromechanische Servolenk-Systeme der Fahrsituation an: Straff und direkt bei sportlicher Fahrt, spielend leicht bei Parkmanövern. Weitere Vorzüge sind die sanfte Rückdrehung des Lenkrades in die Mittellage sowie die »Lernfähigkeit«. Seitenwind oder einseitig quer geneigte Fahrbahnen werden nach einer angemessenen Fahrstrecke identifiziert und durch angepasste Lenkunterstützung kompensiert.
Das Golf-Lenksystem (Bild 5) besteht aus dem Lenkgetriebe (1) mit Anbauteilen (2 bis 4) und einem Elektromotor (6) mit Steuergerät (7). Die Unterstützungsleistung des parallel zur Zahnstange angeflanschten Elektromotors wird über ein zweites Ritzel (5) auf die Zahnstange übertragen.

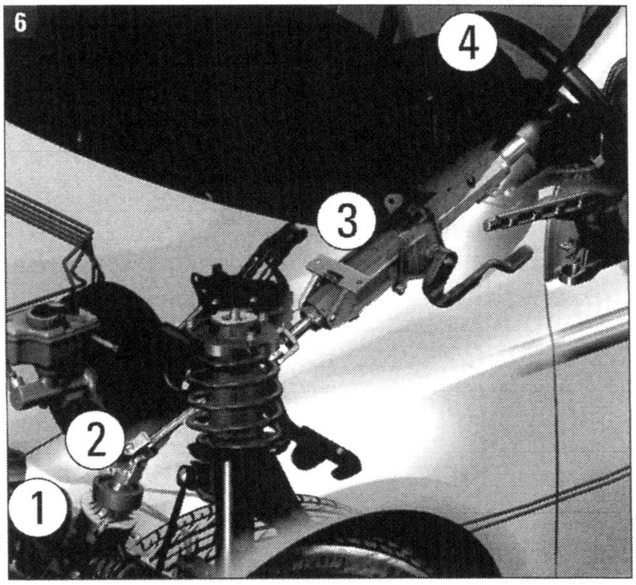

Lenksäule-Lenkgetriebe: (1) Lenkgetriebe, (2) Torsionsstab, (3) Lenksäule mit Verstellmechanismus, (4) Lenkrad mit Airbag, Schaltern und Tasten.

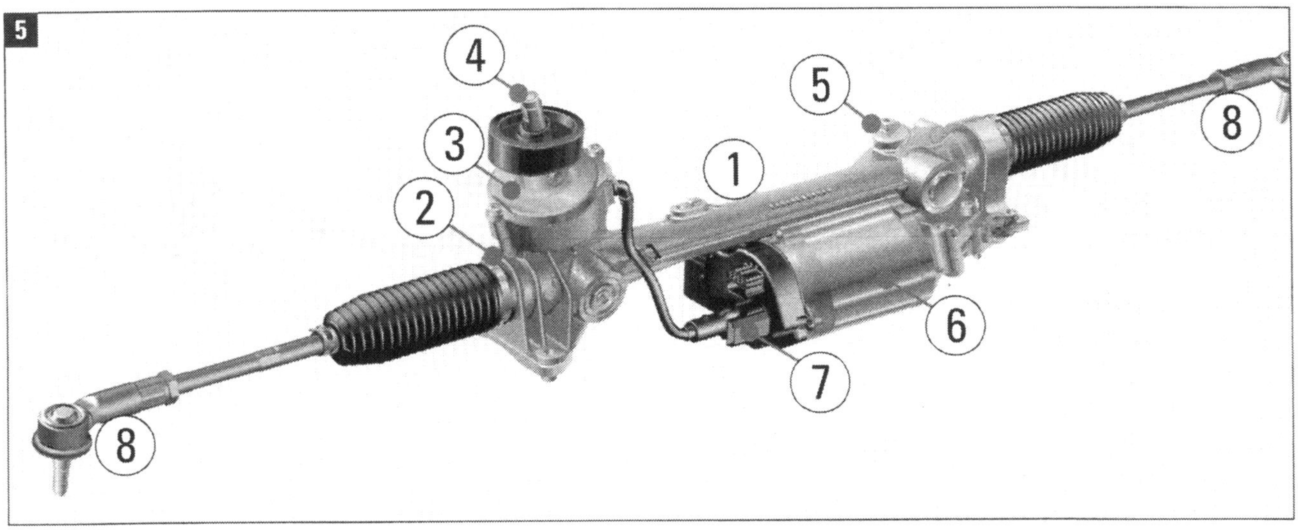

Elektromechanische Servolenkung: (1) Lenkgetriebe, (2) Lenkritzel, (3) Drehmomentsensor, (4) Torsionsstab, (5) Servoritzel, (6) Elektromotor für die Servounterstützung (Servomotor), (7) Steuergerät ECU, (8) Spurstange mit Spurstangenkopf.

Stabilisierung durch ESP

WISSENSWERTES

Elektronisches Stabilitätsprogramm – ESP heißt bei Volkswagen und anderen Herstellern ein System, mit dem ein Fahrzeug bis an die physikalische Grenze stabil gegen Ausbrechen gehalten wird. Das Anti-Schleuderprogramm soll nicht etwa Fahrwerksschwächen kompensieren. ESP erhöht die aktive Fahrsicherheit: Der Wagen bleibt damit selbst in schwierigen und unerwarteten Situationen noch besser beherrschbar. ESP bewirkt in kritischen Fahrsituationen gezielte Bremseingriffe an einzelnen Rädern und eine bedarfsgerechte Anpassung der Motorleistung zur Stabilisierung des Fahrzeugs. Das gilt besonders in Kurven und bei plötzlichen Ausweichmanövern.

ESP erkennt eine fahrdynamisch kritische Situation beispielsweise an einem durchdrehenden Rad. Sofort wird ESP aktiv und bremst je nach Situation und Bedarf eins oder mehrere Räder gezielt ab. Zusätzlich wird, falls vom System als notwendig erkannt, automatisch das Motordrehmoment angepasst. So unterstützt ESP den Fahrer dabei, das Fahrzeug wieder zu stabilisieren. Natürlich kann aber auch ESP nur im Rahmen der fahrphysikalischen Gesetze helfend eingreifen.

Herzstück des Stabilitäts-Programms ist ein Geschwindigkeitsmesser. Er verfolgt ständig die Bewegung des Fahrzeugs um seine Hochachse und vergleicht den gemessenen Ist-Wert mit dem Sollwert, der sich aus der Lenkvorgabe des Fahrers und der Geschwindigkeit ergibt. Sobald das Fahrzeug von dieser Ideallinie abweicht, greift ESP ein und beeinflusst Schleuderbewegungen schon beim Entstehen. ESP verbindet die Funktionen von Anti-Blockier-System ABS und Antriebs-Schlupf-Regelung ASR bei gleichzeitiger Erweiterung um eine wirksame Fahrstabilitätshilfe.

Anhängerstabilisierung ist eine neue, serienmäßige Zusatzfunktion des ESP. Im Rahmen der physikalischen Möglichkeiten kann sie den Pendelschwingungen eines Anhängers bereits im Ansatz entgegenwirken. Erst wenn ein zusätzliches Abbremsen zur Stabilisierung unumgänglich wird, passt die ESP-Anhängerstabilisierung auch automatisch die Fahrgeschwindigkeit an.

Das Lenkgetriebe ist auf dem Hilfsrahmen (Aggregateträger) der Vorderachse montiert. Der Golf wurde bei Start der Serie V im September 2003 mit der Generation I des Lenkgetriebes gebaut. Ab Modelljahr 2004 wird er mit Generation II ausgestattet.
Vorsicht bei Reparaturen an der Servolenkung! Vermeiden Sie Schäden an elektronischen Bauteilen und Folgeschäden, die Sie teuer zu stehen kommen. Durch fehlerhafte Instandsetzung kann die Servounterstützung beim Lenken ausfallen. Von der Lenkung hängt aber die Fahrsicherheit sehr stark ab. Defekte, falsche Einstellungen und fehlerhafte Reparaturarbeiten können fatale Auswirkungen haben.
Nach Unfall und bei Beschädigung der Vorderachse können verschiedene Lenkungsteile ersetzt werden. Aber selbst für die Fachwerkstatt sind oft nur das Ersetzen von Faltenbälgen, Spurstangen und Spurstangenköpfen üblich. Das Lenkgetriebe selbst muss bei Beanstandungen komplett ausgetauscht werden.

Fahrwerksregelung DCC und Fahrwerk für schlechte Wegstrecken

Unter dem Kürzel DCC ist für 925 Euro optional ein Steuerungssystem zur permanenten Anpassung der Dämpfung an Fahrbahn und Fahrsituation erhältlich. Der Fahrer kann damit individuell die Fahrwerkszustände Sport, Comfort oder normal einstellen (1 und 2, Bild 8). Die adaptive Fahrwerksregelung DCC ist für

7

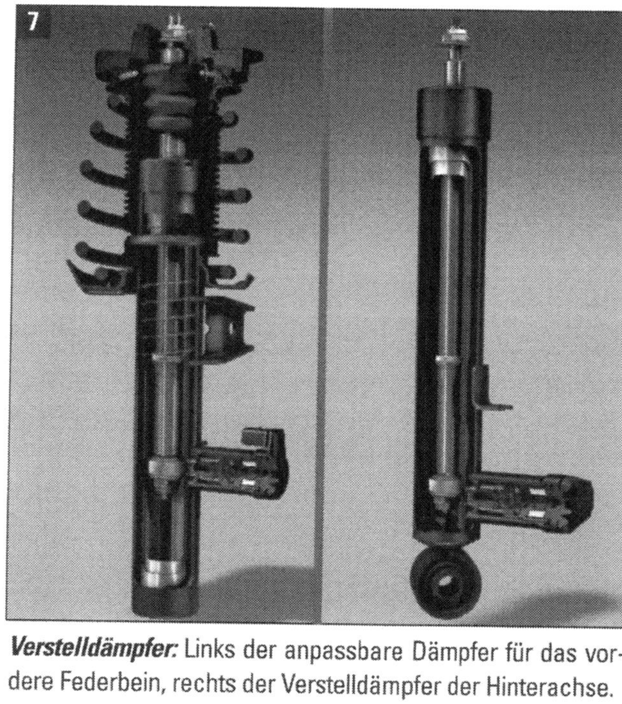

Verstelldämpfer: Links der anpassbare Dämpfer für das vordere Federbein, rechts der Verstelldämpfer der Hinterachse.

8

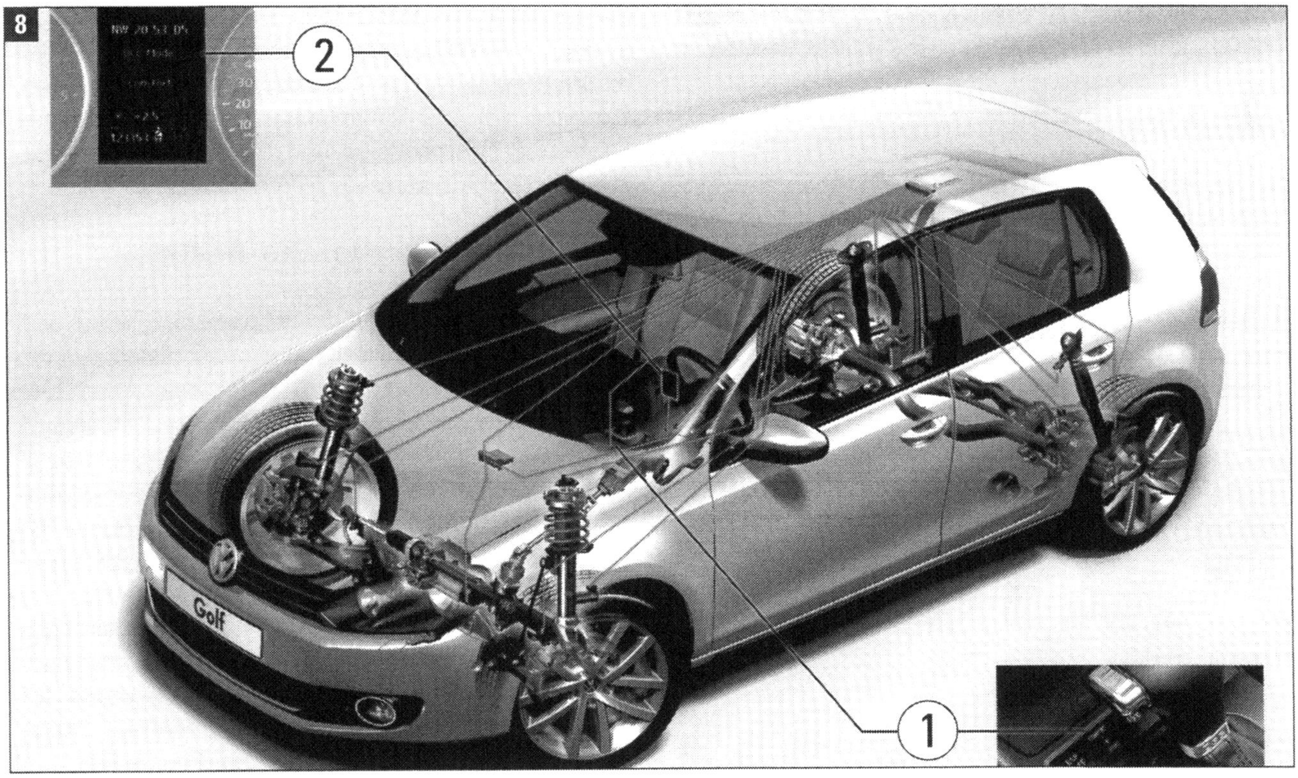

Fahrwerksregelung DCC: Die VW-Grafik zeigt erfasste Parameter und Einflussnahme. (1) Wahlschalter, (2) Display-Anzeige.

den gleichen Preis und mit den selben Funktionsparametern auch für 18-Zoll-Räder zu erhalten. Für den DCC-Sportmodus kann zusätzlich (knapp 1.000 Euro) eine Anpassung der Lenkunterstützung erworben werden, allerdings nicht für 18-Zoll-Räder und nicht für die TDI-Motoren unter 103 kW/140 PS.

Für häufiges Fahren auf beanspruchenden Strecken kann man zum Preis von 330 Euro ein »Schlechtwegefahrwerk« bestellen. Es verfügt über straffere Dämpfung und eine um 20 mm erhöhte Bodenfreiheit. Dieses Sonderfahrwerk ist aber nicht in Verbindung mit der adaptiven Regelung DCC, nicht für 17- und 18-Zoll-Leichtmetallräder, nicht in Verbindung mit Sportpaketen und nicht für den 81 kW/110 PS-TDI bestellbar. In Verbindung mit dem Schlechtwegefahrwerk ist schließlich auch zu 231 Euro ein Triebwerksunterschutz erhältlich.

Reifen sind Sicherheitsfaktor

Reifenunterbau, Gummimischung und ein ausgefeiltes Reifenprofil lassen moderne Reifen einen wichtigen Beitrag zur passiven Sicherheit Ihres Golf leisten. Sie tragen das Gewicht des Fahrzeugs, fangen kleinere Stöße der Fahrbahn ab und übertragen die Kräfte bei Antrieb, Bremsen und Kurvenfahrt.

Die Reifen an den Vorderrädern bringen es erfahrungsgemäß auf eine durchschnittliche Laufleistung von 50.000 bis 60.000 Kilometern, wenn bei mittlerer Motorisierung und normaler Straßenbeschaffenheit ausgeglichen gefahren wird. An den Hinterrädern können die Reifen noch ein gutes Stück länger halten. Aber auch wenn Sie Ihr Fahrzeug nur selten bewegen, sind die Reifen spätestens nach sieben bis acht Jahren am Ende. Denn die Mischung des Gummis löst sich mit der Zeit auf.

Der Reifenverschleiß hängt von Motorisierung und Straßenbeschaffenheit, vor allem aber stark von Ihrer Fahrweise ab. So ist heftiges Aufprallen auf die Bordsteinkanten gefährlich. Dabei können Schäden an der Reifenstruktur auftreten, die zunächst unsichtbar sind. Die Gefahr von anfangs unsichtbaren Schäden besteht auch beim Parken, wenn der Reifen an die Bordsteinkante gequetscht wird oder nur auf einem Teil der Aufstandsfläche an einer Kante abgestellt wird. Vollbremsungen mit blockierenden Rädern können zu »Bremsplatten« führen: Der Reifen wird durch extreme Hitzeeinwirkung an einer Stelle erheblich abgeschliffen. Räder mit solchen »Bremsplatten« erzeugen Vibrationen. Sie müssen ausgetauscht werden.

Aufbau in Schichten

Die schlauchlosen Gürtelreifen (Bild 9) Ihres Fahrzeugs sind in Schichten aufgebaut (Bild 10). Profil und Mischung des äußeren Laufstreifens (1) beeinflussen entscheidend die Eigenschaften. Die darunter liegende Base (2) senkt den Rollwiderstand. Die Stahlcordlagen (4) unter Nylonbandagen (3) steigern die Fahrstabilität. Form- und Festigkeitsträger des Reifens ist die Karkasse (5). Die Innenseele (6), eine gasdichte Schicht, ersetzt den früher üblichen Schlauch. Das Seitenteil (7) schützt die Karkasse vor Beschädigungen. Kernprofil (8) und Wulstverstärker (10) unterstützen Lenk- und Fahrpräzision und fördern die Fahrstabilität. Der Kern (9) sorgt für festen Sitz auf der Felge.

Bestimmungsgrößen für Reifen

Auf der Flanke eines Reifens befinden sich Ziffern und Buchstaben, mit denen die Hersteller die jeweiligen Reifendaten verschlüsseln (Bild 11). Den Autofahrer interessiert vor allem das Format des Reifens. 205/55 R 16 im Beispiel bedeutet, dass der Reifenquerschnitt eine Breite von 205 Millimetern aufweist. Die zweite Zahl bestimmt das Verhältnis von Höhe und Breite, Im Beispiel 55 Prozent. Je kleiner dieses Verhältnis, umso flacher und breiter ist der Reifen.

»R« steht für die Radialbauart von Gürtelreifen. Falls eine Zahl dahinter steht, nennt sie den Durchmesser der Felge in Zoll. Welche Reifengrößen und Felgen für Ihr Fahrzeug zugelassen sind, steht in den Kfz-Papieren. Wenn Sie das Reifenformat bei Fahrzeugen mit eingebautem Navigationssystem wechseln, muss dieses neu kalibriert werden.

In der Abbildung bezeichnet die Ziffer 1 den Kennbuchstaben für die zulässige Höchstgeschwindigkeit 150 km/h (es ist ein Winterreifen). »Q« steht für 160,

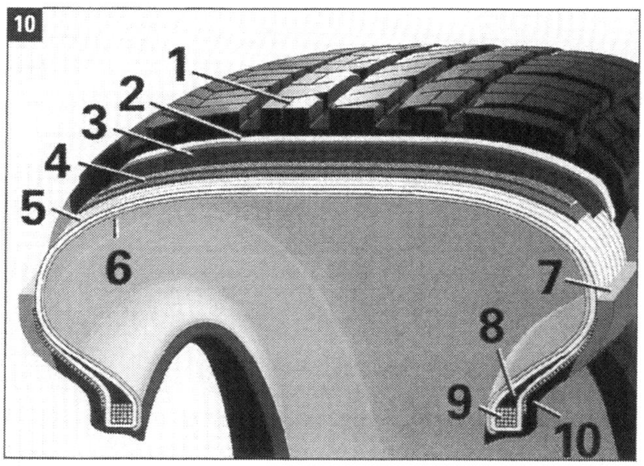

Reifenaufbau: Ein Reifen wie in Bild 9 am Variant-Hinterrad ist in Schichten aufgebaut:
1 Laufstreifen und 2 Base,
3 Nylon-Spulbandagen und 4 Stahlcord-Gürtellagen,
5 Karkasse und 6 Innenseele,
7 Seitenteil,
8 Kernprofil und 9 Kern,
10 Wulstverstärker.

Reifendaten: Die Zahlen und Buchstaben auf der Flanke dieses Pirelli-Winterreifens haben folgende Bedeutung:
(1) zulässige Geschwindigkeit; P = bis 150 km/h,
(2) Breite in mm (205) und (3) Höhe zu Breite in % (55),
(4) Radialkarkasse (»R«) für Felgendurchmesser 16 Zoll,
(5) Last-Index: Hier für »Standard-Beladung«,
(6) Reifentyp Radial und (7) schlauchlose Bauart (tubeless),
(8) Herstellungsdatum 38. Woche 2001 (bereits überaltert).

»S« für 180 und »T« für 190 km/h. Ein Höchsttempo bis 210 km/h gilt für Reifen mit dem Kennbuchstaben »H«, »V« erlaubt 240 km/h Spitze. Für maximal 270 bzw. 300 km/h gelten die Geschwindigkeitssymbole »W« bzw. »Y«. Die Kennzeichnung mit P und Q findet sich normalerweise nur auf M+S-Reifen.

Bestimmungsgrößen für Felgen

Die Größe einer Felge gibt man nach Normvorschrift stets in Zoll an. Die Bezeichnung 6J x 15 für die üblichste Golf-Felge bezeichnet eine Tiefbettfelge (x) mit einer Breite von 6 und einem Durchmesser von 15 Zoll. Der Buchstabe »J« steht für die Form des Felgenhorns. Eine weitere wichtige Bestimmungsgröße ist die Einpresstiefe ET (üblich beim Golf: ET 47 und ET 50, aber auch ET 54). Aufgrund des Einsatzes hochfester Dualphasen-Stähle wiegt die einzelne Stahlfelge nur knapp 7,6 kg für eine Radlast von 600 kg.

Räder und Reifen beim Golf VI

Der Golf »Trendline« wird serienmäßig mit 15-Zoll-Rädern und Reifen der Dimension 195/65 R 15 T oder V ausgerüstet. In anderen Ausstattungen kommen 16-, 17- und 18-Zoll-Leichtmetallfelgen (Bild 12; siehe auch »Technische Daten«) und Reifen der Größen 205/55 R 16 H oder V (Bild 11) bzw. 215/40 R 17 W und 225/45 R 17 W zum Einsatz. Wenn ein Notrad als Reserverad dient, hat es die Dimension T125/70 R 18.

Aktuelle Zubehörkataloge von VW weisen eine Vielzahl attraktiver Leichtmetallfelgen für den Golf VI aus. Klangvolle Namen wie »Karthoum«, »Vision«, »Topas«, »Goal«, »Siena«, »Avignon« »Tangis« oder »Onyx« stehen für eindrucksvolle Designs in silber, anthrazit oder »schwarz, glanzgedreht«. Wenn Sie andere Felgen (oder Reifen) montieren wollen als vorgegeben, brauchen Sie Teilgutachten von TÜV oder DEKRA und Eintrag der Zulassungsstelle.

Datum und ECE-Prüfnummer

Seit Januar 2000 sind Herstellungswoche und Jahr mit einer 4-stelligen Zahl auf den Reifen angegeben. So bedeuten 3801 und 3208 (Bilder 11 und 13), dass die Reifen in der 38. Produktionswoche des Jahres 2001 bzw. in der 32. Woche in 2008 hergestellt wurden. Bis Ende 1999 war das Datum der Herstellung mit einer dreistelligen »DOT«-Nummer, seit 1990 mit einem kleinen Dreieck dahinter angegeben. Falls sich noch solch ein »Uraltreifen« findet: 187 plus Dreieck besagt zum Beispiel, dass er in der 18. Woche im Jahr 1997 produziert wurde.

Reifen, die nach dem 1. Oktober 1998 hergestellt wurden, müssen eine ECE-Prüfnummer auf der Reifenflanke tragen. Diese Nummer (»E« und eine Code-Zahl

12

13

14

Bild 12 Rad an einem GTD: In den Größen 8 J x 18", 7,5 J x 18" und 7 J x 17" sind rund 20 Leichtmetallfelgen von »Volkswagen Original« oder »Volkswagen Individual« verfügbar.
Bild 13 DOT-Nummer: Die vierstellige Zahl gibt Woche und Jahr der Reifenherstellung an.
Bild 14 ECE-Prüfnummer: Die

für das Zulassungsland, z. B. »4« wie in Bild 14 für die Niederlande) besagt, dass der Pneu typgeprüft entsprechend europäischem Qualitäts-Standard ist.
Diese europäische Prüfnummer gilt auch für viele andere Produkte. Um einen Eindruck zu geben, führen wir hier beispielhaft die ersten Zahlen mit Länderzuordnung aus einer Liste von inzwischen weit über 40 an: 1 Deutschland, 2 Frankreich, 3 Italien, 4 Niederlande, 5 Schweden, 6 Belgien, 7 Ungarn, 8 Tschechien, 9 Spanien. Der Code sagt also aus, in welchem Land das Produkt hergestellt und/oder zugelassen wurde.

Spezialisten für Schnee und Eis

Über Winterreifen, die auf kalter Fahrbahn sowie auf Schnee und Eis sicherer als Sommerreifen rollen, haben wir schon ausführlich im Kapitel »Fit durch den Winter« gesprochen. Wir möchten hier im Zusammenhang mit Rädern und Reifen nochmals auf dieses wichtige Thema eingehen.
Winterreifen werden aus einer Gummimischung mit hohem Anteil Naturkautschuk hergestellt, die bei Temperaturen unter sieben Grad, vor allem aber bei Eis und Schnee besser auf der Fahrbahn haftet. Voraussetzung für die gute Übertragung der Motor- und Bremskräfte auf die Straße ist jedoch ein Profil von mindestens 4,0 mm (Bild 15: Demo von www.protyre.de) gegenüber der minimal zulässigen Profiltiefe von 1,6 mm (besser sind mindestens 2,0 mm) bei Sommerreifen. Weniger Profil als vier Millimeter ist nicht erlaubt und disqualifiziert den Reifen für den Wintereinsatz. Bestücken Sie in jedem Fall alle vier Räder mit Winterreifen! Eine Kombination von Sommer- und Winterreifen kann gefährlich werden.

15

Winterreifen auf Felgen montieren

Für einen Winterreifen genügt durchaus eine schmale Ausführung. Investieren Sie das für breitere Pneus gesparte Geld lieber in einen zweiten Satz passender Felgen. Das Ummontieren der Reifen im Frühjahr und Herbst kommt auf die Dauer viel teurer.
Viele Händler und Werkstätten lagern Ihre Winterreifen gegen Gebühr bis zum nächsten Tausch. Die Räder müssen übrigens nach jeder Montage neu ausgewuchtet werden. Erhöhen Sie den Luftdruck um 0,2 bar. Wenn die Höchstgeschwindigkeit der Winterreifen unter der Ihres Fahrzeugs liegt, kleben Sie sich zur Erinnerung einen Sticker ans Armaturenbrett!

Schneeketten feingliedrig wählen

Bei Schnee und Eis sind an den Vorderrädern Schneeketten zulässig. Auf Reifen bestimmter Formate dürfen allerdings keine Schneeketten aufgezogen werden. Informieren Sie sich (Fachwerkstatt), ob das bei Ihrem Fahrzeug der Fall ist.
Nehmen Sie Radzierblenden bei Schneekettenbetrieb ab. Die Radschrauben sollten dann mit Abdeckkappen aus der VW-Werkstatt gesichert werden. Verwenden Sie nur feingliedrige Schneeketten, die einschließlich Kettenschloss nicht mehr als 15 mm auftragen.

Räder richtig tauschen

Haben Sie ein neues Vollrad als Reserverad, können Sie Geld sparen, wenn das gleiche Fabrikat mit demselben Profil noch lieferbar ist. Dann kaufen Sie einen entsprechenden Reifen dazu und haben bereits eine Achse neu bereift.
Sie können den Kauf neuer Reifen auch hinausschieben, indem Sie die Räder jeweils einer Fahrzeugseite (gleiche Laufrichtung, also nicht über Kreuz!) gegeneinander austauschen. Der Abrieb der Reifen erfolgt so gleichmäßiger. Achten Sie beim Tausch der Reifen in jedem Fall darauf, dass Sie auf jeder Achse Reifen des gleichen Fabrikats, mit gleichem Profil und Alter montieren!

Zuverlässige Druckanzeige

Wesentlich für gutes Fahrverhalten und möglichst hohe Laufleistung ist der richtige Reifeninnendruck. Im neuen Golf setzt Volkswagen optional die innovative Reifendruckkontrollanzeige der zweiten Generati-

GEFAHRHINWEIS

Risikofaktor Reifeninnendruck

Ein schlecht oder gar nicht gewarteter Reifen kann sich zum Risikofaktor für Fahrer und Auto entwickeln. Fahren Sie zum Beispiel einen Reifen mit zu geringem Luftdruck unter sehr hoher Last, führt das nicht selten zu teilweisen Ablösungen an der Reifenlauffläche, wie wir sie später im Bild zeigen.

Solche Schäden bleiben jedoch oft längere Zeit verborgen. Wird der vorher geschädigte Reifen dann bei einer längeren Fahrt stark beansprucht, ist meist die Katastrophe nicht mehr ausgeschlossen. Durch die enormen Fliehkräfte bei hohen Geschwindigkeiten können dann sogar einzelne Reifenteile abreißen.

on ein. Dies ist eine zuverlässige und intelligente Lösung. Wie ein herkömmliches indirekt messendes System erkennt sie den schnellen Druckverlust bei einer Reifenpanne, erfasst aber auch, an welchem Rad er auftritt.
Das neue System vergleicht auf übliche Weise die Drehzahlen der vier Räder miteinander und beobachtet darüber hinaus die Torsionsschwingungen, die durch die Anregungen von der Straße entstehen. Im Fall eines Druckverlusts ändert sich die Steifigkeit des Reifens und damit seine charakteristische Eigenfrequenz. Daher kann die Reifendruckkontrollanzeige auch registrieren, wenn alle vier Reifen gleichmäßig schleichend Luft verlieren. Dieser Effekt, der durch Diffusion verursacht wird, kann bis zu 0,1 bar pro Monat betragen und bei Nichterkennen am Ende zu einem massiven Schaden führen.

Ins ESP integriert, lässt sich die Reifendruckkontrollanzeige von wechselnden Bedingungen (beladener Kofferraum, Schneeketten oder Schotterpisten) nicht irritieren. Der Fahrer muss nur nach dem Aufpumpen der Reifen das System nach Betriebsanleitung neu kalibrieren. Im Gegensatz zu direkt messenden Techniken, die mit batteriegespeisten Sensoren an den Rädern operieren, benötigt die Reifendruckkontrollanzeige auf Lebenszeit keine Wartung oder Ersatzteile.

Das Reifenlaufbild

Abgenutzte Reifen lassen sich manchmal schon auf den ersten Blick, auf jeden Fall aber bei gründlicher Kontrolle erkennen. Es gibt diverse Erscheinungsformen dafür, auf die Sie achten sollten. Wir möchten die augenfälligsten hier kurz auflisten.

Häufige Abnutzungserscheinungen

- Außenseite (vorn) abgefahren: Zu flotte Fahrweise in Kurven. Evtl. gegen Hinterräder tauschen.
- Außenseiten stärker abgenutzt als Profilmitte: Reifen wurde lange mit niedrigem Luftdruck gefahren.
- Einseitig abgefahrene Laufflächen: Sind meist auf Sturzfehler zurückzuführen (Achsvermessung!).
- Gratbildung am Reifenprofil: Spurfehler, Achsvermessung angeraten.
- Abnutzung in Profilmitte (Bild 16): Reifen bauchen durch Fliehkraft aus, nutzen in der Mitte stärker ab.
- Schräges Profil (Bild 17): Falsche Radeinstellung.
- Starke Abnutzung: Bremsung mit blockiertem Rad führt oft zu diesen schon erwähnten »Bremsplatten«.
- Ungleiche Abnutzung: Meist durch Unwucht im Rad. Auswuchten erforderlich.

16

Profilmitte abgenutzt: Durch häufiges Fahren mit Höchstgeschwindigkeit und zu hohem Reifendruck.

17

Schräg abgefahren: Falsche Radstellung wird manchmal durch zu geringe Einpresstiefe von Felgen begünstigt.

Die Unwucht

So genannte Unwucht macht sich durch Vibrationen am Lenkrad oder Schütteln im Vorderwagen bemerkbar. Ursache ist ungleichmäßige Gewichtsverteilung am Rad, die auch den Reifenverschleiß erhöht.

● Dynamische Unwucht kommt beim schnellen Drehen des Rades zur Wirkung. Die übergewichtige Stelle sitzt nicht in der Mittelebene des Rades, sondern etwas nach außen bzw. innen versetzt. Das Rad flattert und wackelt bei schneller Fahrt.

● Statische Unwucht zeigt sich, wenn man das Rad am aufgebockten Wagen frei auspendeln lässt: Der Schwerpunkt wird sich ganz von selbst nach unten begeben. Ein Rad mit einer statischen Unwucht hüpft beim Fahren, die Stoßdämpfer verschleißen schneller.

Auswuchten

Diese Arbeit ist Sache der Werkstatt. Eine Auswuchtmaschine zeigt die Unwuchten am Rad. An die entsprechenden Stellen der Felgen werden Gewichte geklebt (Bild 18, Pfeile), die unrunden Lauf ausgleichen.

18

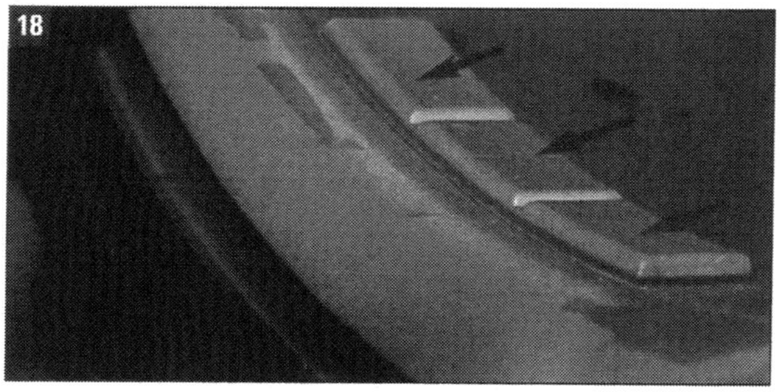

Zustand der Reifen kontrollieren

Die Vorderräder treiben das Fahrzeug an, lenken es und müssen die Hauptbelastung beim Bremsen aushalten. Sie sind schneller verschlissen als die hinteren Pneus. Schonen Sie die Reifen Ihres Wagens durch das Einhalten der folgenden

4 Grundregeln:

● Reifen müssen zur Höchstgeschwindigkeit passen. Zu hohes Tempo bewirkt mehr Abrieb.

● Nach längerer Fahrt die »Wärmeprobe« machen: Ist der Reifen handwarm, steht es gut um ihn. Heißer Gummi ist ein Alarmzeichen, das auf zu niedrigen Luftdruck (Bild 1: Abplatzung / Abriss als mögliche Folge) oder beschädigten Unterbau hinweist.

● Bei häufiger Autobahnfahrt mit Höchsttempo sollten Sie am besten Reifen montieren, deren Geschwindigkeitsindex eine Klasse höher liegt als laut Fahrzeugschein.

● Nicht mit der Reifenflanke am Bordstein schrammen! Über Bordsteine und Schwellen nur langsam und immer im rechten Winkel rollen.

Auf Druck, Schäden und Profil prüfen:

■ Die Reifen regelmäßig auf ihren **Luftdruck** kontrollieren. Der Reifeninnendruck entscheidet oftmals über Komfort und Spritverbrauch. Der in der Tankklappe Ihres Fahrzeugs angegebene optimale Druck bei unterschiedlichen Beladungszuständen sollte Ihre feste Orientierung sein. Dieser Wert sollte nicht unterschritten werden, aber Sie können ihn durchaus leicht erhöhen. Wer seinen Luftdruck um 0,2-0,4 bar erhöht, der fährt deutlich sparsamer. Allerdings leidet darunter der Komfort ein wenig.

1

■ Berücksichtigen Sie unbedingt, dass der Innendruck von Reifen jeweils einer Achse auch gleich sein muss. Zu Beachten ist auch, dass der Luftdruck an kalten Reifen getestet werden muss. Er ändert sich bei warmen Reifen.

■ Dann am besten den Wagen anheben oder auf jeden Fall aufbocken. Gründliche Reinigung (Bild 2) vor der Kontrolle auf **Schäden** wäre ideal.

■ Jedes Rad komplett durchdrehen. Steinchen (Bild 3) und andere Fremdkörper vorsichtig mit einem flachen Schraubendreher aus den Profillamellen entfernen. Finden sich Glasscherben oder Nägel in der Reifendecke, kann allerdings Luft entweichen!

■ Auf Unregelmäßigkeiten wie Einstiche, Schnitte, Risse und herausgebrochene Profilstücke achten. Bei Schäden kann Feuchtigkeit ins Reifeninnere dringen. Von außen ist aber nicht zu erkennen, ob der stabilisierende Stahlgürtel schon von Rost angefressen ist. Lassen Sie beschädigte Reifen zur Sicherheit vom Fachmann prüfen. Das gilt übrigens auch bei auffälligem Reifenabrieb.

■ PrüfenSie genau: Sind alle Reifen gleichmäßig abgefahren? Gibt es irgendwo Auswaschungen? Finden sich Beulen an den Seitenwänden (Flanken)? Dann kann der Reifenunterbau beschädigt sein.

■ Wenn die auf den Seiten 75 und 79 als eine der »häufigen Abnutzungserscheinungen« erwähnten Bremsplatten gefunden werden, die durch Vollbremsung entstanden sind, müssen die betroffenen Reifen ausgewechselt werden. Dies sind irreparable Schäden. Anders verhält es sich mit den

■ »**Standplatten**«. Diese können entstehen, wenn das Fahrzeug mehrere Wochen auf einer Stelle steht, ohne bewegt zu werden; wenn es nach dem Lackieren in die Trockenkabine der Lackieranlage gestellt wird; wenn es mit warmen Reifen in einer kühlen Garage oder einem anderen Unterstand für längere Zeit abgestellt wird. Auch zu geringer Reifenfülldruck kann Ursache für Standplatten sein.
Solche Platten können »herausgefahren« werden, allerdings möglichst nicht bei winterlichem Wetter: Reifenfülldruck kontrollieren und ggf. korrigieren, dann Autobahnfahrt von 20 bis 30 km bei 120 bis 150 km/h Geschwindigkeit. Danach Fahrzeug sofort anheben, Räder abschrauben und maschinell auswuchten (lassen).

■ Das **Reifenprofil** von Sommerreifen muss über die gesamte Lauffläche mindestens 1,6 mm, sollte aber besser mindestens 2 mm tief sein. Wie bereits mehrfach betont, liegt der Mindestwert für Winterreifen bei 4 mm.
Das Fahrverhalten Ihres Autos wird mit abnehmendem Profil schlechter, vor allem bei Nässe (»Aquaplaning«). Guten »Grip« gewährleistet dann eine Profiltiefe um 8 mm, wie sie neue Reifen aufweisen.

■ Reifen nach dem Sommer/Winter-Wechsel in der zweiten Saison nicht ohne gründlichen Check wieder einsetzen. Selbst ein neuer Reifen kann durch harten Aufprall mit Schädigung des Innenlebens oder durch falsche Lagerung durchaus unbrauchbar geworden sein.

■ ***Fazit:*** Das Thema Reifen nicht unterschätzen, Testergebnisse und Expertenwarnungen ernst nehmen, Unfall infolge mangelnder Wartung vermeiden. Beim Reifenkauf beachten: Sparen am falschen Ende kann gefährlich sein.

2

3

Radeinstellung prüfen

Begriffe der Lenkgeometrie

WISSENSWERTES

Von der Stellung der Vorderräder wird die Straßenlage wesentlich bestimmt. Man unterscheidet:

Nachlauf: Abstand (in Fahrtrichtung) zwischen der gedachten Verlängerungslinie der Lenkdrehachse zum Boden und dem Mittelpunkt der Reifenaufstandsfläche. Durch den Nachlauf werden die Räder gezogen (und nicht geschoben). Sie neigen deshalb dazu, sich von selbst geradeaus zu stellen und diese Stellung auch beizubehalten (A in Bild 1).

Sturz: Die Neigung des Rades zu einer Senkrechten. Vermindert Fahrbahnstöße auf die Teile der Lenkung, reduziert Lenkkräfte und Reibung der Räder auf der Fahrbahn. Die Vorderräder haben positiven Sturz. Sie stehen oben im Radkasten geringfügig weiter auseinander als unten am Boden (B in Bild 1).

Spreizung: Die Neigung der Lenkungsdrehachse zu einer Senkrechten. Denkt man sich eine Linie dieser Achse zum Boden und misst den Abstand zur Mittellinie durch das Rad (Mittelpunkt der Reifenaufstandsfläche), erhält man den Lenkrollradius. Dieser soll möglichst klein sein, um die Störkräfte in der Lenkung zu verringern. Die Spreizung bewirkt zusammen mit dem Nachlauf, dass sich bei eingeschlagenen Rädern das Fahrzeug etwas anhebt. Lässt man das Lenkrad los, stellen sich die Räder selbst in die Mittelstellung zurück (C in Bild 1).

Vorspur: Die Vorderräder stehen vorn enger zusammen als hinten (Bild 2). Das gleicht die Reibung zwischen Rad und Straße aus, die das linke Rad nach links und das rechte nach rechts drücken will. Die Vorspur verhindert Flattern der Räder und Radieren der Reifen. Bei der Fahrt durch eine Kurve schwenkt das kurveninnere Rad zur Unterstützung der Lenkbewegung und der Lenkkräfte stärker ein als das kurvenäußere. Die Vorspur geht in Nachspur über (Räder stehen hinten enger zusammen als vorn).

Spurdifferenzwinkel: Für die Vorderradaufhängung festgelegte Abweichung zwischen den Radeinschlagwinkeln bei Stellung eines Rades auf 20°.

Die richtige Stellung der Vorderräder entscheidet darüber, ob Ihr Fahrzeug auf ebener Strecke und in Kurven ruhig und sicher auf der Straße liegt. Nach harter Berührung des Bordsteins kann die Geometrie der Vorderradaufhängung bereits empfindlich gestört sein. Auch verschlissene Gelenke und Gummilager oder unsachgemäße Reparaturen wirken sich spürbar negativ auf das Fahrzeugverhalten aus.
Unternehmen Sie deshalb ganz gezielt eine kurze Probefahrt zur Überprüfung der Lenkgeometrie. Dazu müssen beide Vorderreifen dieselbe Reifensorte und Profiltiefe aufweisen und den vorgeschriebenen Luftdruck haben.

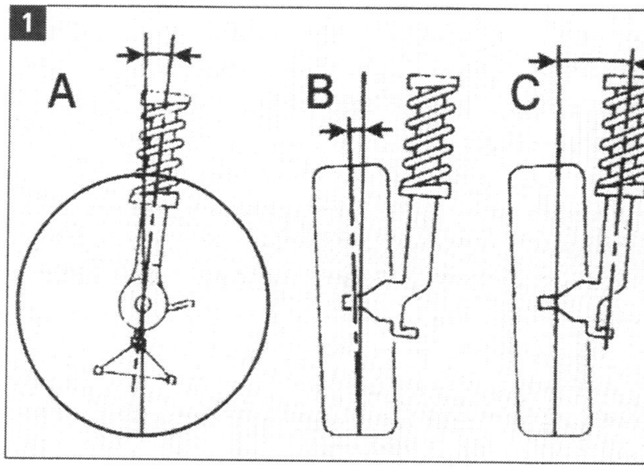

Lenkgeometrie – Die wichtigsten Radeinstellungen:
A – Nachlauf, B – Radsturz, C – Spreizung.

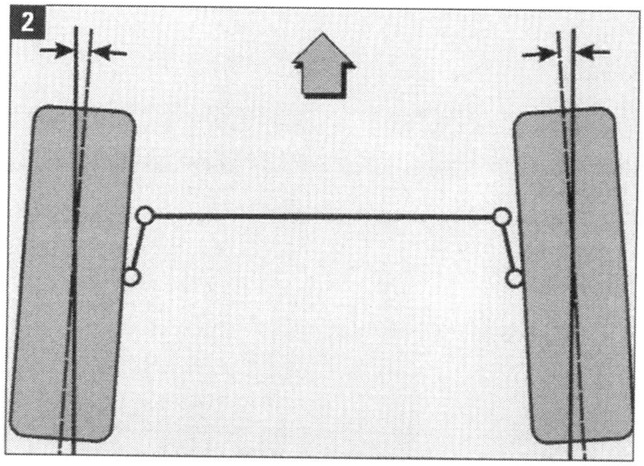

Lenkgeometrie – Der Stand der Räder:
Schematische Darstellung der so genannten Vorspur.

Lenkgeometrie überprüfen

■ Kontrollieren Sie genau, ob die Lenkradspeichen bei Geradeausfahrt symmetrisch stehen. Ein schief sitzendes Lenkrad ist ein Zeichen für Spurfehler.

■ Läuft das Auto auf ebener Fahrbahn und bei losgelassenem Lenkrad geradeaus? Zieht es zur Seite? Stellt sich die Lenkung nach Kurven von selbst geradeaus?

■ Prüfen Sie im Stand: Stehen die Vorderräder symmetrisch zueinander? Ist das Reifenprofil gleichmäßig abgenutzt? Zeigen die Außenkanten stärkere Verschleißspuren als die Innenseiten? Das sind Anzeichen für falsche Radeinstellung.

■ Wenn Sie Anlass zum Zweifel an der Radeinstellung haben, wenden Sie sich unverzüglich an die Werkstatt zur präzisen Vermessung und ggf. Reparatur. Immer Vorder- und Hinterachse zusammen vermessen lassen. Am geeignetsten für die Vermessung ist die VW-Werkstatt. Autohersteller bestehen zumeist auf dem Einsatz der von ihnen freigegebenen Achsmessgeräte.

■ Vom Fahrzeughersteller werden für beide Achsen Sollwerte vorgegeben, die bei der genauen Vermessung ermittelt werden müssen. Es gibt solche Angaben zum Basisfahrwerk, zum Sportfahrwerk mit und ohne 18-Zoll-Räder und zum Schlechtwegefahrwerk. Das Fahrwerk für Ihr Fahrzeug ist über die PR-Nummer an unterster Stelle im 6. Block (Pfeil in Bild 3) im Fahrzeugdatenträger definiert. Im Beispiel (Datenträger Kofferraum) lautet die PR-Nummer für einen Golf Highline »2UC«. Damit werden die Sportfahrwerke gekennzeichnet. Die Basisfahrwerke sind »2UA«, das Schlechtwegefahrwerk ist »2UB«, Modelle mit adaptiver Fahrwerksregelung (DCC) haben die PR-Nummern G01 und G03 (Basis), G02, G05 und G07 (Sport) oder G08 (GTD).

■ Nach diesen PR-Nummern im Fahrzeugdatenträger ermittelt die Werkstatt aus den VW-Vorgaben die geforderten Einstellwinkel für Sturz, Nachlauf, Spurdifferenzwinkel usw. (siehe Kasten Seite 82). Die Daten gelten für alle Motorisierungen und stets für fahrfertige Fahrzeuge mit Leergewicht. Dieses ist definiert ohne Fahrer, aber mit vollständig gefülltem Kraftstoffbehälter, vollem Wasserbehälter für Scheiben- und Scheinwerferreinigungsanlage, Reserverad, Bordwerkzeug und Wagenheber.

■ Für das Basis-Fahrwerk 2UA gelten z. B. folgende Winkelwerte mit Toleranzangabe (siehe Bild 1):

Vorderachse:

Nachlauf (A)	7°34′ +/- 30′
Sturz in Geradeausstellung (B)	-30′ +/- 30′
Spurdifferenzwinkel bei 20° Lenkeinschlag	1°38′ +/- 20′

Hinterachse:

Sturz in Geradeausstellung (B)	-1°20′ +/- 30′
Gesamtspur bei vorgeschriebenem Sturz	+10′ +/- 12,5′

Höchstzulässiger Unterschied zwischen beiden Seiten ist jeweils vorn wie hinten ein Maximalwert von 30′.

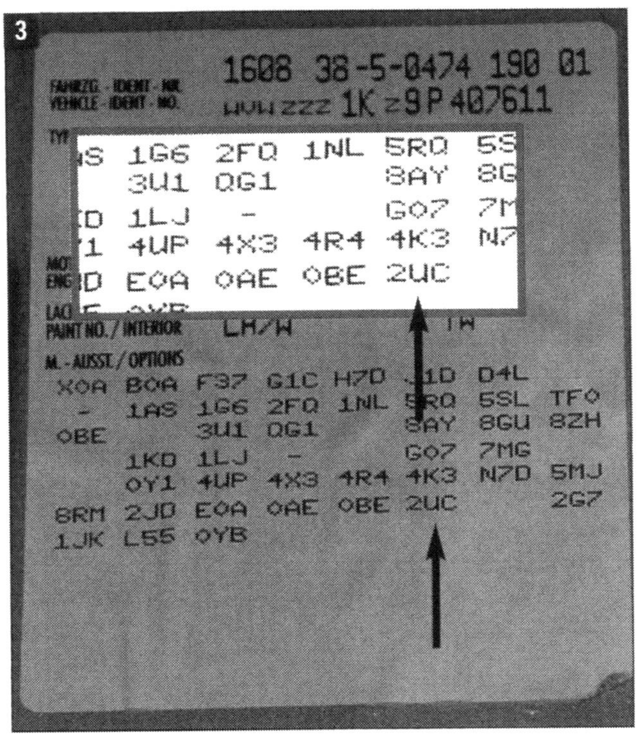

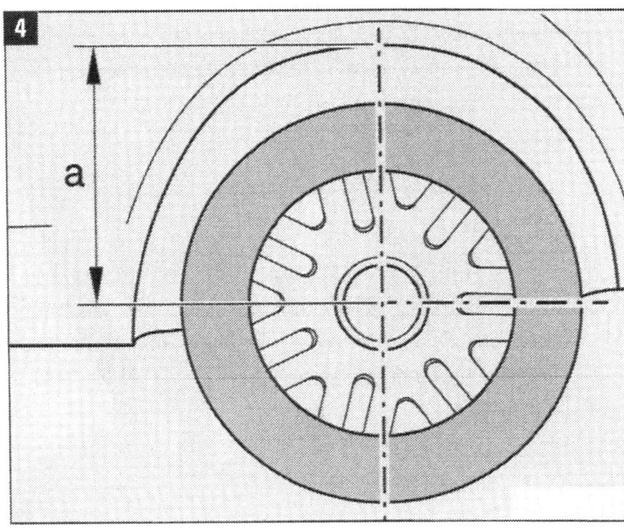

Standhöhe: Dieses Maß »a« ist wichtig für viele Arbeiten am Fahrzeug. Die Standhöhe definiert den senkrechten Abstand von der horizontalen Achsen-Mittellinie bis zur Radhausunterkante. Das Maß »a« bewegt sich je nach Fahrwerk vorn zwischen 360 und 372 mm und hinten zwischen 360 und 400 mm bei einer Toleranz von jeweils +/- 10 mm.

Spiel am Radlager und am Achsgelenk prüfen

Laute Laufgeräusche, vor allem bei Kurvenfahrt, signalisieren oftmals Schäden am Radlager. Treten die Geräusche zum Beispiel in Rechtskurven auf, ist das linke Radlager defekt.
Radlager können nicht eingestellt werden, man muss sie bei Schäden austauschen. Das ist auf jeden Fall für die Lager der Vorderachse eine Sache für die Werkstatt. Lager, Laufringe, Nabe und Lenk-Schwenklager sind in engen Toleranzen gefertigt, die bei der Montage Spezialwerkzeuge erforderlich machen.

Radlagerspiel prüfen

■ Gut prüfen können Sie die Radlager auf etwaiges Spiel, wenn das Fahrzeug wie in Bild 1 leicht angehoben wird. Dazu das Rad kräftig in Querrichtung rütteln.

■ Die Kontrolle funktioniert aber auch im Stand. Stellen Sie den Wagen auf festem Boden ab. Packen Sie das Rad im oberen Bereich und versuchen Sie, es quer zum Wagen zu bewegen. Bei einwandfreien Lagern darf kein Spiel vorhanden sein.

1

■ Gibt es Spiel an den vorderen Radlagern, lassen Sie einen Helfer die Bremse treten. Wiederholen Sie die Kontrolle! Wenn immer noch Spiel festgestellt wird, müssen die Achsgelenke geprüft werden.

Spiel am Achsgelenk prüfen

■ Zur Prüfung des Axialspiels (Bild 2) müssen Sie am angehobenen Fahrzeug den Achslenker (oder auch das Rad) kräftig nach unten ziehen und wieder hochdrücken. Es darf kein Lager-

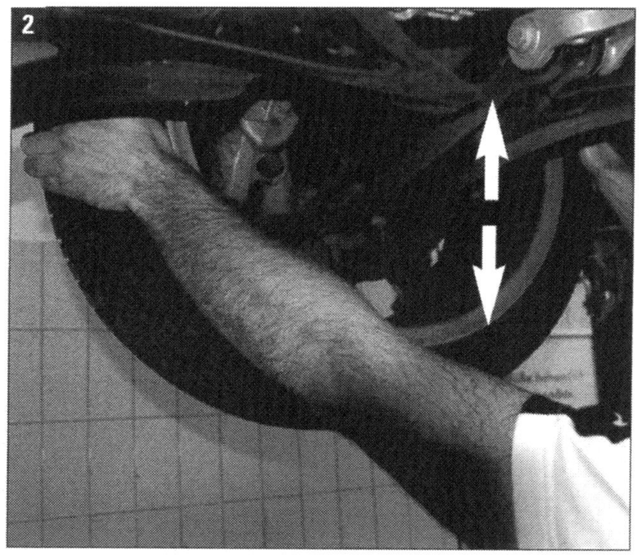
2

3

spiel erkennbar sein. Falls Spiel registriert wird, müssen Achsgelenke und Gleichlaufgelenke (»Tripodegelenke«) auf Schäden überprüft und im Schadensfall ausgetauscht werden. Allgemein gilt: Schadhafte Gelenke stets ersetzen!

■ Zur Prüfung des Radialspiels (Bild 3) am angehobenen Fahrzeug das Rad unten von beiden Seiten greifen und kräftig nach innen und außen drücken. Es darf wieder kein fühl- oder sichtbares Spiel vorhanden sein. Ist das Achsgelenk defekt, gilt wieder: austauschen!

■ Beim Prüfen von Axialspiel und Radialspiel am Achsgelenk immer auch den Gummibalg (Achsmanschette, roter Pfeil in den Bildern 2 und 3) prüfen. Spiel des Radlagers berücksichtigen.

■ Falls an den Lagern gearbeitet wird und dazu die Gelenkwellen radseitig nur lose verschraubt sind, darf das Lager nicht belastet werden, um Schäden zu vermeiden. Aus gleichem Grund Fahrzeug nicht bewegen, falls die Gelenkwelle ausgebaut wurde. In der Praxis wird dann anstatt der Gelenkwelle ein Außengelenk eingebaut und mit 50 Nm festgeschraubt.

Dichtbälge an Spurstange und Achsgelenken prüfen

Neuralgische Stellen am Fahrwerk werden mit Faltenbälgen oder Manschetten aus Gummi oder Hartkunststoff geschützt (Bild 1). Dazu gehören die Verbindungsstelle zwischen Zahnstange im Lenkgetriebe und Spurstange (1), das Spurstangengelenk zwischen Spurstange mit Spurstangenkopf und Radlagergehäuse (2) sowie inneres (3) und äußeres (4) Achsgelenk an der Gelenkwelle. Die Schutzhüllen sind ganz oder teilweise mit Fett ausgefüllt und dürfen nirgendwo beschädigt sein. Dringen durch einen schadhaften Balg Schmutz und Feuchtigkeit ein, können Lenkritzel und Zahnstange oder die empfindlichen Achsgelenke (Gleichlaufgelenke, Tripodegelenke) geschädigt werden. Eine verschlissene Manschette muss deshalb in

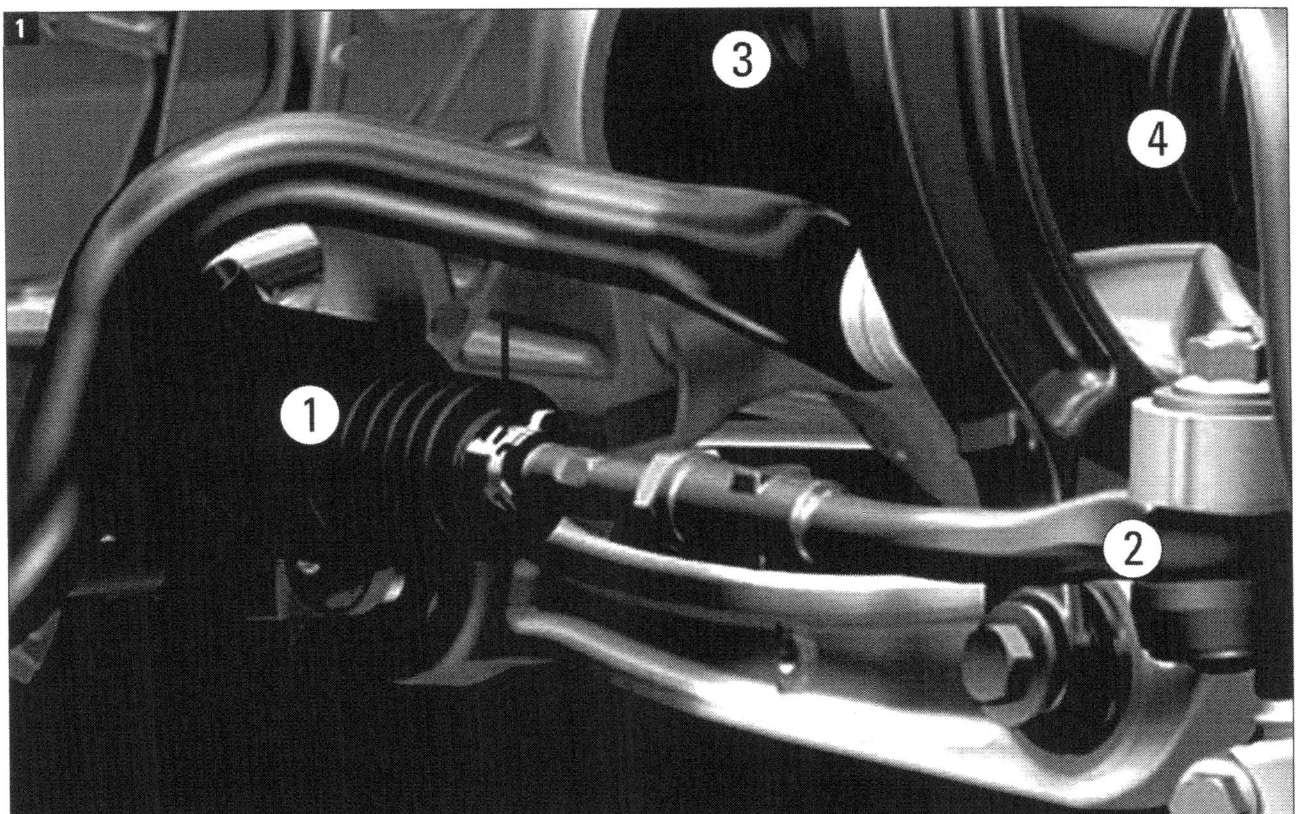

Dichtungsbälge und Manschetten am Fahrwerk: (1) Faltenbalg über Lenkzahnstange/Spurstange, (2) Manschette am Spurstangenkopf, (3) Gummimanschette am inneren und (4) Kunststoff-Schutzhülle am äußeren Achsgelenk. Pfeil: Klemmschelle.

regelmäßigen Kontrollen erkannt und sofort ersetzt werden.

Man kann zwar im Prinzip davon ausgehen, dass die Dichtbälge absolut wartungsfrei sind. Die mit Schmierstoff gefüllten Schutzkappen (blaue Pfeile und weißer Pfeil, Bilder 2 und 3) können aber im Fahrbetrieb und bei Montagearbeiten beschädigt werden, vor allem die Achsmanschetten durch die scharfkantigen Federbandschellen (rote Pfeile im Bild 4) z. B. bei sehr hartem Lenkeinschlag.

Gibt es einen Riss, tritt Schmierfett aus, Feuchtigkeit und Staub dringen ein und wirken zusammen mit dem Fett wie eine Schleifpaste. Das jeweilige Lager nimmt dadurch ganz erheblich Schaden und ist bereits nach kurzer Zeit verschlissen und nicht mehr verwendbar.

Prüfen Sie deshalb Manschettenfalten und Dichtungsbälge gründlich auf Beschädigungen und Fettaustritt. Wenn Achsgelenkmanschetten beschädigt sind, gilt ohnehin ganz rigoros: Gelenk austauschen!

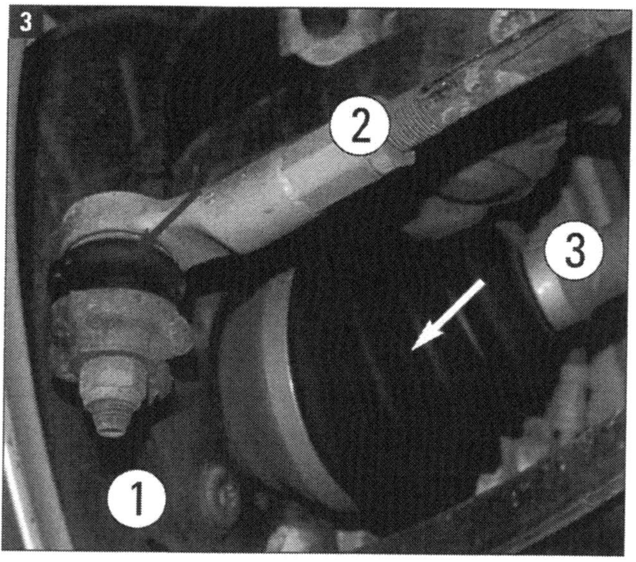

Bilder 2-5 Manschetten am Radlagergehäuse (1): (2) Spurstange mit Spurstangenkopf am Spurstangengelenk (Detail Bild 2), (3) Gelenkwelle mit Achsgelenk.
Blauer Pfeil: Manschette am Spurstangenkopf.
Weißer Pfeil: Hartplastik-Schutzhülle am Achsgelenk.
Roter Pfeil: Faltenbalg an scharfkantiger Schelle.

Schutzhüllen prüfen:

■ Gründlich den Faltenbalg am Lenkgetriebe (1 in Bild 1) und die Schutzhülle am Spurstangengelenk (blauer Pfeil in Bild 2 und in Bild 3) prüfen.

■ Fahrzeug anheben oder von außen am Radlager vorbei tief in den Radkasten greifen. Ziehen Sie die Falten des Balgs auseinander und prüfen Sie im Licht einer starken Handlampe sorgfältig jede Falte auf Risse und Schlitze (Bild 5).

■ Achten Sie darauf, dass die Faltenbälge auch nirgendwo verdrillt sind, was infolge von Montagearbeiten (Aus-/Einbau des Federbeins) möglich sein könnte.

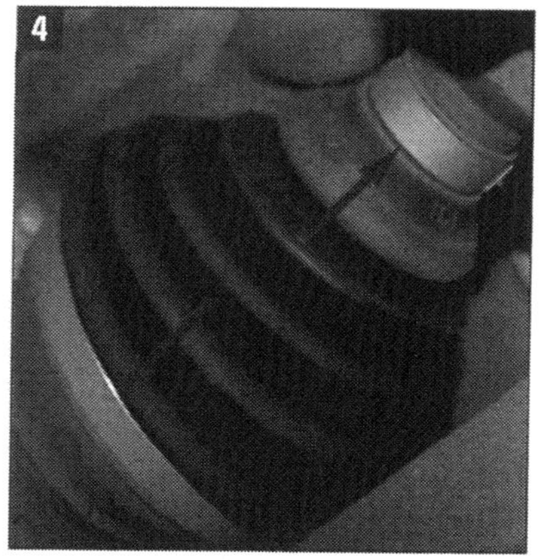

■ Wenn Schäden im frühen Stadium festgestellt werden: Manschetten erneuern. Original-Klemmschellen verwenden und diese mit passender Klemmzange festziehen.

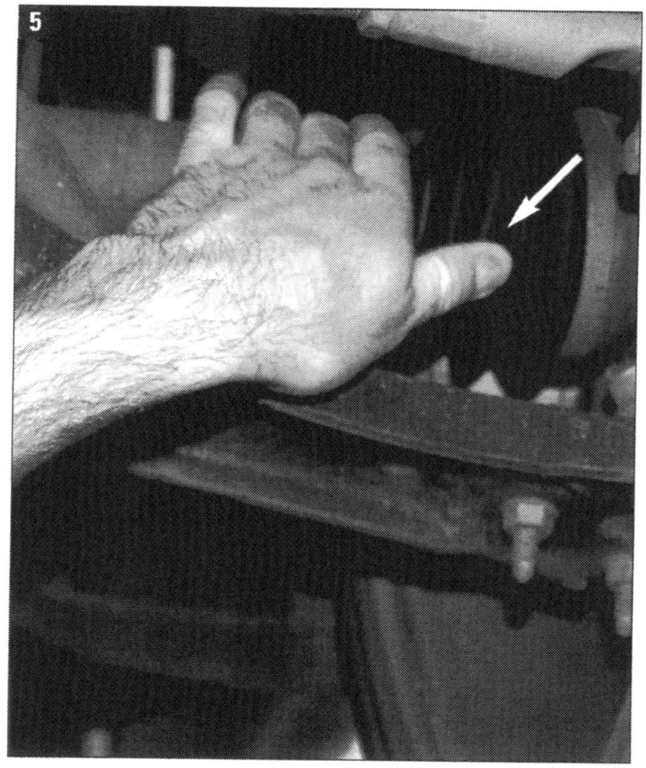

Lenkung auf Spiel, Lenksäule auf Schäden prüfen

Die äußerst direkt ansprechende elektromechanische Servolenkung (EPS, Electrical Power Steering; Bilder 1 und 2) trägt erheblich zur Geradeauslaufstabilität des Golf bei. Sie ist gekennzeichnet durch ein ausgesprochen harmonisches Lenkverhalten und vermittelt ein ausgeprägtes Lenkgefühl. Diese souveräne und sichere Situation am Volant schließt Lenkungsspiel praktisch völlig aus. Kontrollieren Sie dennoch immer einmal, ob die Lenkung noch einwandfrei und ohne Spiel reagiert.

Lenkungsspiel überprüfen

■ Die Räder geradeaus stellen. Greifen Sie von außen durchs geöffnete Fenster und drehen Sie das Lenkrad kurz hin und her.

■ Achten Sie auf die Felge, ob sich das Vorderrad wie erforderlich sofort mitbewegt. Der elastische Reifen ist für diese Kontrolle weniger gut geeignet, da er einen Teil des Einschlags schlucken kann, ehe er sich bewegt.

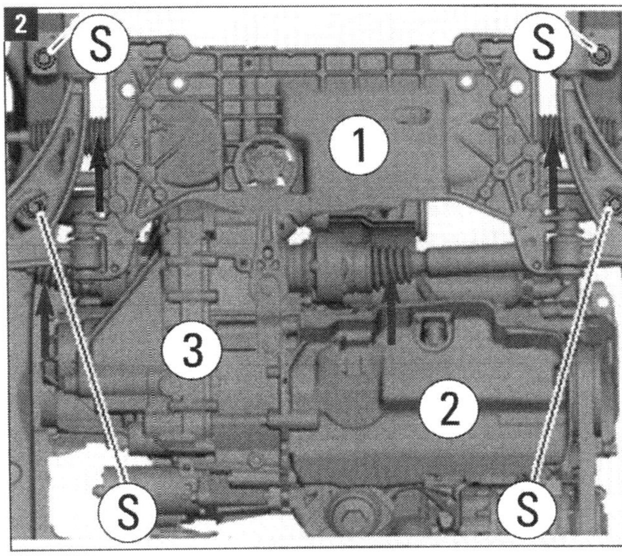

Lenkgetriebe an der Vorderachse: (1) Aggregateträger mit Servolenkgetriebe, (2) Motor, (3) Getriebe DSG, (S) Befestigungsschrauben für Lenkgetriebe; rote Pfeile: Spurstangen; blaue Pfeile: innere Gelenke der Achswellen.

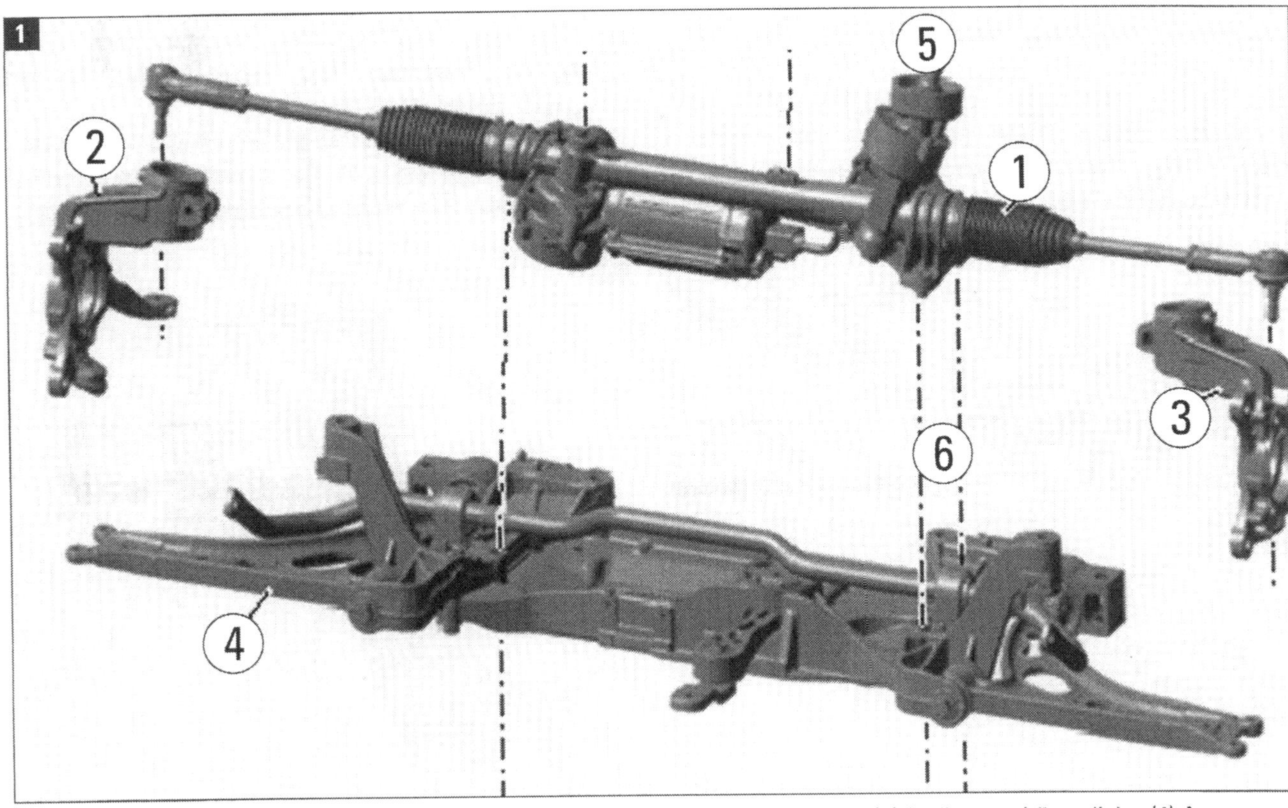

Lenkgetriebe und Vorderachse: (1) Servolenkgetriebe, (2) Radlagergehäuse rechts, (3) Radlagergehäuse links, (4) Aggregateträger, (5) zur Lenksäule, (6) Verschraubung Aggregateträger-Lenkgetriebe (siehe Bild 2 von unten: Schrauben S).

■ Falls Spiel bemerkt wird, muss Nachstellen in der Werkstatt erfolgen. Wenn die Lenkung um die Geradeausstellung kein Spiel hat, aber bei stärkerem Einschlag spürbar klemmt, ist die Zahnstange verschlissen. Das dürfte zwar erst nach einer gehörigen Fahrstrecke der Fall sein, aber dann muss das Lenkgetriebe ausgetauscht werden!

Lenksäule überprüfen

■ Wenn an der Lenksäule gearbeitet wurde, muss danach auf sichtbare Schäden und Funktion geprüft werden. Lässt sich die Säule ohne zu haken und ohne Schwergängigkeit drehen? Lässt sie sich in Längsrichtung und in der Höhe leicht verstellen?

■ Lässt sich das Rohr der Säule deutlich nach vorn und hinten oder seitlich bewegen? Dann ist etwas faul, die Lenksäule muss ausgetauscht werden.

Lenksäule richtig tragen

■ Aus- und Einbau von Lenkgetriebe und Lenksäule empfehlen wir hier keinesfalls. Diese Arbeiten sind auch mit dem Aus- und Einbau von Airbags verbunden, was in die Fachwerkstatt gehört. Wenn Sie aber eine ausgebaute oder einzubauende Lenksäule zu transportieren haben, gilt auf jeden Fall:

■ Die Lenksäule immer mit beiden Händen tragen. Packen Sie die Säule dazu fest am Mantelrohr oben (roter Pfeil) und im Bereich des oberen Kreuzgelenkes an der Gelenkwelle (blauer Pfeil) an (Bilder 3 und 4).

■ Das Greifen der Lenksäule am Deformationselement (1), am Klemmhebel (2) oder an den beiden Gewichtsausgleichfedern (3) führt zur Vorschädigung der Lenksäule (Bilder 3 bis 5).

■ Jedes Transportieren der Lenksäule mit einer Hand an der Gelenkwelle (Bild 5, blauer Pfeil) stellt ein Sicherheitsrisiko dar und kann zur Beschädigung der Kreuzgelenkbuchsen und des unteren Lenksäulenlagers führen.

■ Vermeiden Sie ferner auf jeden Fall das Beugen der Gelenke über 90° hinaus.

■ Die falsche Behandlung der Lenksäule stellt ein Sicherheitsrisiko dar. Mechanische Beschädigung kann sich auf die gesamte Funktion der Servotronic des Lenksystems auswirken, das für die Gestaltung verschiedenster Lenkparameter sorgt.

Anmerkung dazu: Die Lenkung des Golf VI lässt sich individuell auf viele Anforderungen abstimmen. In ihrem Steuergerät sind sämtliche achslastabhängigen Kennfelder vorprogrammiert und abgelegt.
Aktiviert wird die individuelle Programmierung der Lenkung quasi auf Knopfdruck, und zwar am Endpunkt der Produktion. Dank ihrer Programmierbarkeit bietet die Lenkung die Möglichkeit zur leichten Abstimmung und optimalen Anpassung an verschiedene Fahrzeugcharakteristika. Das Spektrum reicht von sportlich über komfortabel bis zur besonders leichtgängigen Lenkung für Behindertenfahrzeuge.
Bei extremer Langsamfahrt erleichtern geringe Lenkkraftmomente die Manövrierbarkeit. Bei schneller Fahrt vermitteln höhere Momente dem Fahrer eine maximale »Rückmeldung«.

3
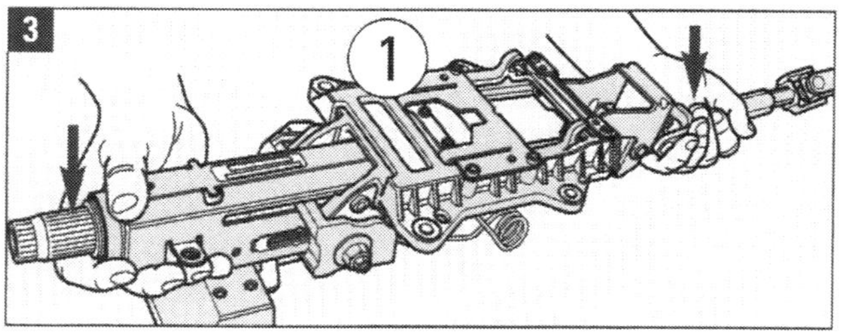

4
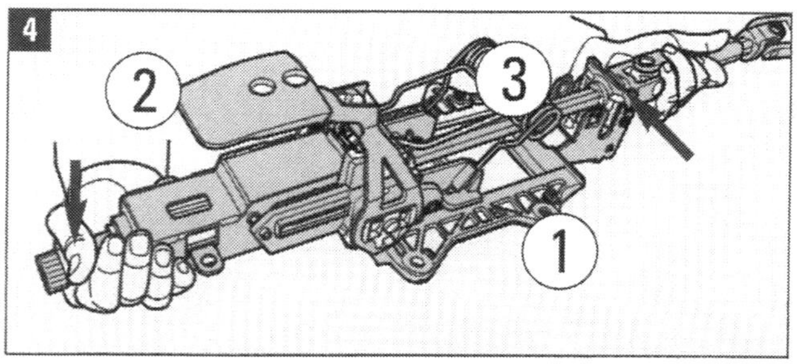

Tabu-Teile an der Lenksäule: (1) Deformationselement, (2) Klemmhebel, (3) Gewichtsausgleichsfedern.

5
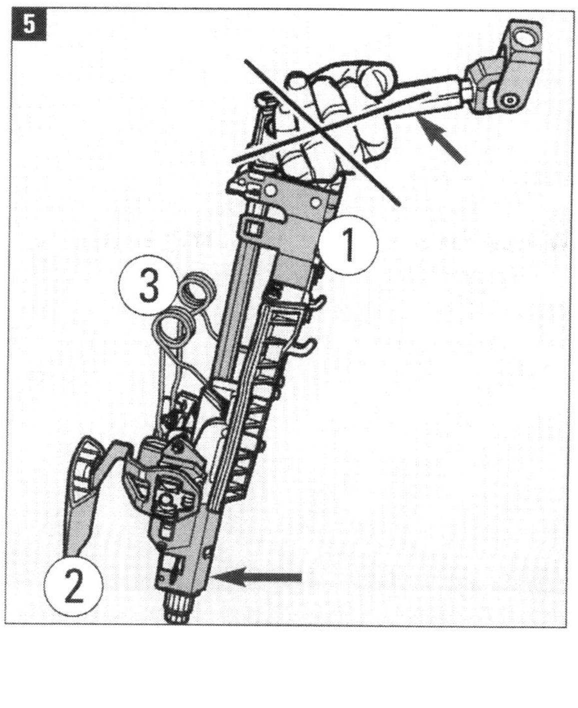

Zustand der Stoßdämpfer prüfen

Die Stoßdämpfer spielen im Fahrwerk des Golf eine große Rolle. An der Vorderachse tragen präzisere Radführung und ein perfektioniertes Ansprechverhalten der gesamten Federung mit der getrennten Lagerung von Feder und Dämpfer am Federbeindom zum spürbar erhöhten Gesamtkomfort bei. Dazu wurden die Zweirohr-Stoßdämpfer neu entwickelt. An der Hinterachse, die den fahrdynamischen Charakter des Fahrzeugs wesentlich prägt, kommen schräg gestellte Dämpfer mit ovalen Zusatzfedern zum Einsatz. Als positiver Nebeneffekt wurde dadurch die Durchladebreite im Kofferraum vergrößert.
Defekte Stoßdämpfer machen sich während der Fahrt durch laute Poltergeräusche infolge von Radspringen bemerkbar. Am ehesten stellen Sie das auf schlechter Fahrbahn fest. Defekte werden ferner äußerlich am Stoßdämpfer durch starken Ölverlust sichtbar. Man muss aber sehr sorgfältig auf Geräusche und Undichtigkeit prüfen, weil man häufig Stoßdämpferschäden vermutet, die gar nicht wirklich nachweisbar sind. Die Stoßdämpfer des Golf können auch im ausgebauten Zustand von Hand geprüft werden.

Geräusche und Ölaustritt prüfen

■ Probefahrt auf möglichst trockener Fahrbahn mit Unebenheiten unternehmen. Genau darauf achten, wo, wann und wie sich die oben genannten Geräusche bemerkbar machen.

■ Flattert die Lenkung (zeitweilig fehlender Bodenkontakt), schwingt die Karosserie bei Fahrbahnunebenheiten spürbar nach? Wirkt das Fahrzeug in Kurven schwammig, als ob die kurveninneren Räder nicht genügend Bodenhaftung aufweisen?

■ Geringfügiger Ölaustritt an der Dichtung der Kolbenstange (»Schwitzen«) ist kein Fehler, sondern eher noch von Vorteil.

■ Denn wenn der Ölaustritt nur im Bereich nach Bild 1 (Pfeil) auftritt, müssen die Stoßdämpfer vorn oder hinten nicht ersetzt werden.

■ Durch geringen Ölaustritt wird der Kolbenstangendichtring geschmiert und damit die Lebensdauer des Dämpfers erhöht.

Prüfen von Hand und mit Gerät

■ Dämpfer zusammendrücken. Die Kolbenstange muss sich über den ganzen Hub gleichmäßig schwer und ruckfrei bewegen lassen.
Geht die Kolbenstange beim Loslassen von selbst in die Ausgangslage zurück, ist der Dämpfer in Ordnung. Wenn sie das bei Öl/Gas-Dämpfern nicht tut, aber auch kein Ölverlust feststellbar ist, hat der Gasdruck abgenommen. Der Stoßdämpfer bleibt noch verwendbar, er arbeitet dann aber konventionell.

■ In der Werkstatt können die Stoßdämpfer im eingebauten Zustand mit Geräten wie »Shocktester« oder »Dämpfertester« geprüft werden. Angegeben werden die Zustände »Dämpfwirkung ausreichend« oder »Dämpfwirkung unzureichend«. Zwischenwerte oder Lebensdauer-Aussage sind nicht möglich.

1

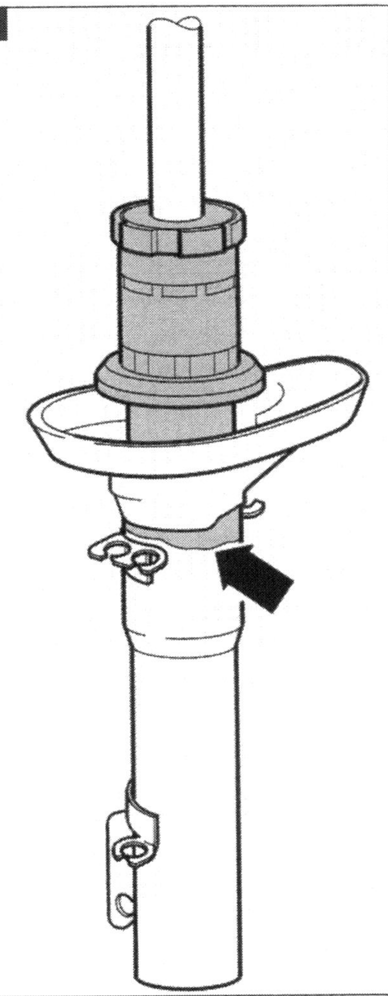

Stoßdämpfer: Wenn Ölaustritt vom oberen Dämpferverschluss (Kolbenstangendichtring) bis maximal zum unteren Federteller (Pfeil) reicht, gilt er als nur geringfügig.

Federbein aus- und einbauen

Der Ausbau des Federbeins verlangt Erfahrung und Spezialwerkzeug. Sie müssen das Fahrzeug anheben können (am besten auf der Hebebühne platziert), und sie brauchen einen Motor-/Getriebeheber, den Sie mit einer speziellen Aufnahme an der Radnabe festschrauben können. Bei VW sind das der Heber V.A.G 1383 A mit der Aufnahme T10149. An weiteren Werkzeugen benötigen Sie einen »Spreizer« (VW-Spezialwerkzeug 3424) mit Knarre und einen Drehmomentschlüssel (bei VW der Typ V.A.G 1332). Wir beschreiben diese Arbeit nur für wirklich geübte Schrauber.

So vorgehen:

■ **Ausbau:** Schraube für die Gelenkwelle an der Nabe (Pfeil in Bild 1) lösen. Das darf vollständig nicht geschehen, wenn das Rad auf der Erde steht, weil sonst das Radlager beschädigt werden könnte. Daher Radzierblende oder Abdeckkappe abziehen und beim stehenden Fahrzeug die Schraube zunächst nur um max. 90° lösen. Dann Fahrzeug so weit anheben, bis die Räder frei sind. Von einem Helfer Bremspedal betätigen lassen, die Schraube herausschrauben und Bremspedal loslassen.

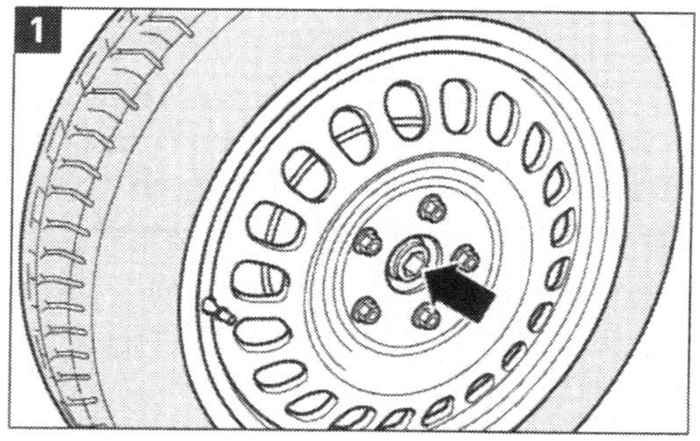

■ Das Rad abbauen. Sechskantmutter (1) der Koppelstange (2) vom Federbein (3) abschrauben (Bild 2). Die Leitung für den Drehzahlfühler vom Federbein aushängen und bei Fahrzeugen mit Xenonlicht (automatische Leuchtweitenregelung) den Geber für Fahrzeugniveau vom Achslenker abschrauben.

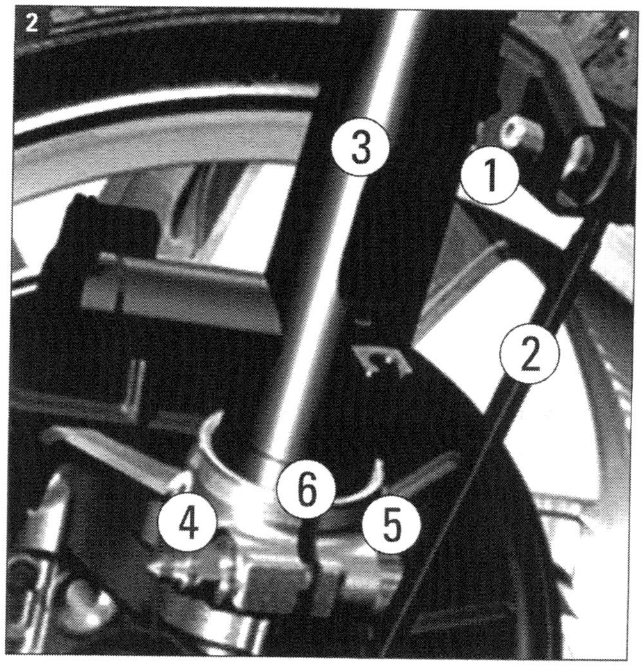

Federbeinunterteil: (1) Sechskantmutter, (2) Koppelstange am (3) Stoßdämpfer des Federbeins, (4) Sechskantmutter und (5) Innenvielzahnschraube der (6) verschraubten Klemmverbindung Radlagergehäuse/Federbein.

PRAXISTIPP – Am Fahrwerk arbeiten

■ Schweiß- und Richtarbeiten an tragenden und Rad führenden Bauteilen der Radaufhängung und an Lenkungsteilen sind prinzipiell nicht zulässig. Beschädigte Teile dürfen nicht durch Schweißen repariert, sondern müssen erneuert werden.

■ Bei Arbeit auf der Hebebühne Fahrzeug zwischen den Säulen ausrichten und die vier Aufnahmeteller an den vorgeschriebenen Aufnahmepunkten unten an der Karosserie platzieren.

■ Abgelassenes Hydrauliköl darf nicht wieder verwendet werden.

■ Größte Sauberkeit beachten! Verbindungsstellen und deren Umgebung vor dem Lösen gründlich reinigen. Keine fasernden Lappen verwenden.

■ Ausgebaute Teile auf sauberer Unterlage ablegen. Abdecken, wenn die Reparatur nicht sofort erfolgt. Ersatzteile erst unmittelbar vor dem Einbau aus der Verpackung nehmen. Nur original verpackte Teile verwenden.

■ Geöffnete Bauteile bis zur Reparatur sorgfältig abdecken oder verschließen. Liegen Teile offen, darf nicht mit Druckluft gearbeitet und das Fahrzeug nicht bewegt werden.

■ Fehlerhafte Lenkgeometrie lässt sich weitgehend beim Fahren ergründen; die Vermessung der Radstellung ist Sache der Werkstatt (s. a. weiter vorn).

■ Die drei Muttern der Verschraubung am Radlagergehäuse (Pfeile in Bild 3) abschrauben.

■ Das Radlagergehäuse mit Achsgelenk aus dem Achslenker herausziehen, das Außengelenk der Gelenkwelle aus der Radnabe ziehen und die Gelenkwelle mit Bindedraht am Aufbau befestigen.
Unbedingt beachten: Die Gelenkwelle darf nicht herunterhängen, weil sonst das Innengelenk durch Überbeugen beschädigt wird. Dann Achsgelenk wieder mit Achslenker verschrauben.

3

■ Nun kommt ein Motor-/Getriebeheber zum Einsatz. Er wird unter das auf der Hebebühne stehende Fahrzeug geschoben und die entsprechende Aufnahme (bei VW T10149) mit einer Radschraube an der Radnabe befestigt.

■ **Achtung:** Das Fahrzeug darf jetzt nicht mehr angehoben oder abgelassen werden, es könnte sonst von der Hebebühne abrutschen. Der Motor-/Getriebeheber darf auch nur für die kurze Zeit der Montage unter dem Fahrzeug stehen.

■ Die Schraubverbindung (4/5) zwischen Radlagergehäuse und Federbein (Bild 2) trennen.

■ Einen Spreizer (VW-Werkzeug 3424 mit Knarre) in den Schlitz (6 in Bild 2) des Radlagergehäuses einsetzen. Die Knarre um 90° drehen und vom Spreizer abziehen. Mit der Hand auf die Bremsscheibe in Richtung Federbein drücken, damit sich das Dämpferrohr nicht in der Bohrung des Radlagergehäuses verkantet.

■ Radlagergehäuse nach unten vom Dämpferrohr abziehen und mit dem Heber so weit absenken, bis es frei hängt.

■ Radlagergehäuse mit Draht an der Konsole des Aggregateträgers festbinden und den Motor-/Getriebeheber unter dem Radlagegehäuse entfernen.

■ Da sich die Federbeindome unter der Wasserkastenabdeckung befinden, müssen Abdeckung und Scheibenwischerarme ausgebaut werden. Solche Arbeiten beschreiben wir später im Kapitel »Fahrzeugaufbau« (Abschnitt Karosserie).

■ Die drei Sechskantschrauben (Pfeile in Bild 4) für die obere Dämpferbefestigung vom Federbeindom abschrauben und das Federbein mit Gummimetalllager herausnehmen.

4
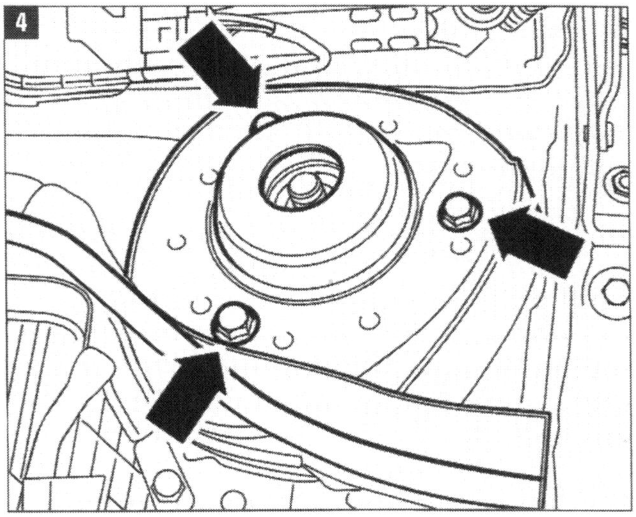

■ Der **Einbau** erfolgt in sinngemäß umgekehrter Reihenfolge. Zunächst muss wieder der Motor-/Getriebeheber (mit der passenden Aufnahme) mit einer Radschraube an der Radnabe befestigt werden.

■ Das Federbein am Radlagergehäuse ansetzen und mit der Innenvielzahnschraube (5) sowie einer neuen Mutter (4) befestigen (Bild 2). Die Spitze der Schraube (Pfeil in Bild 2) muss in Fahrtrichtung weisen. Knarre am Spreizer (Werkzeug 3424) ansetzen, Vierteldrehung zurück und den Spreizer herausnehmen.

■ Der Federteller (Gummimetalllager; Bild 5, Seite 92) des Federbeins muss jetzt so sitzen, dass eine der beiden Markierungen (Pfeile im Bild) in Fahrtrichtung zeigt.

■ Bindedraht am Radlagergehäuse entfernen. Gehäuse mit Motor-/Getriebeheber so weit anheben, dass die Schrauben (siehe Bild 4) am Federbeindom eingeschraubt werden können.

5
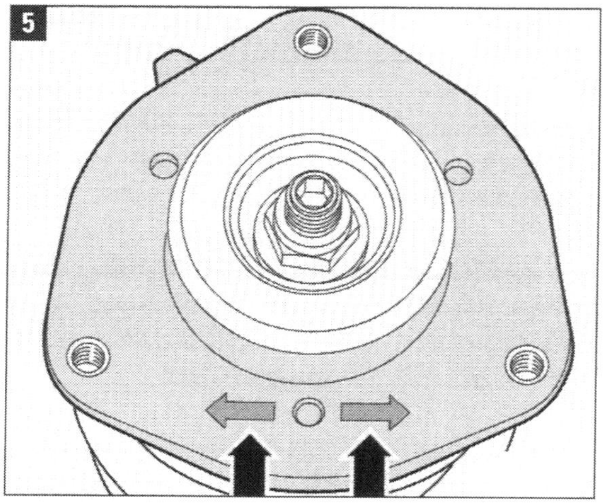

■ Die drei Sechskantschrauben für die obere Dämpferbefestigung (Bild 4) mit 15 Nm plus 90° festziehen, wozu ggf. eine kleine Stufen-Stehleiter benutzt werden muss. Die Aufnahme (evtl. T10149) von der Radnabe abschrauben und die Schraubverbindung Radlagergehäuse/Federbein (4/5 in Bild 2) mit 70 Nm plus 90°-Drehung festziehen.

■ Die Muttern (Pfeile in Bild 3) abschrauben, die Gelenkwelle in die Radnabe einsetzen, das Radlagergehäuse mit Achsgelenk in den Achslenker einsetzen und das Achsgelenk wieder mit dem Achslenker verschrauben (Pfeile in Bild 3). Die Muttern werden mit 60 Nm festgezogen, wenn der Achslenker aus Stahlguss besteht. An einem Stahlblech- oder Aluminium-Schmiede-Achslenker beträgt das Anzugsdrehmoment 100 Nm.

■ **Hinweis:** Details zum Fahrwerk wie die eben genannten zur Beschaffenheit der Achslenker sind aus der PR-Nummer im Fahrzeugdatenträger und auch aus einem Farbtupfencode zu erschließen, der sich auf allen Schraubenfedern vorn und hinten findet (Bild 6: an einem der vorderen Federbeine eines Golf »Highline«). Aus diesen Hinweisen kann in der Fachwerkstatt das Fahrwerk genau bestimmt werden.

6

Schraubenfeder ausbauen:

■ Den Federausbau vorn wie hinten können wir Ihnen hier nicht empfehlen, wir verweisen auf den entsprechenden Band unserer Reihe »Reparaturanleitung«. Die Arbeit ist nicht ungefährlich, Sie brauchen unbedingt ein Federspanngerät mit passenden Federhaltern und/oder Adaptern. Bei Volkswagen sind das Geräte aus der Reihe 1752.

■ Der Arbeitsablauf ist ansonsten relativ einfach: Schraubenfeder (4) des Federbeins mit Spanngerät vorspannen, bis Axialrillenkugellager (5) und Gummi-Metalllager (6) entlastet sind. Sechskantmutter (7) von der Kolbenstange des Dämpfers (1) abschrauben, Einzelteile abnehmen (Bild 7).

7
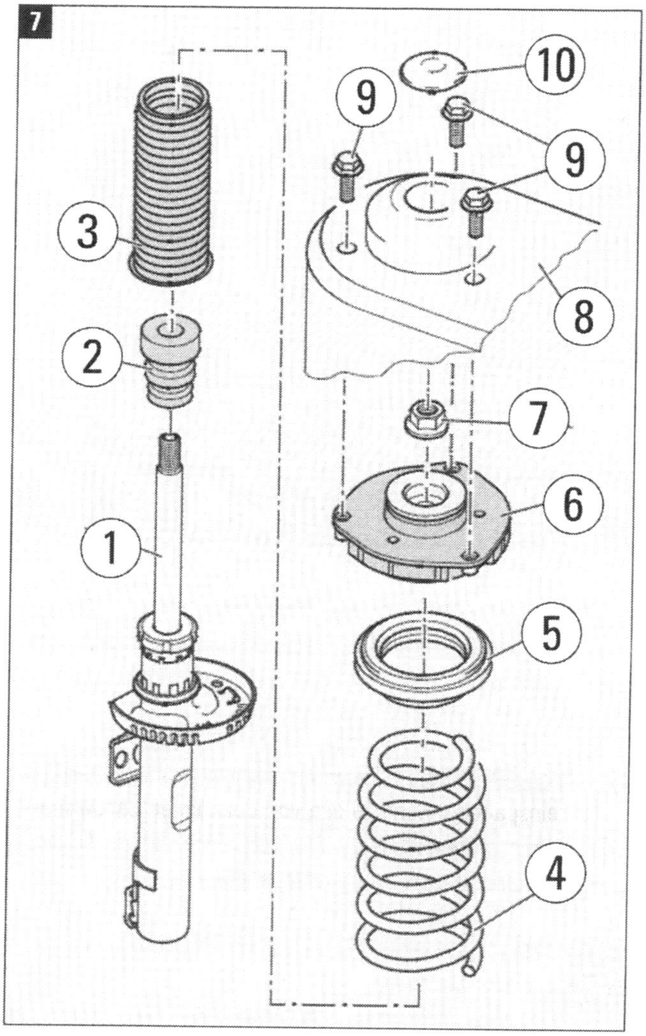

Aufbau des Federbeins: (1) Dämpfer, (2) Anschlagpuffer, (3) Schutzhülle, (4) Schraubenfeder, (5) Axialrillenkugellager, (6) Gummi-Metalllager, (7) Sechskantmutter (60 Nm), (8) Federbeindom, (9) Sechskantschrauben (15 Nm, Vierteldrehung), (10) Schutzkappe.

Federn und Stoßdämpfer hinten ausbauen

Wir demonstrieren den Ausbau der hinteren Federn und Dämpfer hier nur knapp. Die Demontage von Schraubenfeder (1, Bilder 1 und 2) und Stoßdämpfer (2, Bilder 1 und 2) ist anspruchsvoll; wir verweisen wieder auf die Buchreihe »Reparaturanleitung«. Zum Federausbau brauchen Sie Federspanner mit -halter, zum Dämpferausbau Drehmomentschlüssel und eine geeignete Abstützung. Volkswagen empfiehlt Federspanngerät V.A.G 1752/1 sowie Motor- und Getriebeheber V.A.G 1383 A mit Aufnahme T10149.

PRAXISTIPP: Öl/Gas-Teile richtig entsorgen

Öl- und gasgefüllte Bauteile müssen umweltgerecht entsorgt werden. Deshalb sind die Stoßdämpfer des Golf (vorn und hinten) vor der Verschrottung zu entgasen und zu entleeren.

Stoßdämpfer

■ **Öffnen durch Anbohren:** Stoßdämpfer senkrecht mit der Kolbenstange nach unten in den Schraubstock einspannen. 20 mm von oben ein Loch von 3 mm Durchmesser durch das Außenrohr bohren. Gas entweichen lassen. Weiter bohren (25 mm tief), bis auch das innere Dämpferrohr durchbohrt ist.

■ Jetzt 60 mm von oben ein Loch von 6 mm Durchmesser durch Außen- und Innenrohr bohren.

■ Den auf diese Weise angebohrten Stoßdämpfer über einen Ölauffangbehälter halten, Öl auslaufen lassen. Kolbenstange mehrmals über den gesamten Hub hin und her bewegen, bis kein Öl mehr austritt.

■ **Öffnen mit Rohrschneider:** Stoßdämpfer senkrecht mit der Kolbenstange nach unten in den Schraubstock einspannen. Rund 20 mm von oben einen handelsüblichen Rohrschneider ansetzen und das Außenrohr durchtrennen. Das Gas entweicht.

■ Die Kolbenstange nach oben ziehen. Dabei das Innenrohr mit einer Zange festhalten und nach unten drücken. Beim langsamen Hochziehen der Kolbenstange verbleibt das innere im äußeren Rohr.

■ Kolbenstange völlig vom Innenrohr abziehen und das Öl aus dem Dämpfer in ein Auffanggefäß entleeren. ***Achtung: Beim Bohren oder Sägen (mit dem Rohrschneider) Schutzbrille tragen!***

■ Um den hinteren Stoßdämpfer auszubauen, müssen Sie erst die **Schraubenfeder ausbauen**. Erster Schritt: Das jeweilige Rad abbauen.

■ Den Federspanner von hinten, etwa in der Blickrichtung der Bilder 1 und 2, einsetzen. Auf den richtigen und festen Sitz der Feder (1) im Federhalter achten. Die Federwindungen müssen glatt und allseitig umschlossen in den oberen und unteren Haltern (1752/3A bei Volkswagen) des Federspanngerätes (1752/1 mit den Adaptern 1752/9 für oben und unten) sitzen. Ansonsten Unfallgefahr!

■ Spanngerät mit Schlüssel oder Umschaltknarre so weit zusammendrehen, bis sich die Schraubenfeder leicht herausnehmen lässt.

Am Hinterrad links: (1) Schraubenfeder, (2) Stoßdämpfer, (3) untere Befestigungsschraube am Stoßdämpfer. Die Pfeile deuten die Dämpferverschraubung im Radhaus an.

■ Beim **Einbau** der Feder (Bild 2 zeigt übrigens unten an der Schraubenfeder wieder den schon beim Federbeinausbau erwähnten Fahrgestell-Farbcode) muss die Einbaulage genau beachtet werden. Der Federanfang (in den Bildern 1 und 2 vom unteren Querlenker verdeckt) muss am Anschlag der Federauflage unten anliegen (Federauflagen siehe Bild 3).

■ Die Feder wird zusammen mit der Auflage eingebaut, die unten einen Zapfen hat. Der Zapfen wird in die Bohrung im Querlenker unten eingesetzt.

■ Die Federauflage oben ins obere Federende einsetzen, die Feder entspannen und die Federauflage auf die Nase der Karosserie (weiße Pfeile in den Bilder 1 und 2) aufsetzen. Federspanner herausnehmen, Rad anbauen.

■ **Stoßdämpfer ausbauen**: Rad abbauen, Radhausschale ausbauen und wie beschrieben die Schraubenfeder ausbauen. Oben am Stoßdämpfer wird die Verschraubung (rote Pfeile Bilder 1 und 2) sichtbar. Drehen Sie die zwei Schrauben (5 in Bild 3) heraus. Dann die Schraube unten am Stoßfänger (3 in den Bildern 1 und 2) herausdrehen. Jetzt kann der Stoßdämpfer herausgenommen werden.

■ Beim **Einbau** des Stoßdämpfers in sinngemäß umgekehrter Reihenfolge muss beachtet werden, dass die Hinterachse in Leergewichtslage gebracht werden muss und die Verschraubung des Querlenkers erst erfolgen darf, wenn das Standhöhemaß »a« des betreffenden Fahrzeugs erreicht worden ist. Das Maß ist den Werkstattdaten zum Fahrwerk zu entnehmen. Sie können es aber auch vor dem Ausbau durch Messen ermitteln und sich notieren.

■ Dann den Stoßdämpfer einsetzen und oben mit neuen Schrauben (5) nach Bild 3 festschrauben: 50 Nm plus Achteldrehung = 45°. Nun den Stoßdämpfer am Radlagergehäuse mit Schraube (3) gemäß Bilder 1 und 2 mit 180 Nm festschrauben. Schraubenfeder wie beschrieben einbauen, Radhausschale einbauen (Kapitel »Fahrzeugaufbau«, Abschnitt Karosserie), Rad anbauen und festziehen.

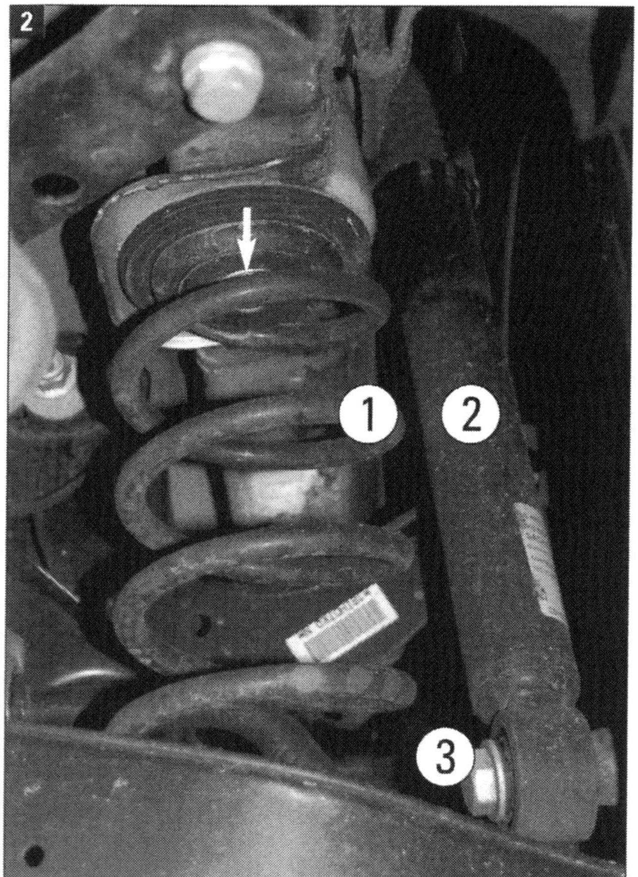

Am Hinterrad rechts: (1) Schraubenfeder, (2) Stoßdämpfer, (3) untere Befestigungsschraube am Stoßdämpfer. Die Pfeile deuten die Dämpferverschraubung im Radhaus an.

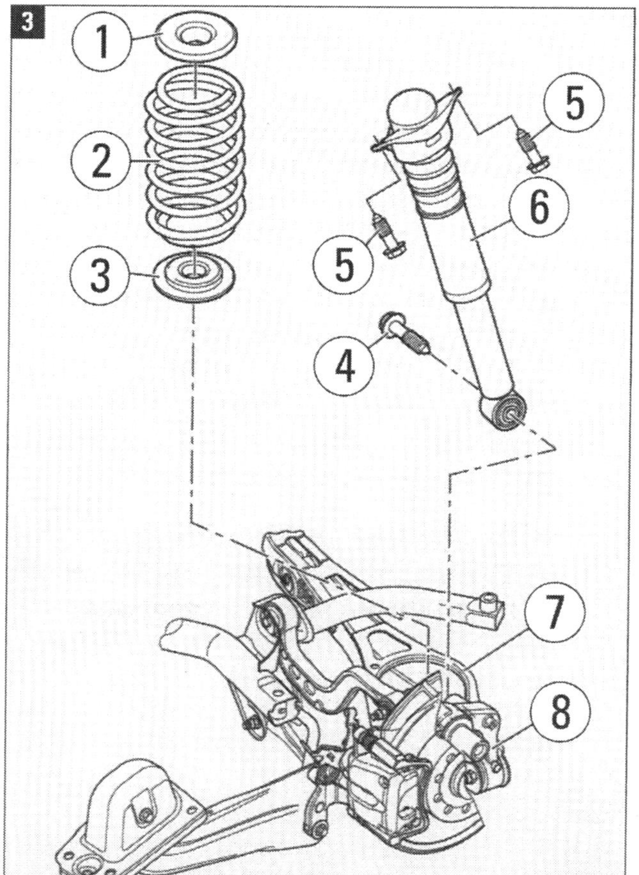

Am Hinterrad links: (1/3) Federauflage oben/unten, (2) Schraubenfeder, (4) Schraube 180 Nm, (5) Schrauben 50 Nm plus 45°, (6) Stoßdämpfer, (7) Querlenker unten, (8) Radlagergehäuse.

Fahrwerktuning

Anleitung zum Fahrzeugtuning liefert in Deutschland der Verband der Automobiltuner e.V. (VDAT). Eine VDAT-Grafik beweist, dass dies in erster Linie an Rädern/Reifen und Fahrwerk gewünscht wird (Bild 1):

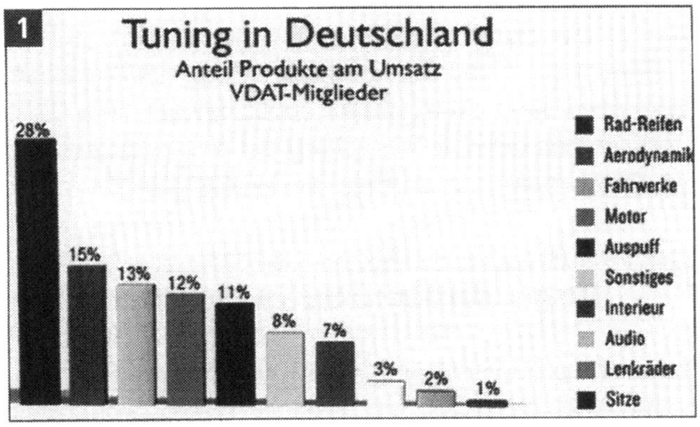

Grundgedanke jedes Tunings am Fahrwerk ist die Verbesserung des Fahrverhaltens bei sportlicher Fahrweise. Denn Tuning will als Fahrzeugveredelung verstanden werden.
Die Technik der führenden Hersteller entsprechender Komponenten verfeinert sich ständig, erklärt der VDAT auf seiner Website. »Ein Stoßdämpfer für ein straßenzugelassenes Sportfahrwerk repräsentiert heute den technischen Stand der Formel 1 vor etwa fünf Jahren«, wird betont. Die Qualitätsprodukte namhafter Hersteller von Sportfahrwerken werden demzufolge nicht zu niedrigen Preisen angeboten. Wer nicht nur Kosmetik oder Firlefanz für die Optik will, muss entsprechend in die Tasche greifen (Bild 2).
Andererseits sind es gerade junge Leute, die ihr Fahrzeug »veredeln« möchten. Laut DVAT-Erhebung sind Fahrer in der Altersgruppe 18 bis 21 Jahre zu fast 80% Tuner. Natürlich wird es da nicht in allen Fällen immer gleich um Sportfahrwerke gehen. Von den 22- bis 25-Jährigen bekennen sich 54% zum Tuning, dann nehmen die Zahlen rapide ab, und erst die finanzkräftigen über 60jährigen stellen mit 40% wieder eine nennenswerte Tuner-Fraktion.

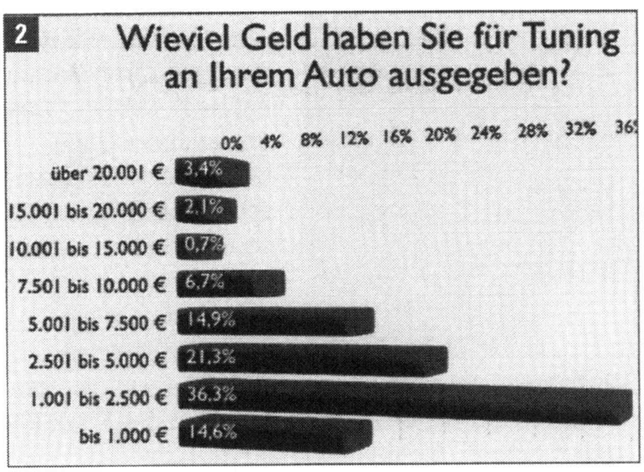

Wir empfehlen dringend, sich unter der Internet-Adresse

www.tune-it-safe.de

Rat zu holen. Dort ist man auch sicher: »Viele Autobesitzer, die es einmal mit Billigprodukten versucht haben, kehren zu den teureren namhaften Qualitätsprodukten zurück. Hier gibt es neben der besseren Leistungsfähigkeit des Fahrwerks auch entsprechende Garantieleistungen des Herstellers und die obligatorische Abnahme.«
Die Initiative »Tune It! Safe!« wurde vom Bundesverkehrsministerium gemeinsam mit dem VDAT ins Leben gerufen, um dem Sicherheitsrisiko durch Tuning effizient zu begegnen. Der vor allem bei jungen Tuningfans verbreiteten Unwissenheit hinsichtlich von Plagiaten und gefälschten Teilegutachten soll durch eine breit angelegte Informationskampagne (Bild 3: Ausschnitt aus einem Magazin der Initiative) entgegengetreten werden. »Bei der Verwendung nicht zugelassener Elemente ... verspielt man nicht nur seinen Versicherungsschutz, sondern gefährdet auch noch Unbeteiligte!«, wird betont.

Räder und Reifen tunen

Volkswagen bietet über die Serienausstattungen hinaus zur Fahrzeugaufwertung eine ganze Palette bestens geeigneter Räder an. Drei Beispiele:

- Leichtmetallfelge schwarz, glanzgedreht im 5-Arm-Rotor-Design, Größe 8 J x 18" für Reifen 225/40 R 18

- Aluminium-Gussräder, 15-Speichen-Design, glanzgedreht, Tiefbett, Größe 7J x 17" für Reifen 225/45 R17

- Winterräder in der Farbe Brillantsilber, Größe 6 J x 16", ET 50, komplett mit Reifen Dunlop SP Winter Sport 3D, Dimension 205/55 R16 94 HXL

Beachten Sie beim Rädertausch alle bereits gegebenen Hinweise zur richtigen Reifenmontage. Radschrauben müssen auf die Räder abgestimmt sein. Was die Behandlung von Radschrauben, Anlageflächen von Rad/Radnabe und Gewinde in der Radnabe angeht, gibt es widersprüchliche Hinweise. Volkswagen warnt davor, diese Stellen zu wachsen. Gewinde von Radschrauben sollen auch »niemals mit Schmiermitteln oder Korrosionsschutzmitteln« behandelt werden. Andererseits wird auch geraten, Radschrauben an Gewinde, Kalotte und Zwischenraum (zweigeteilte Schrauben) mit Optimol TA-G 052 109 A2 einzufetten.

Fahrzeug tiefer legen

Nicht nur etwa eine andere Reifengröße kann das Fahrverhalten entscheidend verändern. Je nach Fabrikat der Komponenten dazu gibt es ganz bestimmte Philosophien. Ist das eine Produkt im Grenzbereich harmlos und bewältigt spielend die gesteigerte Fahrdynamik, kann das nächste schon in Kombination mit einem Serienfahrwerk im Grenzbereich eher tückisch sein oder ganz einfach Eigenschaften zeigen, die ein härteres Fahrwerk nochmals verstärkt.

Wer es einfach haben will und die Kosten nicht scheut, kann beim Hersteller seines Fahrzeugs bleiben: Auf Wunsch liefert Volkswagen den Golf VI mit einem Sportfahrwerk aus. Das hat straffere Federn und Dämpfer und senkt die Karosserie 20 mm ab. Diese niedrigere Schwerpunktlage schafft schon äußerlich ein »scharfes« Bild und erhöht die Dynamik. Wer noch mehr Sportlichkeit sucht, ist mit dem GTD bestens bedient. Die Dämpfung bei dessen Fahrwerk ist noch straffer, der Aufbau wird tiefer gelegt.

Reifendichtmittel verwenden

Eine echte Verbesserung stellt es dar, anstatt Reserverad oder Notreifen ein weniger platzaufwändiges und leichteres Pannenset an Bord zu haben. Es gibt ein solches Set auch speziell für Golf-Fahrzeuge. Das Set kann unter der Gepäckraumabdeckung untergebracht werden, wo sonst das Reserverad liegt. Es enthält einen Kompressor (elektrische Luftpumpe) und eine Flasche mit Reifendichtmittel.

Es gibt aber zwei Dinge, die bei Verwendung des Sets beachtet werden müssen. Zum einen ist das Dichtmittel in der Flasche (Bild: mit anzuschraubendem Füllschlauch) nur begrenzt haltbar. Die Datumsangabe, die neben dem eingeprägten Herstellungsdatum auf den Boden gedruckt ist (kleines Bild), muss also kontinuierlich überprüft werden, wenn man nicht im Notfall ein nicht mehr verwendbares Set an Bord vorfinden will.

Desweiteren müssen Reifen, die mit Dichtmittel abgedichtet (also befüllt) wurden, vor einer Demontage entleert werden. Das gesundheitsschädliche Mittel, das Augenreizung und Allergien verursachen kann, muss unter Sicherheitsvorkehrungen (Schutzhandschuhe, Schutzbrille) aus dem Reifen abgelassen werden: Reifen flach hinlegen, vorsichtig ein Loch in den Schulterbereich bohren, Dichtmittel abfließen lassen.

STÖRUNGSBEISTAND

Fahrwerk

Störung	Was kann das sein?	Was kann oder muss ich tun?
A schwammiges Fahrverhalten	**1** Reifen hat zu geringen Luftdruck	Luftdruck prüfen und einstellen
	2 Stoßdämpfer ist undicht	Ölverlust mit dem Finger prüfen. Wenn Öl am Finger bleibt: Dämpfer tauschen
	3 Stoßdämpfer vermutlich verschlissen	Kolbenstange auf Riefen und Abplatzungen prüfen
	4 Spurwerte stimmen nicht	Achsvermessung vornehmen lassen
	5 Federn erlahmt	Federn prüfen, ggf. austauschen
	6 Gummilager am Trapezlenker hinten	Evtl. (nach Prüfung) Gummilager erneuern lassen
B Reifen	**1** Starker, unregelmäßiger Verschleiß	Spurwerte stimmen nicht. Achsvermessung vornehmen lassen
	2 Verschleiß innen	Zu viel negativer Sturz. Einstellung ändern, Reifen erneuern
	3 Verschleiß außen	Zu viel positiver Sturz. Einstellung ändern, Reifen erneuern
	4 Verschleiß in der Mitte	Reifenfülldruck über lange Zeit zu hoch. Ändern, beachten!
	5 Verschleiß innen und außen	Reifenfülldruck über längere Zeit zu niedrig. Reifen erneuern, Druck richtig stellen
	6 Stoßdämpfer verschlissen	Stoßdämpfer prüfen (lassen) und ggf. austauschen
C Schütteln am Lenkrad	**1** Räder unwuchtig	Räder auswuchten lassen
	2 Spiel in der Lenkung	Lenkgetriebe überprüfen lassen
	3 Spiel in Fahrwerksteilen	Traggelenk und Spurstangen prüfen
...beim Bremsen	**4** Bremsscheiben verzogen	Neue Bremsscheiben und Beläge einbauen
D Geräusche bei Kurvenfahrt	**1** Radlager defekt	Richtige Seite durch Wechselkurven feststellen
	2 Spurwerte stimmen nicht	Reifenprofil kontrollieren (siehe B)

Bremsanlage: Zweikreis-Bremse und ESP

Ihr Golf verfügt über eine leistungsfähige Bremsanlage, denn die Modelle fahren 172, 200 oder gar 238 km/h Spitze bei, voll beladen, fast 2 t Gewicht. Das hydraulische Zweikreissystem besteht aus Unterdruckverstärker, Hauptbremszylinder, Scheibenbremsen vorn (Bild oben) und hinten (Bild unten) sowie bewährten Regel- und Assistenzsystemen.

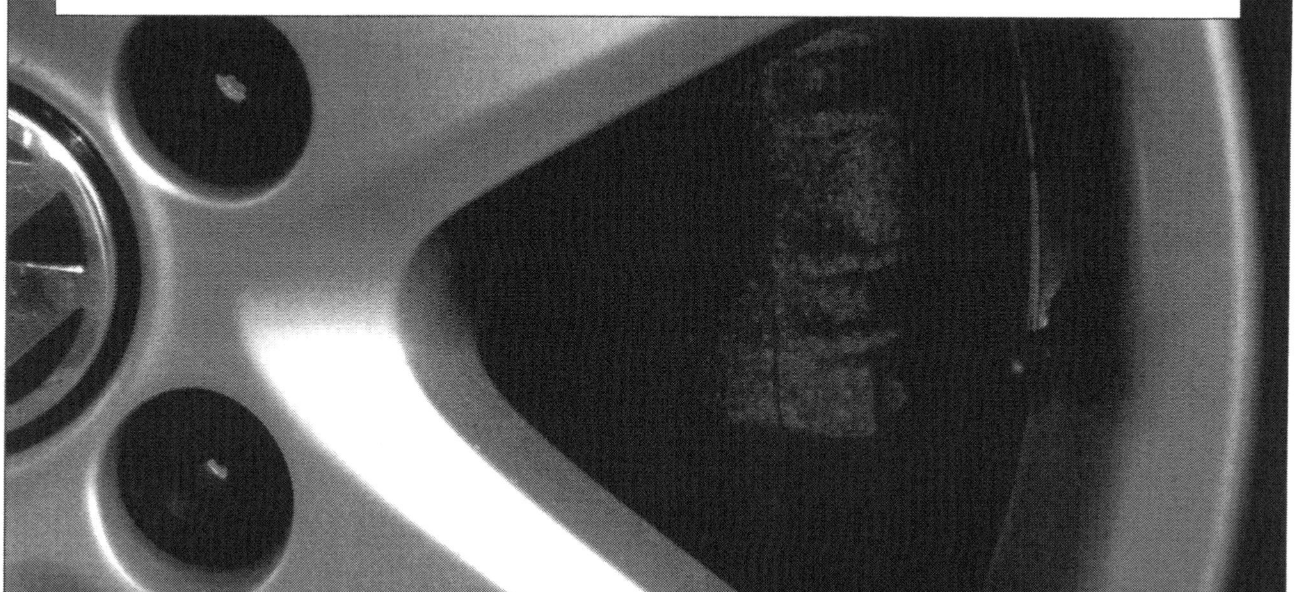

Die Zweikreis-Bremsanlage

Die StVZO (Straßenverkehrs-Zulassungsordnung) fordert für jedes Kfz zwei Bremsanlagen, die unabhängig voneinander arbeiten. Wenn ein System ausfällt, soll das andere das Fahrzeug immer noch abbremsen können. Deshalb verfügt auch Ihr Golf über eine diagonal aufgeteilte Zweikreisbremsanlage analog Bild 1: Ein Bremskreis ist für linkes Vorderrad (1) und rechtes Hinterrad (2), der andere für rechtes Vorderrad (3) und linkes Hinterrad (4) zuständig. Fällt ein Bremskreis aus, bleiben ein Vorder- und ein Hinterrad bremsfähig. Man muss kräftiger aufs Pedal steigen, es lässt sich weiter durchtreten, der Anhalteweg wird länger.

1

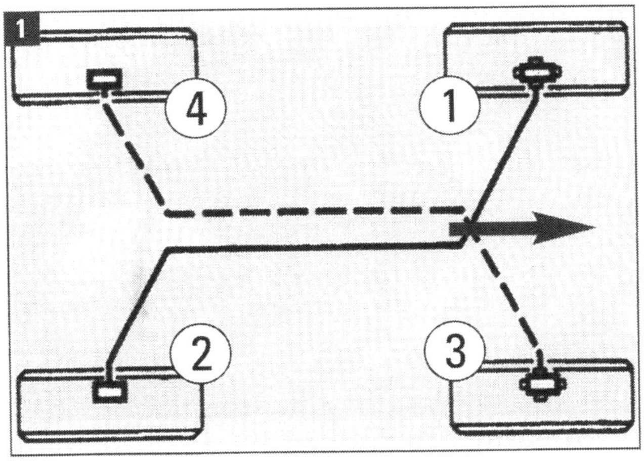

2

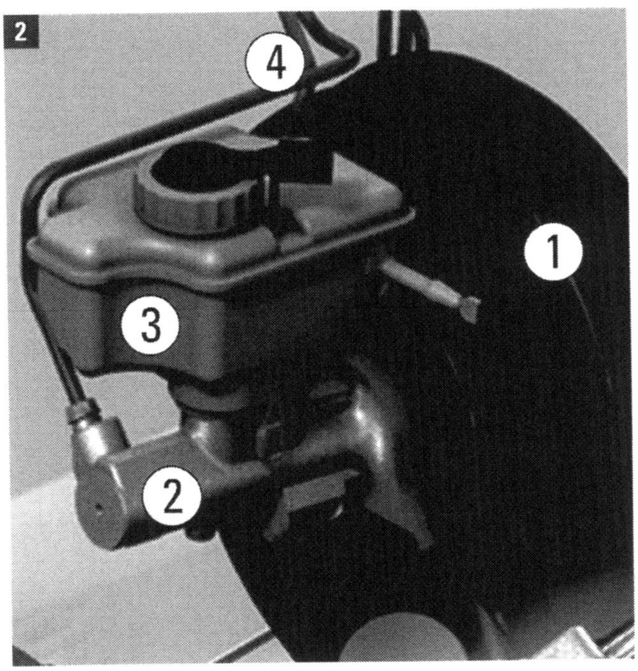

Hydraulischer Druck

Beim Bremsen presst eine Druckstange (blauer Pfeil in Bild 3) am Pedal einen Doppelkolben in den Hauptbremszylinder (2). Dieser bildet mit dem Bremskraftverstärker (1) eine Einheit, weshalb man auch vom »Tandem-Hauptbremszylinder« spricht. Die Kolben übertragen die Fußkraft auf die in den Ausgleichs- oder Vorratsbehälter (3) eingefüllte und von dort über Bremsleitungen (4) ins System verteilte Bremsflüssigkeit (Bilder 2 und 3).

Der hydraulische Druck wird in dem mit pneumatischem Unterdruck (Vakuum) versorgten Bremskraftverstärker etwa verdoppelt. Der Bremskraftverstärker bringt so etwa 60% der Bremskraft auf. Das Vakuum wird durch die »Unterdruckpumpe« erzeugt. Der hydraulische Systemdruck geht über Leitungen zur »Hydraulikeinheit« (schwarzer Pfeil in Bild 3).

Vom Bremskraftverstärker setzt sich der (Unter) Druck über Schlauch- und Rohrleitungen zu den Bremssätteln fort. In den Bremssätteln (siehe die beiden Bilder zum Kapitelauftakt) drücken die Kolben der Radbremszylinder die Bremsklötze gegen die Bremsscheiben. Beim Lösen des Bremspedals werden die Kolben und dadurch die Bremssättel von den Bremsscheiben zurückgezogen. Diese können dann wieder frei drehen (Bilder 4 und 5).

3

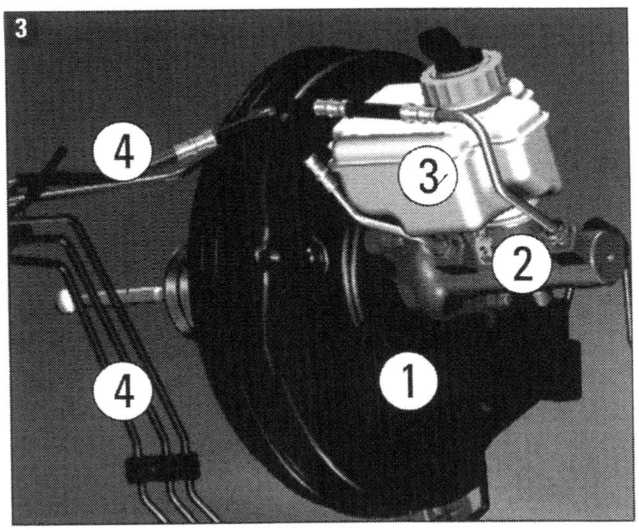

Bilder 2/3 Hydraulik-Komponenten von links/rechts:
(1) Bremskraftverstärker, (2) Hauptbremszylinder, (3) Bremsflüssigkeitsbehälter, (4) Bremsleitungen zur ABS-Hydraulik, der so genannten Hydraulikeinheit.

Die Radbremsen des Golf VI

Schon ab der fünften Generation hat der Golf eine völlig neue Bremsanlage. Integraler Bestandteil ist seitdem als Standard der Marke eine Kombination von ABS, ESP und Bremsassistent (Dual Brake Assist). Die Bremsanlage zeichnet sich durch eine hervorragende Standfestigkeit, hohen Betätigungskomfort, kurze Ansprechzeiten sowie generell sehr kurze Bremswege aus.
Allen Bremssystemen ist der konstruktive Widerspruch zwischen sehr schnellem Ansprechverhalten der Bremsen und dennoch sehr guter Dosierbarkeit eigen. Die Entwicklungsmannschaft des Golf löste das Problem mit einem

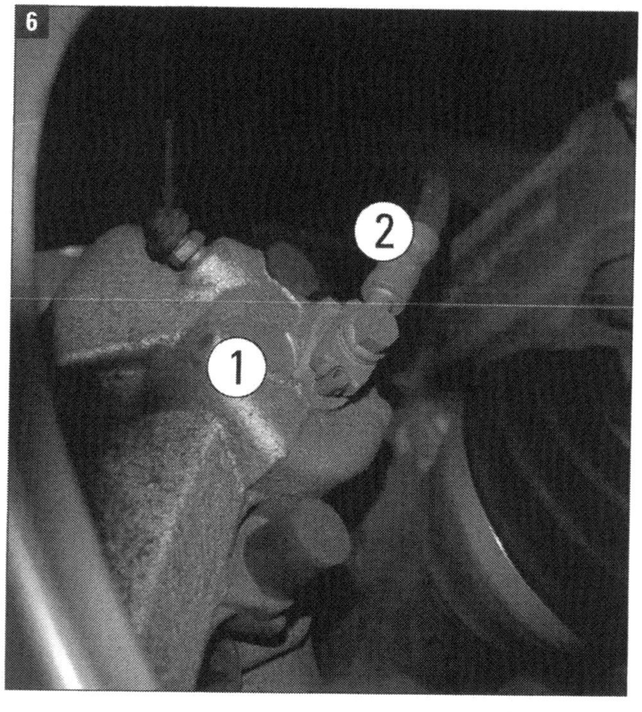

Bild 4 Bremse vorn links: (1) Bremssattel mit (2) Sattelträger und (roter Pfeil) Federklammer, (3) innenbelüftete Bremsscheibe, (4) Felge.
An der linken Vorderradbremse befinden sich Fühler für die Bremsbelag-Verschleißanzeige (schwarze Pfeile).

Bild 5 Bremse vorn rechts: (1) Bremssattel (Bremskolben) mit Entlüftungsnippel (roter Pfeil), (2) Sattelträger, (3) innenbelüftete Bremsscheibe, (4) Felge.
Blauer Pfeil: Bremsleitung (-schlauch).

Bild 6 Bremse vorn rechts / Blick von unten: (1) Bremszylinder im Bremssattel mit (roter Pfeil) Entlüftungsnippel, (2) Bremsschlauch.

neu konzipierten 10-Zoll-Bremskraftverstärker (BKV; Bilder 2 und 3).
Vorne kommen in allen Versionen des Golf innenbelüftete Scheibenbremsen zum Einsatz (Bilder 4-6). Je nach Motorisierung reicht das Spektrum von 15- bis 17-Zoll-Bremsscheiben, Durchmesser 280 bis 345 mm. Die Bremsscheiben der Hinterachse (Bild 7) weisen in der

Bremse hinten links: Die CII-41 mit innenbelüfteter Bremsscheibe gleicht einer Vorderradbremse.

Basisversion einen Durchmesser von 253 mm, im Falle der stärksten Antriebsstufe 286 mm auf (Übersicht auf den folgenden Seiten).

ESP mit vielen Funktionen

Perfektioniert wird das Bremsverhalten durch eine ebenfalls neue ESP-Generation. Diese umfasst grundsätzlich folgende Funktionen:

- ABS – Antiblockiersystem
- AEM – Adaptives Einspurmodell
- ASR – Antriebsschlupfregelung
- EBV – Elektronische Bremskraftverteilung
- EDS – Elektronische Differentialsperre
- ESBS – Erweitertes Stabilitätsbremssystem
- HBA – Hydraulischer Bremsassistent
- HVV – Hinterachsvollverzögerung
- LDE – Low-Dynamik-ESP
- MSR – Motorschleppmomentregelung
- Overboost – Hydraul. Zusatzverstärkung

Ganz neue Möglichkeiten

Eine Reihe dieser Features sind noch ziemlich neu. Sie wirken sich unmittelbar positiv auf die aktive Sicherheit aus. Hierzu zählen:

- AEM – Adaptives Einspurmodell. Der Wagen wird auch bei stabiler Fahrweise kontinuierlich beobachtet. Dadurch kann das System bei instabilem Fahrzeug schneller korrigierend eingreifen.
- LDE – Low-Dynamik-ESP. Dieses Stabilitätsprogramm kann bei kleinen Abweichungen im gebremsten Fahrzustand bereits eingreifen, obwohl sich das Fahrzeug noch stabil bewegt.
- HVV – Hinterachsvollverzögerung. Erhöht aktiv den Druck an der Hinterachse bis in die ABS-Regelung, falls die Vorderräder bereits im ABS-Bereich regeln, die Hinterräder aber noch nicht.

Die modernen Bremsbeläge der Golf-Bremsen vereinen hohe und stabile Reibwerte mit geringer Neigung zum Fading (Nachlassen der Bremswirkung) selbst bei äußerst hoher Beanspruchung. Die innenbelüfteten Bremsscheiben sind auf maximale Wärmeabfuhr ausgelegt.

Mit wenig Kraft perfekt dosiert

Neu sind auch die Bremssättel für die stärkeren Motorvarianten, die nach dem Schwimmsattel-Prinzip in Verbundbauweise konzipiert sind. In Bereichen mit hohen Festigkeitsanforderungen bestehen sie aus hochfestem Sphäroguss. Das verschraubte Kolbengehäuse aus Aluminium führt die Wärme sehr gut ab, bei geringem Gewicht sind die Bremssättel extrem steif (Ansichten: Bilder 8 bis 12, Seiten 102/103).
Das Pedalgefühl ist straff und präzise. Dank dieser exakten »Rückmeldung« kann der Fahrer die Bremse mit niedriger Bedienkraft perfekt dosieren. Die angepasste Kennlinie des Bremskraftverstärkers unterstützt den Fahrer sehr wirkungsvoll.
Ein konkreter Vorteil ist das Design der Bremssättel und aller Felgen. Mit einem einfachen Werkzeug, ähnlich einem Reifenprofilmesser, lässt sich die Reststärke der Bremsbeläge sicher messen, ohne die Räder abbauen zu müssen. Wenn Sie dieses kleine Messwerkzeug nicht haben oder ausleihen können, so ist die

Messmöglichkeit jedenfalls wertvoll bei der Service-Annahme Ihres Fahrzeugs.

Bremsflüssigkeit und PR-Nummern

Volkswagen setzt Bremsflüssigkeit nach dem Standard »FMVSS 116 DOT 4« ein (Bild 13, Seite 104), wovon auch die Weiterentwicklung »DOT 4 plus« erhältlich ist. Der Standard DOT 4 entspricht der US-Sicherheitsvorschrift für einen hohen Nasssiedepunkt. Das übliche Wechselintervall beträgt zwei Jahre.

Die Bremsflüssigkeit aus Glykol und Polyglykoläther ist bis minus 40 °C dünnflüssig. Ihr Siedepunkt liegt bei 230 °C. »DOT 5« mit noch höherem Siedepunkt enthält Silikon und darf nicht in DOT 4-Bremssysteme eingefüllt werden. Geeignete DOT 4-Produkte werden von ATE, Ferrodo, AP und anderen angeboten. Bei Volkswagen ist es »VW 501 14« mit der Katalog-Teilenummer B 000 750.

Bremsflüssigkeit ist erst bernsteinhell, verfärbt sich aber im Laufe der Zeit durch chemische **(Weiter auf Seite 104)**

Vorderrad-Bremsen des Golf VI

Vorderradbremse Pr.-Nr. 1ZF (77, 81 kW TDI):

Bremssattel	FS-III (15 Zoll) ***(Bild 8)***
Belüftete Bremsscheibe	280 mm Durchmesser
Dicke	22 mm
Verschleißgrenze	19 mm
Bremssattel	54 mm Kolbendurchmesser
Belagdicke mit Rückenplatte und Dämpfungsblech	14 mm
Verschleißgrenze ohne Rückenplatte	2 mm (mit Platte: 7 mm)

Vorderradbremse Pr.-Nr. 1ZE / 1ZP (103 kW TDI):

Bremssattel	FN 3 (15 Zoll) ***(Bild 9)***
Belüftete Bremsscheibe	288 mm Durchmesser
Dicke	25 mm
Verschleißgrenze	22 mm
Bremssattel	54 mm Kolbendurchmesser
Belagdicke mit Rückenplatte und Dämpfungsblech	14 mm
Verschleißgrenze ohne Rückenplatte	2 mm (mit Platte: 7 mm)

Komponenten in den Bildern 8 bis 12:
(1) Bremssattel,
(2) Bremsbeläge mit Rückenplatten,
(3) Bremsscheiben, außer Bild 11 innenbelüftet,
(4) Bremskolben, Bestandteil des Bremssattels,
(5) Radnabe mit Radlager,
(6) Belaghalter, (7) Haltefeder.

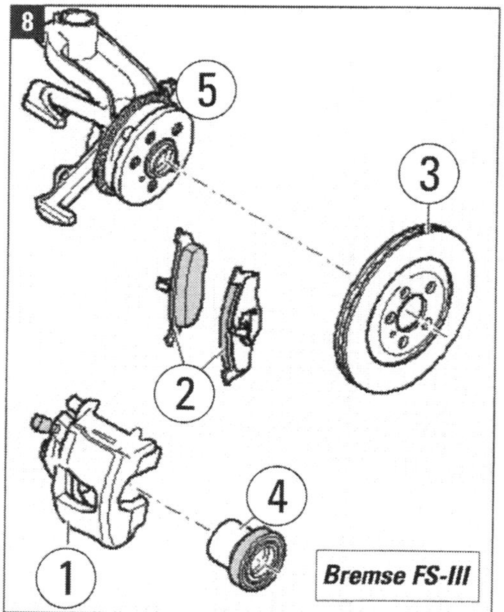

Bremse FS-III

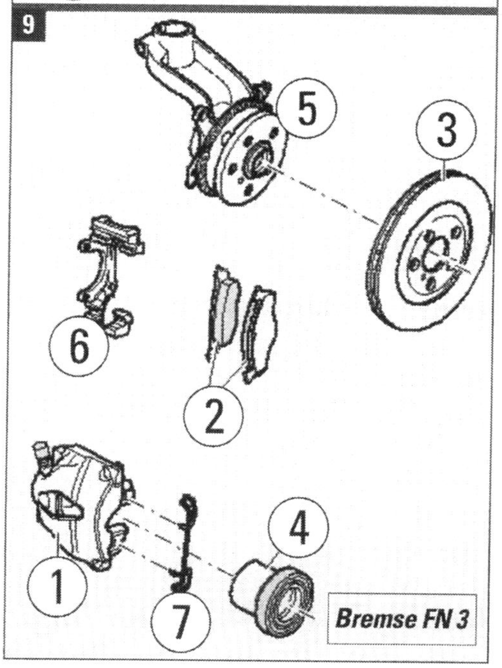

Bremse FN 3

Vorderrad-Bremsen des Golf VI

Vorderradbremse Pr.-Nr. 1LJ / 1ZA (77, 103, 125 kW TDI*):

Bremssattel	FN 3 (16 Zoll) ***(Bild 10)***
Belüftete Bremsscheibe	312 mm Durchmesser
Dicke	25 mm
Verschleißgrenze	22 mm
Bremssattel	54 mm Kolbendurchmesser
Belagdicke mit Rückenplatte und Dämpfungsblech	14 mm
Verschleißgrenze ohne Rückenplatte	2 mm (mit Platte: 7 mm)

(***1LJ** 77 und 103 kW Allradantrieb, **1ZA** 125 kW GTD)

Hinterrad-Bremsen des Golf VI

Hinterradbremse Pr.-Nr. 1KD (77, 81, 103, 125 kW TDI):

Bremssattel	C 38 (15 Zoll) ***(Bild 11)***
Unbelüftete Bremsscheibe	253 mm Durchmesser
Dicke	10 mm
Verschleißgrenze	8 mm
Bremssattel	38 mm Kolbendurchmesser
Belagdicke mit Rückenplatte und Dämpfungsblech	11 mm
Verschleißgrenze ohne Rückenplatte	2 mm (mit Platte: 7 mm)

Hinterrad-Bremsen des Golf VI

Hinterradbremse Pr.-Nr. 1KF/1KE (103, 125 kW TDI):

Bremssattel	CII-41 (15 Zoll) ***(Bild 12)***
Belüftete Bremsscheibe	256 mm Durchmesser
Dicke	12 mm
Verschleißgrenze	10 mm
Bremssattel	41 mm Kolbendurchmesser
Belagdicke mit Rückenplatte und Dämpfungsblech	11 mm
Verschleißgrenze ohne Rückenplatte	2 mm (mit Platte: 7 mm)

(***1KF** 77 und 103 kW Allradantrieb, **1KE** 103 kW)

10

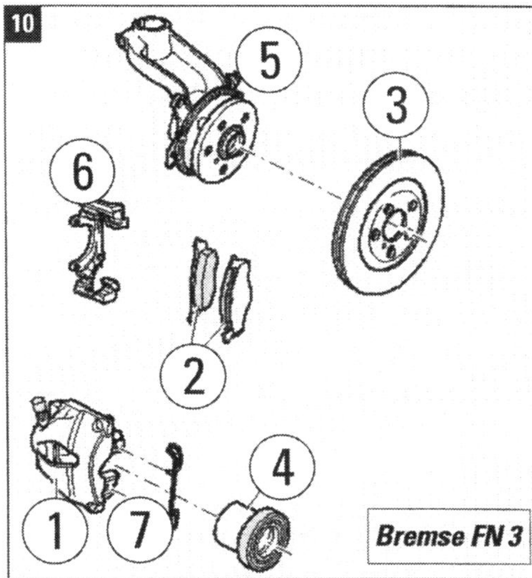

Bremse FN 3

11

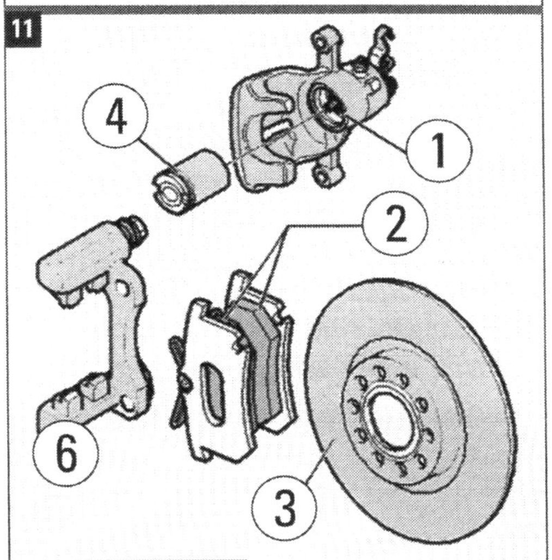

Bremse C-38 / 15"

12

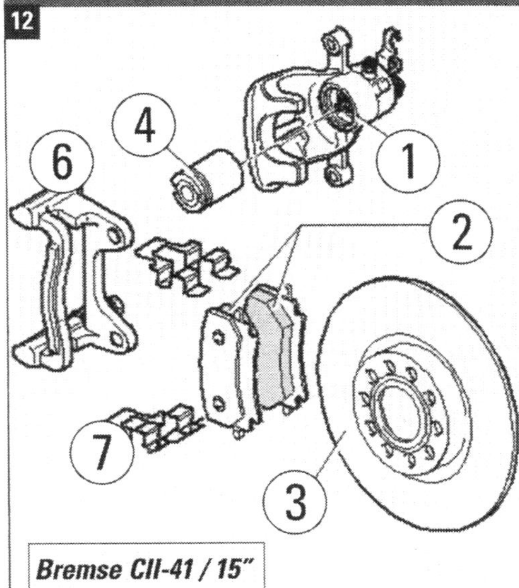

Bremse CII-41 / 15"

Reaktion. Dunkle Färbung ohne Verunreinigung bedeutet noch nicht mangelhafte Qualität.
Welche Bremse im Fahrzeug verbaut ist, wird auf dem Fahrzeugdatenträger durch die entsprechende PR-Nummer (Bild 14) dokumentiert. Im abgebildeten Beispiel sind im Fahrzeug folgende Bremsen verbaut (Pfeile 1 und 2):

- 1: Hinterradbremse 1KD = Bremse C 38/15"
- 2: Vorderbremse 1ZF = Bremse FS III/15".

Den Fahrzeugdatenträger finden Sie, wie bereits mehrfach angemerkt, in der Reserveradmulde im Kofferraum und im Serviceheft zu Ihrem Fahrzeug.

Noch einmal zum ESP

Das Fahrstabilisierungssystem ABS/ESP von Bosch arbeitet mit neuartigen, hochpräzisen Hydraulikventilen, die den Druckaufbau besonders exakt managen. Die Regelarbeit läuft ohne Ruckeln und spürbare Schwingungen ab. Das neue ESP stabilisiert auch einen Anhänger, der ins Schlingern zu geraten droht, indem es die Räder des Zugfahrzeugs einzeln gegenphasig zu den Schwingungen bremst. Bei Notbremsungen aktiviert es automatisch die Warnblinkleuchten. Bei Nässe reduziert das neue ESP den Wasserfilm auf den Bremsscheiben durch kurze, für den Fahrer meist gar nicht spürbare

WISSENSWERTES: Die Bremsflüssigkeit

Da Bremsflüssigkeit hygroskopisch ist, nimmt sie u. a. durch undichte Bremsschläuche und Gummimanschetten Wasser auf. Um nicht Luftfeuchtigkeit aufzunehmen, muss sie in verschlossenen, gut abgedichteten Vorratsbehältern aufbewahrt werden.

Durch Wasseraufnahme sinkt der Siedepunkt. Bei einem Wassergehalt von 3,5 Prozent liegt er nur noch bei 150 °C (kritische Grenze). In diesem Fall können sich bei stark erhitzten Bremsen (Gebirgsfahrt, Vollbremsungen) Dampfblasen in der Bremsflüssigkeit bilden. Diese werden beim Bremsen zusammengepresst, das System kann keinen stabilen Bremsdruck aufbauen, das Pedal lässt sich tief durchtreten, die Bremsen köännen sogar ganz ausfallen. Zweijährlich möglichst im Frühjahr soll Bremsflüssigkeit daher gewechselt werden. Golf-Bremsflüssigkeit nach Standard DOT 4 garantiert Betriebssicherheit und hohen Siedepunkt über die gesamte Gebrauchsdauer.

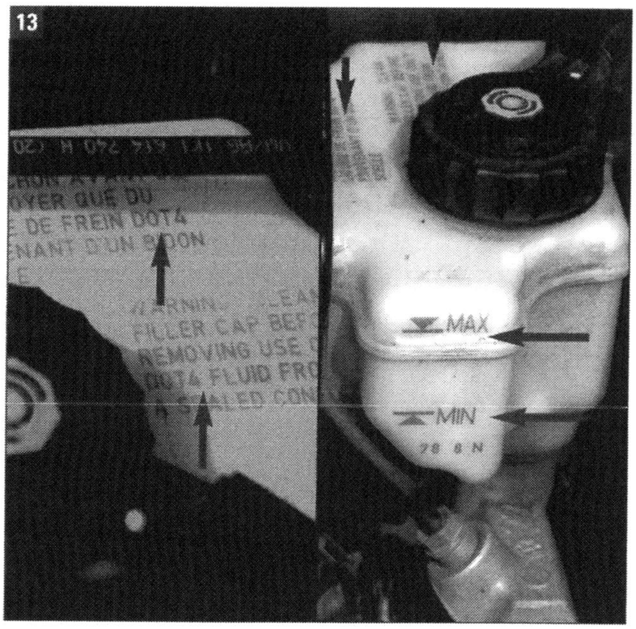

Bild 13 Bremsflüssigkeit: Aufprägungen auf dem Behälter (rote Pfeile) fordern DOT 4. Füllstand prüfen: blaue Pfeile.

14

WVWZZZ1K Z 9W400093
5K1 24K
GOLF 2,0 TREND
81 KW fTDI M5F
CBDC KQM
LR7L-------- BB

BOA C8V GOC H6R JON D96
- 1AT 1G8 1MG 1NC 5RQ 5SL TU3
OBD 3U1 QG1 BAI 8GU BZH
1KD 1ZF - GO2 7MG
4X4 4R4 4K3 N4C 5MA
8RM OAD OBD 2UA 2G5
1 2
1JA LO7 OYB

Bild 14 Fahrzeugdatenträger: PR-Nummer »1KD« bezeichnet die hinteren, PR-Nummer »1ZF« die vorderen Bremsen.

Bremsungen. Bei extremer Belastung kompensiert es den durch die Erhitzung bei einer Vollbremsung möglichen Fadingeffekt der Bremsen.

Das Steuerprogramm ESP

WISSENSWERTES

Durch das von VW und anderen Herstellern als »Elektronisches Stabilitätsprogramm - ESP« bezeichnete System wird ein Fahrzeug bis an die physikalische Grenze stabil gegen Ausbrechen. Der Wagen bleibt damit selbst in schwierigen und unerwarteten Situationen noch besser beherrschbar. ESP bewirkt gezielte Bremseingriffe an einzelnen Rädern und eine bedarfsgerechte Anpassung der Motorleistung zur Stabilisierung des Fahrzeugs, besonders in Kurven und bei plötzlichen Ausweichmanövern. Dreht ein Rad. durch, bremst ESP die Räder gezielt ab und passt automatisch das Motordrehmoment an.

Beim ESP verfolgt ein Geschwindigkeitsmesser ständig die Bewegung des Fahrzeugs um seine Hochachse und vergleicht mit dem Sollwert aus Lenkvorgabe und Geschwindigkeit. Sobald das Fahrzeug von der Ideallinie abweicht, greift ESP ein und beeinflusst Schleuderbewegungen schon beim Entstehen.

Arbeiten an der Bremsanlage

Viele Arbeiten an der Bremsanlage, vor allem Wartungen, können Sie selbst ausführen. Auch bei einer intakten Bremsanlage kann zum Beispiel der Bremsflüssigkeits-Pegel sinken. Ursache ist der Verschleiß an den Bremsbelägen. Ein sinkender Pegel kann aber auch mit Defekten am Kupplungssystem zusammenhängen. Regelmäßige Kontrolle des Standes ist auf jeden Fall eine gute Wartungsarbeit.
Nach statistischen Erhebungen muss seit Jahren jedes fünfte Kraftfahrzeug auf deutschen Straßen wegen Mängeln an der Bremsanlage beanstandet werden. Die Sachverständigenorganisation DEKRA verweist immer wieder darauf, dass sehr viele Fahrzeuge mit Bremsflüssigkeit unzulänglicher Qualität unterwegs sind. Bei 20 Prozent der auf Bremsflüssigkeit überprüften Fahrzeuge wird der äußerst kritische Siedepunkt von 150 °C (neuwertige Bremsflüssigkeit: 270 bis 300 °C!) unterschritten. Das kann zum Versagen der Bremsen führen, weshalb der Wechsel aller zwei Jahre dringend zu empfehlen ist. Sie benötigen dazu einen Liter frische Bremsflüssigkeit der Spezifikation FMVSS 116 DOT 4 (bei VW die Ersatzteilenummer B 000 700 A).
Kontrollieren Sie regelmäßig die Stärke der Bremsbeläge, mindestens jedoch alle 15.000 km oder einmal im Jahr. Bei einer Belagdicke von 7 mm einschließlich Rückenplatte haben die Beläge ihre Verschleißgrenze erreicht und müssen unbedingt ersetzt werden. Zur Prüfung von Scheiben und Bremsbelägen können Sie durch einen Raddurchbruch schauen. Dabei sind Handlampe, Spiegel und Schieblehre hilfreich. Die exakte Messung der Belagdicke verlangt allerdings meist den Ausbau der Räder (Bild 15). Kontrollieren Sie den Zustand der Bremsscheiben stets gemeinsam mit dem der Beläge.
Beim Erneuern von Bremsbelägen beachten: grundsätzlich immer auf beiden Seiten austauschen! Mit neuen Bremsbelägen sollten Sie auf den ersten 200 Kilometern häufige Vollbremsungen vermeiden. Der Belag kann verhärten (»verglasen«) und erreicht dann nicht mehr seine beste Bremswirkung.
Bremsbeläge, die Sie weiter verwenden können, sollten Sie beim Ausbau kennzeichnen. Sie müssen an gleicher Stelle wieder eingebaut werden. Beachten Sie beim Radausbau die Schutzkappen über den Radschrauben! Sie müssen mit dem Ringhaken aus dem Bordwerkzeug herausgezogen werden (Bild 16).

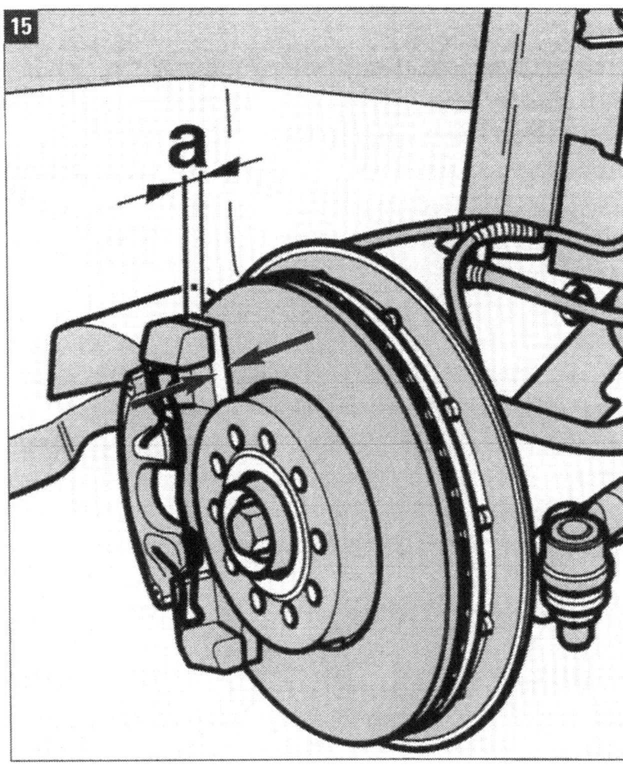

Bremsbelagdicke: »a« darf 2 mm nicht unterschreiten.

Gelangt Luft ins Bremssystem, müssen Sie die Anlage entlüften. Das gilt für alle Arbeiten, bei denen Sie die Bremsschläuche abnehmen oder die Bremsleitungen öffnen. Meist genügt es, wenn Sie nur den Bremskreis entlüften, an dem Sie gearbeitet haben.
Wirkt die Bremse an den Rädern ungleichmäßig, kann das an Korrosion an den Gleitflächen von Bremssattel und Bremszange liegen. Denn der Bremssattel wird dadurch schwergängig. Es können aber auch infolge einer defekten oder nachlässig montierten Staubmanschette Schmutz und Feuchtigkeit in das Bremssattelgehäuse eindringen. Wenn die Funktion des Kolbens durch solche Verunreinigungen gestört ist, muss er gründlich gereinigt werden. Dann ist der Ausbau des Kolbens angesagt (Buchreihe »Reparaturanleitung« oder Werkstattarbeit).

Rad abmontieren:
Bei den Leichtmetallfelgen ohne extra Radzierblenden haben die Radschrauben Kunststoffkappen, die mit dem Haken aus dem Bordwerkzeug abgezogen werden.

Funktion und Dichtheit der Bremsen kontrollieren

Regelmäßige Kontrolle der Bremsanlage ist für Autofahrer die beste Lebensversicherung. Im Straßenverkehr entscheiden die Bremsen über Ihre Sicherheit und die anderer Verkehrsteilnehmer. Scheuen Sie sich nicht, die Räder abzunehmen und den Zustand von Bremsscheiben und Bremsbelägen gründlich zu prüfen!
Ans Schrauben sollten Sie sich nur dann wagen, wenn Sie sich wirklich auskennen. Suchen Sie sonst besser die Werkstatt auf. Beim Reinigen der Anlage fällt Bremsstaub an, der zu schweren gesundheitlichen Schäden führen kann. Niemals Bremsstaub einatmen! Immer strikt darauf achten, dass Mineralöl, Schmierfett o. Ä. nicht in die Bremsanlage gelangen.

Die einzelnen Prüfungen:

- **Sichtprüfung:** Bremskraftverstärker, Hauptbremszylinder (Montage-Einheit mit Bremsflüssigkeitsbehälter links hinten im Motorraum; 1 in Bild 1) und Bremssättel auf Beschädigungen und Undichtigkeiten prüfen. Alle Anschlüsse und Verbindungen von Schläuchen und Rohrleitungen (Pfeile Bild 1) auf richtigen Sitz, Undichtigkeiten und Korrosion untersuchen. Auf dunkle und feuchte Flecken achten.

- **Sichtprüfung:** Kontrollieren Sie besonders, ob Hydraulikleitungen geknickt oder Anschlüsse an der Hydraulikeinheit

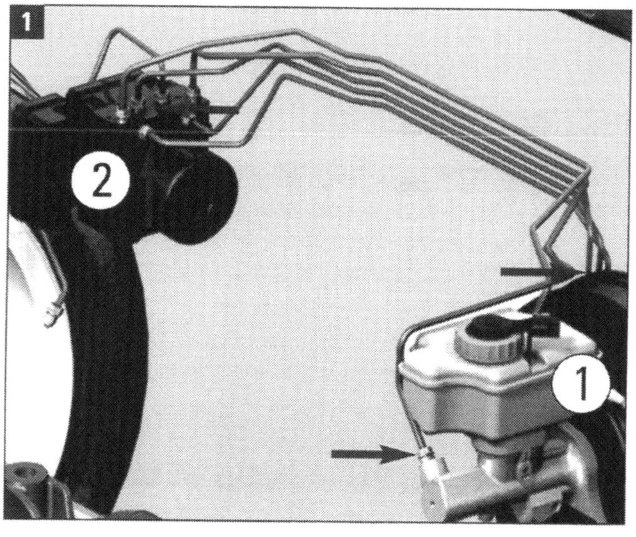

(2 in Bild 1) undicht sind. Undichtigkeiten und Schmutznester am Hydrauliksystem müssen beseitigt werden.

■ **Sichtprüfung:** Bremsschläuche dürfen nicht in sich verdreht und nirgendwo porös und brüchig sein. Bei maximalem Lenkeinschlag muss ihr Abstand zu anderen Achsteilen mindestens 15 mm betragen. Die Rastnasen der Leitungen müssen einwandfrei in den Haltern sitzen.

■ **Sichtprüfung:** Wenn Bremsschläuche, elektrische Leitungen und Steckkupplungen Scheuerstellen aufweisen und Schläuche feucht oder aufgequollen sind: auswechseln!

■ **Funktionsprüfung:** Eine Minute lang mit voller Kraft aufs Bremspedal treten. Das Pedal darf nicht nachgeben. Eine exakte Druckprüfung ist allerdings Sache der Werkstatt mit Spezialgerät und Diagnosesystem (Bild 2).

■ **Funktionsprüfung:** Auf 50 km/h beschleunigen, Lenkrad loslassen, Hände griffbereit halten. Zuerst sanft, dann scharf bis zum Stillstand bremsen. Fahrzeug soll die Spur halten. Nach dem Test auf leicht abschüssiger Strecke Fahrzeug aus dem Stand losrollen lassen. Drehen die Räder frei?

■ **Wärmeprobe / kalt:** Räder anfassen. Alle vier Felgen müssen gleich warm sein. Eine einzelne kalte Felge weist auf mangelhafte Bremsfunktion an diesem Rad hin.

■ **Wärmeprobe / warm:** Wenn eine Felge ungewöhnlich warm ist (oder wenn Ihnen das bei allen Felgen so scheint), muss weiter gesucht werden.

■ **Warme Bremse:** Ursache für zu hohe Temperatur können z. B. schleifende Bremsen oder defekte Radlager sein.

PRAXISTIPP

Kein Öl in die Bremsanlage!

■ Wird Mineralöl in der Bremsanlage festgestellt, müssen Hauptbremszylinder und Ausgleichsbehälter für Bremsflüssigkeit erneuert, die gesamte Bremsanlage mit neuer Bremsflüssigkeit durchgespült, alle Baugruppen mit Bestandteilen aus Gummi ausgewechselt und die Bremsanlage entlüftet werden.

■ Bremsbeläge sind Bestandteil der Allgemeinen Betriebserlaubnis (ABE) außerdem vom Werk auf das jeweilige Fahrzeug abgestimmt. Deshalb dürfen nur vom Automobilhersteller beziehungsweise vom Kraftfahrtbundesamt (KBA) freigegebene Bremsbeläge (mit KBA-Freigabenummer) verwendet werden.

■ **Professionelle Bremsenprüfung:** Erfolgt auf 1-Achs-Rollenprüfstand. Von Volkswagen freigegebene Anlagen erfüllen die Bedingung, dass die Prüfgeschwindigkeit 6 km/h nicht überschreitet, da sonst beim zeitversetzten Anlaufen der Rollen Bremseingriffe durch das EDS (elektronische Differenzialsperre, Bestandteil des ABS/ESP-Systems) erfolgen. Für Prüfstand-Kontrollen ist ein diagnosefähiges Werkstattsystem (VAS 5051, 5052 oder 5053; Bild 2) erforderlich. Jeweils eine Achse auf die Rollen fahren. Handgeschaltete Autos in den Leerlauf, automatisch geschaltete in Stellung »N« schalten. Der Antrieb erfolgt durch die Rollen.

■ **Auswertung:** Ratsam ist es, die Bremsentests von DEKRA, TÜV oder ADAC in Anspruch zu nehmen (Bild 3). Alle dabei oder auch ohne Geräte von Ihnen festgestellten Mängel müssen unverzüglich in eigener Arbeit oder durch die Werkstatt beseitigt werden.

2

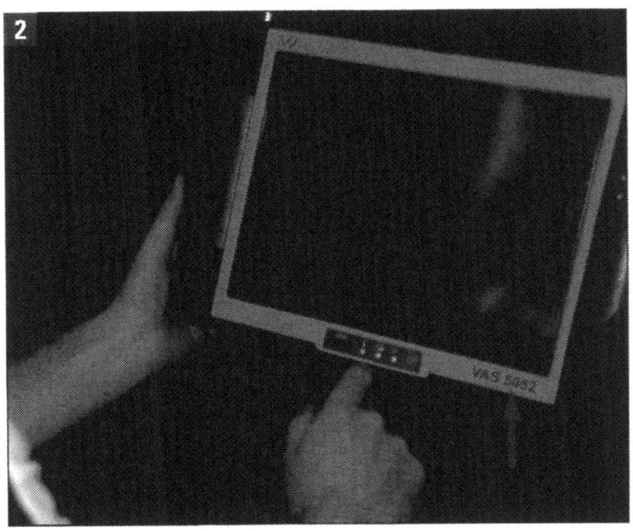

3

Bremsscheiben und Bremsbeläge kontrollieren

Zur wirkungsvollen Kontrolle müssen Sie die Räder abschrauben und die Bremsscheiben genau ansehen (Bilder 1 und 2). Eine bläuliche Verfärbung der Scheibe ist normal. Regelmäßig, mindestens jedoch alle 15.000 Kilometer oder einmal im Jahr sollte die Stärke der Bremsbeläge kontrolliert werden. Wenn es ans Austauschen geht: Bremsbeläge grundsätzlich immer auf beiden Seiten erneuern. Mit neuen Bremsbelägen auf den ersten 200 Kilometern häufige Vollbremsungen vermeiden, der Belag verändert sonst seine Struktur. Er verhärtet (»verglast«) und erreicht dadurch nicht seine beste Bremswirkung.

Kontrolle der Bremsscheiben

- Sind Risse oder Riefen in den Scheiben? Sie dürfen nicht tiefer als 0,5 mm sein (Pfeile in Bild 2). Die Länge von Haarrisse durch hohe Belastung darf nicht mehr als 25 mm betragen. Bei Rissen, Riefen, sehr starken Verschleißspuren, starkem Rost oder/und Grat am Rand die Bremsscheiben paarweise austauschen, niemals nachbearbeiten!

- Die Dicke der Bremsscheiben messen Sie am besten, indem Sie zwischen Messschieber und Bremsscheibe eine Münze legen. Die Dicke der Münzen müssen Sie dann natürlich vom gemessenen Wert abziehen. Messen Sie die Bremsscheibe an mehreren Punkten. Es gilt der jeweils schlechteste Wert.

- Zu dünne Scheiben (Grenzwert in mm siehe Tabellen auf den Seiten 102/103) müssen immer paarweise ausgetauscht werden.

Kontrolle der Bremsbeläge

- Bremsklötze (1 in Bild 2; Bild 3) ausbauen, auf Verschmutzung durch Bremsflüssigkeit oder Fett achten.

- Mit dem Messschieber die Belagdicke der Bremsklötze prüfen (Sollwerte und Verschleißgrenzwerte siehe Tabellen).

- Sind die Bremsklötze über die Verschleißgrenze abgefahren, kann der Steg zwischen Dichtungsnut und Staubkappe beschädigt sein. Dann die Bremsanlage mit einem Druckprüfgerät auf Dichtheit prüfen.

Bilder 1 und 2 Bremsscheibe und -sattel: Die beiden Internet-Beispiele (Bild 1: »bremsscheibe.info«, Bild 2: »motor-talk«) zeigen das Erscheinungsbild von Bremse und Sattel bei ausgebautem Rad (Bild 2 komplett ausgebaute Bremse). Während Bild 1 den absoluten Neuzustand ohne jede Abnutzungserscheinung an der Scheibe bietet, zeigt Bild 2 die Bremse nach längerem Fahrbetrieb. Die Bremsscheibe ist etwas abgefahren, aber noch einsatzfähig.

■ Die Prüfung kann bei Bremsen aus dem Volkswagenkonzern häufig ohne Ausbau der Räder erfolgen, wenn der Prüfstift T40139 (oder ein vergleichbares Messwerkzeug) zur Verfügung steht. Zur Ermittlung der Bremsbelagstärke wird ein beweglicher Ring am Stift bis zum Anschlag in Richtung Messspitze geschoben.

■ Dann die Prüfspitze durch einen Durchbruch in der Felge schieben und an der Bremsscheibe anlegen, wie mit dem weißen Pfeil in Bild 3 demonstriert.

■ Den Prüfstift so lange gleichmäßig in Richtung Bremsbelag schieben, bis er bündig auf der Rückenplatte (rote Pfeile in Bild 3 und 4) des Bremsbelags (blaue Pfeile in Bild 4) aufliegt. Messbasis sind serienmäßige VW-Bremsbeläge wie die für die Bremse FS-III (Bilder 3 und 4).

■ Prüfstift entnehmen und den Wert ablesen. Die Skala ist mit dem Bremsensymbol kenntlich gemacht. Beim Entnehmen des Stiftes darf der bewegliche Ring nicht verschoben werden, weil das zu falschen Resultaten führt. Der gemessene Wert versteht sich als Belagdicke einschließlich Rückenplatte und, so vorhanden, Dämpfungsblech.

■ Wenn der gemessene Wert 7 mm nicht mehr übersteigt, ist das Verschleißmaß erreicht. Die verschlissenen Bremsklötze müssen satzweise erneuert werden, also stets links und rechts an jeder Achse. Dieses Prinzip muss unbedingt beachtet werden, weil sich sonst eine ungleiche Wirkung der beiden Bremsen einer Achse ergeben kann.

■ Das Prinzip des achsweisen Wechsels gilt natürlich auch für die Bremsscheiben, wie wir bereits im Abschnitt zur Kontrolle der Scheiben angemerkt haben.

■ Der Prüfstift hat noch eine zweite Skala, die ein Reifensymbol trägt. Damit kann das Werkzeug zum Messen der Profiltiefe verwendet werden.

3

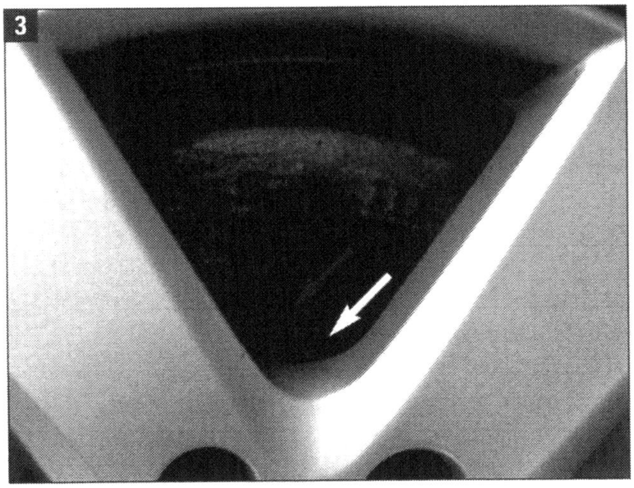

4

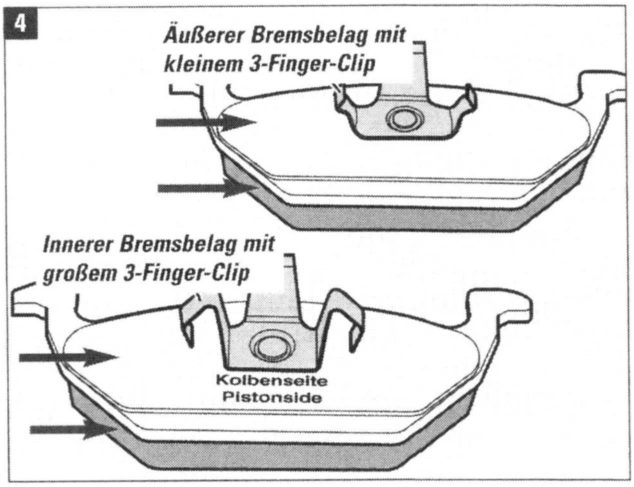

Bremskraftverstärker prüfen

■ **Ohne Gerät:** Motor abstellen, das Bremspedal mehrmals durchtreten; in tiefster Stellung halten. Der Unterdruck wird abgebaut.

■ Bremspedal bei mittlerer Fußkraft in Bremsstellung halten und Motor starten. Bremskraftverstärkung wird wirksam, das Bremspedal gibt unter dem Fuß spürbar nach.

■ Senkt sich das Pedal nicht, liegt eine Störung vor. Meist muss der Bremskraftverstärker komplett ersetzt werden.

■ **Mit Gerät:** Eine genaue quantitative Prüfung ist nur mit Unterdruck- und Druckprüfgerät möglich. Das ist Sache der Werkstatt. Der Ablauf ist dann:

■ Bremspedal mehrmals betätigen; Unterdruckprüfgerät über Prüfanschluss zwischen Bremskraftverstärker und Unterdruckleitung einsetzen.

■ Laufrad abmontieren. Bremsanlage am Bremssattel entlüften (folgt später): Schlauch eines Auffangbehälters auf

Entlüftungsventil aufstecken und Ventil öffnen. Bremsflüssigkeit auslaufen lassen, bis sie blasenfrei und sauber austritt. Entlüftungsventil schließen.

■ Entlüfterschraube aus dem Bremssattel herausschrauben, Stutzen des Druckprüfers anschließen. Motor starten, Gas geben, Unterdruck von knapp 0,8 bar erzeugen.

■ Wird der geforderte Unterdruck nicht erreicht oder fällt er gleich wieder ab: Dichtring zwischen Bremskraftverstärker und Hauptbremszylinder und/oder Rückschlagventil in der Unterdruckleitung überprüfen. Schadhafte Bauteile umgehend erneuern.

■ Druckprüfgerät mit Anschlussstutzen vom Bremssattel abbauen, Entlüfterschraube eindrehen und festziehen.

■ Das Unterdruckprüfgerät wieder vom Bremskraftverstärker trennen. Bremsanlage am Bremssattel entlüften (siehe später), Laufrad wieder anschrauben.

Dichtheit der Bremsanlage per Bremspedal prüfen

Wir haben bereits beschrieben, wie Sie eine Sichtprüfung aller in Frage kommenden Teile der Bremsanlage auf Dichtheit vorzunehmen haben. Darüber hinaus empfiehlt sich aber noch die folgende Dichtheitsprüfung durch Betätigen der Bremse. Dazu muss die Hydraulikbremsanlage entlüftet sein (siehe später).

Arbeitsschritte:

■ Motor abstellen und den »Bremskraftverstärker leer pumpen«. Das geschieht, indem Sie das Bremspedal so oft betätigen, bis keine Bremskraftunterstützung mehr spürbar ist. Das Bremspedal »wird hart«.

■ Bremspedal etwa 20 mm aus der Ruhelage drücken und die Pedalkraft für 20 Sekunden konstant halten. Der Bremspedalweg darf dabei nicht länger werden.

■ Bremspedal lösen und dann mit sehr hoher Fußkraft wiederum drücken. Auch diese Pedalkraft wieder mindestens 20 Sekunden konstant halten. Der Bremspedalweg darf auch in diesem Fall nicht länger werden.

■ Wenn bei einer der beiden Prüfungen »das Bremspedal durchsackt«, wie die Kfz-Fachleute das nennen, muss die Systemprüfung durch Augenschein (»visuelle Prüfung«) wiederholt werden.

■ Wenn bei der visuellen Prüfung erneut keinerlei feuchte Stellen und Leckagen festgestellt werden, ist mit hoher Wahrscheinlichkeit der Hauptbremszylinder undicht. Er muss dann ersetzt werden.

■ Beim Ersetzen des Hauptbremszylinders, das wir später erläutern, darf auf keinen Fall Bremsflüssigkeit in den Bremskraftverstärker gelangen!

Bremsflüssigkeit kontrollieren und nachfüllen

Zu Wartungen und Arbeiten, die Sie selbst an der Anlage vornehmen können, gehört die regelmäßige Kontrolle des Standes der Bremsflüssigkeit (Bild 1). Auch bei intakter Bremsanlage kann der Flüssigkeits-Pegel nämlich sinken. Ursache können der Verschleiß an den Bremsbelägen oder bei Fahrzeugen mit Handschaltgetriebe Defekte am Kupplungssystem sein. Denn die Kupplungshydraulik ist am System der Bremshydraulik angeschlossen.

1

Ebenfalls wichtig ist die Kontrolle des Wassergehalts der Bremsflüssigkeit. Untersuchungen haben gezeigt, dass bei vielen in Deutschland rollenden Fahrzeugen die Bremsflüssigkeit infolge Wasseraufnahme den kritischen Siedepunkt von 150 °C unterschreitet. Das kann zum Versagen der Bremsen führen.

Vorgehensweise:

■ Flüssigkeitsstand von außen am Behälter (Bild 1) kontrollieren: Der Pegel muss zwischen den Markierungen »MIN« und »MAX« liegen.

■ Wenn die Bremsbeläge schon sehr abgefahren sind (und bald erneuert werden müssen), ist ein Pegelstand leicht über »MIN« noch zulässig. Beim Einbau neuer Beläge werden dann nämlich die Bremskolben wieder zurückgedrückt, wodurch der Stand im Bremsflüssigkeitsbehälter wieder ansteigt.

■ Sind aber die Bremsbeläge noch neuwertig und hat die vorangegangene Prüfung keine Undichtigkeit im Bremssystem ergeben, muss zur Überbrückung bis zum nächsten Wechsel der Bremsflüssigkeit etwas nachgefüllt werden.

■ Nachfüllen nur die schon erwähnte Bremsflüssigkeit nach Norm DOT 4 (VW: 501 14 , Teilenummer B 000 750).

■ Die Steckverbindung (roter Pfeil in Bild 2) trennen und den Deckel (blauer Pfeil in Bild 2) abschrauben. Deckel mit Schwimmereinsatz (Bild 3) herausnehmen, das Sieb (Pfeil in Bild 3) bleibt im Behälter. Bremsflüssigkeit nachfüllen. Der Füllstand muss stets ausreichend sein, damit keine Luft ins Bremssystem gelangen kann.

2

3

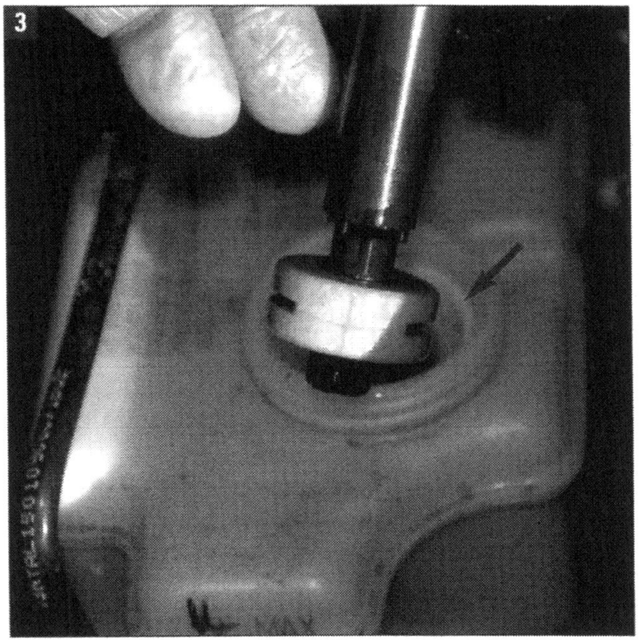

■ Wenn Bremsflüssigkeit infolge zu hohen Wassergehalts (siehe Kasten Seite 104) versagt, dann stets ohne Ankündigung. Daher sind immer einmal wieder kurze Tests innerhalb des Wechselintervalls von zwei Jahren keineswegs verkehrt. Ermittelt werden können Siedepunkt und Wassergehalt der Bremsflüssigkeit. Liegt der Siedepunkt (bei DOT 4 neu: 230 °C) zu niedrig, muss die Bremsflüssigkeit gewechselt werden. Ihre TÜV-Servicestation erledigt den Test für wenige Euro.

■ Für diesen Test gibt es Geräte verschiedenster Hersteller, die sich wie der »BFT 320« von ATE (Bild 4) einfach auf den Bremsflüssigkeitsbehälter aufsetzen und über Kabel mit der Bordbatterie verbinden lassen oder die mit eigener Batterie arbeiten. Internetanbieter wie »producte24.com«

4

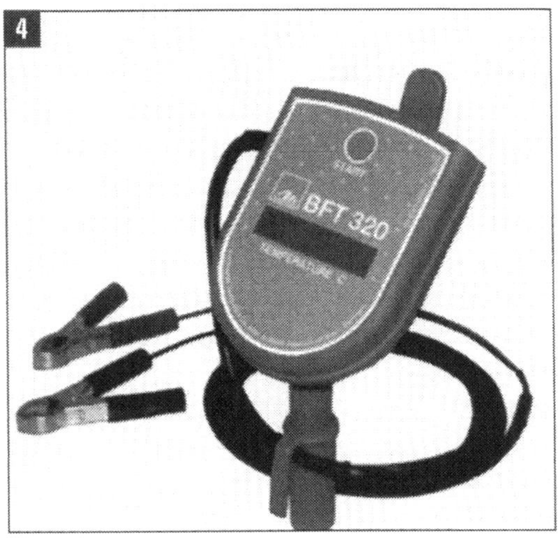

oder »fluidonline.de« präsentieren eine reichliche Palette. Dazu gehören »Schnelltester« wie der von RC Rodcraft (Bild 5), der »Testboy50« oder Geräte von Secorüt, die auch für Selbstschrauber erschwinglich sind (zwischen 20 und 50 Euro). Die Schnelltester zeigen mit Leuchtdioden (Pfeile) über Leitfähigkeitsmessung den Wassergehalt der Bremsflüssigkeit an, der 3,5% nicht überschreiten darf.

■ Wir glauben aber, dass der Schnelltest auf Feuchtigkeitsgehalt jedenfalls langfristig nicht hinreicht, um Ihnen Sicherheit hinsichtlich der Bremsenfunktion zu geben. Das leisten nur Geräte, die den Nass-Siedepunkt bestimmen. Diese haben eine Glühspindel, mit der die Bremsflüssigkeit so lange erhitzt wird, bis sie zu sieden beginnt. Im Display wird der ermittelte Nass-Siedepunkt ausgewiesen. Solche Geräte wie von ATE (Bild 4), Würth oder Securüt haben aber ihren Preis (um 200 Euro oder deutlich darüber) und sind eher etwas für die Werkstatt.

5

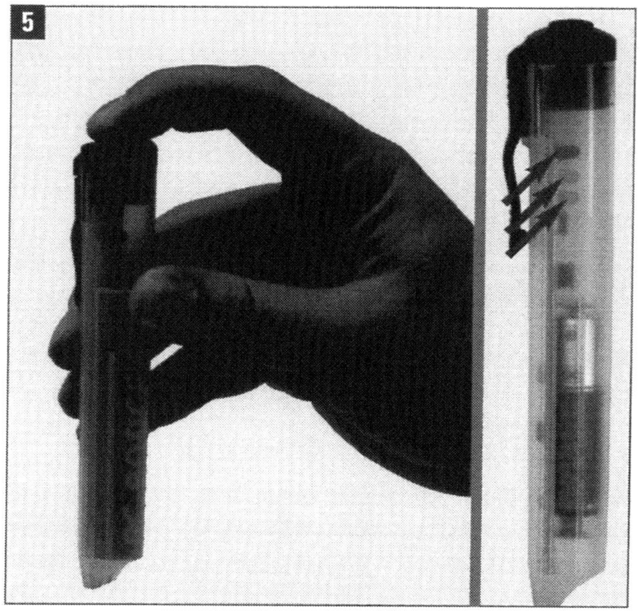

Bremsbeläge und -scheiben ausbauen, wechseln

Im Golf VI Diesel sind die Scheibenbremsen FS-III und FN 3 (vorne) sowie C38 und CII-41 (hinten), alle mit 15"-Scheiben, verbaut (Übersicht S. 102/103). Aus- und Einbau von Scheiben und Belägen sind im Prinzip für alle Bremsentypen gleich. Daher demonstrieren wir die Arbeiten an einzelnen Beispielen als allgemeines Prinzip, das sich dann auf die jeweilige konkrete Situation bei Ihrem Fahrzeug übertragen lässt.
Beim Ausbau sollten Sie Bremsbeläge, die Sie weiter verwenden wollen, weil sie noch gut über der Verschleißgrenze liegen, unbedingt kennzeichnen. Denn die Beläge müssen an gleicher Stelle wieder eingebaut werden, wenn es nicht zu ungleichmäßiger Bremswirkung kommen soll. Nach dem (wie schon erwähnt) immer paarweisen Einsetzen von Bremsbelägen muss das Bremspedal im Stand mehrfach durchgetreten werden, damit die Beläge ihren dem Betriebszustand gemäßen Sitz einnehmen. Im Anschluss stets den Bremsflüssigkeitsstand prüfen, ggf. nachfüllen.
Auch Bremsscheiben müssen grundsätzlich achsweise, also stets links und rechts, ersetzt werden. Sie lassen sich nur ausbauen, wenn der Bremssattel abgebaut ist.

Empfehlenswerte Spezialwerkzeuge

- Drehmomentschlüssel mit Knarreneinsatz
- Kolbenrücksetzvorrichtung
- Einsteckwerkzeug (Volkswagen: V.A.G 1331/3)
- Werkstatt-Diagnosesystem (Volkswagen: VAS 5052)

Ausbau der Bremsbeläge

■ Fahrzeug anheben, Räder abbauen, elektrische Steckverbindung (stets nur vorne links) für Belagverschleißanzeige (5 in Bild 1) trennen. Fixierlasche am Steckerunterteil leicht anheben, um 90° drehen und das Unterteil aus dem Halter ziehen. Bremsschlauch aus dem Halter nehmen.

■ Die Abdeckkappen von den Führungsbolzen (6 in Bild 1) abziehen und die beiden Bolzen aus den Bremssätteln herausnehmen. Bremssattel abnehmen und so mit Draht befestigen, dass das Gewicht des Bremssattels den Bremsschlauch nicht belastet bzw. beschädigt.

■ Die straff sitzende Haltefeder für die Bremsbeläge mit einem Werkzeug aus dem Bremssattelgehäuse ausbauen (Bild 2). Feder am besten mit einem Schraubendreher aushebeln und abnehmen. Bremsen anderer Bauformen (FS-III, C 38, CII-41) erfordern kein Werkzeug zum Ausbau der

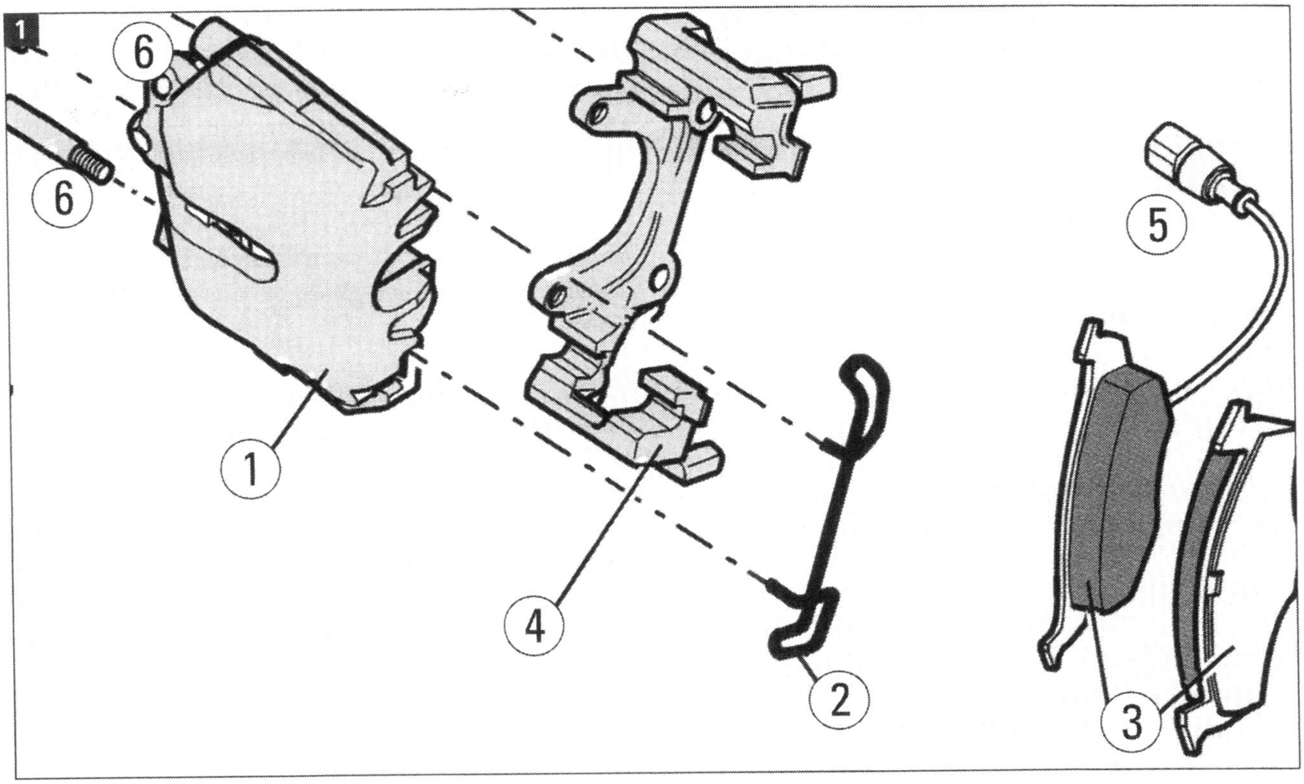

Haltefeder für die Bremsbeläge. Die jeweilige Federklammer wird von Hand in der Mitte kräftig eingedrückt (»überdrückt«) und dann vorsichtig abgenommen. Hand schützend davor halten, damit die Feder beim Abnehmen nicht den Bremssattel zerkratzt. Anlageflächen für Beläge am Bremsträger gründlich reinigen, Korrosion entfernen.

Ausbau der Bremssättel

■ Um den Bremssattel abzubauen, beide Führungsbolzen (FN 3) oder bei anderen Bauformen die Schrauben für die Führungsbolzen ausschrauben und herausnehmen. Am besten einen Drehmomentschlüssel mit Knarreneinsatz benutzen. Bei einigen Hinterradbremsen sind Befestigungsschrauben vom Bremssattelgehäuse abzuschrauben. Dann am Führungsbolzen gegenhalten.

■ Bremssattel zur Seite hängen, zweckmäßigerweise mit Draht oder Kabelbinder an z. B. die Schraubenfeder des Federbeins (vorn) oder die Karosserie (hinten). Der Bremsschlauch darf jedenfalls nicht belastet sein.

■ Bremsbeläge wie beschrieben ausbauen. Federklammer, falls noch nicht ausgebaut, und/oder Belaghaltebleche entnehmen. Das Bremssattelgehäuse reinigen, wozu nur Spiritus benutzt werden darf.

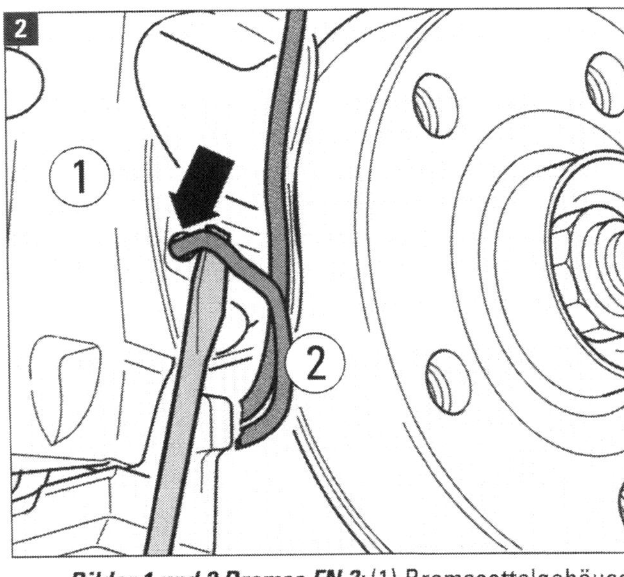

Bilder 1 und 2 Bremse FN 3: (1) Bremssattelgehäuse, (2) Haltefeder, (3) Bremsbeläge, (4) Bremsträger, (5) Verschleißanzeige, (6) Führungsbolzen (zwei Stück).

Ausbau der Bremsscheiben

■ Bremssattel mit Bremsbelägen und Bremsträger wie beschrieben ausbauen. Auch wenn nur die Bremsscheibe ausgebaut werden soll, muss man zuvor den Bremssattel demontieren.

■ Die Fixierschraube (2 in den Bildern 3 und 4) an der Bremsscheibe (1 in den Bildern 3 und 4) herausschrauben, dabei die Scheibe festhalten.

■ Die Bremsscheibe abnehmen, ohne sie zu verkanten. Die herausgenommene Bremsscheibe, die Radnabe und die Auflageflächen reinigen.

Einbau der Bremsscheiben

■ Bremsscheibe auf die Nabe setzen, ohne die Scheibe zu verkanten.

■ Die Fixierschraube (Bilder 3 und 4) eindrehen und festziehen. Bremssattel einbauen. Räder montieren.

■ Nach Abschluss aller Arbeiten muss mit einem Werkstattsystem (VW: Fahrzeugdiagnose-, Mess- und Informationssystem VAS 5052) die Anpassung erfolgen. Bei ausgeschalteter Zündung das System an die 16-fach-Diagnosesteckdose des Fahrzeugs anschließen.

Einbau der Bremsbeläge und Bremssättel

■ Vor dem Einsetzen neuer Bremsbeläge muss Bremsflüssigkeit aus dem Vorratsbehälter abgesaugt werden (Pipette oder Bremsenfüll- und Entlüftungsgerät), damit nichts überlaufen kann. Dann den Kolben mit einer Rücksetzvorrichtung (bei Volkswagen heißt das passende Werkzeug T10145) zurückdrücken. Der Bremskolben darf beim Zurückdrücken keinesfalls verkanten.

■ Bremsbelag mit Haltefeder ins Bremssattelgehäuse einsetzen. Der innere Belag (der mit der Spreizfeder) hat eine Markierung in Pfeilform. Dieser Pfeil muss in die Drehrichtung der Bremsscheibe bei Vorwärtsfahrt zeigen. Wenn der Belag falsch eingebaut wird, kann es zu Geräuschentwicklung kommen.

■ Wenn vorhanden, Schutzfolie von der Rückenplatte abziehen und den äußeren Belag auf den Bremsträger aufsetzen.

■ Die beiden Führungsbolzen (oder Schrauben für Führungsbolzen) eindrehen und festziehen. Abdeckkappen der Führungsbolzen einsetzen.

■ Bei entsprechenden Bauformen Haltefeder in die Bohrungen im Gehäuse einsetzen und unter den Bremsträger drücken. In einigen Fällen den inneren Bremsbelag mit Federklammer in den Bremssattel einsetzen. Die Haltefeder muss stramm im Bremskolben sitzen.

■ Sind Belaghaltebleche vorhanden: einsetzen. Dann erst die evtl. vorhandene Schutzfolie von der Rückenplatte der Bremsbeläge abziehen und die Beläge einsetzen.

■ Wenn die Bremsen Belaghaltebleche haben, müssen die Bremsbeläge richtig in ihnen sitzen. Die Bremsbeläge müssen zwischen den beiden Fixierlaschen des jeweiligen Belaghalteblechs sitzen, um das Lüftspiel zwischen Bremsbelag und Bremsscheibe zu unterstützen.

■ Den Bremssattel aufsetzen. Räder montieren. Anpassung mit dem Diagnosesystem.

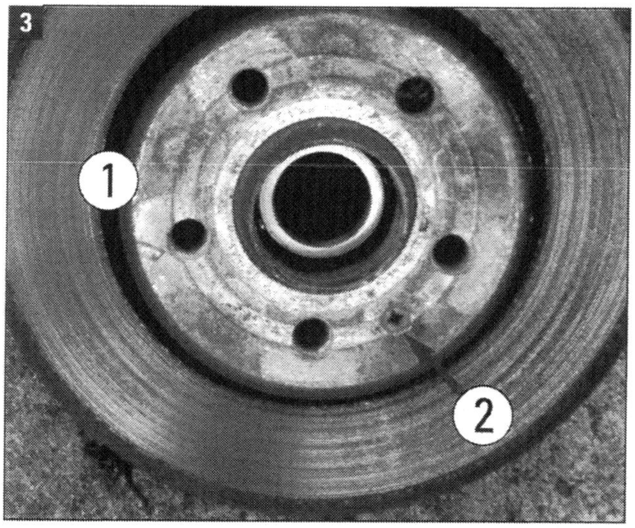

Bremse FN 3: (1) Bremsscheibe, (2) Fixierschraube.

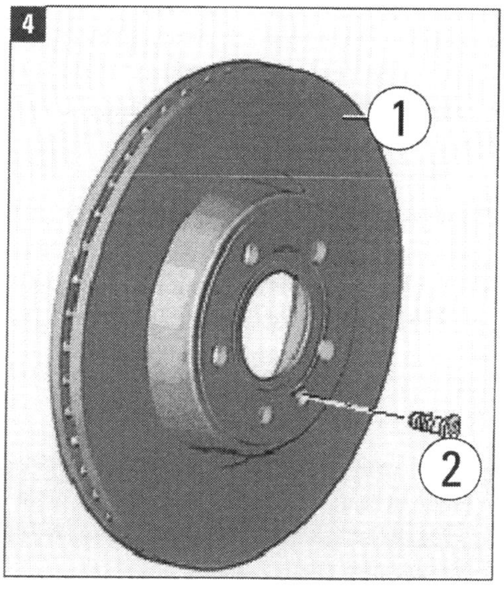

Behälter und Hauptbremszylinder aus-/einbauen

An der Bremsanlage gibt es wenig zu »tunen« oder zu verbessern, weil sie optimiert ist und weil zur Wahrung der Betriebssicherheit und des Gewährleistungsschutzes weitgehend nur Originalteile verbaut werden dürfen. Das Steuergerät für ABS/ESP realisiert so viele Funktionen, dass kaum Ansprüche an die Anlage offen bleiben.
Durch Unfall oder anderweitige Beschädigung kann es allerdings nötig werden, den Tandem-Bremskraftverstärker (eine Baueinheit mit dem Hauptbremszylinder) und/oder den Bremsflüssigkeitsbehälter auszuwechseln. Wir beschreiben deshalb Aus- und Einbau.

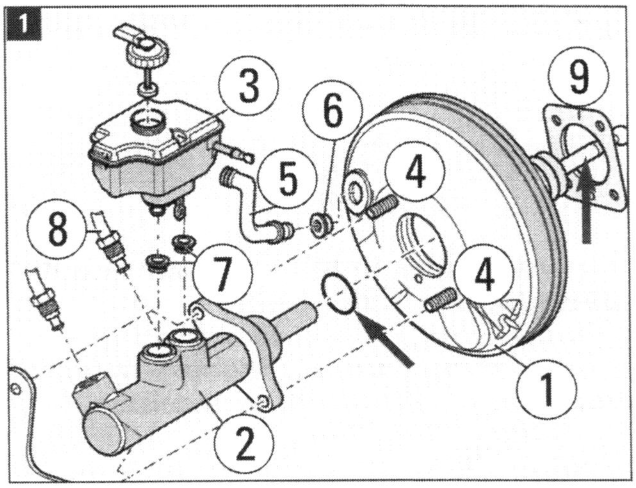

Bremshydraulik: (1) Bremskraftverstärker, (2) Hauptbremszylinder, (3) Bremsflüssigkeitsbehälter, (4) Befestigungsbolzen für Hauptbremszylinder (mit Muttern anzuschrauben), (5) Unterdruckschlauch, (6) Dichtungsstopfen zum Anschluss Unterdruckschlauch an den Bremskraftverstärker, (7) Dichtungsstopfen zum Anschluss Bremsflüssigkeitsbehälter, (8) zwei Bremsleitungen vom Hauptbremszylinder zur Hydraulikeinheit (nicht im Bild), (9) Dichtung für Bremskraftverstärker. Pfeile: blau Druckstange, rot Dichtring.

Empfehlenswerte Spezialwerkzeuge:

■ Drehmomentschlüssel

■ Bremsenfüll- und Entlüftungsgerät mit Adapter für Bremsflüssigkeitsbehälter (VAS 5234 mit VAS 5234/1)

■ Verschlussstopfen für Bremsleitungen.

■ **Ausbau:** Motorhaube öffnen. Wasserkastenabdeckung und Wasserkastenwand ausbauen; wird im Kapitel »Fahrzeugaufbau« (Karosserie) beschrieben.

■ Zum Schutz vor auslaufender Bremsflüssigkeit reichlich fusselfreie Lappen in den Bereich unter dem Hauptbremszylinder auslegen. Die ätzende Flüssigkeit kann Korrosion und Lackschäden hervorrufen!

■ Verschlussdeckel des Bremsflüssigkeitsbehälters (Bild 2, Seite 111) öffnen und so viel Bremsflüssigkeit wie möglich absaugen. Dazu möglichst ein Befüll- und Entlüftungsgerät (wie nachfolgend) verwenden.

■ Am Behälter die elektrische Steckverbindung (Bild 2, Seite 111) zum Warnkontakt für Bremsflüssigkeitsstand trennen. Bei einem Fahrzeug mit Handschaltgetriebe muss die Hydraulikleitung für die Kupplung vom Behälter abgezogen und mit einem Stopfen verschlossen werden.

■ Orientierung: Bilder 2/3 auf Seite 99 und Bild 1 (Komponenten getrennt). Den unteren Verriegelungsstift aus dem Bremsflüssigkeitsbehälter (3) herausziehen und den Behälter aus dem Hauptbremszylinder (2) herausnehmen. Die Anschlussstutzen immer mit Stopfen verschliessen!

■ Die Bremsleitungen (8 in Bild 1) am Hauptbremszylinder (2) abschrauben. Die Bremsleitungen mit Verschlussstopfen verschließen. Volkswagen bietet nach Ersatzteilkatalog solche Stopfen in einem Satz (1 H0 698 311 A) an.

■ Die Befestigungsmuttern für Hauptbremszylinder von den Bolzen (4 in Bild 1) abdrehen. Hauptbremszylinder (2) vom Bremskraftverstärker (1) abziehen und aus dem Fahrzeug herausnehmen. Dabei keine Bremsflüssigkeit in den Bremskraftverstärker gelangen lassen!

■ Der **Einbau** aller Komponenten erfolgt in umgekehrter Reihenfolge zum Ausbau. Neue Befestigungsmuttern verwenden und den Dichtring (roter Pfeil in Bild 1) zwischen Hauptbremszylinder und Bremskraftverstärker erneuern.

■ Beim Einsetzen des Hauptbremszylinders auf richtigen Sitz der Druckstange (blauer Pfeil in Bild 1 und in Bild 3 Seite 99) im Bremskraftverstärker achten. Wenn ein Helfer das Bremspedal etwas niederdrückt, lässt sich die Druckstange besser in den Hauptbremszylinder einführen.

■ Muttern auf Bolzen (4) aufsetzen und festziehen, Bremsleitungen (8) anschrauben (Stopfen entfernen!).

■ Bremsflüssigkeitsbehälter (3) in die Anschlussstutzen mit Stopfbuchsen (7) einsetzen und mit Stift verriegeln.

■ Weiterer **Einbau** umgekehrt zum Ausbau. Befüllen und entlüften.

■ Beim Einbau eines neuen Bremsflüssigkeitsbehälters die Staubschutzkappe erst zur Befüllung entfernen.

Bremsanlage entlüften, Bremsflüssigkeit wechseln

Nach Aus- und Einbau von Bremsbelägen und Bremsscheiben, nach Erneuern von Bremsschläuchen oder dem Öffnen von Bremsleitungen müssen die Bremsanlage oder Teile von ihr entlüftet werden. Wird die Bremsflüssigkeit gewechselt, muss man die gesamte Anlage entlüften (im Prinzip ist das ein und derselbe Vorgang). In einzelnen Reparaturfällen kann es genügen, nur den Bremskreis zu entlüften, an dem gearbeitet wurde.
Beim gesamten Entlüftungsvorgang darf der Bremsflüssigkeitspegel im Vorratsbehälter auf keinen Fall unter die MIN-Markierung fallen. Ansonsten gelangt Luft ins System.

Arbeitsschritte:

■ Motorhaube öffnen und Verschlussdeckel des Bremsflüssigkeitsbehälters abschrauben. Flüssigkeit mit Pipette oder sauberer Injektionsspritze absaugen und neue Bremsflüssigkeit bis zur MAX-Markierung einfüllen. Günstig für diese Arbeit ist ein Bremsenfüll- und Entlüftungsgerät, wie wir es in einfacher Ausführung in Bild 1 zeigen. Das Prinzip: Zum Absaugen Saugschlauch (2) des Gerätes in den Bremsflüssigkeitsbehälter einführen, Pumpe (3) betätigen, Bremsflüssigkeit im Auffangbehälter (1) des Gerätes sammeln (bei Flüssigkeitswechsel insgesamt 1,15 Liter).

1

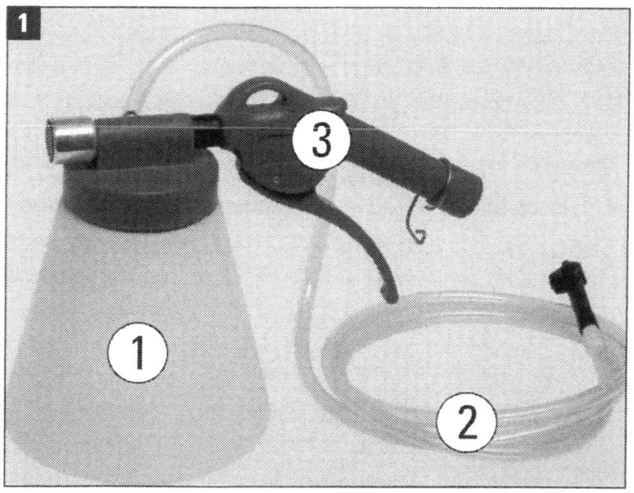

Absaugset: (1) Behälter, (2) Saugschlauch, (3) Pumpe.

■ Wenn ein professionelles Befüll-/Entlüftungsgerät (bei VW ist das VAS 5234) verwendet wird, den Adapter (1 in Bild 2) statt Verschlussdeckel auf den Bremsflüssigkeitsbehälter des Fahrzeugs aufschrauben und Befüllschlauch an den Adapter anschließen (2). Sonst den Flüssigkeitsstand beobachten und durch Nachfüllen von Hand immer über »MIN« halten. Fahrzeug mit Wagenheber anheben und aufbocken oder mit einer Hebebühne (Werkstatt) anheben.

2

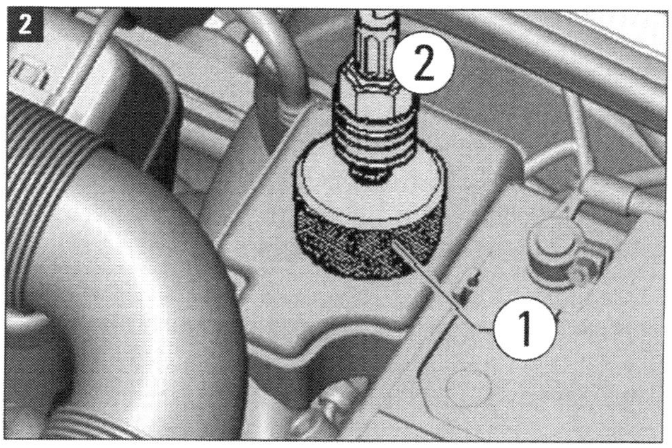

Füllgerät-Adapter: (1) auf den Bremsflüssigkeitsbehälter geschraubter Adapter, (2) Schlauchanschluss.

■ Fahrzeuge mit Schaltgetriebe: Luftfiltergehäuse ausbauen (Kapitel 8 »Antrieb«), Abdeckkappe vom Entlüftungsventil (Pfeil) des Kupplungsnehmerzylinders (1) abnehmen (Bild 3). Entlüfterschlauch aufstecken, Schraubventil öffnen. 100 ml Flüssigkeit ablaufen lassen, Ventil schließen. 10 bis 15 Mal schnell das Kupplungspedal betätigen. Ventil öffnen, 50 ml Flüssigkeit ablaufen lassen, wieder zudrehen. Schlauch abnehmen, die Abdeckkappe aufstecken.

Bei Schaltgetriebe: (1) Kupplungsnehmerzylinder. Pfeil: Entlüftungsventil mit Abdeckkappe.

■ Abdeckkappen von den Entlüftungsschrauben (Bilder 4 und 5) aller vier Bremssättel abziehen. Das Entlüften am Bremssattel vorn links beginnen. Den Schlauch aufstecken und in einen geeigneten Auffangbehälter für Bremsflüssigkeit hängen (Set nach Bild 1, Anordnung nach Bild 6). Entlüftungsschraube (Ventil) mit passendem Schlüssel öffnen und Flüssigkeit ablaufen lassen, bis sie blasenfrei und sauber ist. Bei Wechsel 200 ml ablaufen lassen.

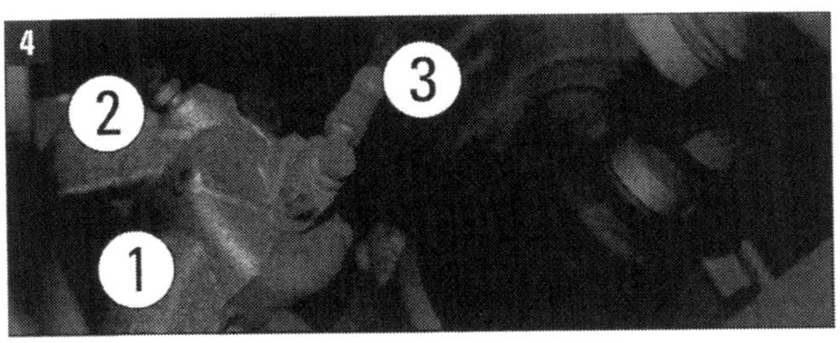

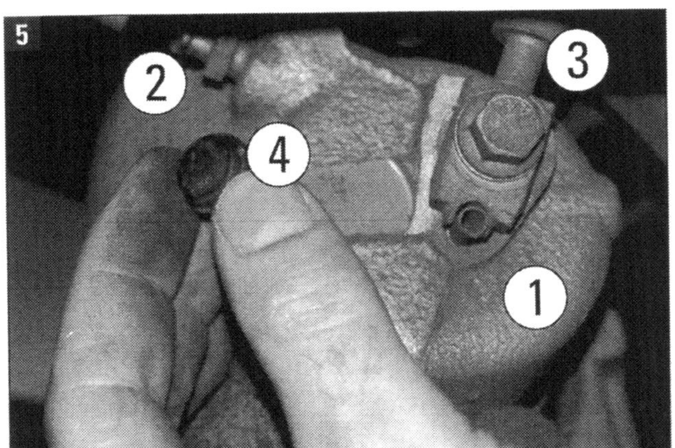

Bremssattel entlüften: (1) Bremssattel, (2) Entlüftungsschraube am Bremssattel, (3) Bremsleitung zum Radbremszylinder, (4) Schutzkappe der Entlüftungsschraube.

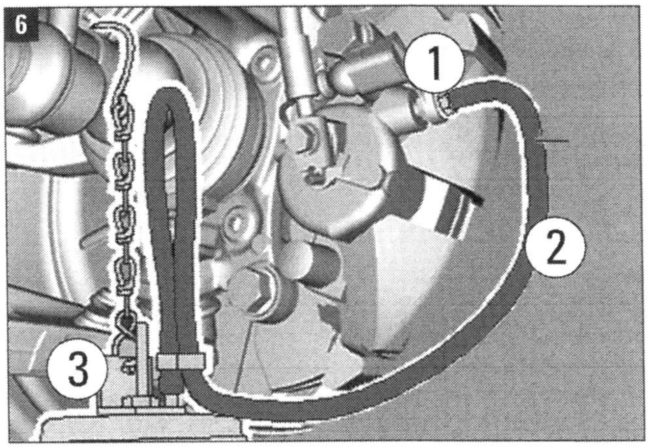

Bremssattel entlüften: (1) Entlüftungsventil, (2) aufgesteckter Schlauch, (3) mit Kette angehängtes Auffanggefäß.

■ Vorgang an der Schraube vorn rechts wiederholen: Schlauch aufstecken, Schraube öffnen, Flüssigkeit ablaufen lassen, bis sie blasenfrei läuft. Bei Wechsel der Bremsflüssigkeit müssen 200 ml ablaufen. Schraube schließen, Schlauch abnehmen, Kappe aufstecken.

■ Hinten ggf. Räder abbauen. In der Reihenfolge hinten links, hinten rechts vorgehen, bei Wechsel je 300 ml Bremsflüssigkeit ablaufen lassen.

■ Schlauch und Adapter abmontieren. Flüssigkeitsstand im Behälter prüfen und. korrigieren. Deckel aufschrauben.

■ Mehrmals das Bremspedal betätigen, um Druck und Leerweg zu prüfen. Leerweg darf höchstens ein Drittel des gesamten Pedalweges sein. Bei Probefahrt zur Kontrolle mindestens eine Bremsung mit ABS-Regelung!

Anmerkung: Das häufig erforderliche Entlüften beschäftigt viele innovative Schrauber. In Internetforen werden diverse Lösungen zur Vereinfachung angeboten. Professionell kommt eine ganz neue Lösung daher: Die »Stahlbus-Doppelhohlschraube mit Entlüftungsventil« für allerdings rund 35 Euro (www.stahlbus.de): Nippel am Bremssattel durch diese Schraube ersetzen bringe sauberes, sicheres, einfaches Entlüften, lautet dieses Angebot. Verschiedene Typen lieferbar.

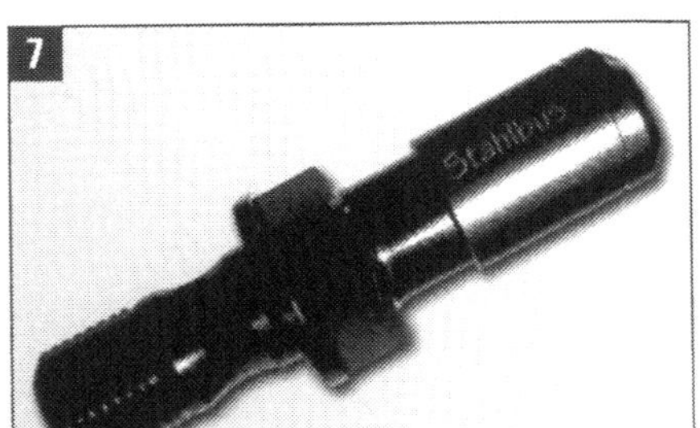

Bremsanlage

Störung	Was kann das sein?	Was kann oder muss ich tun?
A Bremsen quietschen	**1** Hochfrequente Schwingungen	Längskanten der Beläge mit einer Feile anschrägen, dazu Anti-Quietsch-Paste auf Rückseite der Beläge
	2 Verglaste Beläge nach extremer Überhitzung	Die Bremsklötze müssen ersetzt werden; dabei die Scheiben genau prüfen
	3 Beläge verschlissen, der Verschleißanzeiger liegt an	Die Bremsklötze müssen ersetzt werden, dabei die Scheiben genau prüfen
B Schwache Bremswirkung	**1** Ungünstige Materialpaarung zwischen Scheiben und Belägen	Scheiben und Beläge ersetzen und dabei zumindest Teile vom gleichen Hersteller, am besten die original verbauten Teile verwenden
... bei zu hartem Bremspedal	**2** Bremskraftverstärker ausgefallen	Unterdruckanschluss prüfen. Evtl. ein Marderbiss?
... bei zu weichem Bremspedal	**3** Bremse überhitzt	Bei langsamer Fahrt abkühlen lassen
	4 Luft im System	Mit speziellem Gerät entlüften lassen und dabei die Bremsflüssigkeit erneuern
C Übermäßiger Verschleiß	**1** Überstrapazieren der Bremse	Lieber etwas stärker und dafür weniger lang bremsen
... an einer Bremse	**2** Schwergängiger Sattel oder Belag verklemmt	Zerlegen und reinigen. Etwas stärkerer Verschleiß an der Kolbenseite ist jedoch normal
... nur vorne	**3** Ungünstige Materialpaarung	Scheiben und Beläge ersetzen und dabei Originalteile verwenden. Evtl. größere Bremsanlage verwenden
... nur hinten	**4** Luftspiel zu gering	Park- und Feststellbremse überprüfen. Sie sollte erst nach der ersten Tastung greifen
D Park- und Feststellbremse reagiert träge oder gar nicht	**1** Die Elektromechanik funktioniert nicht einwandfrei	Steuergerät für elektrische Park- und Handbremse überprüfen und ggf. austauschen. Wenn das Steuergerät in Ordnung ist: Stellmotor prüfen und ggf. austauschen
	2 Beläge hinten abgenutzt oder verglast	Bremsbeläge tauschen und dabei die Bremsscheibe genau inspizieren. Bei Riefen austauschen

STÖRUNGSBEISTAND

Bremsanlage

Störung	Was kann das sein?	Was kann oder muss ich tun?
E Bremsflüssigkeitsstand zu niedrig	**1** Starker Verschleiß an den Bremsbelägen	Alle Bremsen auf Verschleiß prüfen und ggf. ersetzen. Beim Zurücksetzen der Kolben steigt der Stand an
	2 Flüssigkeitsverlust	Undichte Stelle lokalisieren (Bremsleitungen?). Bei deutlichem Leck: Auto abschleppen lassen
F Warnleuchte geht an	**1** Bremsflüssigkeitsstand prüfen	Wenn nötig, etwas nachfüllen
	2 ABS- und/oder ESP-Ausfall	Wagen neu starten. Den Fehlerspeicher auslesen lassen. Manchmal ist der Bremslichtschalter schuld
G Schiefziehen beim Bremsen	**1** Reifenzustand fehlerhaft	Reifenprofil und Luftdruck überprüfen
	2 Eine Bremse ist defekt	An den Felgen die Temperatur erfühlen. Ist eine heißer als die anderen, hängt der Bremssattel; ist eine zu kalt, kommt hier kein Bremsdruck an
H Hässliche Schleifgeräusche beim Bremsen	**1** Bremsscheiben angerostet	Vor und nach längeren Standphasen die Bremsanlage freibremsen
	2 Bremsbeläge verschlissen	Prüfen, ob der Verschleißanzeiger bereits an der Bremsscheibe kratzt
	3 Fremdkörper in der Bremsanlage	Fahren Sie ein paarmal rückwärts und bremsen sie dann
I Vibrationen beim Bremsen	**1** Bremsscheiben verzogen	Scheiben genau anschauen! Blaue Verfärbung deutet auf thermische Überlastung hin, dabei können sich die Scheiben verzogen haben
	2 Bremsscheiben verschmiert	Auf den Scheiben können Spuren von Fremdmaterial verblieben sein, die für ein Rubbeln sorgen
	3 Spiel in der Radaufhängung	Querlenker und andere Bauteile prüfen
	4 Ungünstige Materialpaarung	Scheiben und Beläge ersetzen und dabei Originalteile verwenden. Falsche Fahrwerk- und Lenkungsteile können zu Bremsflattern führen

Fahrzeugaufbau: Die Karosserie

Modernste Produktionsverfahren auf der Grundlage jahrzehntelanger Forschungsarbeit verleihen der Rohkarosserie und jedem Anbauteil des Golf hohe Qualität auf Spitzenniveau. Was man im Bedarfsfall selbst warten und reparieren kann, wollen wir in diesem Kapitel zeigen.

Auch in der sechsten Generation sind die gestalterischen Markenzeichen des Golf die Kombination von typischer Linie und zeitgemäßem Gesicht. Zu den Stilmerkmalen zählen die klare Frontpartie der ersten Generation und die mit der vierten Generation perfektionierte C-Säule. Alle Flächen wurden im Laufe der Zeit gespannter und athletischer.

Horizontale Linien

Vorn nimmt der Neue das horizontal zwischen den Scheinwerfern ausgerichtete Band des Kühlergrills (roter Pfeil in Bild 1) der ersten Golf-Generation auf. Der Grill selbst ist hochglänzend schwarz. Die Linienführung des Stoßfängers korrespondiert mit der des Kühlers. Schwarz sind auch der Lufteinlass darunter (weißer Pfeil) und der Hintergrund der verchromten Scheinwerfer. Den Heckbereich prägen ebenfalls horizontale Linien. Die Rückleuchten sind sehr breit und haben ein kristallklares Band für Blinker und Rückfahrscheinwerfer (roter Pfeil in Bild 2).

Leichtbau mit höchstfestem Stahl

Warmumgeformte höchstfeste Stähle verleihen den Golf-Karosserien eine extreme Festigkeit bei sehr geringem Gewicht. Sie markieren als »Sondergüten« die Spitze aller Sorten.

Bei der Warmumformung werden Platinen aus borlegiertem Stahl in einem Durchlaufofen auf zirka 950 °C erhitzt, in gekühlten Werkzeugen in Form gebracht und abgeschreckt. Dabei bildet sich ein Gefüge mit hoher Maßgenauigkeit

2

1

Tradition und Neues: Der Kühlergrill (Bild 1) erinnert an Golf I, das Klarsichtband in der Rückleuchte ist Neuzeit (Bild 2).

und der zehnfachen Zugfestigkeit von normalem Karosseriestahl.
In der Rohkarosserie nehmen die warmumgeformten höchstfesten Stähle fast ein Zehntel des Gewichts ein (1 und 2 in Bild 3). Wählt man gleiche Wandstärken wie bei konventionellen höchstfesten Stählen, weisen die neuen Sorten erheblich bessere mechanische Eigenschaften auf. Für gleiche Eigenschaften genügen geringere Wandstärken. Im Crashfall erreicht man damit kontrollierten Kraftabbau durch gezielte Deformation.

Maßgeschneiderte Platinen

Große Bauteile aus einer einzigen Blechplatine sollen zu diesem Zweck in bestimmten Teilbereichen weniger fest sein. Hierfür reduziert man beim warmumgeformten Bor-Stahl teilweise die Wandstärken oder kombiniert ihn mit weniger festen Materialien, etwa mit mikrolegierten Stählen. Solche Platinen werden als »tailored blanks« bezeichnet.
Bestes Beispiel sind die B-Säulen (1, Bild 3) aus dem warmumgeformten Sonderstahl. Ihr unterer Bereich ist etwas verformbarer ausgelegt als der obere, weil hier beim Seitenaufprall Energie abgebaut wird und weil das menschliche Becken höhere Kräfte verträgt als der Brustkorb.

Schweißen und kleben

Sechs Stahlsorten mit Zugfestigkeiten von unter 140 bis zu fast 1.800 Mpa Mindeststreckgrenze sind in der Sicherheitskarosserie von Golf und Variant verbaut. Das Bild 3, in dem die Stahlqualitäten »normal« und »weich« in der Ziffer (5) zusammengefasst sind, kann diese ausgeklügelte Struktur nur grob andeuten.
Bei den Verbindungstechniken für die Bleche, von denen Steifigkeit und Crashverhalten wesentlich abhängen, repräsentiert der Golf ebenfalls aktuellen Stand der Technik. Gegenüber dem Vorgängermodell sank die Zahl der Schweißpunkte zugunsten von Klebenähten. Heiß aufgebrachter, zähelastischer Strukturkle-

Sicherheitskarosserie des Golf:
(1) Sondergüte, (2) höchstfest,
(3) höherfest,
(4) hochfest,
(5) normal und weich.

3

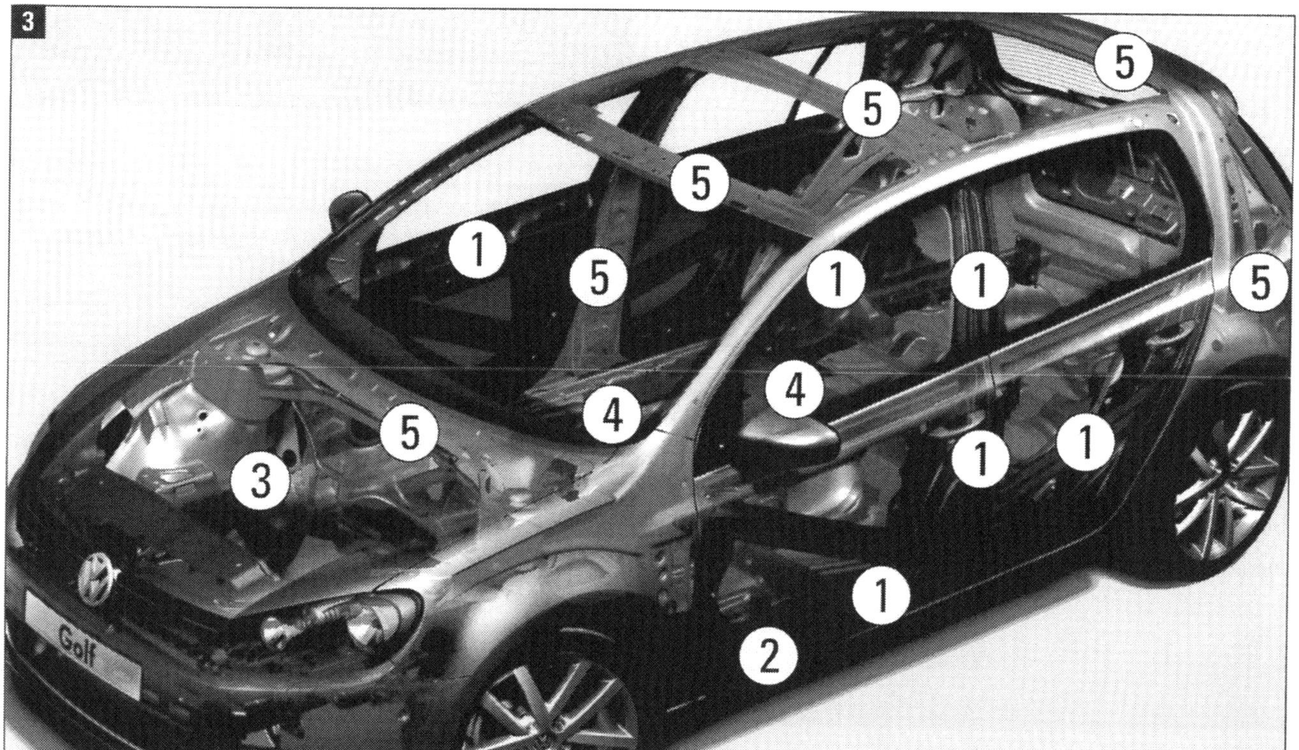

ber erhöht die Festigkeit der Verbindung und garantiert an vielen Stellen die Dichtigkeit von Flanschen.

Sicher bei Frontcrash

Hohe Insassensicherheit ist garantiert. Während des Aufpralls bei einem möglichen Crash verteilt der Frontquerträger die Kräfte auf die beiden Längsträger, die sie durch Verformung abbauen. Der Aggregateträger der Vorderachse ist eine weitere Lastebene, auch er leitet die Kräfte gezielt in die Boden- und Tunnelstruktur der Fahrgastzelle. Die Lenksäule hat einen vergleichsweise langen Verformungsweg, wichtige Teile der Pedalerie klinken aus den Lagern.

Ableitung an Seiten und Heck

Bei einem Seitenaufprall übernehmen die B-Säulen (1), die einen Teil der Kräfte in den Dachrahmen (2) weiterleiten, die Seitenschweller und zwei Querträger (3) im Boden zwischen ihnen einen Großteil der Verformungsarbeit (Bild 4). Unterstützt werden sie von den Türen, deren Ränder (Bild 5) die Säulen, Schweller und Dachrahmen großflächig überdecken und sich

4

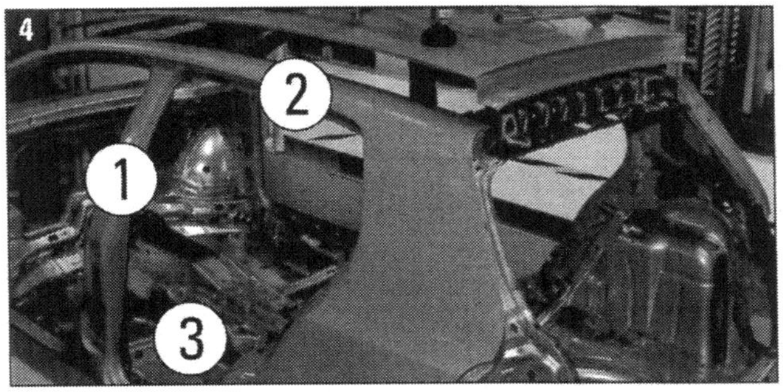

5

Karosseriebau Zwickau: Dach- und Türenmontage.

Arbeiten an der Karosserie

PRAXISTIPP

- Die meisten der in diesem Kapitel behandelten Reparaturen können Sie mit einer Werkzeug-Grundausstattung selbst erledigen. Zunehmend sind Fahrzeugteile mit Torx-Schrauben befestigt, weshalb Sie unbedingt einen solchen Schlüssel-Satz benötigen.

- Teile wie Motorhaube, Heckklappe und Türen sind ziemlich sperrig. Sie können beim Ausbau nur schwer gesichert werden. Um Kratzer oder Beulen zu vermeiden, lassen Sie sich von einem Helfer unterstützen. Den Wiedereinbau von Motorhaube und Heckklappe erleichtern Sie sich, wenn Sie die Lage der Scharniere vor der Demontage mit einem wasserfesten Filzstift anzeichnen.

- Bei der Montage von verschraubten Karosserieteilen müssen die vorgeschriebenen Spaltmaße (Bilder und Tabellen S. 128) eingehalten werden. Es kann sonst zu Klapper- und Windgeräuschen kommen.

Kontaktkorrosion vermeiden

PRAXISTIPP

Hinsichtlich aller Reparaturarbeiten warnt VW vor Montagefehlern, die zu Kontaktkorrosion führen können. Kontaktkorrosion kann entstehen, wenn nicht geeignete Verbindungselemente wie Schrauben, Muttern oder Scheiben verwendet werden. Volkswagen empfiehlt, nur Verbindungselemente mit einer speziellen Oberflächenbeschichtung zu verbauen. Keine Gefahr besteht bei Gummi- oder Kunststoffteilen und Klebstoffen aus elektrisch nichtleitenden Materialien.

Falls Sie bei der Montagearbeit zu bestimmten Teilen Zweifel haben, richten Sie sich am besten nach dem Teilekatalog. VW empfiehlt die geprüften Original-Ersatzteile auch deshalb, weil sie aluminiumverträglich sind. Obgleich die Golf-Karosserie kein Verbund mit Aluminium darstellt, ist Vorsicht doch ratsam, weil Schäden durch Kontaktkorrosion nicht unter die Gewährleistung fallen.

an ihnen abstützen können. Bei einem Heckcrash wandeln die mehrteiligen Längsträger und der Hinterachsträger die Bewegungsenergie in Verformung um. Die Hinterräder stützen sich an den Fahrzeugschwellern ab. Die Tank-Einfüllöffnung wird von bewegten Komponenten nicht berührt, der Kraftstofffluss wird im Falle eines starken Stoßes unterbrochen. Bei einem Überschlag verhindern Sicherheitsventile das Auslaufen.

GEFAHRHINWEISE

Gurt, Klimaanlage, Elektrik

■ Die Gurtstraffer des Golf, die bei einem Crash die Sicherheitsgurte schlagartig anziehen, zwingen zu besonderer Vorsicht bei Arbeiten außen und innen an der Karosserie. Aktiviert werden die Gurtstraffer von elektrisch gezündeten Gasgeneratoren. An diesen Rückhaltesystemen ist jedes Do-it-yourself untersagt. Montage und Demontage der Gurtstraffer sind Sache der Werkstatt, die dabei strenge Sicherheitsvorschriften einhalten muss. Wenn Sie an der Karosserie werken, dürfen Sie nicht ohne weiteres in der Umgebung der Gurtrolle mit Schlagschrauber oder Hammer arbeiten. Die Gurtstraffer reagieren empfindlich auf Vibrationen und harte Schläge und können auslösen. Ziehen Sie auch vor allen Arbeiten unter dem Fahrzeug die Sicherung für die Gurtstraffer ab und warten Sie fünf Minuten, bis sich die Kondensatoren entladen haben.

■ Eine zweite Gefahrenquelle bei Karosseriearbeiten ist die Verzinkung. Die Karosserie ist außen elektrolytisch und innen feuerverzinkt. Bei Schweißarbeiten entsteht giftiges Zinkoxid. Sorgen Sie für gute Belüftung am Arbeitsplatz.

■ Ein weiteres Tabu betrifft die Klimaanlage. Es dürfen keine Schweiß- oder Lötarbeiten durchgeführt werden, bei denen sich Teile der Anlage erwärmen könnten. Der Kältemittelkreislauf darf auch keinesfalls geöffnet werden!

■ Die empfindliche und nicht ungefährliche elektrische Anlage fordert ebenfalls Vorsicht. Soweit Schweißarbeiten oder andere Funken erzeugende Arbeiten durchgeführt werden, müssen grundsätzlich die Batterie abgeklemmt und beide Batterieklemmen (Plus und Minus) sorgfältig isoliert werden.

Erfolgreich gegen Vibrationen

Das große Plus des neuen Golf sind vergleichsweise geringes Gewicht und reduzierte Störgeräusche. Vibrationen gibt es kaum noch. Die steife Bauweise ermöglicht unmittelbar spürbares souveränes Fahren, das ein starkes Gefühl der Sicherheit vermittelt.

Knifflige Ingenieurarbeit ist es, die Frequenzen der Karosserie sauber von denen der Achsen und des Antriebs zu trennen. Diese Schwingungen im Bereich unter 40 Hertz hört das menschliche Ohr zwar gar nicht, aber der Körper spürt sie an Bodenblech, Lenkrad und Sitzen als Vibrationen. Ein zitternder Innenspiegel z. B. zeigt solche Karosserieschwingungen an. Homogenere Übergänge zwischen Vorderwagen und Unterboden sowie die Optimierung von Stirnwand, Querträger im Boden und Dach sind gelungene Maßnahmen gegen die unerwünschten Schwingungen.

Leichtere Dämmstoffe

Bei allen Maßnahmen zur Geräuschdämmung wurde stets der Faktor »Gewicht« mit berücksichtigt. Wo immer möglich, ersetzte Volkswagen schwere Dämmstoffe durch neue, leichtere Materialien. Gezielt neu konzipiert wurden die Dämpfungs-Technologien und -Materialien im Bereich von Kotflügeln, Motorstirnwand, Pedalerie und Mitteltunnel, im Umfeld der Klima- und Heizanlage sowie im Kofferraum (Bild 6).

6

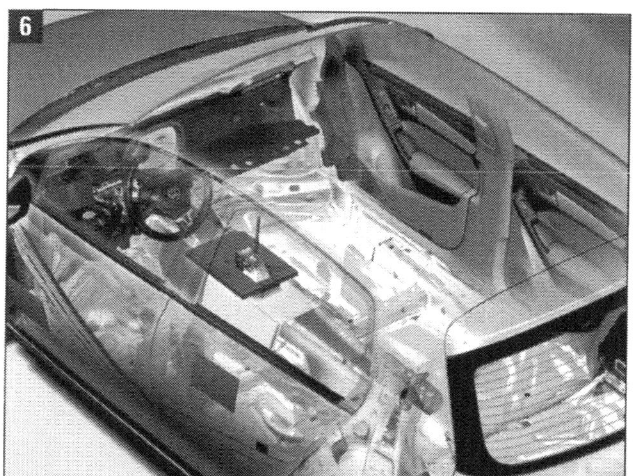

Schwingungen abgedämpft: Gezielte Akustikmaßnahmen im Bodenbereich machen die Fahrgastzelle ruhiger.

Eine akustisch hochwirksame Dämpfungsfolie in der Frontscheibe eliminiert im Frequenzbereich um 3 kHz nahezu alle Geräusche. Ebenso reduziert das neue Dichtungskonzept für Türen und Seitenscheibenführungen die Fahrgeräusche. Fensterführungsprofile mit doppelten Lippen sorgen hier für Ruhe.
Ein Fachwerk aus Längsträgern und dem Tunnelträger nimmt die Impulse auf, die der Vorderachsträger von den Rädern empfängt. Das Abrollgeräusch der Reifen hat dadurch stark abgenommen. Große Hohlräume der Karosserie wie Schweller und Säulen wurden mit Schaumformteilen versehen.

Ein leises Auto

Seine Karosserie macht den Golf zu einem leisen Auto. Per Feinschliff im Aeroakustik-Windkanal ließen sich die Windgeräusche, die ab Fahrzeugtempo 120 km/h die größte Lärmquelle darstellen, noch unter das Niveau des Vorgängermodells drücken. Dort im Windkanal entstanden auch die rundlichen Formen vorn und seitlich, wodurch störende Wirbel vermieden werden. Die Türen liegen auch bei Höchstgeschwindigkeit sehr bündig an der Karosserie. Dichtungen schließen sie hermetisch ab.
In der Basisversion erzielt der Wagen einen vorbildlichen Strömungswiderstand (cw-Wert) von 0,31. Obwohl die Stirnfläche im Laufe der Modellentwicklung durch breitere Karosserien gewachsen ist, ging der Luftwiderstand um einige Prozent zurück. Nach der Computersimulation in der Entwurfsphase wurde der Grundkörper in vielen Details weiter geschliffen.
Wichtige Arbeitsfelder sind stets die Frontschürze, die Einbettung der Radhäuser und Räder in die Seitenwand und neuerdings die größeren Außenspiegel. Weil neue Zulassungsnormen ein großes Sichtfeld vorschreiben, wuchsen die Spiegelgehäuse gegenüber dem Vorgängermodell deutlich an. Durch Verringerung ihrer Tiefe blieben die Umströmungsverluste jedoch auf dem alten Stand. Elektrische Verstellung, Beheizung und integrierte LED-Blinker sind Serie.

Hohe Qualität der Lackierung

Die Lackierung des Golf (Bild 7) erfolgt nun schon seit knapp einem Jahrzehnt in außerordentlich hoher Qualität. Was beim »Neuen« als gegenüber dem Vorgänger verändert ins Auge fällt, sind die in Wagenfarbe lackierten Türgriffe und Außenspiegelgehäuse.
Auch dem neuen Golf dienlich ist die Optimierung der Farbversorgung bei Lackierrobotern (Bild 8), wodurch die Qualität nochmals verbessert wird und weniger Abfälle entstehen. Im Juni 2008 zeichnete das Deutsche Institut für Betriebswirtschaft (dib) auf einer Tagung zum Ideenmanagement den entsprechenden Verbesserungsvorschlag zweier VW-Mitarbeiter als »Beste Gruppenidee« von zahlreichen deutschen und internationalen Beiträgen aus.

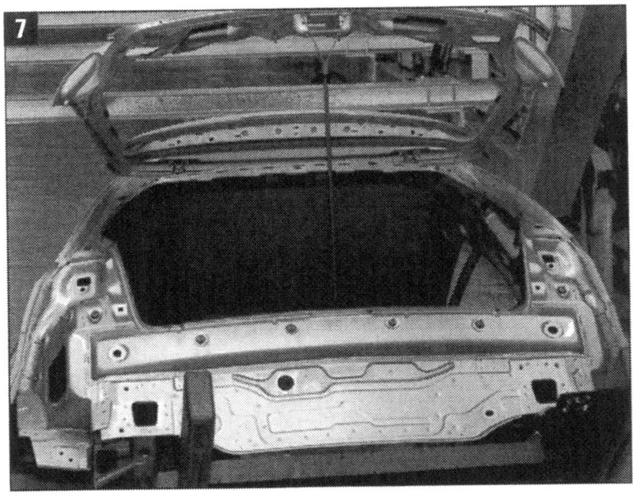

Kathodische Tauchlackierung: Seit zehn Jahren wird der Golf mit Lack höchster Qualität beschichtet.

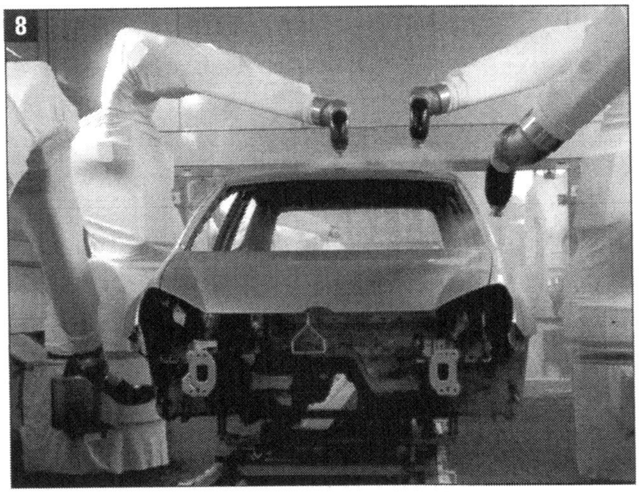

Optimierte Farbzuführung: Verbesserungsvorschlag von VW-Mitarbeitern wurde vom dib ausgezeichnet.

Unterboden aus Kunststoff

60% des Gesamtluftwiderstands hängen vom Karosseriekörper ab, der große Rest von Unterboden, Rädern und Radhäusern. Durch fast vollflächige Verkleidung des Unterbodens gibt es beim Golf auch dabei eine Reduzierung. Das Ergebnis schlägt sich in verbesserten Fahrleistungen und geringerem Verbrauch nieder. Die CO_2-Emission soll auf diese Weise um einige Gramm/km sinken. Die Kunststoffplatten schirmen das Blech und die Aggregate gegen Salz, Nässe und Steinschlag ab. Sie machen die bisherige PVC-Beschichtung überflüssig.

Neuer Variant und CrossGolf

Die komplette Neugestaltung der Frontpartie des Variant (Kapitel »Das Modell«) folgt optisch dem aktuellen Golf-Design: Klare horizontale Linien, neu gestylte Scheinwerfer, Stoßfänger, Kühlergrill, Motorhaube und Kotflügel stammen vom kompakten Golf VI. Im Gegensatz zum Vorgänger wird das Design nicht mehr vom Chromkühlergrill, sondern vom schwarzen, horizontal gegliederten Grill und dem in Wagenfarbe lackierten Stoßfänger geprägt (Bilder 8 und 9).

Auf dem Genfer Auto-Salon debütierte als Weltpremiere im Frühjahr 2010 die Neuauflage des CrossGolf, womit das Golf-Spektrum nun sechs eigenständige Modelle umfasst. Untereinander nutzen sie allerdings die Hightechkomponenten des innovativ konzipierten Systembaukastens. Der neue CrossGolf beruht wie sein Vorgänger auf dem Golf Plus. Der Cross schlägt als Allrounder eine Brücke zwischen MPV und SUV, verbindet also variablen Van mit der Robustheit der Geländewagen.

PRAXISTIPP

Reparatur an Kunststoffteilen

Bei groben Beschädigungen wie Rissen und tiefen Kratzern im Material von Kunststoffteilen bleibt nichts weiter übrig, als die Teile zu erneuern. Bei kleineren Schäden wie Abschürfungen oder nicht sehr tiefen Rissen und Löchern erlauben spezielle Kunststoff-Reparatur-Sets erfolgreiche Reparaturen. Gearbeitet wird im Prinzip mit Spachtel und Lack.

Beim Lackieren von Kunststoffteilen gilt:

- Lackieren nur im ausgebauten Zustand.
- Kunststoffanbauteile derart legen oder hängen, dass ihre Form erhalten bleibt.
- Bei ungeeigneter Auflage und Trocknungstemperaturen über 60 °C kann es zu bleibenden Formveränderungen kommen.

Neuer Variant: Gesicht vom Golf VI und viel Platz im Heck.

Neu ab Februar 2010: Der Van-artige CrossGolf.

Spalt- oder Fugenmaße prüfen und einhalten

Ein Qualitätsmerkmal des Karosseriebaus bei jedem Auto sind möglichst geringe Maße des Spalts oder der Fugen zwischen beweglichen Teilen wie Klappen und Türen und den festen Strukturen der Karosserie (Bilder 1 bis 3). Die Einhaltung dieser Spalt- oder Fugenmaße ist auch ein Gradmesser für die Güte von Reparaturen an der Karosserie. Nach jedem Austausch oder Aus- und Wiedereinbau von Motorhaube, Gepäckraumklappe oder einzelner Tür muss dieses Maß so stimmen, wie es der Hersteller bei Fahrzeugauslieferung vorgibt.

Verlaufen die beiden Grenzkanten der Fuge nicht parallel, ist das schon mit bloßem Auge recht leicht zu erkennen. Nicht fachgerecht ausgeführte Reparaturen sind damit schnell zu »entlarven«. Dabei ist beim Golf eine Toleranz von plus/minus 0,5 mm hinsichtlich der Fugenbreite gestattet. Diese 0,5-mm-Toleranz ist fertigungstechnisch bedingt und kann in der Produktion auf wirtschaftliche Weise kaum noch weiter unterboten werden.

Letzter Arbeitsschritt bei Reparaturen an Türen und Klappen ist stets die Kontrolle der Spaltmaße. Überprüft werden sie mit einer Einstelllehre, im Volkswagen-Werkzeugkatalog die Lehre 3371. Das ist ein Fächer von Messplättchen exakt der jeweiligen Dicke von 0,5 bis 5 mm in 0,5 mm-Schritten.

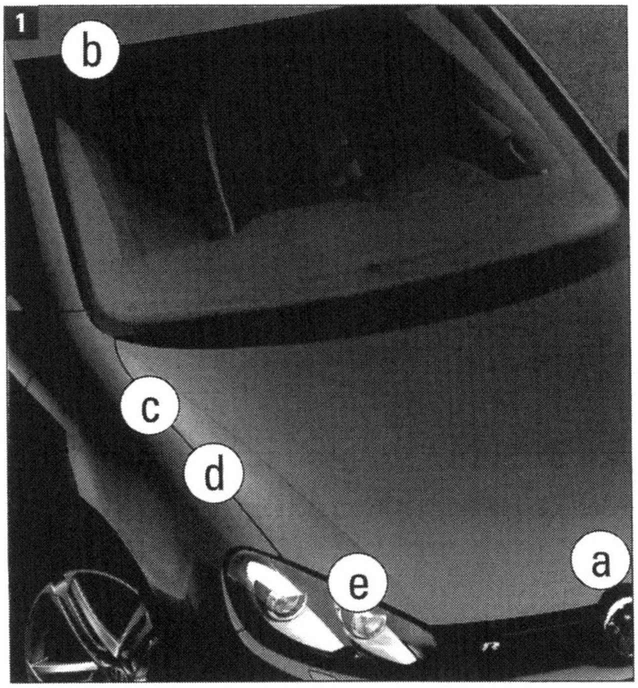

Bild 1: Spalt-/Fugenmaße Karosserie vorn

Fuge		Spaltmaß	Toleranz
a		4,5 mm	0,5 mm
b		3,5 mm	0,5 mm
c	(Höhe)	0,5 mm	0,5 mm
d	(Breite)	3,5 mm	0,5 mm
e		5,0 mm	0,5 mm

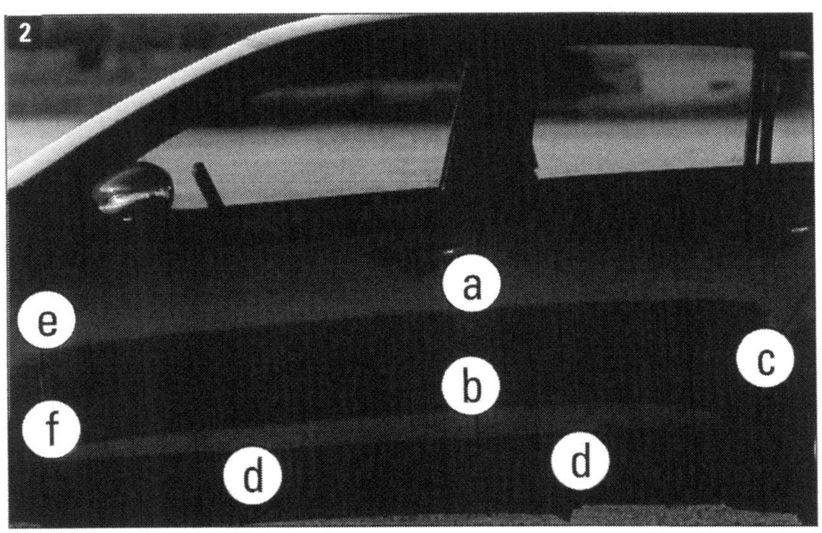

Bild 2: Fugenmaße Karosserie Mitte

Fuge	Spaltmaß	Toleranz
a	4,5 mm	0,5 mm
b	0,0 mm	-1,0 mm
c	3,5 mm	0,5 mm
d	4,5 mm	0,5 mm
e	3,5 mm	0,5 mm
f	0,0 mm	-1,0 mm
a1	3,5 mm	0,5 mm
a2	4,0 mm	0,5 mm

b und e = Höhendifferenz am Spalt
a1 = Fuge Tür/Seitenteil bei 2-Türer
a2 = Fuge Tür/Seitenscheibe bei 2-Türer

Bild 3: Spalt-/Fugenmaße Karosserie hinten

Fuge	Spaltmaß	Toleranz
a	4,0 mm	1,0 mm
b	5,0 mm	0,5 mm
c	2,0 mm	-1,0 mm
d	5,0 mm	0,5 mm
e	1,0 mm	0,5 mm
f	4,5 mm	0,5 mm

c und e = Höhendifferenz am Spalt (c: Fuge zwischen Dach und Spoiler; e: Fuge Heckklappe/Rückleuchte)
b = Breite der Fuge zwischen Dach und Spoiler

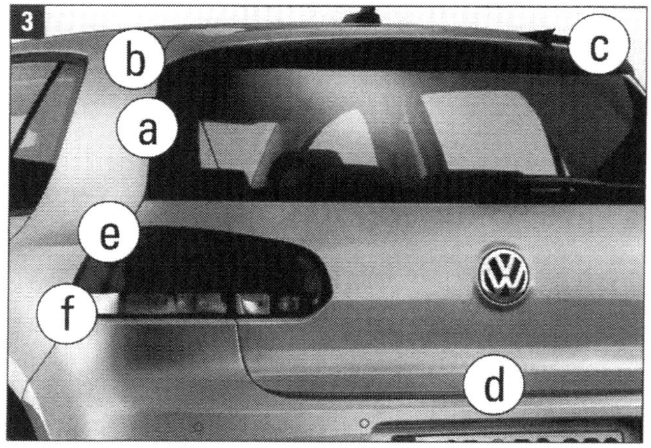

Kühlergrill und Wasserfangleiste ausbauen

Kühlergrill:

■ Zum **Ausbau** (bei allen Modellen gleich, nur optische Unterschiede) nötig sind passender Schraubendreher und Drehmomentschlüssel (V.A.G 1783).

■ Drehen Sie die vier Schrauben (1) heraus und ziehen Sie den Kühlergrill (2) in Pfeilrichtung aus der Stoßfängerabdeckung vorn (Bild 1).

■ Zum **Einbau** den Kühlergrill in die Stoßfängerabdeckung vorn einführen und mit leichtem Druck in die Abdeckung einrasten.

■ Den Kühlergrill (2) bei Bedarf noch ausrichten. Dann die Schrauben (1) ansetzen. Mit einem Anzugsdrehmoment von 2 Nm festziehen, nicht überdrehen!

Wasserfangleiste:

■ Zum **Ausbau** die Wasserfangleiste (der schwarze Pfeil in Bild 2 zeigt die Leiste auf der linken Seite), von oben beginnend, aus der Halteleiste (weißer Pfeil) im Dachrahmen der Karosserie bis in den Bereich der Tülle im Kotflügel (roter Pfeil) aushebeln. Einen Kunststoffkeil benutzen, um den Lack nicht zu zerkratzen!.

■ Im unteren Bereich die Wasserfangleiste (1 in Bild 3; das Bild zeigt die Leiste auf der rechten Seite) aus der Tülle (2) im Kotflügel ausclipsen (Pfeil).

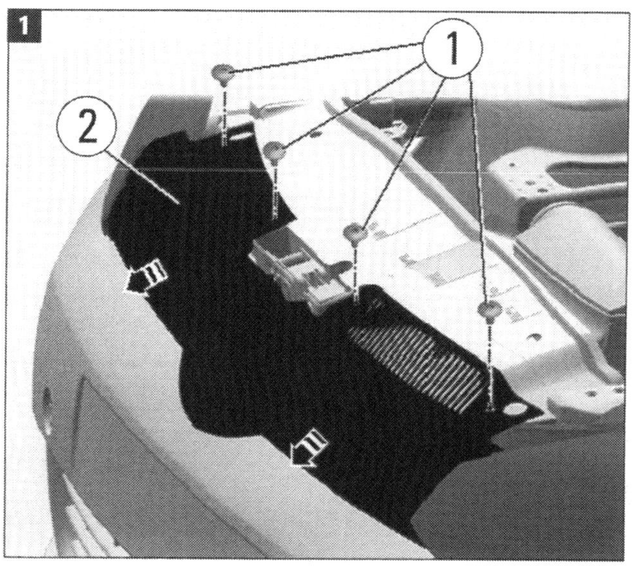

■ Beim **Einbau** die Leiste (1) in die Tülle (2) einclipsen (Bild 3). Wasserfangleiste von unten nach oben in die Halteleiste eindrücken und dabei die Lippe der Wasserfangleiste hinter die Windschutzscheibenkante fädeln.

■ **Prüfen:** Nach der Montage die Anlagelippe zum Kotflügel durch leichten Druck an der Wasserfangleiste glatt. streichen. Lippe muss bündig an der Oberkante anliegen, sie darf nicht über die Dachkante hinaus stehen.

3

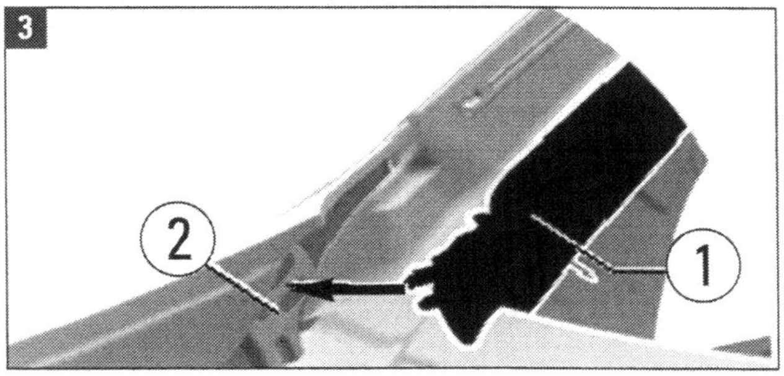

Außenspiegel: Glas, Rahmen, Gehäuse ausbauen

Spiegelglas

■ Zum **Ausbau** des in Bild 1 in den Einzelteilen gezeigten Spiegels orientieren Sie sich an Bild 2. Schützen Sie die Gehäusekante z. B. mit textilverstärktem Klebeband vor Lackbeschädigung. Drücken Sie das Spiegelglas (1) in Bild 2, (9) im Übersichtsbild 1 am unteren Rand vorsichtig in das Spiegelgehäuse (4), Bild 2, ein.

■ Drücken Sie das Glas dann mit einem Montagehebel wie VW 80-200 (Bild 3) entgegen Pfeilrichtung »a« vom Halter (2) und vom Gehäuse ab (Bild 2).

■ Schwenken Sie das Spiegelglas zur Seite und ziehen Sie die Steckkontakte (3) für die Spiegelheizung auf der Rückseite des Glases ab.

1

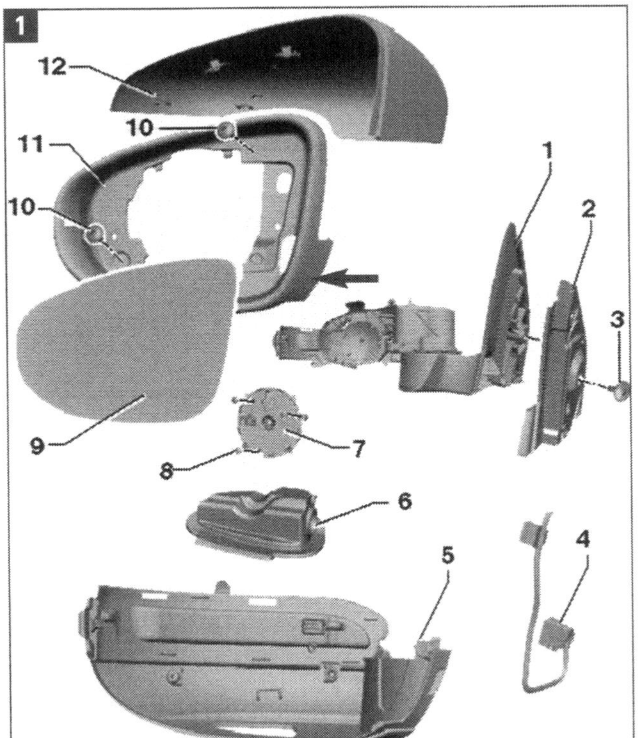

Außenspiegel-Aufbau: (1) Spiegelgrundträger, (2) Dämpfung, (3) Schraube 10 Nm, (4) Steckverbindung, (5) Montageteil mit Seitenblinkleuchte, (6) Einstiegsleuchte, (7) Verstelleinheit, (8) drei und (10) zwei Schrauben 1 Nm, (9) Spiegelglas, (11) Rahmen, (12) Spiegelgehäuse.

2

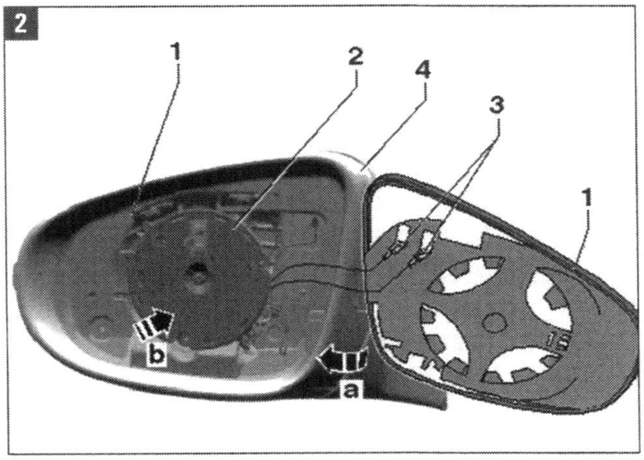

3

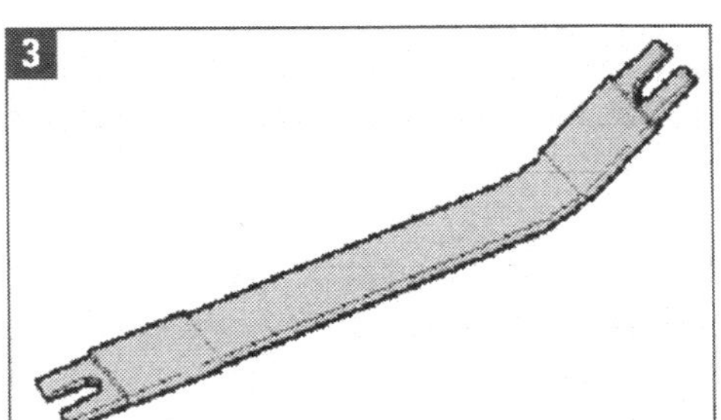

Bild 2 VW-Grafik zum Ausbau des Spiegels: (1) Spiegelglas, (2) Halter, (3) Steckkontakte, (4) Gehäuse.

Bild 3 VW-Spezialwerkzeug 80-200: Verwenden Sie diesen oder einen ihm entsprechenden Montagehebel zum sachgemäßen Ausbau des Spiegelglases.

■ **Einbau** umgekehrte Reihenfolge. Stecken Sie die Steckkontakte (3) für die Spiegelheizung am Spiegelglas auf.

■ Das Glas in Pfeilrichtung »a« schwenken und mittig in Pfeilrichtung »b« auf Halter (2) im Gehäuse (4) aufdrücken.

■ Wenn das Spiegelglas hörbar eingerastet ist, eine abschließende Funktionsprüfung vornehmen.

Spiegelrahmen

■ Wieder an Bild 1 orientieren: Wenn Sie das Spiegelglas demontiert haben, kann der Rahmen (11) **ausgebaut** werden. Zuerst die zwei Schrauben (10) herausdrehen.

■ Die Rasthaken links und rechts am oberen Rand der Verstelleinheit (7) mit einem Schraubendreher aus dem Spiegelgehäuse lösen.

■ Die Verrastung an der Innenseite des Spiegelrahmens (roter Pfeil in Bild 1) mit einem Schraubendreher von unten aushebeln.

■ Heben Sie den Rahmen von der Seite mit einem Montagehebel (gut geeignet wieder VW 80-200) an und nehmen Sie ihn ab.

■ Kontrollieren Sie beim **Einbau** die Verrastungen des jeweiligen Bauteils auf Beschädigung und ersetzen Sie es ggf. Der Einbau erfolgt sinngemäß in umgekehrter Reihenfolge. Ziehen Sie die Schrauben mit einem Anzugsdrehmoment von 1 Nm fest.

■ Führen Sie wie schon in den vorigen Fällen abschließend eine Funktionsprüfung durch.

Spiegelgehäuse

■ Der **Ausbau** wird, wie schon in den vorangegangenen Arbeitsschritten, für den linken Außenspiegel erläutert. Aus- und Einbauten am rechten Spiegel sind sinngemäß daraus abzuleiten.

■ Spiegelglas und Rahmen wie beschrieben ausbauen. Dann an Bild 4 orientieren: Verrastung (Pfeile »a«) am Spiegelgehäuse (1) mit einem Schraubendreher aushebeln.

■ Die Rasthaken (Pfeile »b«) zusammendrücken und das Spiegelgehäuse vorsichtig von Blinkleuchte (2) abnehmen.

■ Beim **Einbau** wieder die Verrastungen des jeweiligen Bauteils auf Beschädigung kontrollieren und ggf. das Teil ersetzen. Ansonsten erfolgt der Einbau wieder sinngemäß in umgekehrter Reihenfolge.

■ Abschließend Funktionsprüfung vornehmen.

Gesamter Außenspiegel

■ Wenn Sie den ganzen Außenspiegel **abbauen** wollen, müssen Sie die Verkleidung der Vordertür (linker Spiegel also Fahrerseite) ausbauen.

■ Das Spiegelkabel verläuft vom Durchlass vorn oben in der Tür schräg nach unten.* Lösen Sie die beiden Kabelbinder und trennen Sie die Steckverbindung für den Außenspiegel in Türmitte in Höhe der Lautsprechermitte.

■ Die Schraube (10 Nm) über dem Kabeldurchlass mittig am Spiegel herausdrehen, Den Spiegel abnehmen und die Leitung durch die Öffnung in der Tür nach außen ziehen.

■ Der **Einbau** erfolgt dann wieder sinngemäß umgekehrt. Zum Abschluss Funktionsprobe.

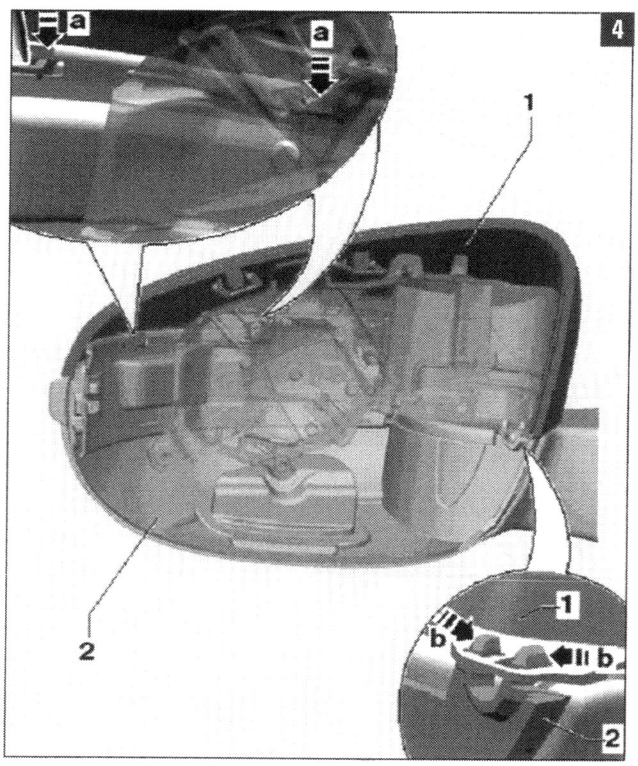

Gehäuseausbau: (1) Spiegelgehäuse, (2) Blinkleuchte. Pfeile »a«: Verrastung, Pfeile »b«: Rasthaken.

***Anmerkung:** Wenn hydraulische, pneumatische oder elektrische Leitungen gelöst oder aus-/eingebaut werden, Skizzen/Fotos von der Originalsituation anfertigen, um vom Hersteller verlangten ursprünglichen Einbau sicher zu stellen!

Tankklappeneinheit aus- und einbauen

Erforderlich ist ein Sechskant-Steckschlüssel (bei VW das Werkzeug T 10010)

■ Wenn sich die Tankklappe (1a) nicht über den Taster in der Fahrertür öffnen lässt, kann sie von Hand über das Stellelement (6) geöffnet werden (Bilder 1 und 2). Dieses befindet sich im Seitenteil und ist nach Abziehen der Laderaumverkleidung zu erreichen. Zur Notentriegelung die Stange am Stellelement nach oben drücken (Pfeil in Bild 1).

■ Zum **Ausbau,** auch bei Autogas-Fahrzeugen, Tankdeckel abschrauben und Schraube (3) herausdrehen.

■ Gummitülle (6) vom Tankeinfüllstutzen (9) und ggf. auch vom Gas-Befüllanschluss abkrempeln (Bilder 1/2).

■ Die Tankklappeneinheit mit Wasserablaufschlauch (4) nach hinten aus den Verrastungen ausclipsen und aus dem Seitenteil heraus schwenken.

■ Zum **Einbau** muss das Führungsteil (5) in das Seitenteil eingeschoben sein. Stecken Sie den Wasserablaufschlauch (4) durch die Öffnung in der Tankklappeneinheit und ziehen Sie ihn bis zum Anschlag durch.

■ Führen Sie den Wasserablaufschlauch in das Seitenteil ein. Schieben Sie die Tankklappeneinheit zuerst mit der Scharnierseite in das Seitenteil (Pfeil a in Bild 2).

■ Tankklappeneinheit vollständig ins Seitenteil schwenken (Pfeil b). Rasthaken richtig im Seitenteil verrasten!

■ Ziehen Sie die Gummitülle (6) über den Tankeinfüllstutzen (9) und drehen Sie die Schraube (3) mit 1,5 Nm fest.

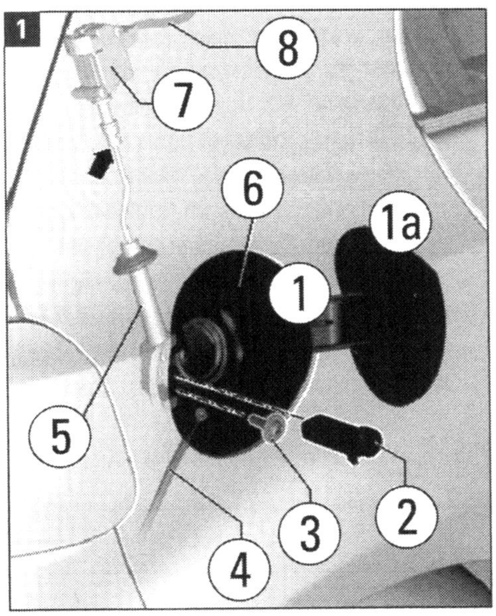

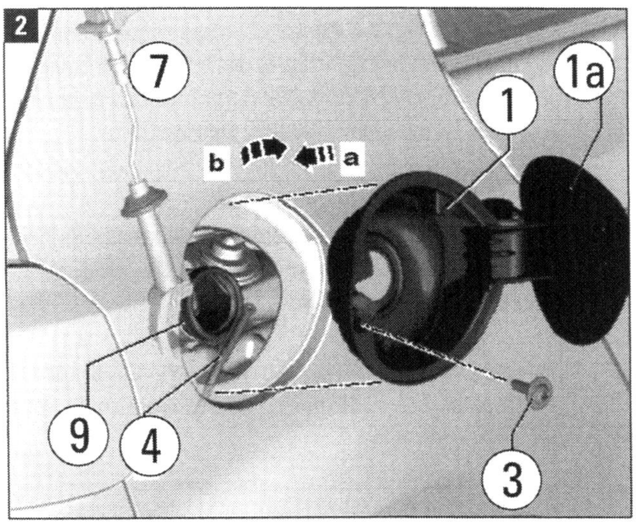

Bilder 1/2 Komponenten an der Tankklappeneinheit

(1/1a) Einheit, (2) Öffner, (3) Schraube, (4) Ablauf, (5) Führungsteil, (6) Gummitülle, (7) Stellelement, (8) Stecker, (9) Stutzen.

Stoßfängerabdeckung vorn und hinten ausbauen

Stoßfängerabdeckung vorn

■ Der **Ausbau** der Stoßfängerabdeckung (Bild 1) wird in erster Linie bei Beschädigungen an der Abdeckung erforderlich. Vor dem Auswechseln sollte aber genau geprüft werden, ob eine Kunststoffreparatur möglich ist. Das gilt ebenso für die Stoßfängerabdeckung hinten.

■ Je nach Modellvariante (Golf, Golf Plus, Variant, Golf GTD, Golf R, CrossGolf) müssen beim Aus- und Einbau geringfügige Abweichungen berücksichtigt werden.

■ Den Kühlergrill wie beschrieben ausbauen und die beiden Schrauben (2) am Schlossträger herausdrehen (Bild 1).

■ Erst die nach oben gerichteten seitlichen Schrauben links und rechts, dann die jeweils vier horizontal eingedrehten Schrauben links und rechts aus dem Radhaus herausdrehen (Bild 1 zeigt nur die Schrauben der linken Seite).

■ Die vier Schrauben (3; links und rechts je zwei) und die vier Schrauben (4) von unten herausdrehen.

■ Stoßfängerabdeckung aus den Verrastungen der Führungsteile links und rechts am Kotflügel herausziehen. Gemeinsam mit einem Helfer die Stoßfängerabdeckung vorn parallel vom Fahrzeug abziehen. Alle Steckverbindungen elektrischer Bauteile trennen, Abdeckung entnehmen.

■ Zum **Einbau** (mit einem Helfer) die Abdeckung vorn parallel auf den Schlossträger setzen und auf die Führungsteile drücken, bis sie einrasten. Auf parallele Führung am Kotflügel und generell auf Parallelität und Spaltmaße achten.

■ Zuerst die Schrauben (2) am Schlossträger, dann die seitlichen Schrauben an den Radhäusern und zum Schluss die von unten einzudrehenden Schrauben (3 und 4) ansetzen (Bild 1). Alle Schrauben mit 2 Nm festziehen.

Stoßfängerabdeckung hinten

■ Beim **Ausbau** der hinteren Stoßfängerabdeckung (Bild 2) wegen Beschädigung ebenso wie vorn die Möglichkeit einer Kunststoffreparatur prüfen.

■ Schlussleuchten ausbauen (Kapitel »Fahrzeugelektrik«) und die Schrauben (2) im Bereich der Radhausschale links und rechts herausdrehen.

■ Erst die nach oben gerichteten Schrauben (2) links und rechts aus dem jeweiligen Seitenteil, dann die Schrauben (3) am Radhaus sowie (4 und 5) von unten herausdrehen.

■ Mit Helfer hintere Stoßfängerabdeckung (1) aus den Verrastungen der seitlichen Führungen heraus und parallel vom Fahrzeug abziehen.

■ Elektrische Steckverbindungen (Einparkhilfe) trennen.

■ Zum **Einbau** hintere Stoßfängerabdeckung parallel an den Führungsprofilen links und rechts ansetzen.

■ Stoßfängerabdeckung auf die Führungsprofile Mitte sowie links und rechts drücken, bis die Teile hörbar miteinander verrasten. Auf Parallelität und Spaltmaße achten!

■ Erst die Schrauben (4) und (5), dann (3) und (2) ansetzen und mit einem Anzugsdrehmoment von 2 Nm festziehen.

■ **Anmerkung:** Die Stoßfängerabdeckungen vorn wie hinten bestehen aus Verbundkunststoff PP/EPDM. An ihnen sind diverse kleinere Teile **angebaut**, die sich meist erst nach Abbau der Abdeckung demontieren lassen.
Vorn: Stützteile für die Scheinwerferreinigungsanlagen, Spoiler mit Halter, mittleres und seitliche Lüftungsgitter, seitliche Lüftungsgitter für die Nebelscheinwerfer (alle Gitter nach vorn aus der Verrastung ziehen), Zierringe und -leisten je nach Modell, Kennzeichenträger mit Befestigungsclips und die Kappe für die Abschleppösenaufnahme.
Hinten: in der Abdeckung verrastete Rückstrahler, mit Nietmuttern befestigter Kennzeichenträger, Spoiler sowie Spoiler für Anhängevorrichtung (beide aus PC/ABS) und Kappe für die Abschleppöse. Ferner in der Stoßfängerabdeckung: Clips und die beiden Kennzeichenleuchten.

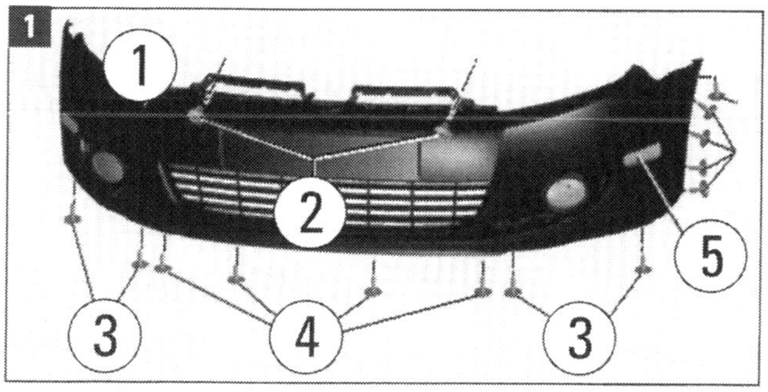

__Bild 1 Stoßfänger vorn:__ (1) Abdeckung, (2) Schrauben am Schlossträger, (3, 4) weitere Schrauben, (5) Seitenleuchte.
__Bild 2 Stoßfänger hinten:__ (1) Abdeckung, (2) Schraube am Seitenteil, (3, 4) Schrauben am Radhaus, (5) Schrauben am Abschlussblech.

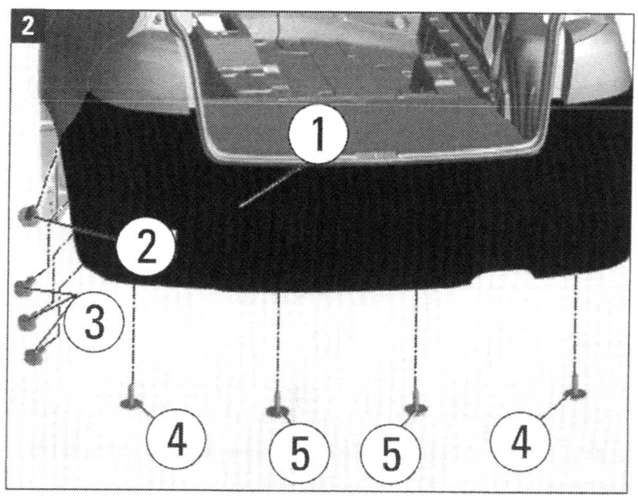

Schlossträger in Servicestellung bringen

Servicestellung herstellen

■ Für viele Arbeiten im Motorraum ist es günstig, etwas mehr Bewegungsraum nach vorn zu haben. Zu diesem Zweck hat der Hersteller vorgesehen, den Schlossträger (1; Bilder 1 und 3) horizontal etwa um 100 mm nach vorn verschieben zu können. Dazu sind allerdings etwas Montagearbeit und zwei Spezialwerkzeuge erforderlich, die bei VW die Teile-Nummer T10093 haben. Diese »Führungsstangen« können Sie aus 180 mm langen Stehbolzen mit passendem Gewinde selbst herstellen.

■ Vordere Stoßfängerabdeckung und Kühlergrill ausbauen. Den Bowdenzug und die Steckverbindung (über dem rechten Scheinwerfer befestigt) trennen. Die drei Schrauben am Schlossträger herausdrehen, Klappenschloss nach oben herausnehmen.

■ Den Bowdenzug durch Zusammendrücken der Lasche (löst die Verrastung) ausclipsen. Bowdenzug vom Schloss abnehmen.

■ Bei Fahrzeugen mit Ladeluftkühler die Druckschläuche lösen. Dazu die Steckkupplung (1) durch Druck auf die Federklammer (2) entriegeln (Pfeil »a«) und den Schlauch (3) in Pfeilrichtung »b« aus der Kupplung ziehen (Bild 2).

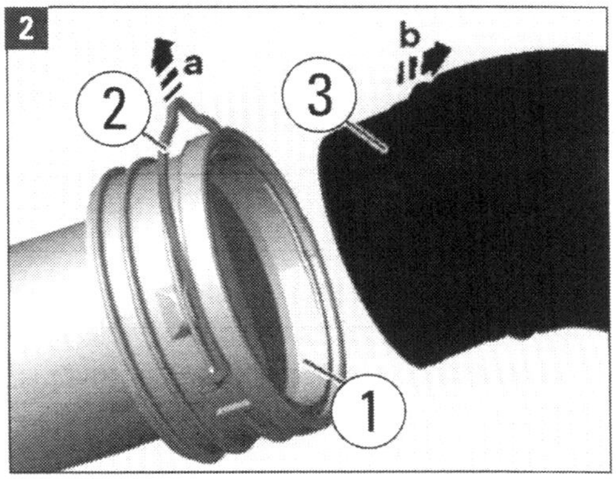

■ Links und rechts die je zwei Schrauben (4) an der Führung und dann die jeweils vier Schrauben (5) an den Längsträgern links und rechts vorn herausdrehen (Bild 3).

■ Links und rechts die Führungsstangen T10093 oder die Gewindebolzen in die Längsträger eindrehen (roter Pfeil Bilder 1, 3, 4), dann die Schrauben (3) an den Haltewinkeln (2) herausschrauben. Jetzt kann der Schlossträger auf den

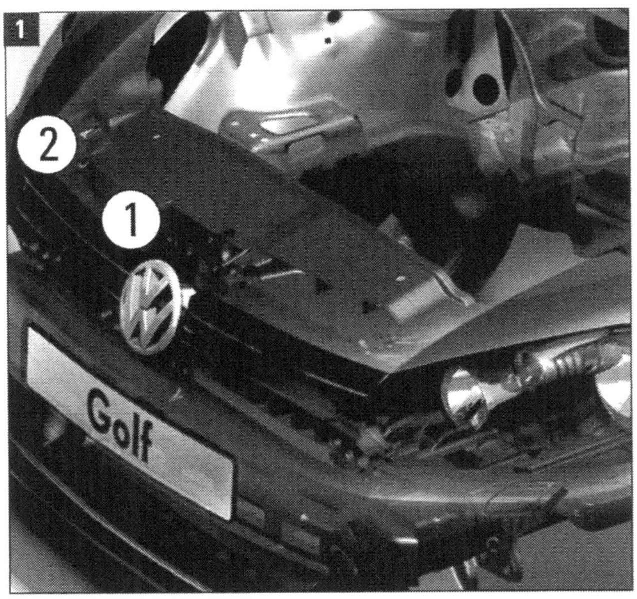

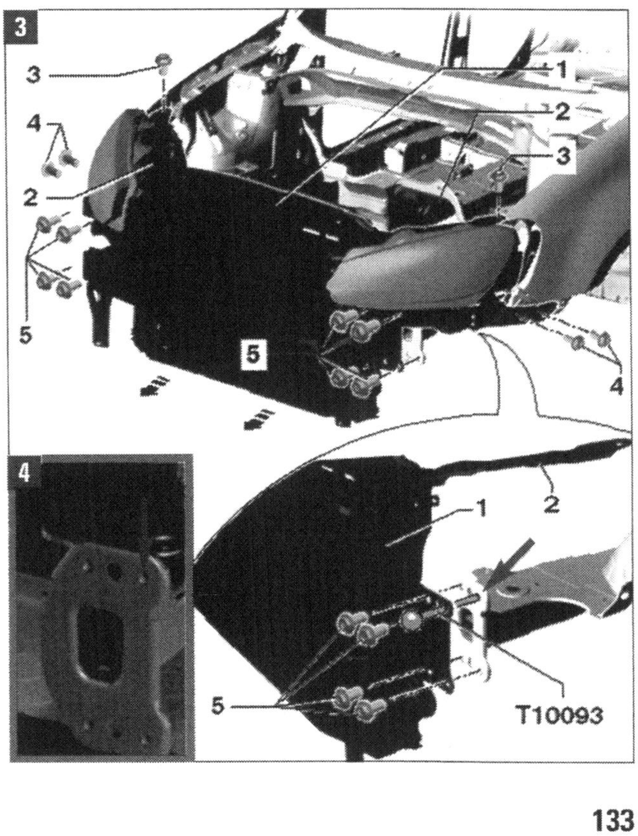

Servicestellung: (1) Schlossträger, (2) Haltewinkel, (3) obere, (4) seitliche und (5) vordere Schrauben.
T10093: VW Spezialwerkzeug »Führungsstange«.
Roter Pfeil: Längsträger, in den die Führungsstangen (oder Gewindebolzen) eingeschraubt werden.

Führungsstangen / Gewindebolzen) bewegt werden.

Servicestellung zurücksetzen

■ Der **Einbau** erfolgt sinngemäß umgekehrt. Der Schlossträger mit seinen Anbauteilen muss dabei an den Längsträgern und zwischen den Kotflügeln ausgemittelt werden.

■ Die Schrauben (3) werden mit 8 Nm am Haltewinkel (2), die Schrauben (4) werden mit 2 Nm und die Schrauben (5) mit 60 Nm festgezogen.

■ Die Druckschläuche (3) entgegen Pfeilrichtung »b« (Bild 2) in die Kupplungen (1) stecken und hörbar verrasten.

Radhausschalen vorn und hinten aus- und einbauen

Radhausschale vorn (Bilder 1 und 2)

■ Zum **Ausbau des Hinterteils** (1) der Radhausschale das Rad abschrauben, Schrauben (2) herausdrehen und Radhausschale (Hinterteil) aus dem Kotflügel herausziehen (Bild 2).

■ Zum **Ausbau des Vorderteils** (3) der Radhausschale die Schrauben (4) herausdrehen und das Vorderteil abziehen (Bild 2).

■ Beim **Einbau** in sinngemäß umgekehrter Reihenfolge die Spreizmuttern (5) auf Beschädigung kontrollieren und ggf. ersetzen.

■ Die Schrauben (2) und (4) ansetzen und mit 2 Nm festziehen. Bilder und Beschreibung beziehen sich auf die linke Radhausschale. Das Vorgehen bei der rechten Radhausschale ist sinngemäß daraus abzuleiten. Je nach Modellvariante müssen beim Aus- und Einbau geringfügige Abweichungen berücksichtigt werden.

Radhausschale hinten (Bild 3)

■ Die Radhausschalen hinten bestehen aus einem Stück. Bild 3 als Orientierung für Aus- und Einbau zeigt wieder die linke Seite. Aus- und Einbau rechts sind sinngemäß daraus abzuleiten. Je nach Modellvariante müssen wieder geringfügige Abweichungen berücksichtigt werden.

■ Zum **Ausbau** der Radhausschale das Rad abschrauben und die neun Schrauben (2) herausdrehen.

■ Die Radhausschale aus dem Radhaus herausziehen.

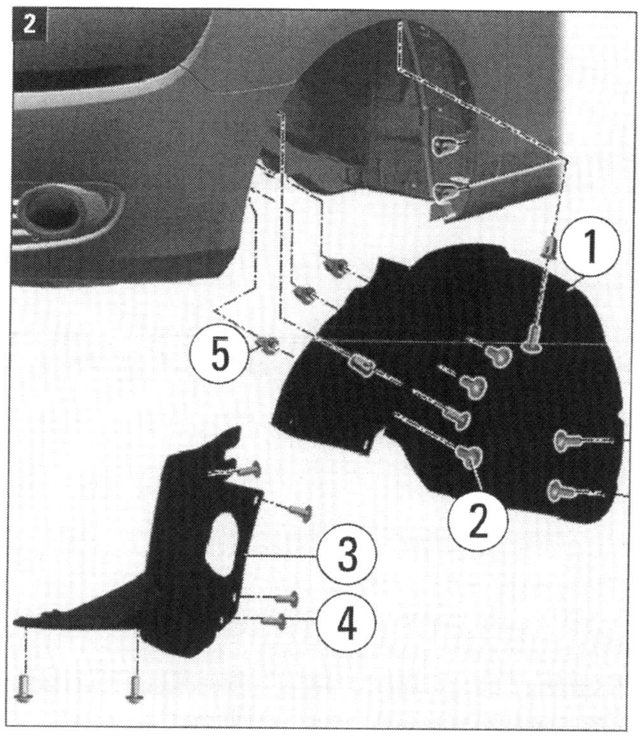

Bilder 1 und 2 Radhausschale vorn: (1, 3) hinteres und vorderes Schalenteil, (2, 4) Schrauben, (5) Spreizmuttern.

■ Kontrollieren Sie die Spreizmuttern (3) auf Beschädigung. Äußerst wichtig ist es, die gasdichte Spreizmutter (4) gründlich zu kontrollieren. Sie muss bei Beschädigungen unbedingt ersetzt werden, weil sie den Innenraum gegen Abgase abdichtet.

■ **Einbau:** Setzen Sie die Radhausschale hinten (1) im Radhaus knickfrei ein. Setzen Sie die Schrauben (2) an und ziehen Sie sie mit 2 Nm fest. Bauen Sie das Rad an.

■ ***Anmerkung:*** Wie auch die Stoßfängerabdeckungen bestehen die Radhausschalen aus »PP/EPDM«. Dieser Verbundkunststoff verbindet die Eigenschaft des thermoplastischen Elastomers Polypropylen, nämlich die gute Verformbarkeit bei Wärme, mit den guten Materialeigenschaften des kostengünstigen Ethylen-Propylen-Dien-Monomers. Das Recycling von PP/EPDM bei der wertstofflichen Verwertung von Altfahrzeugen ist sehr gut möglich.

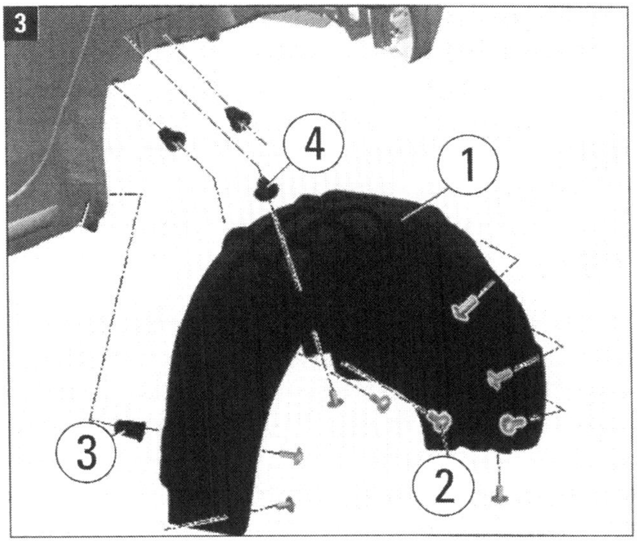

Radhausschale hinten (1): (2) Schrauben, (3) Spreizmuttern, (4) gasdichte Spreizmutter.

Unterboden prüfen, Verkleidung aus- und einbauen

Unterboden prüfen

■ Eine empfehlenswerte Wartungsarbeit ist die Kontrolle von Fahrzeugunterboden (Bild 1; weiße Pfeile Fahrtrichtung, rote Pfeile Schraubverbindungen mit der Karosserie) und Karosserielack. Dazu Unterbodenschutz und Unterbodenverkleidung, Radhäuser und alle Unterholme, Leitungsverlegung und Stopfen sorgfältig auf etwaige Schäden untersuchen. Sind alle Leitungen in ihren Halterungen be-

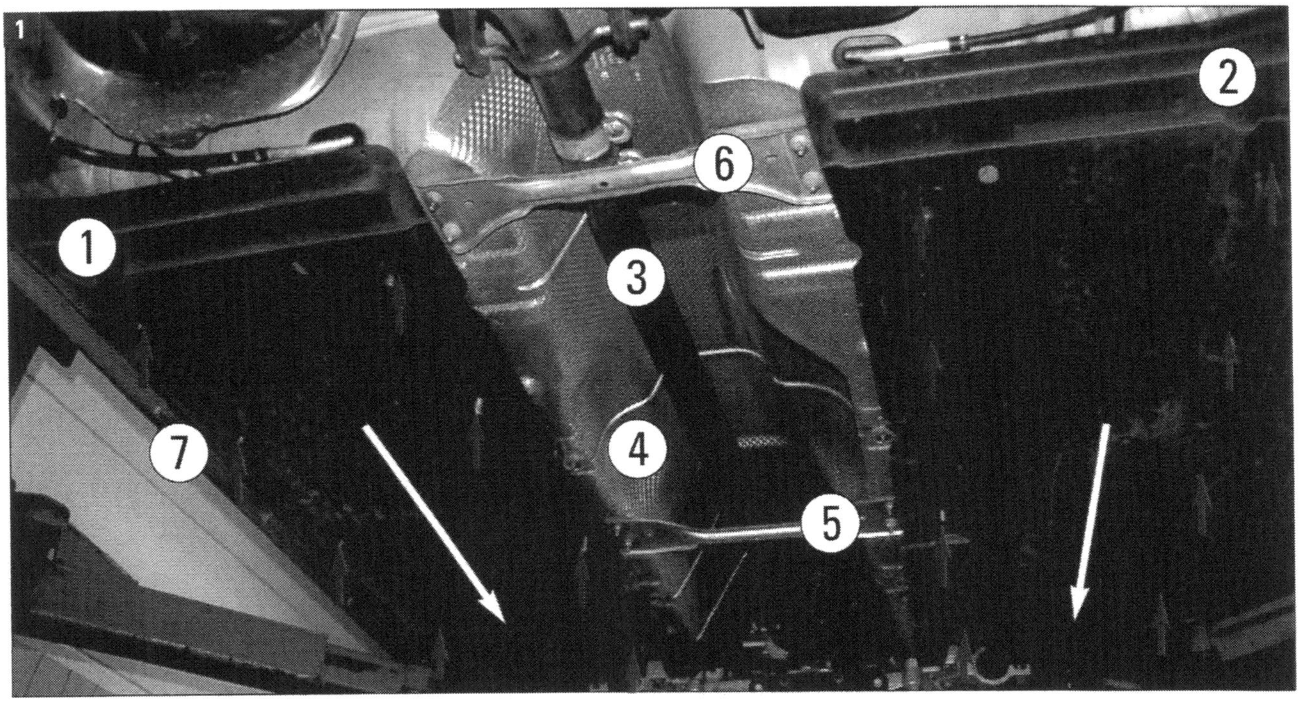

Golf unten: (1, 2) Verkleidungen, (3) Abgasrohr, (4) Schutzblech, (5, 6) Tunnelbrücken, (7) Unterholm links.

festigt? Sind alle Stopfen vorhanden und keine Beschädigungen des Unterbodens zu sehen?

■ Alle Karosserieverbindungen, Rahmen der Front- und der Heckscheibe sowie die Bördel der Innenflächen der Motorhaube prüfen. Waagerechte und senkrechte lackierte Flächen sowie Dachanschluss im Heckklappenbereich ansehen.

■ Alle festgestellten Mängel müssen sofort beseitigt werden. Dadurch vermeiden Sie Korrosion und Durchrostung. Holen Sie sich dazu fachmännischen Rat ein, wenn Sie nicht die Fachwerkstatt in Anspruch nehmen wollen. Nur die empfohlenen chemischen Materialien und Lacke (vor allem für Kunststoffreparaturen) verwenden!

Unterbodenverkleidung ausbauen

■ Die zweiteilige Unterbodenverkleidung (1 und 2, Bild 1) kann zu etwaiger Reparatur oder zum nötigen Austausch **ausgebaut** werden. Dazu die Sechskantmuttern an den Verschraubungen (rote Pfeile) herausdrehen.

■ Beim **Einbau** die Muttern mit einem Anzugsdrehmoment von 2 Nm festziehen.

Schäden reparieren

■ Für Lackschäden im nicht sichtbaren Bereich empfiehlt Volkswagen zweimaliges Überstreichen (nass in nass) mit seinem Glas-/Lackprimer D 009 200 02, einer Grundierung.

■ Sie können aber gerade zum Thema Lack- und Kunststoffreparatur wieder auf diverse Internetangebote zurückgreifen. Unter www.sikkenscr.de z. B. finden Sie das reichhaltige Angebot von Sikkens.

■ Zur Reparatur von Löchern, Rissen und Schrammen an flexiblen, überlackierbaren Kunststoffteilen (Polyurethan, Acrylethan, Butadien, Styrol, Polycarbonat, Polyamid) werden von Sikkens und anderen Herstellern Materialien und Werkzeuge angeboten. Sie erhalten auch Informationen zu Mischungsverhältnissen, Verarbeitungs- und Trockenzeit. Teilweise werden instruktive Videos abgespielt.

■ In Spraydosen gibt es Langzeitkorrosionsschutz für Hohl- und Halbhohlräume im Spritzwasserbereich: Einstiegsschweller, Türen, Radkästen-Seitenwand, Seitenteile über Radlaufbereichen, Scheinwerfergehäuse, Kotflügel.

■ Karosseriefugen, Blechüberlappungen und Schweißnähte dichten Sie erfolgreich mit einer dauerelastischen Einkomponenten-Polyurethan-Dichtungsmasse ab.

■ Nach 15 Minuten mit Zweikomponenten-Acryllacken, nach 45 Minuten mit Wasserbasislacken überlackieren .

Frontklappe, Heckklappe und Gasdruckfedern ausbauen

Frontklappe (Motorhaube) ausbauen

■ Zum **Ausbau** der Motorhaube (Frontklappe; »1« Bilder 1 und 2) brauchen Sie einen Helfer (abstützen, halten).

■ Motorhaube öffnen. Die am hinteren Klappenrand verlaufende Leitung (Bild 5) aus der Frontklappe ausclipsen.

■ Falls vorhanden, Abdeckkappen von den jeweils zwei Sechskantmuttern (22 Nm; blaue Pfeile Bild 2) oben an beiden Klappenscharnieren abziehen und Muttern lösen, aber noch nicht abschrauben.

■ **Gasdruckfeder** von der Frontklappe abbauen: Kleinen Schraubendreher in die Öffnung der oberen Halterung (roter Pfeil in Bild 1) stecken und die Sicherungsklammer heraushebeln. Klammer abnehmen, Gasdruckfeder aus der Halterung herausnehmen.

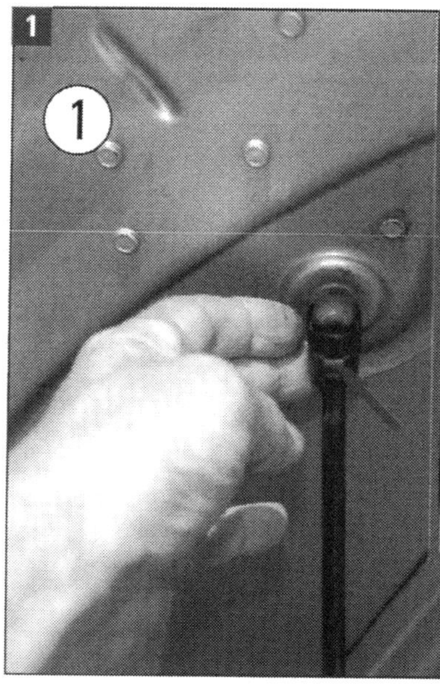

■ Mit kleinem Schraubendreher unter die Federklammer der unteren Halterung (roter Pfeil Bild 3) greifen. Die Klammer gerade so weit anheben, dass sie sich über die Kugelpfanne in Richtung weißer Pfeil/Bild 3 verschieben lässt.

■ Gasdruckfeder vom Kugelzapfen abziehen und entnehmen, die Federklammer sofort wieder zurückschieben. ***Anmerkung:*** Bei einigen Modellen sind die Halterungen der Gasdruckfedern etwas anders ausgeführt. Die Arbeitsabläufe bleiben gleich.

■ Zum weiteren Ausbau der **Frontklappe** jetzt die Muttern an den Scharnieren (Bild 2) abdrehen und die Frontklappe aus den Scharnieren herausheben.

■ Wenn die Klappe vorn abgenommen ist, kann das Scharnier ausgebaut werden. Dazu müssen die beiden Schrauben (22 Nm) unten am Scharnier (blaue Pfeile in Bild 4) herausgedreht werden.

■ In die Klappe ist eine Dämpfungsmatte eingelegt. Die Laschen an den Mattenrändern stecken in Langlöchern der Frontklappe und sind mit fünf Halteklammern befestigt. Zum Ausbau der Dämpfung werden die Klammern mit einem Abdrückhebel (gut geeignet: VW 80-200) aus der Klappe herausgehebelt. Dann die Dämpfung aus den Langlöchern ziehen.

■ Zum **Einbau** alle Arbeitsgänge sinngemäß umgekehrt ausführen. Beim Einbauen der Dämpfung darauf achten, dass alle Montagezungen in die Langlöcher eingeschoben und die Halteklammern mit der breiten Seite nach außen eingesetzt und fest verrastet werden. Die Gasdruckfedern beim Einbau zuerst auf den unteren Kugelzapfen drücken und dann oben in die Halterung schieben. Die Klammer bis auf Anschlag in die Halterung schieben.

Bilder 1 bis 4 Gasdruckfeder und Scharnier: (1) Frontklappe; rote Pfeile Klammern, blaue Pfeile Muttern/Schrauben.

■ Beachten, dass beim Einbau die Leitung unten rechts an der Klappe in einem Bogen (Pfeil in Bild 5) verlegt werden muss. Wird sie verdreht eingebaut, knickt sie ab.

■ Nach dem Einbau von Dämpfung, Scharnieren, Klappe und Gasdruckfedern muss die Frontklappe eingestellt werden. Dazu die Klappe zwischen den Kotflügeln genau ausmitteln und in der Höhe über dem Klappenschloss-Unterteil (Bild 6) einstellen.

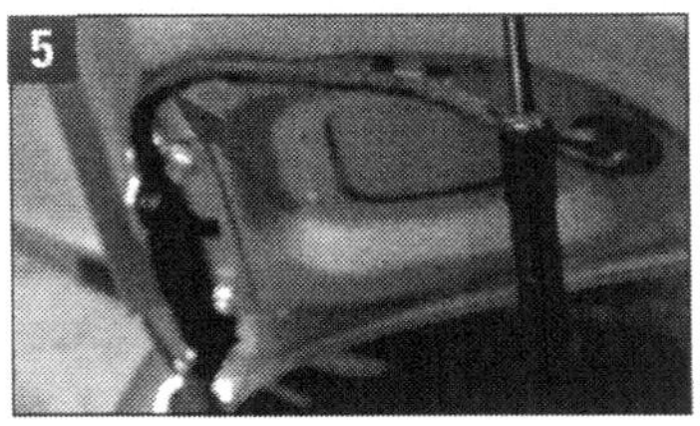

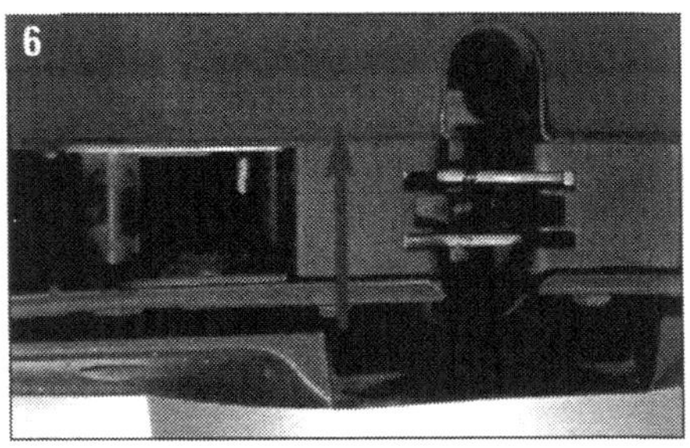

■ Die Klappe zu den Kotflügeln und nach den Fugenmaßen abstimmen. Die Gummipuffer an der Motorhaube (Bild 7) sind lediglich ein Durchschlagschutz und können, anders als bei der Heckklappe, nicht verstellt werden.

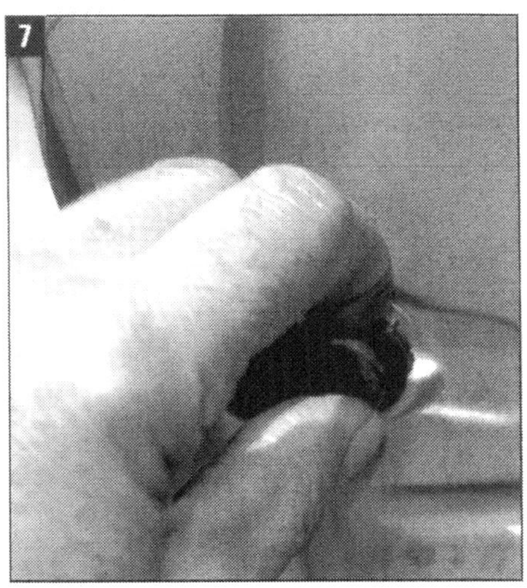

Klappe hinten (Heckklappe) ausbauen

■ Sie brauchen einen Helfer zum Abstützen und Halten. **Ausbau:** Die Heckklappe (»1« in Bild 8) öffnen, ganz nach oben drücken und Verkleidung ausbauen (siehe später unter »Innenraum«).

■ Die Schläuche und die Steckverbindungen elektrischer Bauteile trennen. Durch die vorgesehene Öffnung führen.

■ Die jeweils zwei Schrauben an den Scharnieren (2) links und rechts lösen, aber nicht abschrauben.

■ Die beiden Gasdruckfedern (3) links und rechts in ähnlicher Weise wie bei der Frontklappe abbauen (Bild 8).

■ Bereits wenn eine der beiden Gasdruckfedern ausgebaut wird, muss die Klappe abgestützt werden. Eine einzelne Gasdruckfeder kann die Heckklappe nicht offen halten.

■ Bei Wiederverwendung der Gasdruckfeder die Federklammer (roter Pfeil, Bild 9) nicht ganz aus der Kugelpfanne heraushebeln, sonst Beschädigung der Federklammer! Die Gasdruckfeder springt aus der Aufnahme (schwarzer Pfeil Bild 9), es kommt zu Schäden und evtl. zu Verletzungen! Ziehen Sie die Gasdruckfeder vom Kugelzapfen ab und schieben Sie die Federklammer sofort wieder zurück.

■ Die Scharnierschrauben ganz herausdrehen und gemeinsam mit einem Helfer die Klappe abnehmen.

■ **Einbau:** Sinngemäß in umgekehrter Reihenfolge. Die Scharnierschrauben werden mit 10 Nm angezogen.

■ Heckklappe einstellen (folgt) über Schließbügel (7) in Bild 8 und Einstellpuffer (»1« in den Bildern 9, 11 und 13).

Gasdruckfeder entgasen

■ Defekte Gasdruckfedern müssen vor dem Entsorgen entgast werden. Dazu die Gasdruckfeder im Bereich bis maximal 50 mm vom Kolbenaustritt entfernt in den Schraubstock einspannen. Das Einspannen darf nur in diesem Bereich erfolgen, sonst besteht Unfallgefahr!

■ Zylinder der Gasdruckfeder im ersten Drittel der Zylindergesamtlänge aufsägen. Gehen Sie dabei von der Bezugskante auf der Kolbenstangenseite aus.

■ Beim Sägen eine Schutzbrille tragen. Den Bereich des Sägetrennschnittes mit einem Putzlappen abdecken. Öl und Putzlappen vorschriftsmäßig entsorgen!

Heckklappe einstellen

■ Zum Einstellen der Heckklappe (1) in Bild 10 muss das

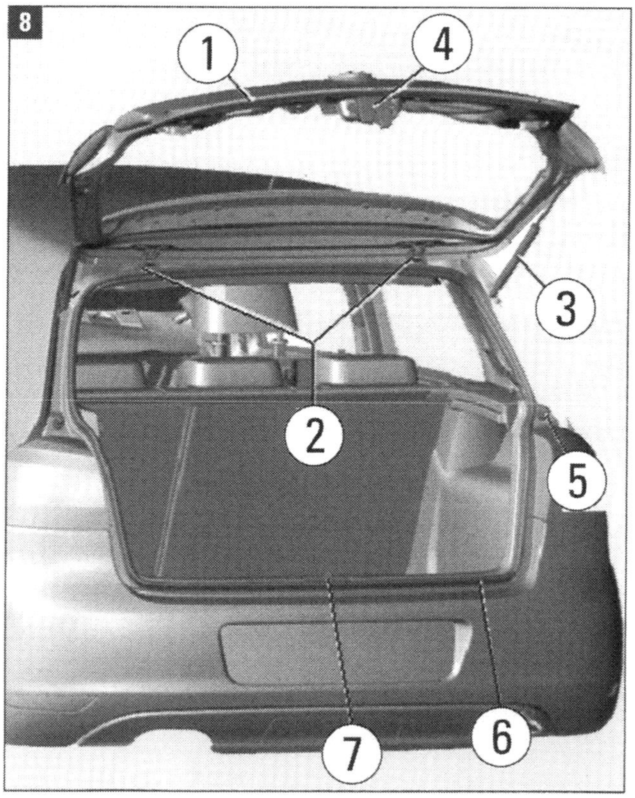

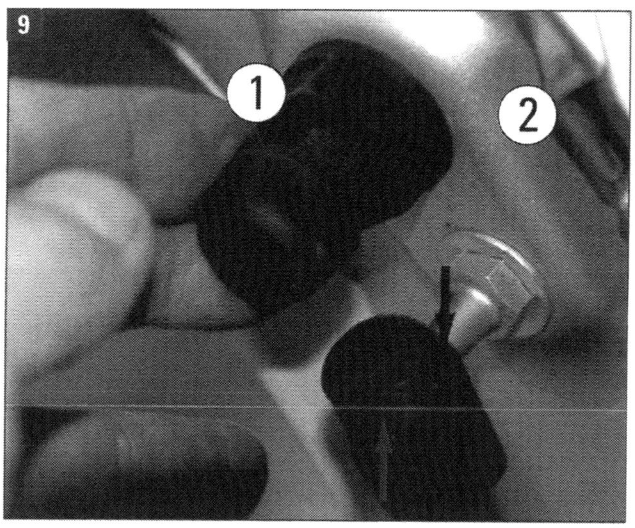

Bild 8 Klappe hinten: (1) Heckklappe, (2) Scharniere, (3) rechte der beiden Gasdruckfedern, (4) Klappenschloss, (5) Gummipuffer, (6) Dichtung, (7) Schließbügel.
Bild 9 Gasdruckfeder und Puffer, Bilder 9, 11 und 13 Puffer einstellen: (1) Einstellpuffer, (2) Heckklappe, (3) Klemmschraube, (4) Rastschieber.
Das Detailbild im Bild 13 zeigt das Maß »a« am Rastschieber, das 12,5 mm betragen soll.

Fahrzeug auf dem Boden stehen. Das Klappenschloss (2) ist unverschiebbar direkt an die Heckklappe angeschraubt. Es hat keine Langlöcher und kann deswegen nicht eingestellt werden.

■ Durch Lösen der Schrauben (3; Anzugsdrehmoment 10 Nm) können Sie die Heckklappe in den übergroßen Bohrungen am Scharnier einstellen (Pfeile »a« und »b«).

■ Eine Feineinstellung ist ferner mit dem Schließbügel (»5« in Bild 10 und »2« in Bild 12) sowie mit den Einstellpuffern (»1« in den Bildern 9, 11 und 13) möglich (siehe später).

■ Die Gummipuffer links und rechts (»5« in Bild 8, »4« in Bild 10) dienen nicht zur Einstellung. Sie haben die Aufgabe, die Heckklappe zu stabilisieren und zu dämpfen.

■ Die Heckklappe ist richtig eingestellt, wenn sie im geschlossenen Zustand überall ein gleichmäßiges Spaltmaß hat, nicht zu weit nach innen oder außen steht und wenn die Konturen fluchten.

■ Die Heckklappe muss ohne größeren Kraftaufwand im Schließbügel (»5« in Bild 10) einrasten. Zum Einstellen und zum Kontrollieren der Spaltmaße muss eine passende Einstelllehre 3371 verwendet werden.

Schließbügel einstellen

■ Durch Lösen der Schrauben (1) können Sie den Schließbügel (2) in den übergroßen Bohrungen (Pfeile »a« und »b«) verschieben (Bild 12). Der Bügel muss so eingestellt werden, dass die Aussparung des Heckklappenschlosses mit der Drehfalle genau mittig zum Schließbügel einrastet.

Einstellpuffer einstellen

■ Einstellpuffer (»1« Bilder 9, 11, 13) um 90° drehen und aus der Heckklappe (2) herausnehmen. Klemmschraube (3) so weit lösen, bis sie im Gummipuffer sichtbar wird. Den Rastschieber (4) aus dem Einstellpuffer herausziehen (Bild 13).

■ Rastschieber auf das Maß »a« = 12,5 mm einstellen (Detailbild). Heckklappe mit leichtem Druck über die Mitte in Vorraststellung schließen und gleich wieder öffnen.

■ Die Klemmschraube des Einstellpuffers auf eine Tiefe von 20 mm einstellen. Heckklappe schließen und die gesamte Klappeneinstellung nochmals prüfen.

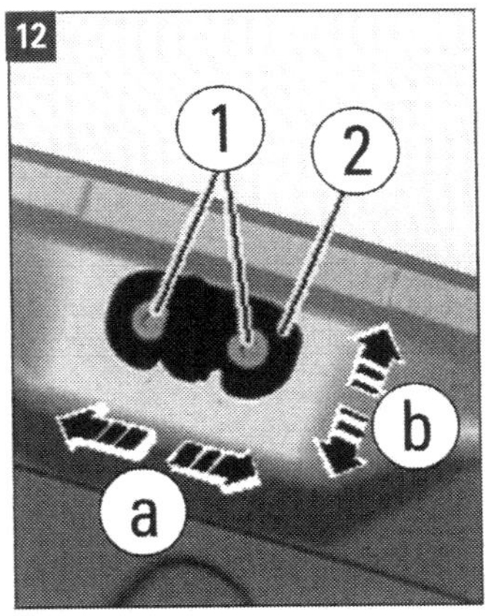

Bild 12 Schließbügel einstellen:
(1) Schrauben,
(2) Schließbügel.
Die Pfeile »a« und »b« deuten das Verschieben in den Langlöchern an.

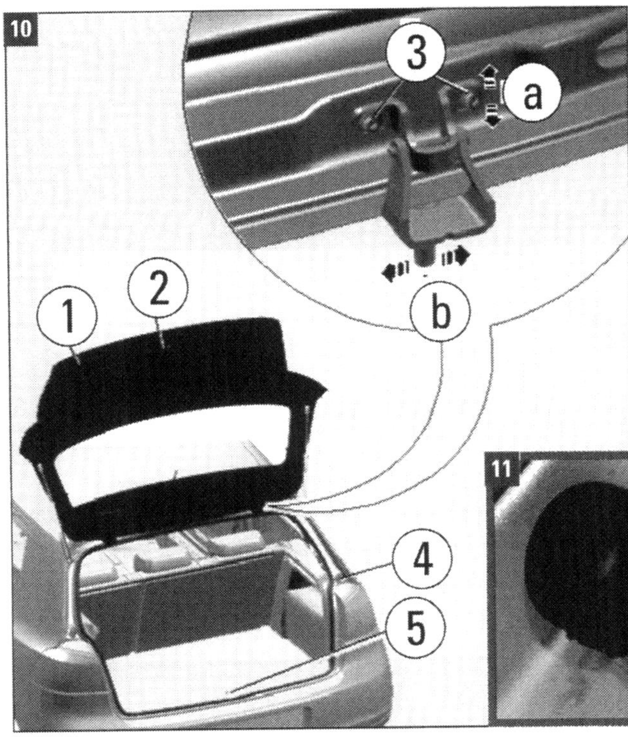

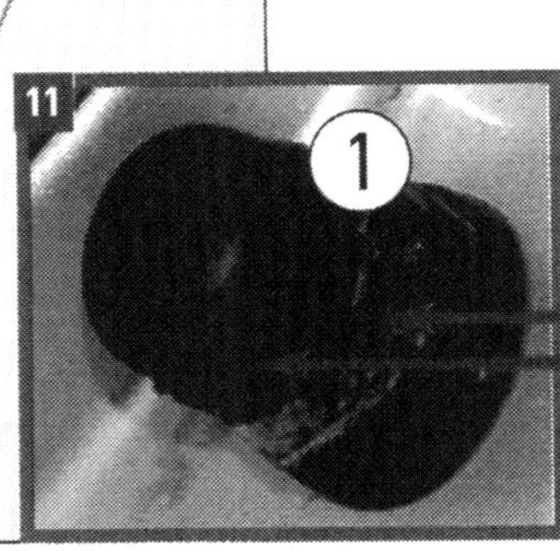

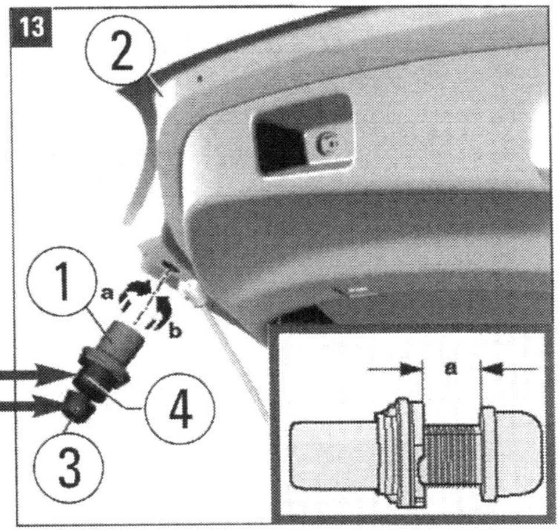

Bild 10 Klappe einstellen: (1) Heckklappe, (2) Schloss, (3) Scharnierschrauben, (4) Gummipuffer, (5) Schließbügel.
Bilder 11 und 13 Puffer einstellen: (1) Einstellpuffer, (2) Heckklappe), (3) Klemmschraube, (4) Rastschieber.

Fahrzeugaufbau: Der Innenraum

Wie die Karosserie, so kennzeichnet hohe Wertigkeit auch den Innenraum des Golf VI und der von ihm abgeleiteten Modelle. Woran Sie in diesem Bereich der edlen Oberflächen und Features tätig werden können, wollen wir in diesem Kapitel zeigen. Oberstes Gebot: Am kratzempfindlichen Kunststoff größte Vorsicht walten lassen!

Anmutung gehobener Klasse

Aussehen und Gestaltung der Materialien, Details wie Chrom-Applikationen in seidenmatt (1), Rundinstrumente (2) oder das neue Lenkrad (3) lassen beim Golf VI den Eindruck entstehen, in einem Fahrzeug des nächst höheren Segmentes zu sitzen (Bild 1). Fortgeschritten präsentiert sich auch die Ergonomie des Innenraums. Die Funktionselemente sind jetzt noch leichter bedienbar: die Steuerung der Klimaanlage Climatronic (4), die neuen Radio-Navigationssysteme RNS 310 oder 510 (5) mit Touchscreen und die weiter vorn griffgünstiger in den Türverkleidungen angeordneten elektrischen Fensterheber-Taster (6).

Perfekte Details

Volkswagen strebt unübersehbar die Detailperfektion im Wageninneren an:

- Wird der Golf mit hinteren Seitenairbags bestellt, kann der Fahrer über die Multifunktionsanzeige im Cockpit und eine akustische Warnung separat für jeden Sitz jetzt auch erkennen, ob seine Gäste im Fond angegurtet sind.
- Erstmals mit dem neuen Golf kommt auch eine neue, robustere und doch edle Qualität der Lederausstattung zum Einsatz (7 in Bild 1).
- Im Kofferraum sorgen vier praktische Haken dafür, dass der Inhalt von Taschen und Tüten sich nicht im Gepäckabteil verteilt.
- Dank einer aerodynamisch optimierten Form verschmutzen die Außenspiegel jetzt deutlich weniger. Von innen lassen sie sich einfacher justieren, da sich die elektrische Spiegelverstellung ebenfalls weiter oben und vorne in der Türverkleidung befindet (8 in Bild 1).

Optional Leder und Chrom

Über die Basisausstattung hinaus sind Lenkräder und Schaltknaufe des Gold VI in höherwertiger Ausführung zu haben. Eindrucksvoll ist das 3-Speichen-Lenkrad mit der optionalen Bedienungsmöglichkeit für Multifunktionsanzeige, Radio und Telefon (Bild 2). Serienmäßig sind sieben Airbags (Bild 3).

1

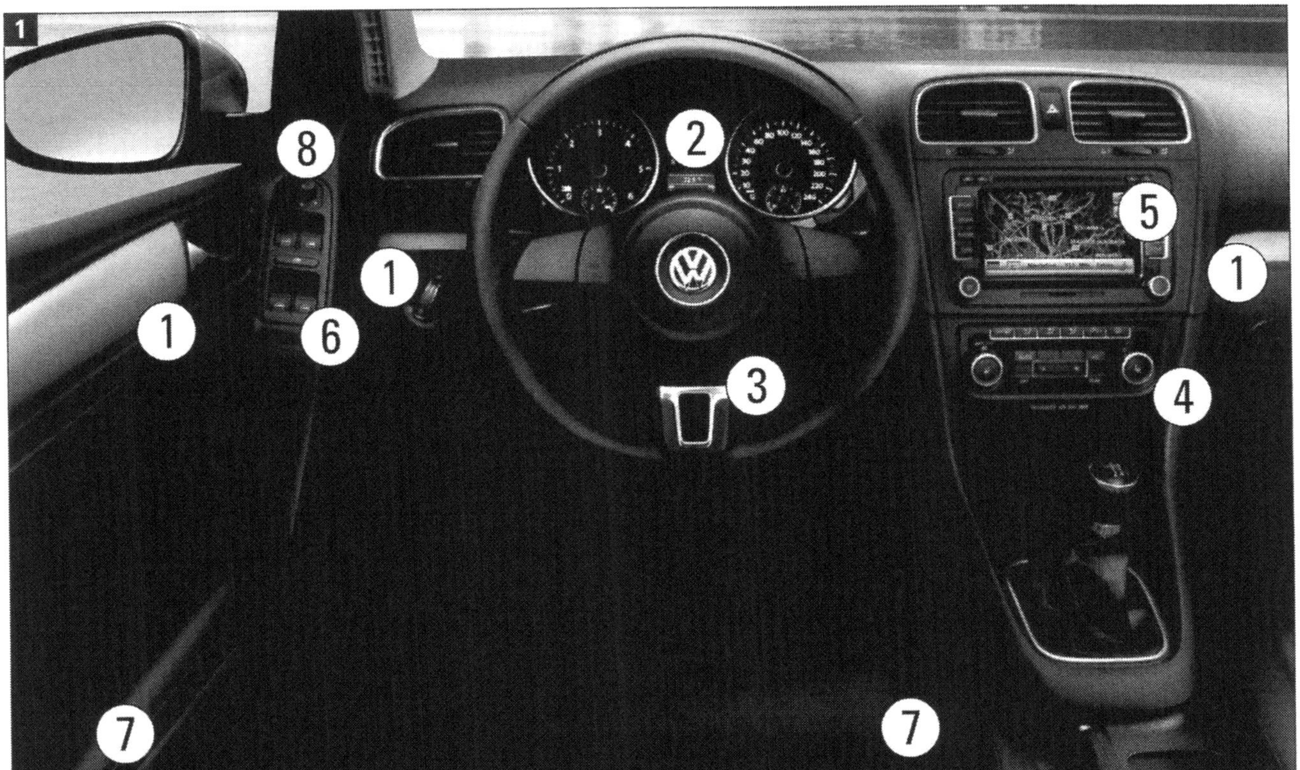

Eindrucksvolles Cockpit: (1) mattglänzendes Chrom, (2) Rundinstrumente, (3) 3-Speichen-Lenkrad, (4) Bedienteil der Klimaanlage, (5) Radio-Navigation mit Touchscreen, (6) Fensterheber-Tasten, (7) neue Lederoberfläche, (8) Spiegelversteller.

Neues im Variant

Mit gehobener Ausstattung präsentiert sich auch die vierte Generation des erfolgreichen Variant, der schon immer hohe Zulassungszahlen erreichte. Seit Einführung im Herbst 2009 gibt es bei ihm die dem Golf VI entsprechende Einteilung in die drei Versionen »Trendline«, »Comfortline« und »Highline«. Die bisherige Sportline-Version als Topausstattung wird also von Highline abgelöst. In allen Varianten sind sechs Airbags, ESP mit Gegenlenkunterstützung und Gespannstabilisierung sowie eine Klimaanlage serienmäßig an Bord.
Spezifische Details zeichnen jede Version besonders aus. Der Variant Comfortline besitzt serienmäßig einen Beifahrersitz mit komplett nach vorn klappbarer Lehne für sehr lange Gegenstände. Im Variant Highline sind das Panorama-Schiebedach und Alcantara-Sportsitze (Bild 4) die bestimmenden Details.
Der sportbetonte Diesel-Golf GTD, der im März 2009 seine Weltpremiere hatte und drei Monate später auf den Markt kam, ist innen ebenso wie außen von der GT-Philosophie von Volkswagen geprägt. Markanteste Merkmale sind Top-Sportsitze in schwarz-hellgrau, ein nach unten abgeflachtes 3-Speichen-Lederlenkrad, in hellgrau abgesetzte Nähte auf Lederhandbremshebel und -schalthebelmanschette sowie ein schwarzer Dachhimmel.

Bewährte Sitze im GTD

Einen eigenen Standard definieren die »Top-Sportsitze«, wie sie auch im Golf GTI zum Einsatz kommen. Ihre Langstrecken- und Rennstreckentauglichkeit hat einen ebenso guten Ruf wie ihr Design. Im Unterschied zum GTI kennzeichnet die schwarzen Sportsitze des GTD aber keine rote, sondern eine hellgraue Kontrastfarbe im Karostreifenmuster. Im Bereich der Instrumente und Türverkleidungen haben die Applikationen eine schwarz glänzende Oberfläche »Black Stripe«. Weitere Ausstattungsdetails sind Chromeinfassungen für diverse Schalter, schwarze Dachsäulen-Verkleidungen, eine Klimaautomatik, die Multifunktionsanzeige »Plus«, Mittelarmlehnen und das Radio-System RCD 210.

2

3

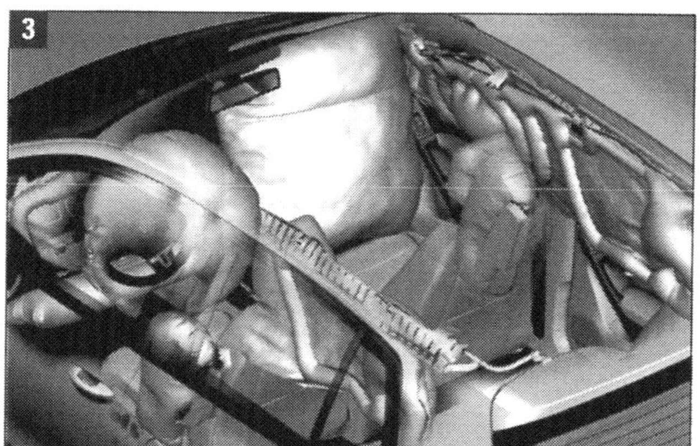

Komfort und hohes Maß an Sicherheit: Das Multifunktionslenkrad gestattet Radio- und Telefonbedienung (Bild 2). Für die Sicherheit sind schon serienmäßig sieben Airbags an Bord des Golf VI, optional gibt es weitere (Bild 3).

4

Markenzeichen im Variant: Jede Version hat bestimmte Merkmale. Im Variant Highline sind das die Alcantara-Sportsitze und das Panorama-Schiebedach, im Comfortline die komplett nach vorn klappbare Lehne am Beifahrersitz.

Arbeiten im Innenraum

Ablagen und Fächer, Blenden und Spiegel, Abdeckungen und Verkleidungen, Haltegriffe und Sitze lassen sich recht problemlos aus- und einbauen. Vor Arbeiten an Komponenten mit Sicherheitstechnik müssen wir allerdings warnen. Hier sollte es bei der Gurtprüfung bleiben. Wenn es an Kenntnis und Erfahrung mangelt, müssen die Gurtstraffer sowie Sitze und Lenkrad mit den Airbags tabu sein. Selbst in den Werkstätten darf nur speziell geschultes Personal daran tätig werden. Vermeiden Sie, bei der Reparatur verletzt zu werden und bei Unfall keinen ordnungsgemäß funktionierenden Insassenschutz zu haben!

Besondere Vorsicht ist geraten beim Umgang mit Kunststoff-Verkleidungen. Clipselemente können schnell beschädigt werden, Oberflächen sind oft kratzempfindlich. Arbeiten Sie beim Aushebeln nicht mit metallenem Schraubendreher, sondern mit einem Hartholz- oder Kunststoffkeil! In den Werkstätten der VW-Konzernbetriebe sind einheitlich folgende Spezialwerkzeuge üblich (Bilder 5 bis 11):

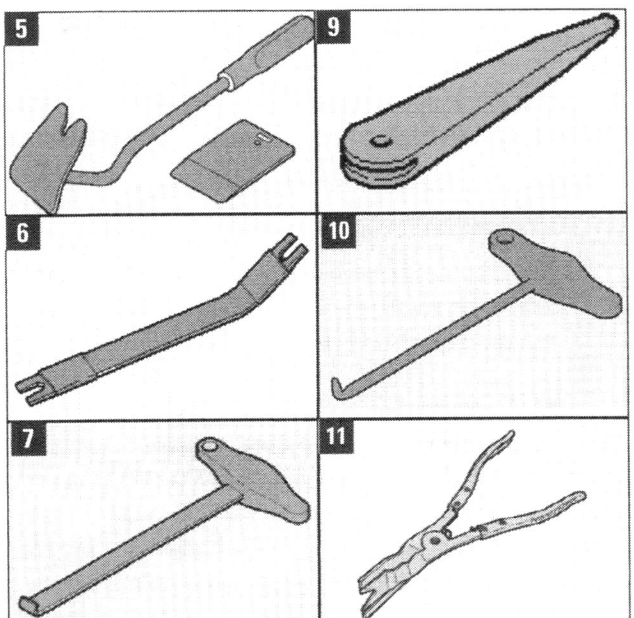

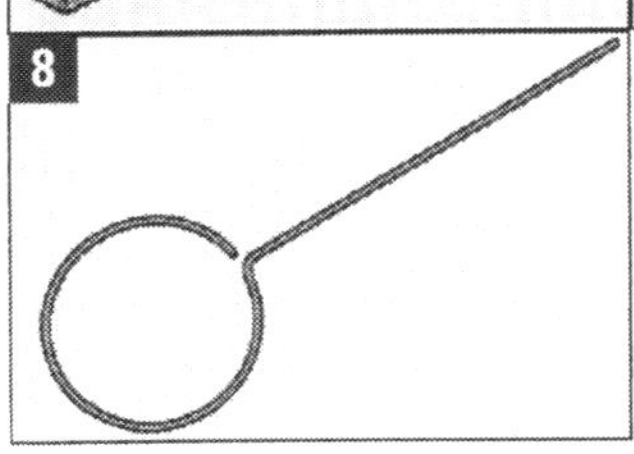

Bilder 5 bis 11:
Lösehebel, Abdrückhebel, Frontend-Haken, Absteckstift, Demontagekeil, Demontagehaken, Demontagezange.

- Lösehebel T10039 mit Unterlegkeil T10039/1
- Abdrückhebel 80-200
- Haken für Frontend 3370
- Absteckstift T40011
- Demontagekeil 3409
- Demontagehaken 3438
- Demontagezange 3392

Im Bedarfsfall können Sie dafür Ersatzlösungen finden: Handelsübliche Kunststoffkeile, zu passenden Haken gebogene Nägel oder einen Winkelschraubendreher, Hebelwerkzeuge aus zugebogenem Metallstreifen oder Plastikmaterial, Stahldrahtstifte in Durchmessern von 0,8 bis 1,5 mm mit Griffring.

Einbaulage und Festsitz beachten

Alle Clips, Verschraubungen und elektrischen Steckverbindungen müssen in logischer Reihenfolge getrennt und wieder zusammengebracht werden. Machen Sie sich in komplizierteren Fällen oder bei einer Abfolge mehrerer Ausbauvorgänge eine kleine Zeichnung oder einige Fotos! Beim Einbau von Dichtungen muss darauf geachtet werden, den richtigen Sitz herzustellen.

Wenn immer nötig, ersetzen Sie beschädigte Befestigungselemente unbedingt, sonst halten später Abdeckungen und Blenden nicht. Das ist besonders beim Aus- und Einbau der Säulenverkleidungen zu beachten. Wenn aus unumgänglichem Grund der Umlenkbeschlag für Sicherheitsgurte abgeschraubt wurde, muss beim Wiedereinbau die Funktion der Gurthöhenverstellung geprüft werden.

In den folgenden Arbeitsbeschreibungen gehen wir auf alle »klassischen« Reparaturen im Fahrzeuginnenraum ein.

PRAXISTIPP

Sicherheitstechnik entsorgen

Vor einer Verschrottung des Fahrzeugs etwa nach Unfall müssen die Airbageinheiten und Gurtstraffer nach bestimmten Vorschriften entsorgt werden. Auf keinen Fall dürfen Sie diese Komponenten wie üblichen Abfall behandeln. Das gilt auch für gezündete Einheiten und Gurtstraffer, denn es ist immer möglich, dass nicht alle ihre pyrotechnischen Ladungen wirklich gezündet wurden.

Innenspiegel: Abblendfunktion, Ausbau, Austausch

Abblendautomatik

Golf, Variant, Golf Plus und GTI haben zumeist Innenspiegel mit automatischer Abblendfunktion. Automatisch abblendende Spiegel dunkeln stufenlos ab, wenn der Fahrer von hinten geblendet wird. Sie bestehen aus Spiegelelement und Elektrik mit zwei Fotosensoren.

Die Elektronik erkennt den Lichteinfall von vorn und hinten. Ist er von hinten größer als von vorn, wird eine Spannung an die leitfähige Beschichtung gelegt. Diese verändert die Farbe des Elektrolyten. Je höher die Spannung ist, desto dunkler wird der Elektrolyt. Einfallendes Licht wird nicht mehr so stark reflektiert und so die Blendwirkung gemildert. Beim Einlegen des Rückwärtsgangs wird die Abblendfunktion abgeschaltet (z. B. beim Herausfahren aus dunkler Garage).

1

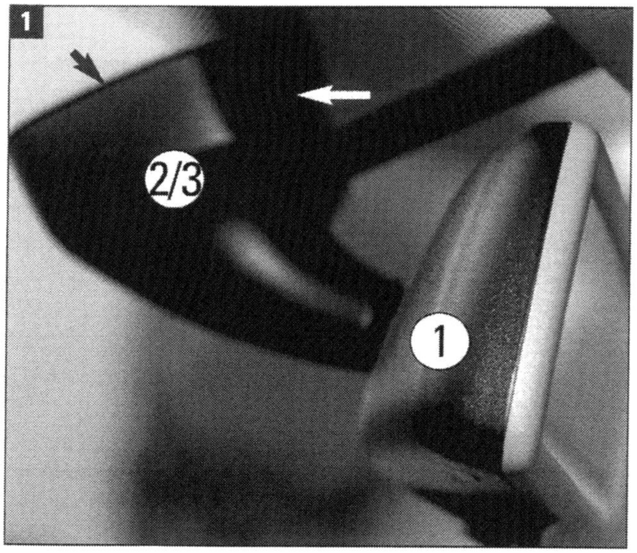

2

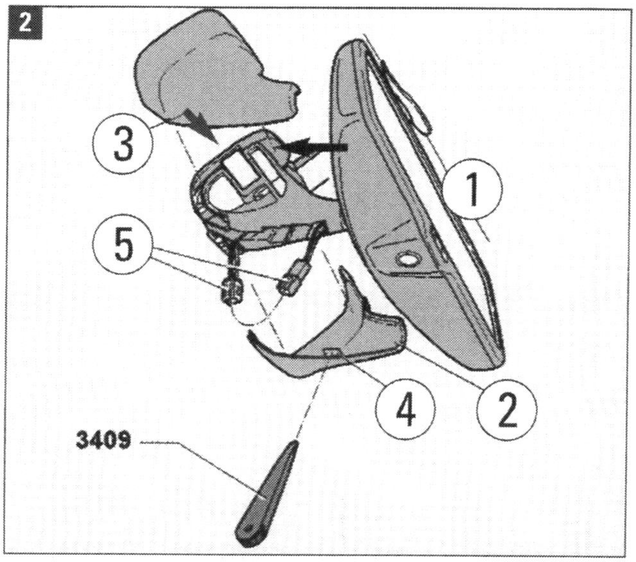

Innenspiegel: (1) abblendender Spiegel, (2) rechte und (3) linke Abdeckkappe, (4) Verrastung, (5) Steckverbindung. 3409: Spezialwerkzeug Demontagekeil.

Spiegel ausbauen

■ **Spiegel mit Abblendautomatik:** Die Halteplatte (roter Pfeil) für den Spiegelfuß (weißer bzw. schwarzer Pfeil; Bilder 1 und 2) ist an die Windschutzscheibe geklebt. Zum Abbau des Spiegels (1) Zündung abschalten und Abdeckung (2/3) abheben: Mit Demontagekeil oder Flachschraubendreher die Verrastung (4) am rechten Teil (2) der Abdeckung lösen.

■ Die elektrische Steckverbindung (5) aus ihrer Halterung nehmen und trennen.

■ Den Innenspiegel entlang der Frontscheibe nach unten aus seiner Aufnahme herausschieben.

■ Falls das Fahrzeug mit einem **Spiegel ohne automatische Abblendfunktion** ausgestattet ist, Innenspiegel (1) gegen den

GEFAHRHINWEIS

⚠ Spiegel-Elektrolyt

Das Glas des Innenspiegels besteht aus mehreren Schichten, zwischen denen sich ein Elektrolyt befindet, der die Abblendfunktion möglich macht.

■ Der Elektrolyt ist eine ätzende Substanz. Falls bei Spiegelbruch Elektrolyt austritt, müssen Sicherheitsmaßnahmen getroffen werden.

■ Ist flüssiger Elektrolyt in die Augen oder auf die Haut gelangt, muss er sofort mit viel Wasser aus- oder abgespült werden. Falls sich eine andauernde Reizung zeigt, muss der Arzt aufgesucht werden.

■ Flüssiger Elektrolyt schädigt bei Kontakt alle Kunststoffoberflächen. Verschütteten Elektrolyt sofort mit Wasser und Schwamm beseitigen.

Uhrzeigersinn um 90° drehen (Pfeil) und von der Klebeplatte (2) abnehmen (Bild 3).

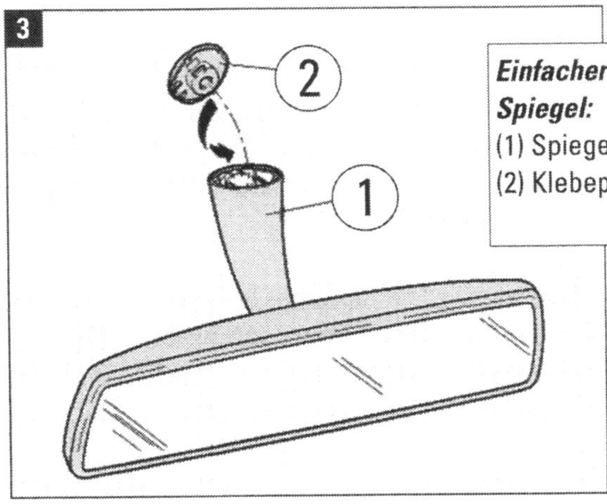

Einfacher Spiegel:
(1) Spiegel,
(2) Klebeplatte.

■ **Spiegel von Fahrzeugen mit Distanzregelung:** (Bild 4; Bilder 5-7) bei Golfmodellen ab Baujahr 2009 werden wegen ihres anderen Aufbaus etwas anders ausgebaut. Zunächst die Zündung ausschalten.

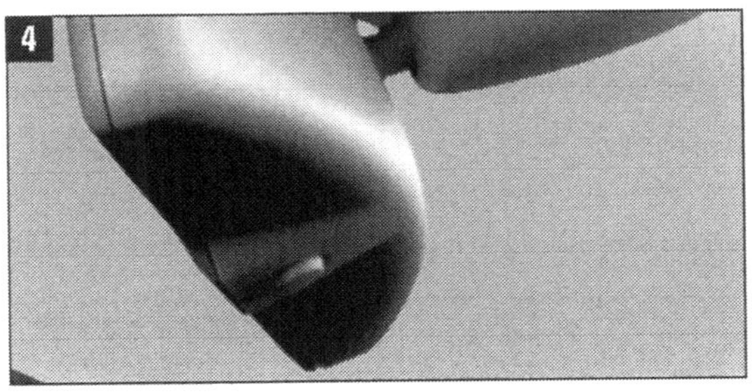

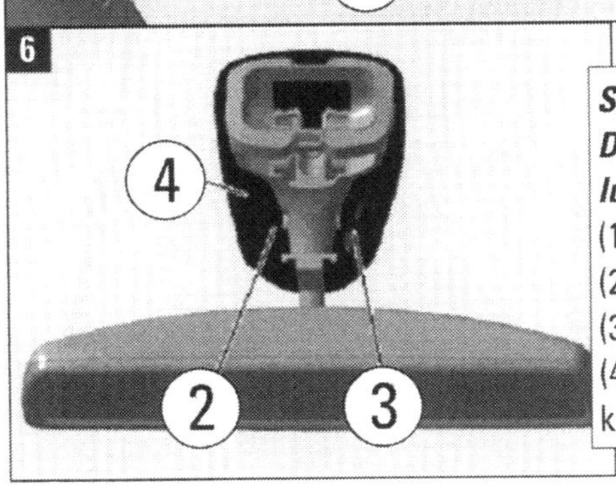

Spiegel bei Distanzregelung:
(1) Spiegel,
(2) Rastlasche,
(3) Rastlasche,
(4)AbdecK-kappe.

■ Innenspiegel (1) vorsichtig in Pfeilrichtung (Bild 5) aus der Halteplatte schieben. Rastlaschen (2) und (3) nach außen drücken und Abdeckkappe (4) vom Spiegel abziehen (Bild 6).

■ Steckverbindung (1) trennen (Bild 7). Die Abdeckkappe aus den seitlichen Verrastungen lösen und abnehmen.

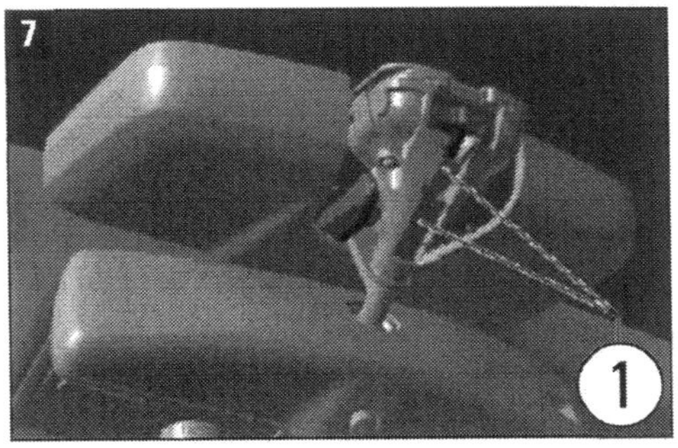

■ Der **Einbau** erfolgt sinngemäß umgekehrt.
Den Spiegel nach Bild 3 dabei um etwa 30° verdreht zur Einbaulage vorsichtig ansetzen und im Uhrzeigersinn bis zum Anschlag (er verrastet dann) verdrehen.

Spiegelfuß an Windschutzscheibe kleben

Dazu brauchen Sie als
■ **Werkzeug** einen handelsüblichen Glasschaber, Drahtbürste und feines Schleifpapier sowie als
■ **Material** Klebemittelentferner und PUR-Kleber mit Primer. Volkswagen bietet dafür das komplette Glas-Metall-Klebe-Set »D 000 703 A1« an.

■ Beim **einfachen Innenspiegel** nach Bild 3 Halteplatte aus dem Spiegelfuß herausnehmen.

■ PUR-Klebematerial mit Drahtbürste von der Halteplatte entfernen. Die Halteplatte auf eine plane Fläche legen und die drei Abstandsnoppen auf der Klebefläche mit Schleifpapier (360/400 Körnung) abschleifen. Geschliffene Fläche schmutz- und fettfrei halten.

■ PUR-Klebematerial und Primer bis auf die Keramikschicht mit Glasschaber von der Windschutzscheibe herunterschaben. Vorsichtig arbeiten und die Keramikschicht nicht beschädigen! Kratzer bleiben immer sichtbar.

■ Klebefläche mit Klebstoffentferner (Set: D 002 000 10 oder Reinigungslösung D 009 401 04) säubern. Nylonmaschengewebe genau auf die Größe des Spiegelfußes zuschneiden.

■ Mit Handschutz (Gummihandschuhe) Klebstoff gleichmäßig auf den Spiegelfuß satt auftragen. Nylonmaschengewebe auf Spiegelfuß auflegen und mit der Tube unter weiterem Auftrag von Kleber das Gewebe antupfen. Bis zum Andrücken an die Windschutzscheibe stehen 30 Sekunden zur Verfügung.

■ Spiegelfuß 15 Sekunden fest (nicht mit Gewalt) an die Windschutzscheibe drücken und dann den überschüssigen Klebstoff mit einem Lappen entfernen.

■ Der Innenspiegel kann nach 15 Minuten montiert werden.

■ Beim **Innenspiegel mit automatischer Abblendung** nach Bild 1 und Bild 2 Kleberreste vom abgefallenen und neu zu befestigenden Spiegelfuß mechanisch entfernen. Klebefläche nass mit sehr feinem Schleifpapier (800–1200er Körnung) so lange anschleifen, bis sie vom Wasser benetzt wird. Anschließend mit Reinigungslösung (evtl. D 009 401 04) reinigen.

■ 2K-Polyurethankleber (im VW-Set D 180 KD2 A1) mit einem Kleberraupendurchmesser von ca 2,5...3 mm direkt auf die geschliffene und gereinigte Klebefläche des Spiegelfußes auftragen.

■ Umgehend nach dem Kleberauftrag den Spiegelfuß an die vorbereitete Windschutzscheibe andrücken, in seiner vorgesehenen Lage auf der Keramikvorbeschichtung ausmitteln und mit Klebeband fixieren.

■ 0,5...1 Stunde nach dem Fügen des Spiegelfußes das Klebeband vorsichtig abnehmen, den noch weichen Kleberüberschuss mit einem Spachtel abstreichen und mit in Reinigungslösung getränktem Lappen die Kleberreste entfernen.

■ 2,5 Stunden nach dem Fügen des Spiegelfußes kann der Spiegel eingebaut werden.

Säulenverkleidungen, Sonnenblende, Dachhaltegriff

Säulenverkleidungen

■ Der **Ausbau** ist an der linken und rechten Seite sowie bei Golf und Variant (D-Säule!) im Wesentlichen gleich.

■ **A-Säulen oben:** Abdeckkappe mit dem Airbagsysmbol mit einem Flachschraubendreher abclipsen, die Schraube darunter herausdrehen (siehe B-Säule). Verkleidung von oben beginnend vorsichtig mit Keil 3409 ausclipsen und dann behutsam aus der Schalttafel herausziehen. In der Karosserie verbliebene Clips entnehmen, in die Verkleidung stecken.

■ **A-Säulen Mitte:** Seitliche Schalttafelabdeckung ausbauen (mit Keil ausclipsen) Den Befestigungsclip der Verkleidung aus der Aufnahme der Verkleidung oben ziehen. Die Verkleidung aus dem Keder der Türdichtung nehmen und nach oben aus der unteren Säulenverkleidung ziehen.

■ **A-Säulen unten:** Die Einstiegleiste im Übergangsbereich zur unteren Säulenverkleidung aus der Karosserie lösen. Betätigungshebel für die Motorhaube (Fahrerseite) und Befestigungsclip in der Mitte der Verkleidung ausbauen.
Die Verkleidung von der Karosserie lösen, aus dem Keder der Türdichtung entfernen und in Richtung Fahrzeuginnenraum aus der Aufnahme ziehen.

■ **B-Säulen oben:** Einstiegleiste ausbauen. Das Emblem »Airbag« (blaue Pfeile Bild 1/2) entfernen und die Schraube (2, 4 Nm; Bild 2) herausdrehen. Beim Wiedereinbau Emblem ersetzen. Die Verkleidung im unteren Bereich aus den Aufnahmen in der Karosserie herausziehen (schwarze Pfeile

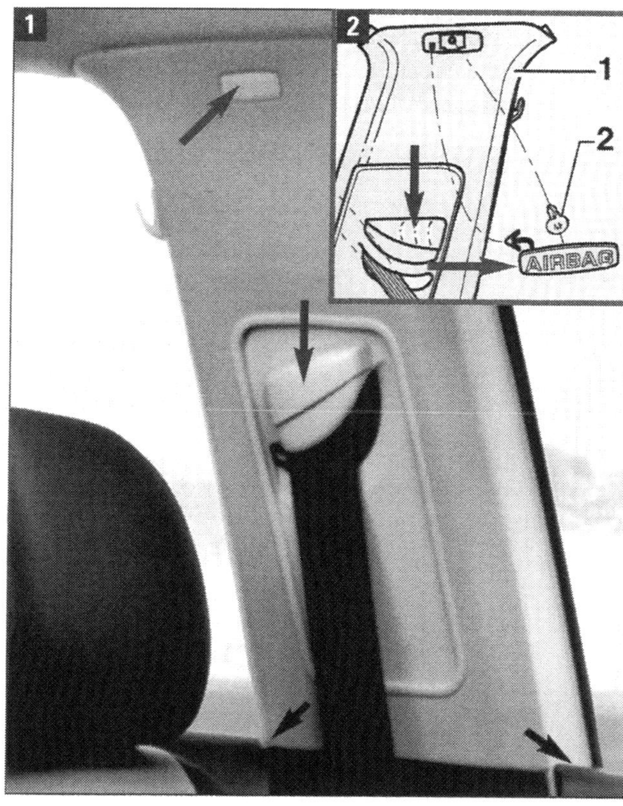

Bild 1). Die Verkleidung aus dem Keder der Türdichtung lösen und aus den oberen Aufnahmen herausziehen. Den Gurtendbeschlag vom Sicherheitsgurt vorn ausbauen: Sitze ganz nach vorn schieben, die Abdeckung (rote Pfeile Bild 1/2) vom Endbeschlag abclipsen, mit kleinem Schraubendreher die Federrastnase entriegeln, Beschlag nach unten schieben und am Bolzen aushängen. Gurt durch Öffnung der Verkleidung fädeln, Verkleidung abnehmen. Auf die Clipse achten!

■ **B-Säulen unten:** Zündung ausschalten. Einstiegleiste und obere Verkleidung ausbauen. Die beiden Schrauben (4 Nm) ganz unten an der Säule herausdrehen. Verkleidung aus dem Keder der Türdichtung lösen und im Bereich der Führung aus den Aufnahmen in der Karosserie ziehen. Bei Innenraumüberwachung: Leitungsstrang vom Sensor trennen.

■ **C-Säulen Limousine:** Die Lehne nach vorn klappen. Das Emblem Airbag entfernen (beim Wiedereinbau ersetzen) und die Schraube darunter herausdrehen (wie B-Säule). Die Verkleidung aus den Aufnahmen und aus dem Keder der Türdichtung lösen und nach oben herausziehen.

■ **C-Säulen Variant:** Der Ausbau ist aufwändig und wegen des Airbags etwas für den Fachmann. Sitzbank und Lehne nach vorn klappen. Seitenpolster ausbauen (Achtung im Falle eines hinteren Seitenairbags!). Die Radhaus-Verkleidung und die Abdeckung des Schlossträgers sowie die seitliche Verkleidung des Kofferraums ausbauen. Airbag-Emblem entfernen und die 4 Nm-Schraube herausdrehen. Verkleidung mit Clip nach innen aus der Aufnahme und den beiden Klammern herausziehen und nach unten herausnehmen.

■ **D-Säulen Variant:** Bei Fahrzeugen mit Seitenairbag hinten die Fahrzeugbatterie abklemmen. Bei allen Fahrzeugen die Sitzbank und die Lehne nach vorn klappen. Seitenpolster ausbauen (Achtung bei hinterem Seitenairbag!). Schlossträger-Abdeckung und seitliche Verkleidung Kofferraum ausbauen. Säulenverkleidung mit den Clipsen aus den Aufnahmen in der Säule und aus den Klammern herausnehmen.

■ **Einbau:** Sinngemäß umgekehrt zum Ausbau. Halteklammern, Befestigungsclips und Airbag-Embleme müssen unbeschädigt und vollzählig in den Verkleidungsteilen stecken.

■ Bei B- und C-Säulen zuerst das Unterteil einbauen. Oben nicht den Kopfairbag einklemmen! Vorsicht bei dieser Arbeit mit Berührung der pyrotechnischen Einrichtungen! Die obere B-Säulenverkleidung durch den Formhimmelausschnitt in die Aufnahme am Karosseriedach einsetzen. Die Verkleidung bis zum hörbaren Verrasten andrücken.

Sonnenblenden

■ **Ausbau:** Links und rechts auf gleiche Weise. Sonnenblende (1) in Fahrzeugmitte am Mittellager (2) aushängen (Bilder 3 und 4; roter Pfeil Bild 4: ausgehängte Blende).

■ Am Lager links/rechts Spreizkappe (schwarzer Pfeil in Bild 3) mit Schraubendreher abclipsen, Lager nach unten schwenken, herausnehmen.

■ Zum **Einbau** Nase des Lagers in Formhimmelausschnitt einhängen. Spreizkappe bis zum Einrasten andrücken.

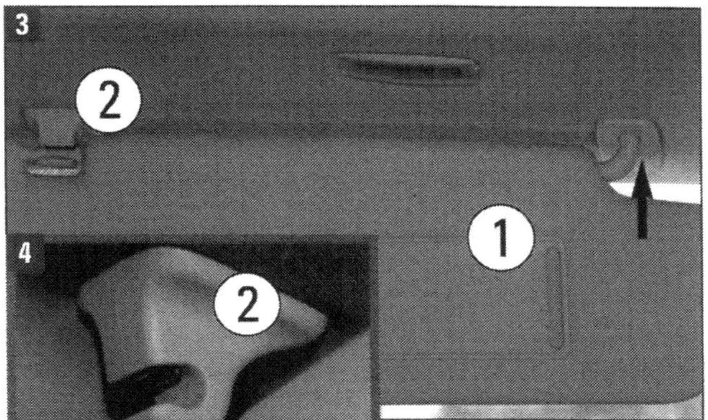

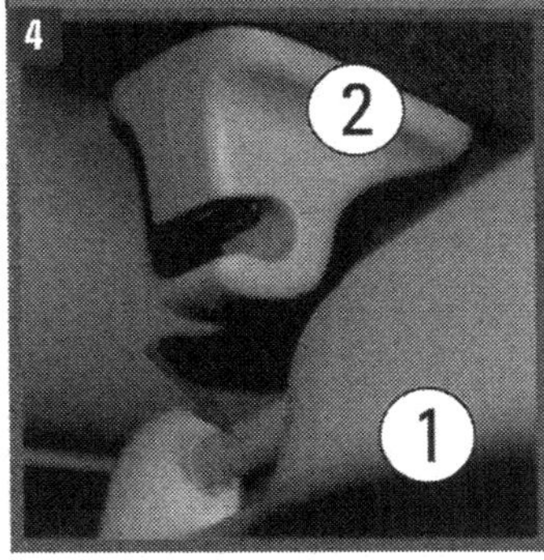

Haltegriffe am Dach

■ **Ausbau:** Alle vier auf gleiche Weise. Griff (1) herabschwenken und mit kleinem Schraubendreher die zwei Abdeckkappen (Pfeile) öffnen (Bild 5).

■ Die Schrauben (2 Nm) unter den Spreizkappen herausdrehen und den Griff abnehmen.

■ **Einbau** in sinngemäß umgekehrter Reihenfolge..

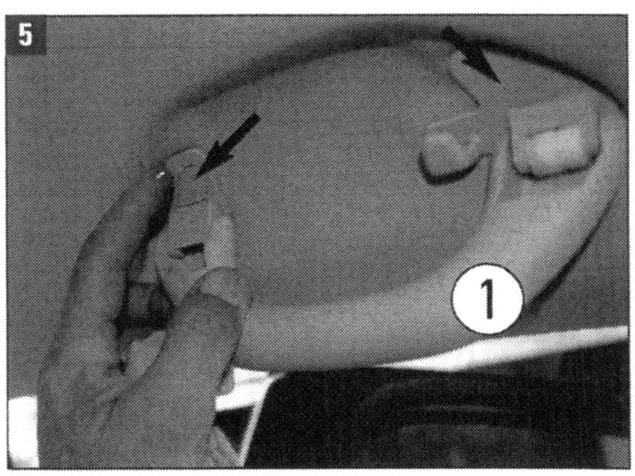

Handschuhkasten aus- und einbauen

■ **Ausbau:** Handschuhkasten und andere Innenraum-Komponenten werden beim Variant ähnlich ausgebaut wie beim Golf oder Golf Plus. Zündung ausschalten und mit Demontagekeil die rechte seitliche Schalttafelabdeckung ausbauen.

■ Erst die mittlere, dann die untere Verkleidung der A-Säule, Beifahrerseite, wie beschrieben ausbauen.

■ Blenden Klima-/Heizungsbedienteil (4) und Schalttafel Mitte (5) mit einem Kunststoff-Demontagekeil ausbauen. Abdeckung Mitte entsprechend nachfolgender Anleitung ausbauen. Sowohl bei Automatik- (Doppelkupplungs-) als auch Schaltgetriebe die Schaltstulpe (1) aus der Abdeckung lösen und entnehmen. Ablagefach oder Aschereinheit (2) wie ebenfalls nachfolgend beschrieben ausbauen (alles Bild 1).

■ Schrauben (weiße Pfeile) herausdrehen und Abdeckung Mittelkonsole (3) in Richtung roter Pfeil herausziehen.

■ Bei Leuchtweitenregelung und Kurvenlicht sitzt direkt unter der (abgenommenen) Verkleidung der Schalttafel rechts das Steuergerät für diese Funktionen. Die Schraube (1,5 Nm) oben am Steuergerät herausdrehen.

■ Schrauben (Bild 2), alle 1,5 Nm, herausdrehen und Handschuhkasten bis zum Anschlag nach rechts schieben. Kasten aus der Schalttafel lösen und nach hinten entnehmen.

■ Den Leitungsstrang von Leuchte und Kontaktschalter trennen. Bei Fahrzeugen mit Beifahrerairbagabschaltung (Bild 3) den Leitungsstrang vom Schlüsselschalter trennen. Bei Fahrzeugen mit Handschuhkastenkühlung den Klimakanal vom Handschuhkasten und bei Fahrzeugen mit Fußraumleuchte den Leitungsstrang von der Leuchte trennen.

■ **Einbau** sinngemäß umgekehrt. Elektrische Steckverbindung bis zum hörbaren Verrasten zusammendrücken.

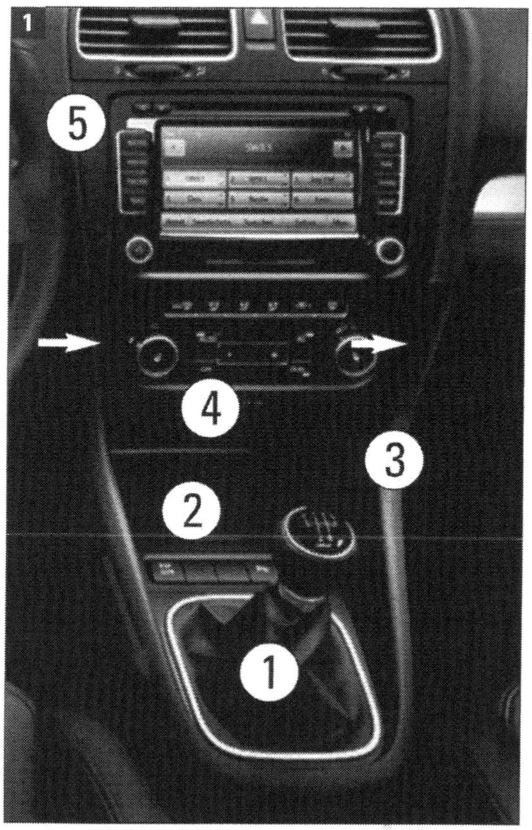

Abdeckung der Mittelkonsole: (1) Schaltstulpe, (2) Ablage/Ascher, (3) Abdeckung Mittelkonsole, (4/5) Blenden Klimabedienteil/Schalttafel Mitte.

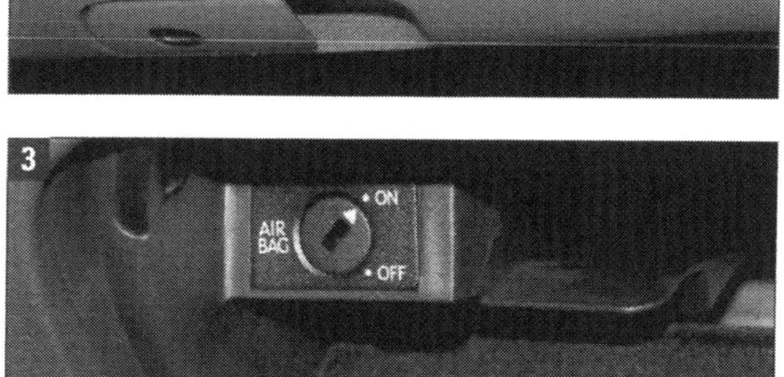

Bilder 2 und 3 Handschuhfach: Am Beispiel des Golf Plus zeigen die roten Pfeile in Bild 2 die Position der Schrauben 1,5 Nm. Bild 2 zeigt den Schalter für Beifahrerairbag.

Abdeckung Mitte und Ascher/Ablage ausbauen

Abdeckung Mitte ausbauen

■ Blenden Schalttafel Mitte und Klimabedienteil durch Abhebeln mit Demontagekeil oder kleinem Schraubendreher ausbauen. Die Abdeckung Mitte (1; Bild 1) im Bereich der hinteren Verrastungen ebenfalls mit Keil (im Bild: VW 3409) aus den Aufnahmen in der Schalttafel heraushebeln.

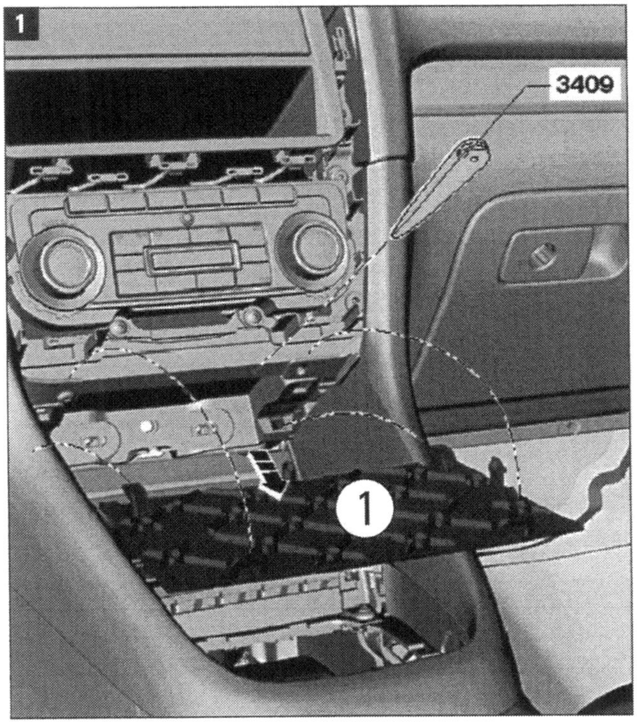

■ Die Blende aus den Aufnahmen herausziehen (Pfeil).

Aschereinheit/Ablagefach ausbauen

■ Zündung ausschalten. Die Schaltstulpe aus der Abdeckung lösen.

■ Die zwei Schrauben (1; 1,5 Nm) herausdrehen. Die Aschereinheit bzw. das alternativ verbaute Ablagefach (2) aus der Mittelkonsole herausnehmen (Bild 2) und je nach Fahrzeugausstattung die Leitungsstränge trennen.

■ **Einbau** beider Komponenten sinngemäß umgekehrt.

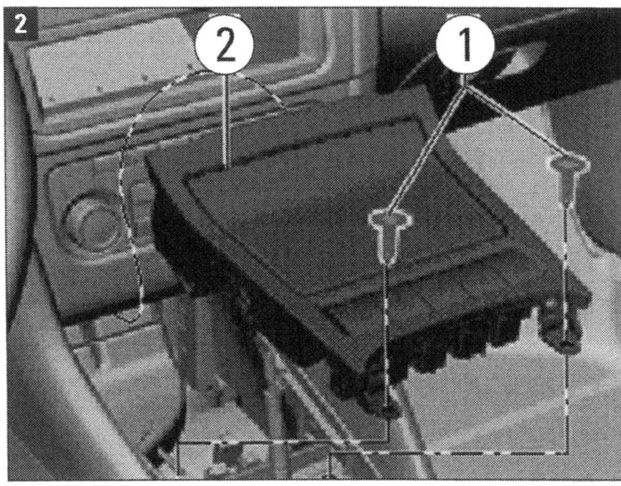

Ausbau Mitte: Bild 1 Abdeckung, Bild 2 Ablage/Ascher.

Mittelkonsole Golf+Variant ausbauen

■ **Ausbau:** Zündung ausschalten. Die Schaltstulpe (1) am Schalthebel (gleich bei Automatik und Schaltgetriebe) aus der Abdeckung (blauer Pfeil) lösen. Die Verkleidung des Handbremshebels (4) ausbauen (Bild 1).

■ Lösen Sie bei Fahrzeugen mit Schaltgetriebe die Dämpfung, eine Kunststoffeinlage unter der Schaltstulpe (roter Pfeil in Bild 1 deutet Position an), aus der Mittelkonsole. Die Blenden von Schalttafel Mitte, Klima- oder Heizungsbedienteil und Abdeckung Mitte wie beschrieben ausbauen.

■ Wie beschrieben die Aschereinheit oder das Ablagefach (weißer Pfeil in Bild 1) aus der Mittelkonsole ausbauen und die Leitungsstränge entsprechend Ausstattung trennen.

■ Die folgenden Arbeitsschritte orientieren sich an den Bildern 2 und 3. Danach wird erst die Verlängerung der Mittelkonsole, dann die eigentliche Mittelkonsole ausgebaut.

■ Die je nach Modell ein oder zwei Auskleidungsmatte(n) (2) aus der Verlängerung (1) nach Bild 2 und die Auskleidungsmatte (4) aus der Mittelkonsole (2) nach Bild 3 herausnehmen. Die drei Schrauben (3, 1,5 Nm; Bild 2) herausdrehen und die Verlängerung aus den Aufnahmen lösen. Verlängerung nach vorn durch die Öffnung für den Handbremshebel (4) ziehen.

■ Unterhalb der Mittelkonsole vorn befinden sich links und rechts Fußraumabdeckungen, die in Aufnahmen unten an der Konsole eingesteckt und im vorderen Bereich mit einer Schraube gesichert sind. Schrauben (1,5 Nm) herausdrehen und Fußraumabdeckungen aus den Aufnahmen ziehen.

■ Je eine Schraube links und rechts vorn in der Abdeckung der Mittelkonsole unterhalb des Klima/Heizung-Bedienteils, die eine Schraube unter der (herausgenommenen) Matte in der Mittelkonsole sowie jeweils eine Schraube links und rechts oben unter der (abgehebelten) Blende des Klima/Heizung-Bedienteils herausdrehen.

■ Die Abdeckung der Mittelkonsole entgegen Fahrtrichtung (nach hinten; weißer durchbrochener Pfeil in Bild 1) herausziehen. Auch die Mittelkonsole (3 Bild 1; 2 Bild 3) nach hinten (rote Pfeile in Bild 3) aus dem Fahrzeug entnehmen.

■ Beim **Einbau** in sinngemäß umgekehrter Reihenfolge zuerst die Fußraumabdeckungen in die Aufnahmen einsetzen. Schrauben an der Abdeckung der Mittelkonsole in dieser Reihenfolge eindrehen: Zuerst die zwei Schrauben links und rechts vorn am Klima/Heizung-Bedienteil, dann die eine Schraube unter der Matte in der Mittelkonsole und zum Schluss die beiden Schrauben links und rechts vorn in der Abdeckung der Mittelkonsole unterhalb des Klima/Heizung-Bedienteils.

■ Darauf achten, dass die Mittelkonsole fest in den Aufnahmen der Schalttafel verrastet.

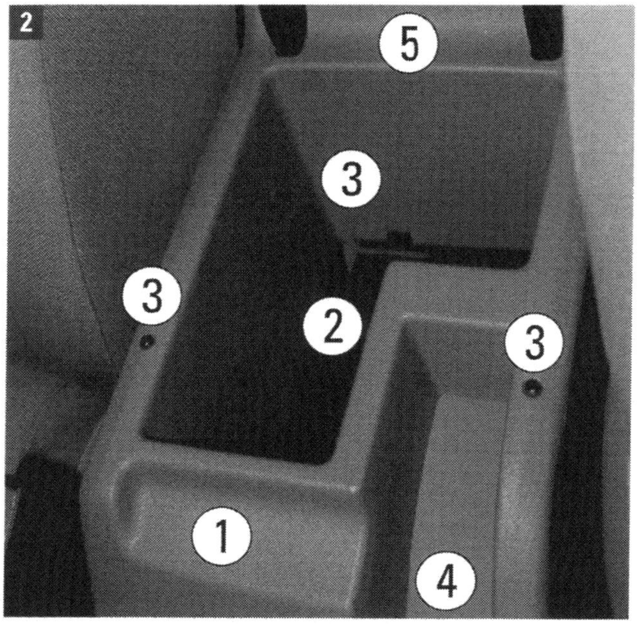

Verlängerung (1): (2) Auskleidungsmatte (zwei möglich), (3) Schrauben, (4) Ende Handbremshebel, (5) Armlehne.

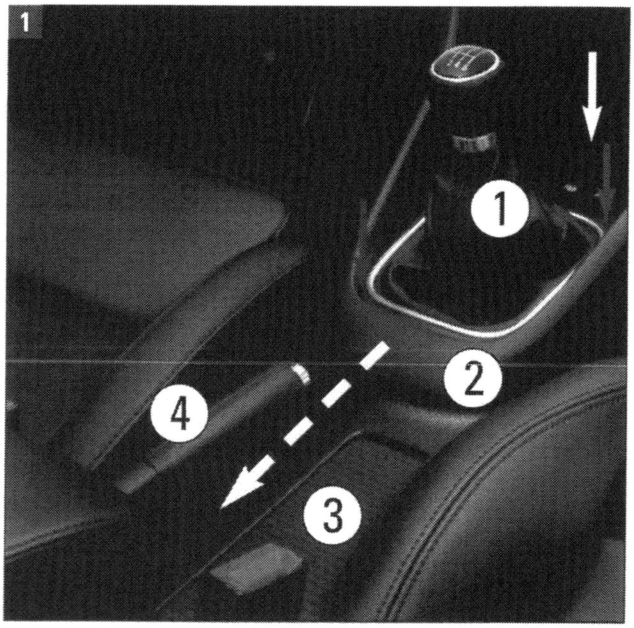

Mittelkonsole: (1) Schaltstulpe, (2) Abdeckung der Mittelkonsole, (3) Mittelkonsole, (4) Handbremshebel.
Roter Pfeil: Dämpfung unter der Stulpe; blauer Pfeil: Schalthebelabdeckung; weißer Pfeil: Aschereinheit/Ablagefach.

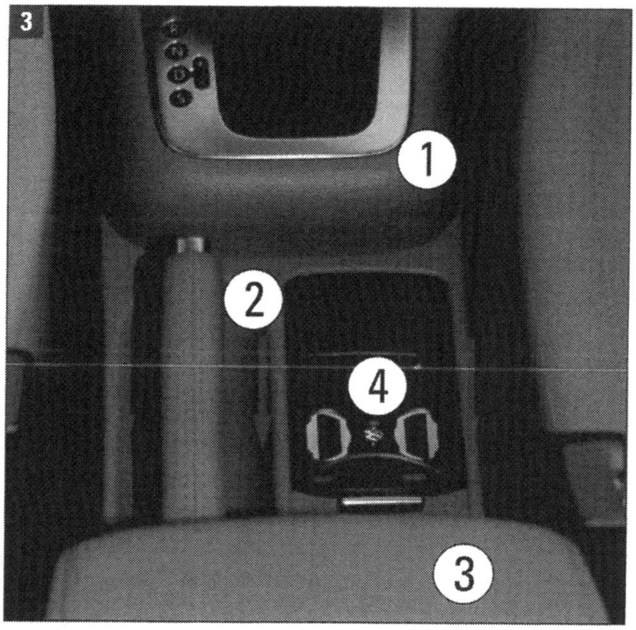

Konsole Mittelstück: (1) Abdeckung der (2) Mittelkonsole am Schalthebel, (3) Armlehne über der Verlängerung der Mittelkonsole, (4) Auskleidungsmatte (darunter Schraube).
Roter Pfeil: Konsole nach hinten herausnehmen.

Schalttafelblende Fahrerseite ausbauen

■ **Ausbau:** Zündung ausschalten und die seitliche Schalttafelabdeckung Fahrerseite durch Abhebeln ausbauen.

■ Lichtdrehschalter (blauer Pfeil in Bild 1) nach vorn drücken, nach rechts drehen, bis er senkrecht steht, herausziehen, Leitungsstrang trennen. Linke Schraube (2) wird frei.

■ Lösen Sie die Spaltabdeckung der Lenkstockverkleidung aus der Schalttafel. Komplette Lenkstockverkleidung nicht demontieren! Rechte Schraube (2) wird frei.

■ Den Schalttafeleinsatz ausbauen (Kapitel »Fahrzeugelektrik«). Leitungsstrang muss nicht getrennt werden. Die beiden unteren Schrauben (3) werden frei.

■ Die je zwei 1,5 Nm-Schrauben (2) und (3) herausdrehen, die Blende (1) von der Schalttafel lösen, den Leitungsstrang der Leuchtweitenregulierung (schwarzer Pfeil) trennen.

■ Der **Einbau** erfolgt sinngemäß in umgekehrter Reihenfolge. Dabei sind die Schrauben in der Reihenfolge (1) und danach (2) zu verbauen.

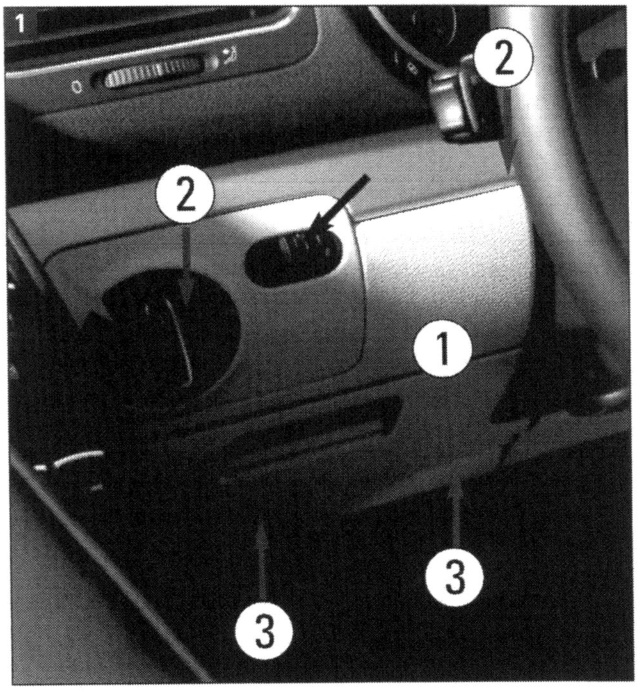

Ausbau Fahrerseite: (1) Blende, (2) Schrauben oben links/rechts, (3) Schrauben unten links/rechts.

Fußraumabdeckung Fahrerseite ausbauen

■ **Ausbau:** Schalten Sie die Zündung aus. Orientieren Sie sich an Bild 1.

■ Drehen Sie die zwei Schrauben (1; 1,5 Nm) heraus.

■ Lösen Sie die Abdeckung (2) aus den Aufnahmen und trennen Sie den Leitungsstrang von der Fußraumleuchte.

■ Betätigen Sie die zwei Verriegelungen (Pfeile) und ziehen Sie den Steckanschluss für das Diagnosegerät aus der Abdeckung heraus.

■ **Einbau** sinngemäß umgekehrt.

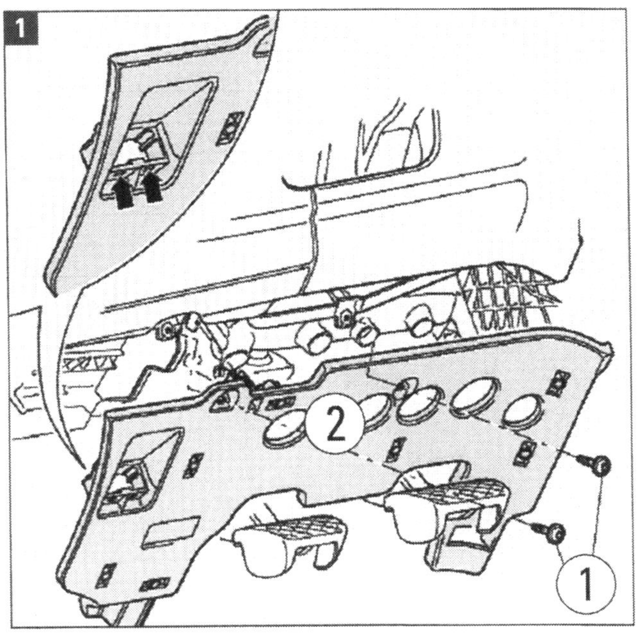

Fußraumabdeckung Fahrerseite: (1) Schrauben, (2) Abdeckung. Pfeile: Verriegelungen.

Verkleidungen von Türen und Heckklappe ausbauen

■ **Ausbau an der Vordertür:** Die Türen sind unterschiedlich gebaut und ausgestattet (Bilder 1; 5 bis 7), aber das Arbeitsprinzip ist immer ähnlich. Wir erläutern es an der Fahrertür des Variant (Bilder 1, 2 und 6). Die Zündung ausschalten.

■ Das Oberteil der Griffschale (1, Bild 1) mit dem Demontagekeil (VW 3409) nach oben (roter Pfeil in Bild 1) aus den Aufnahmen in der Türverkleidung heraushebeln.

■ Trennen Sie den Leitungsstrang vom Fensterheberschalter aus der Türverkleidung und, je nach Fahrzeugausstattung, die Leitungsstränge vom Oberteil der Griffschale.

■ Die zwei Schrauben (1,5 Nm) im Bereich der Griffschale, die Schraube rechts oben am Türrand sowie die drei Schrauben am unteren Türrand (je 2 Nm) herausdrehen.

■ Die Türverkleidung zuerst im unteren Bereich, dann an den Seiten mit einer Demontagezange (bei VW 3392) aus den Aufnahmen lösen.

■ Ziehen Sie die Türverkleidung senkrecht nach oben aus der Fensterschachtabdichtung heraus (schwarze Pfeile in Bild 1) und trennen Sie bei Fahrzeugen mit Radioanlage den Leitungsstrang der Türverkleidung vom Lautsprecher und vom Türsteuergerät.

■ Hängen Sie den Bowdenzug (1) vom Türschloss (3) aus der Türinnenbetätigung (2) aus (Bild 2).

■ Die Schraube unter dem Spiegeldreieck (2 Nm) herausdrehen. Die Abdeckung des Spiegeldreiecks (3; Bilder 1, 3 und 4) mit dem Demontagekeil (z. B. 3409) aus den Aufnahmen (rote Pfeile) heraushebeln und im Falle einer Radioanlage den Leitungsstrang vom Lautsprecher (weißer Pfeil in den Bildern 3 und 4) in der Abdeckung trennen.

■ Der **Einbau** erfolgt sinngemäß in umgekehrter Reihenfolge. Vor der Montage sind die Befestigungsclips auf Beschädigungen zu überprüfen und ggf. zu erneuern. Das Bowdenzugende so in den Hebel einhängen, dass die offene Seite

1
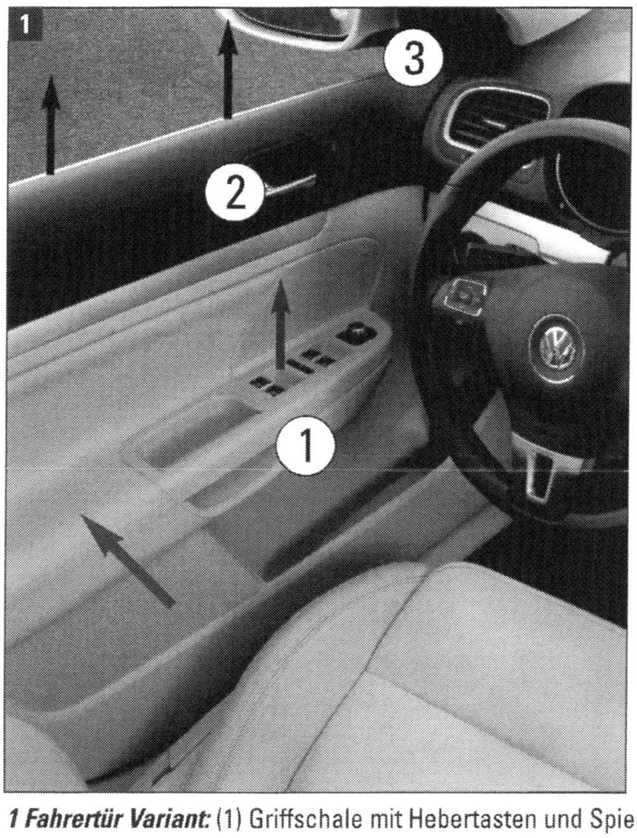

2
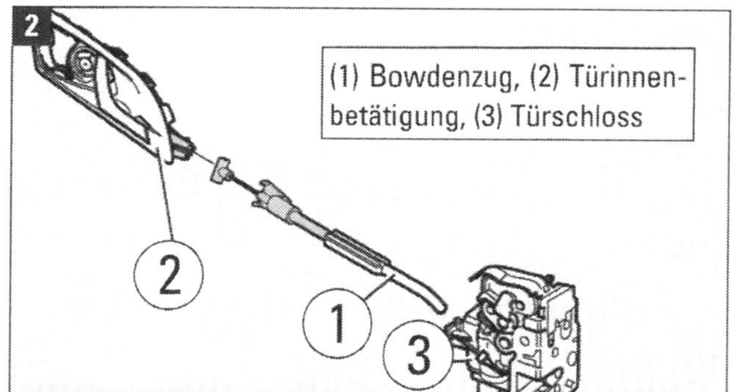

3
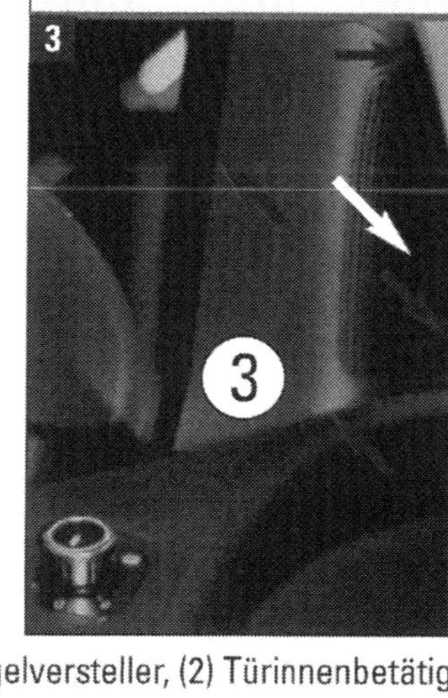

4

__1 Fahrertür Variant:__ (1) Griffschale mit Hebertasten und Spiegelversteller, (2) Türinnenbetätigung, (3) Abdeckung des Spiegeldreiecks. Blauer Pfeil: Innentürverkleidung. ***2 Betätigung:*** mit Bowdenzug. ***3/4 Spiegeldreieck:*** Golf/ Plus und Cross.

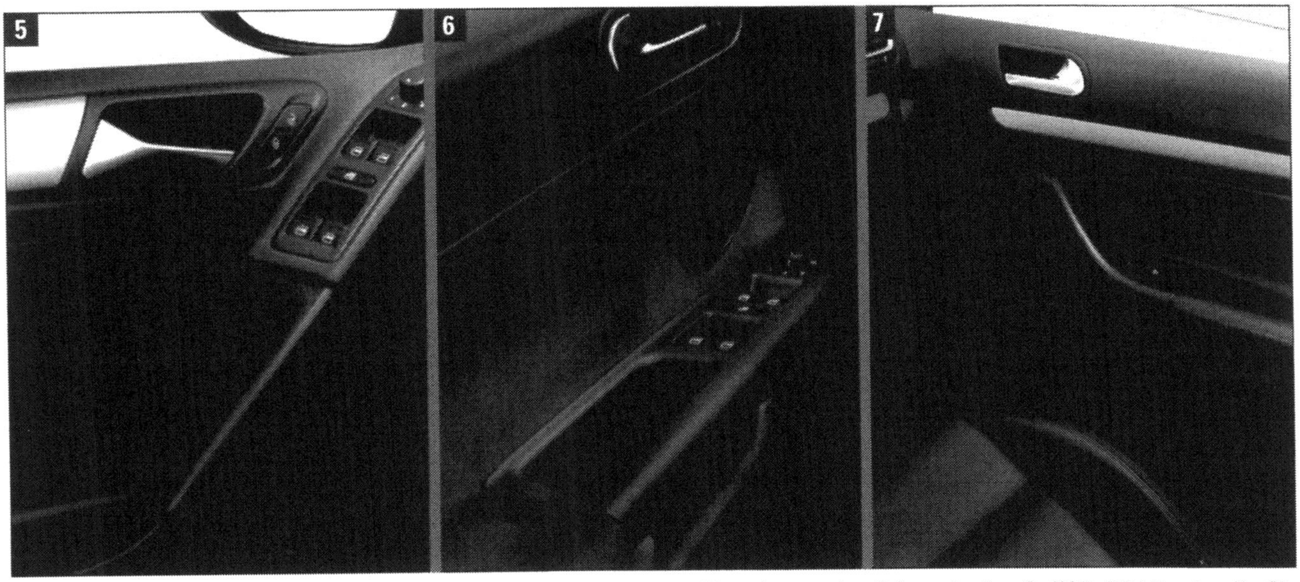

Äußere Unterschiede: Bild 5 zeigt am Beispiel des Viertürers die Situation an der Fahrertür des Golf VI. Bild 6 zeigt die Situation bei Golf Plus und Variant. Bild 7 zeigt eine Variant-Beifahrertür; ähnlich ist diese Situation den Fondtüren.

der Öse nach oben zeigt. Zug nach vorn ins Widerlager hörbar einrasten lassen. Steckverbindungen anschließen.

■ Türverkleidung am Fensterschacht ansetzen und nach unten festdrücken. Die Verkleidung an den Befestigungspunkten mit den Clips bis zum Verrasten andrücken.

■ **Ausbau an der Fondtür:** Der Ausbau erfolgt völlig analog zum Vorgehen an den vorderen Türen: Zündung ausschalten, bei Fahrzeugen mit manuellen Fensterhebern die Fensterkurbel ausbauen, mit dem Demontagekeil (3409) das Oberteil der Griffschale aus dem Zuziehgriff in der Türverkleidung heraushebeln. Bei Fahrzeugen mit elektrischen Fensterhebern den Leitungsstrang vom Fensterheberschalter aus der Türverkleidung lösen.

■ Die Schrauben mit 1,5 Nm Anzugsdrehmoment oben an Griff und Schalter, dann die Schraube unten mit 2 Nm herausdrehen.

■ Die Türverkleidung erst im unteren Bereich, dann an den Seiten mit der Demontagezange (3392) aus den Aufnahmen lösen.

■ Ziehen Sie die Türverkleidung senkrecht nach oben aus der Fensterschachtabdichtung heraus, trennen Sie je nach Fahrzeugausstattung die Leitungsstränge von der Türverkleidung und hängen Sie den Bowdenzug aus der Türinnenbetätigung aus.

■ **Ausbau an der Heckklappe Limousine:** Die Schlossabdeckung und die Abdeckung vom Griff für Innennotentriegelung abbauen.

■ Die Schrauben (2 Nm) aus den Griffmulden herausdrehen und die Verkleidung mit der VW-Demontagezange (3392) oder einer ähnlichen geeigneten Zange aus den Aufnahmen in der Klappe lösen.

■ Den Bowdenzug am Griff für Innennotentriegelung aushängen und die Verkleidung abnehmen.

■ **Ausbau an der Heckklappe Variant (Bild 8):** An den mit den Pfeilen im Bild markierten Stellen sind in den unteren

Heckklappe: Die roten Pfeile zeigen die Position der im unteren Rand der Verkleidung eingepassten Deckel.

Rand der Verkleidung Deckel eingedrückt. Diese müssen aus der Verkleidung geclipst und die beiden Schrauben (2 Nm) darunter herausgedreht werden. Verkleidung oben aus den Aufnahmen im Fensterrahmen lösen und abziehen.

■ **Klappenschloss ausbauen:** Die Steckverbindung (3) vom Schloss (1) in der Heckklappe trennen. Die Schrauben (2) herausdrehen und das Klappenschloss von der Heckklappe abnehmen (Bild 9).

■ **Einbauen:** Schloss (1) montieren und die Schrauben (2) ansetzen. Mit 23 Nm festziehen. Schließen Sie die Steckverbindung (3) am Klappenschloss an (Bild 9).

Anmerkung: Die **Dichtung der Heckklappe** wird in der Serienmontage mit einer Dichtmasse versehen, auf den Karosserieflansch aufgesteckt und anschließend angerollt. Bei Demontage wird die Dichtmasse an der Innenseite der Dichtung verteilt, die Flanken werden leicht aufgebogen. Eine komplett demontierte Dichtung muss durch eine so genannte Hammerschlagdichtung ersetzt werden (Fachwerkstatt!).

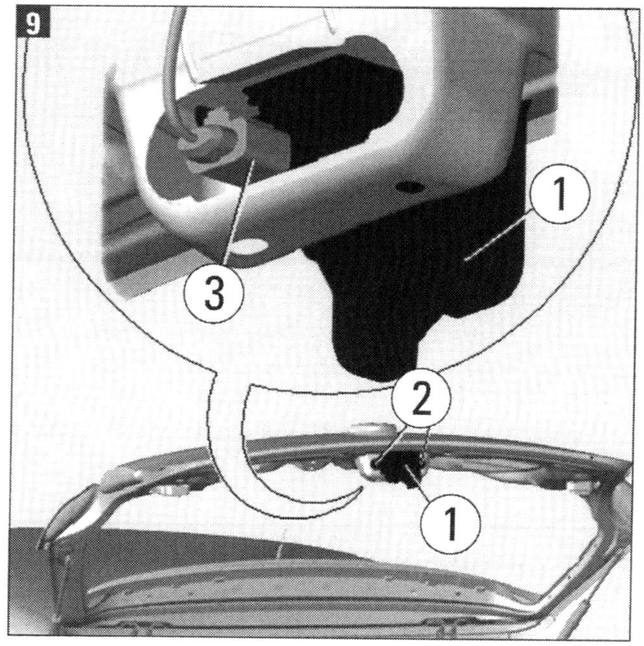

Ausbau aus Heckklappe: (1) Klappenschloss, (2) Schrauben 23 Nm, (3) Steckverbindung.

Formhimmel aus- und einbauen

Aus- und Einbau sind bei allen Golf-Modellen und beim Variant gleich. Neben dem Demontagekeil ist der auf Seite 147 (Bild 14) vorgestellte Lösehebel T10039 mit Unterlegekeil T10039/1 einzusetzen.

■ **Ausbau:** Wenn vorhanden, das Schiebe-/Ausstelldach öffnen. Die Zündung ausschalten. Mittelkonsole ausbauen. Bei der Mittelkonsole Highline ist es nicht nötig, den Träger für die Verkleidung auszubauen.

■ Den Anschlussstutzen für Luftführung in der Mittelkonsole ausbauen. Fahrer- und Beifahrersitz bleiben eingebaut.

■ Bei DSG und automatischem Getriebe mit der Notentriegelung des Wählhebels den Hebel freisetzen und auf Position »S« stellen. Bei Schaltgetriebe mit dem Wählhebel den 4. Gang einlegen. ***Achtung:*** Decken Sie mit einem Lappen oder mit Band den oberen Teil des Hebels ab, um Schäden am Formhimmel zu vermeiden!

■ Leuchten und Schalter entsprechend Kapitel »Fahrzeugelektrik« aus dem Formhimmel ausbauen. Dachabschlussleiste sowie links und rechts die oberen Verkleidungen von A- und B-Säule und die Verkleidung der C-Säule ausbauen.

■ Bei Fahrzeugen mit Schiebe-/Ausstelldach den Keil T10039/1 zwischen Rahmen und Formhimmel schieben. Mit dem Lösehebel T10039 den Rahmen umlaufend vom Formhimmel lösen.

■ Rechts und links die Sonnenblende sowie ebenso auf beiden Seiten die Haltegriffe (Dach) wie beschrieben ausbauen. Alle Klammern in den Griffhaltern ersetzen!

■ Innenspiegel (mit Regensensor oder mit automatischer Distanzregelung) ausbauen und die Schrauben (2 Nm) am Formhimmel links und rechts herausdrehen.

■ Den Formhimmel sehr vorsichtig, um Beschädigungen zu vermeiden, etwas absenken und je nach Fahrzeugausstattung die Leitungsstränge vom Himmel trennen. Die Lehnen von Fahrer- und Beifahrersitz in die hinterste Stellung bewegen und den Formhimmel durch die Vordertür auf der Beifahrerseite aus dem Fahrzeug herausnehmen.

■ Der **Einbau** erfolgt sinngemäß umgekehrt.

Sitzgestell vorn, Sitzwanne und Fondsitzbank ausbauen

Der Ausbau von Sitzen ist, wie bereits angemerkt, durch die Airbags in den Lehnen nicht ganz unproblematisch und sollte von Laien besser nicht vorgenommen werden. Wir zeigen hier aber für den Fall sachkundiger Hilfe bezüglich der Airbags dennoch die nötigen Arbeitsschritte. Beim Ausbauen müssen die Sicherheitsmaßnahmen bei Arbeiten am Airbag strikt eingehalten werden. Als wichtiges Spezialwerkzeug ist ein Airbag-Adapter (VW: VAS 6229, VAS 6281) nötig.

Sitzgestell vorn links:

■ Falls vorhanden, Schublade aus dem Sitz nehmen. Den Sitz über die Höhenverstellung (1) in Bild 1 in die oberste und über die Längsverstellung (Griff vorn am Sitz) in die vorderste Position stellen (Bild 5).

■ Schrauben (2) in Bild 3 herausdrehen. Sitz über die Längsverstellung in der hintersten Position verrasten.

■ Fahrzeugbatterie abklemmen (Kapitel »Fahrzeugelektrik«) und die Abdeckkappe (roter Pfeil) von der Koppelstation unter dem Sitzgestell (blauer Pfeil) entfernen.
Achtung: Vor dem Trennen der Steckverbindung müssen Sie sich unbedingt z. B. durch kurzes Anfassen der Karosserie oder des Schließkeils der Tür elektrostatisch entladen. Denn plötzliche elektrostatische Entladungen bei der Arbeit können eine ungewollte Airbag-Auslösung zur Folge haben!

■ Je nach Fahrzeugausstattung die Leitungsstränge vom Sitz aus der Koppelstation trennen, z. B. (4) und (5) in Bild 4. Airbagadapter (VAS 6229 oder VAS 6281) auf den Leitungsstrang vom Seitenairbag aufstecken.

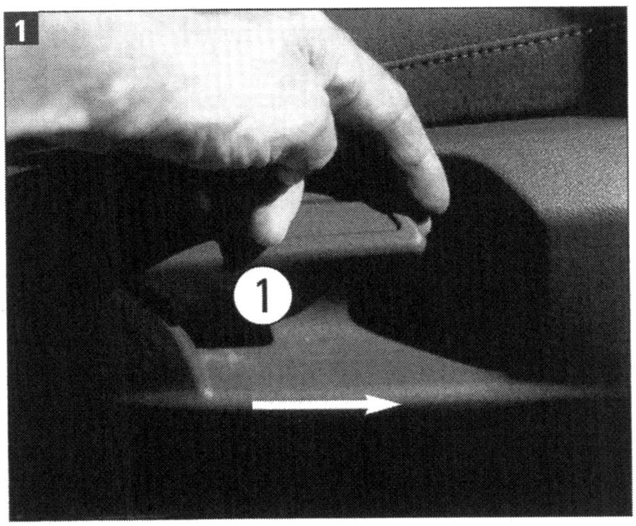

Fahrersitz Bild 1: (1) Höhenverstellung. ***Bild 2:*** Sitzgestell. Rote Pfeile: Schrauben (2) und (3) in Bild 3.

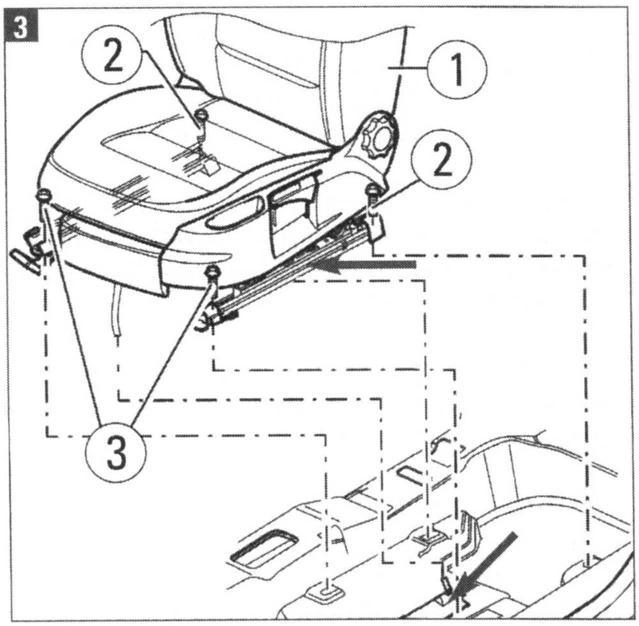

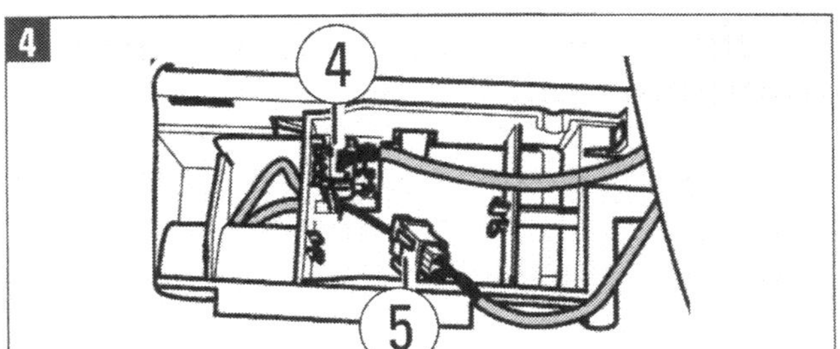

Bild 3/4: (1) Fahrersitz, (2 und 3) Schrauben, (4 und 5) Steckverbindungen. Pfeil: Abdeckung der Steckverbindungen.

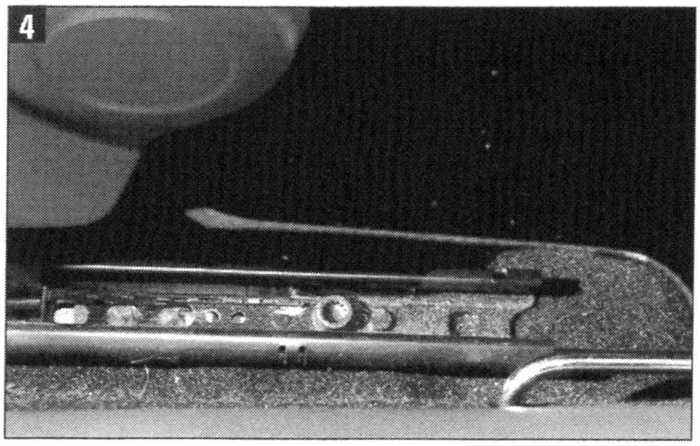

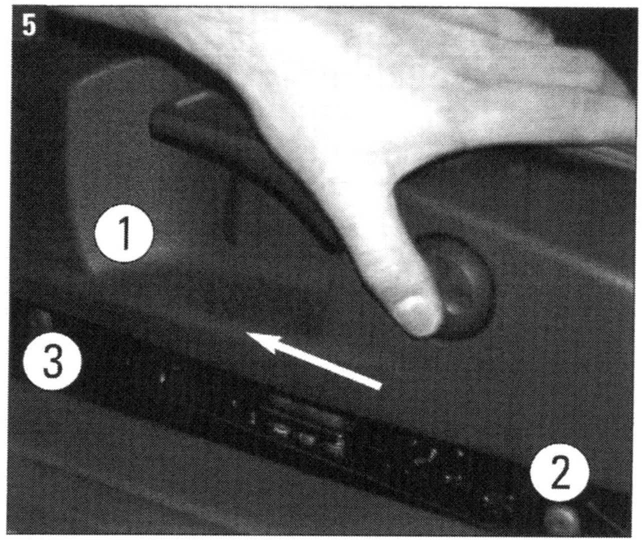

Bild 4 Längsverstellung für Sitzgestell: Sitz in der vordersten Position.
Bild 5 Fahrersitz: (1) Seitenverkleidung; (2) Schraube hinten, (3) Schraube vorn am Sitzgestell. Weißer Pfeil: Fahrtrichtung.

■ Halteschrauben herausdrehen und den Leitungsstrang aus seiner Aufnahme im Boden lösen.

■ Sitz aus dem Fahrzeug herausheben. Dabei und beim Transportieren darf der Sitz nicht an Anbauteilen wie Gurtschloss, Hebel für Sitzlängsverstellung, Hebel für Sitzhöhenverstellung oder Sitzverkleidungen angefasst werden.

■ **Richtig machen** Sie es so: Mit der rechten Hand zwischen Lehne und Sitzkissen greifen, mit der linken Hand an das vordere Ende vom Sitzkissen fassen und den Sitz aus dem Fahrzeug herausheben.

■ Beim **Einbau** in sinngemäß umgekehrter Reihenfolge die elektrischen Steckverbindungen bis zum Anschlag aufschieben und hörbar einrasten.

Sitzwanne vorn links:
■ **Ausbauen:** Dazu muss der ausgebaute Sitz auf geeignete Weise fest eingespannt werden. Die professionelle Lösung bietet das VW-Werkzeug »Halter für Sitzreparatur VAS 6136«, das an einen Motor-/Getriebehalter (z. B. VAS 6095) montiert wird. Wir gehen hier davon aus, dass der Sitz auf dem Reparaturhalter befestigt ist.

■ Die Verkleidungen links (1 in Bild 5) und rechts am Sitz sowie, falls vorhanden, die Aufnahme für die Schublade unter dem Vordersitz ausbauen.

■ Lehne, Bezug und Polster vom Vordersitzkissen ausbauen. Auf der rechten Seite die Schrauben »2« und »3« sowie auf der linken Seite die Schraube »2« herausdrehen. Die Schraube »2« links zeigt in Einbaulage von innen nach außen.

■ Im vorderen Bereich links die Schraube »3« herausdrehen. Sitzwanne von der Sitzlängsverstellung (Bild 4) lösen.

■ **Einbau** in sinngemäß umgekehrter Reihenfolge.

(Rück-)Sitzbank Variant:
■ **Ausbau:** Erst die linke (2) und dann die rechte Sitzbank (3) nach vorn klappen (Bild 6). Dadurch wird die Befestigung des Sitzrahmens zugänglich.

■ Drücken Sie die Haken des Sitzrahmens (5) aus den Scharnieren (4) heraus und heben Sie die Sitzbank aus dem Fahrzeug.

■ **Einbau** in sinngemäß umgekehrter Reihenfolge.

(Rück-)Sitzbank Limousine:
■ **Ausbau:** Die vier Führungen (1) aus den Kindersitzverankerungen (2) ausclipsen (Bild 7). Bild 8 zeigt die Situation beim Einschieben des Kindersitzes in die Verankerung.

■ Ziehen Sie die Sitzbank (3) im vorderen Bereich nach oben aus den zwei Aufnahmen (4) heraus (Pfeile A).

■ Drücken Sie die Sitzbank nach hinten (Pfeil B), ziehen Sie sie im hinteren Bereich nach oben und nehmen Sie sie aus dem Fahrzeug heraus.

■ **Einbau** in sinngemäß umgekehrter Reihenfolge.

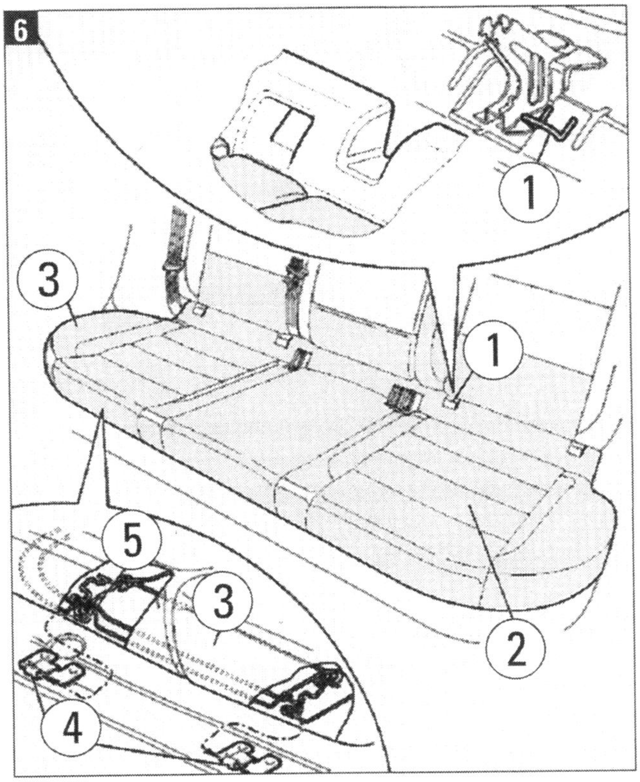

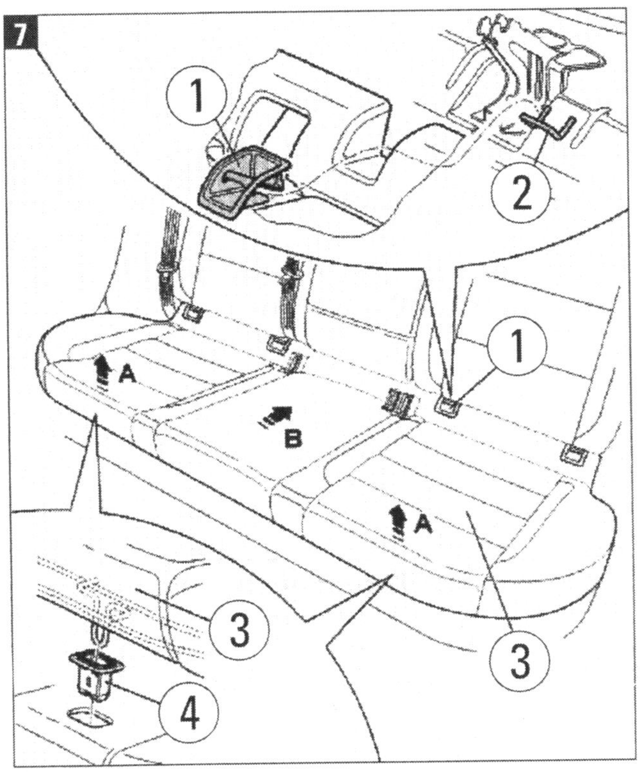

Bild 6 Sitzbank Variant: (1) Kindersitzverankerung; (2) linke, (3) rechte Sitzbank; (4) Scharniere; (5) Sitzrahmenhaken.
Bild 7 Sitzbank Limousine: (1) Führungen, (2) Kindersitzverankerung, (3) Sitzbank, (4) Aufnahmen.

Lehne der Sitzbank:

■ **Ausbauen:** Bei der Limousine die Sitzbank ausbauen, beim Variant Sitzbank nach vorn klappen. Bodenbelag im Bereich vom Lehnenmittellager zurückklappen und, falls vorhanden, die Blende vom Lehnenmittellager entfernen.

■ Schraube (9 Nm) im Lehnenmittellager herausdrehen und die Schelle aus dem Lager lösen. Die rechte Lehne aus dem Lehnenmittellager herauslösen und von ihrem Haltebolzen abziehen. Ihr linker Teil ist die Lehne für den Mittelsitz. Sie kann erst ausgebaut werden, wenn das Gurtschloss für den Sicherheitsgurt des Mittelsitzes abgeschraubt wurde.

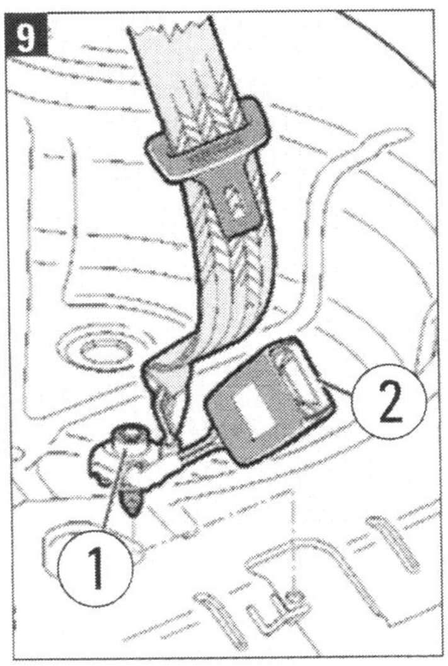

■ Drehen Sie dazu die Schraube (1; 40 Nm) heraus und lösen Sie das Gurtschloss (2) vom Boden (Bild 9).

■ Dann die rechte Lehne aus dem Fahrzeug herausnehmen.

■ Heben Sie die linke Lehne aus dem Lehnenmittellager heraus und ziehen Sie sie vom Haltebolzen ab.

■ Der **Einbau** erfolgt in allen Fällen sinngemäß umgekehrt. Stellen Sie sicher, dass die Lehnen fest im Mittellager und auf ihren Bolzen sitzen.

Fensterheber

Störung	Was kann das sein?	Was kann oder muss ich tun?
A Fensterscheibe wird nur in eine Richtung verstellt	**1** Schalter defekt; weniger wahrscheinlich: Fehler im Türsteuergerät	Schalter auswechseln Türsteuergerät mit Diagnosesystem überprüfen lassen (Fehler auslesen)
B Fensterscheibe wird in keine Richtung verstellt	**1** Fensterscheibe schwergängig; Sicherung wegen Motorüberlastung defekt	Fensterscheibe in den Führungen gängig machen Evtl. Sicherung erneuern
	2 Motor läuft nicht, obwohl die Sicherung in Ordnung ist	Spannung direkt an die Motoranschlüsse legen. Wenn der Motor jetzt läuft, liegt der Fehler in der Zuleitung. Läuft der Motor nicht: auswechseln!
	3 Seilführungen ausgerissen	Reparatursatz Fensterheber verbauen
C Fensterscheibe wird im gesamten Verstellbereich zu langsam verstellt	**1** Fensterscheibe in den Führungen verklemmt, Führungen gebrochen	Reparatursatz Fensterheber verbauen
	2 zu hohe Reibung in der gesamten Mechanik	Mechanik ohne Scheibe auf Reibungsverluste überprüfen; ggf. erneuern
	3 Kabelverbindungen defekt oder oxidiert	Überprüfen, reinigen, ggf. auswechseln
	4 Schalter defekt oder oxidiert	Überprüfen; ggf. auswechseln
D Fensterscheibe wird an der oberen Grenze des Verstellbereichs zu langsam verstellt	**1** Fensterscheibe in den Führungen verklemmt. In seltenen Fällen Schaden an den Aufnahmen	Reparatursatz Fensterheber verbauen
E Fensterscheibe fällt in die Tür	**1** seltener Fehler: Mitnehmer gebrochen oder verrutscht	Reparatursatz Fensterheber verbauen Ratsam: Fehlerspeicher auslesen lassen

Zentralverriegelung

Störung	Was kann das sein?	Was kann oder muss ich tun?
A Verriegelung funktioniert nicht	**1** Sicherung durchgebrannt	Erneuern
	2 Motor der Fahrer- oder Beifahrertür defekt	Funktion überprüfen, ggf. auswechseln
	3 Verkabelung unterbrochen	Überprüfen, ggf. erneuern
B Schlösser werden entriegelt, aber nicht verriegelt	**1** Verkabelung unterbrochen	Überprüfen, ggf. erneuern
	2 Mehrfachstecker an Motor und Türkasten locker oder oxidiert	Festen Sitz kontrollieren, ggf. reinigen
	3 Schalter in Servomotor defekt	Durchgangsprüfung an den entsprechenden Motorklemmen durchführen
C Schlösser werden verriegelt, aber nicht entriegelt	**1** Motor der Fahrer- oder Beifahrertür defekt	Funktion überprüfen, ggf. auswechseln
	2 Mehrfachstecker an Motor und Türkasten locker oder oxidiert	Festen Sitz kontrollieren, ggf. reinigen
	3 Schalter in Servomotor defekt	Durchgangsprüfung an den entsprechenden Motorklemmen durchführen
D Eines der Schlösser funktioniert nicht	**1** Motor defekt	Funktion überprüfen, ggf. auswechseln
	2 Kabel- oder Steckerverbindung am Servomotor oder Türkasten defekt	Überprüfen und ggf. instand setzen
	3 Mechanische Übertragungsteile klemmen	Teile auf Funktion überprüfen und festen Sitz kontrollieren. Ggf. Teile etwas fetten; verschlissene Teile auswechseln
E Öffnen und Schließen funktionieren mit mechanischem, aber nicht mit Funkschlüssel	**1** Schlüsselbatterie erschöpft oder Fehler in der Schlüsselelektronik	Neue Batterie einsetzen; ggf. muss Schlüssel ersetzt werden

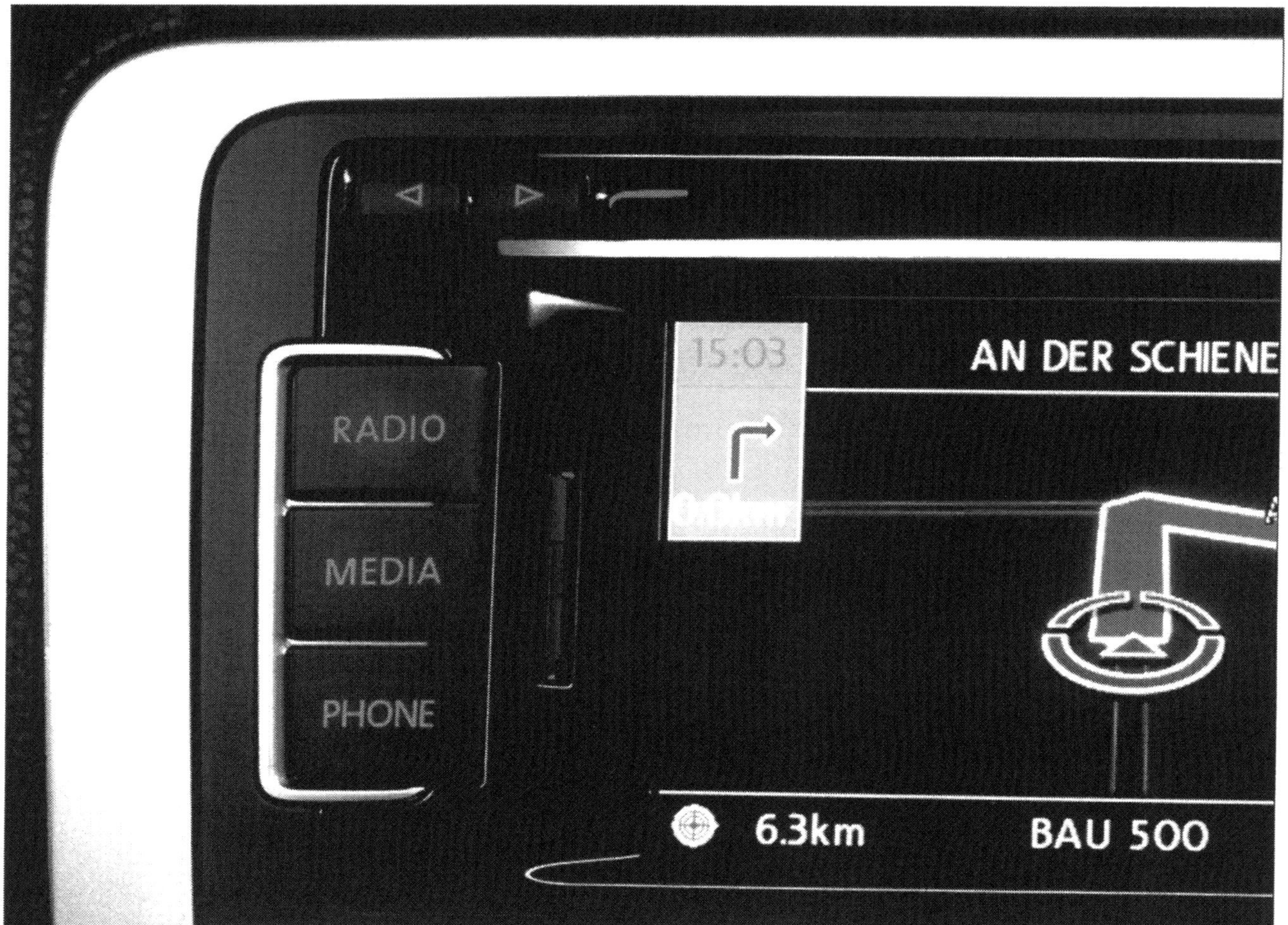

Fahrzeugaufbau: Media und Kommunikation

Die Radio-Navigationsanlagen RNS 310 (Bild oben) und RNS 510 sind hochkomfortable Gerätesysteme. Optional kann an sie eine in der Heckklappe eingebaute Rückfahrkamera angeschlossen werden. Das RNS 510 hat eine 30 GB-Festplatte. Gibt es angesichts solcher hochentwickelten und verwirrenden Technik (Bild unten) doch noch etwas zu schrauben? Das gibt es in der Tat.

Volkswagen bietet Golf VI und Variant IV, Golf Plus und GTI mit drei Radio-Anlagen und zwei Radio-Navigationssystemen der Serien 210, 310 und 510 an. Alle Infotainmenteinheiten lassen sich um entsprechende Telefon-Freisprechanlagen erweitern.
Stets serienmäßig in Verbindung mit einem der Radio- oder Radio-Navigationssysteme ab der 310er Serie ist ein AUX-IN-Anschluss für externe MP3-Player. Die Geräte der Serien 310 und 510 können zudem um einen USB-Anschluss (MEDIA-IN) sowie einen CD-Wechsler (für die Navigationssysteme) ergänzt werden.
Alle Radio- und Radio-Navigationssysteme verfügen über einen MP3-fähigen CD-Player. Die Radio-Anlagen tragen die Bezeichnung RCD 210, RCD 310 und RCD 510; RNS 310 (Auftaktbild) und RNS 510 (Bilder auf Seite 163) nennen sich die Pendants mit zusätzlichem Navigationssystem. An die Geräte RNS 310, RCD 510 und RNS 510 kann optional die in die Heckklappe integrierte Rückfahrkamera (Bild 1) angeschlossen werden. Dem RNS 510 steht für Navigation und Entertainment eine 30 GB große Festplatte zur Verfügung.

Touchscreen und Kartenslot

Das jüngste Gerät im Volkswagen Programm ist dabei das Radio-Navigationssystem RNS 310. Wie das größere RNS 510 und das Radio RCD 510, ist es ebenfalls mit einem bedienungsfreundlichen Touchscreen versehen. In diesem Fall ist der Farbscreen fünf Zoll groß (400 x 240 Pixel). Darüber hinaus ist das RNS mit einem SD-Karten-Slot und einem Doppeltuner ausgestattet. Die SD-Karte kann sowohl zum Speichern der Navigationsdaten (per Kopie von der Navigations-CD) als auch von MP3-Dateien für die Musikwiedergabe genutzt werden.

Einparken per Pilot

Eng mit Multimedia verknüpft ist das Fahr-Assistenzsystem »Park Assist«. Wir haben das System für automatisches Rückwärtseinparken parallel zur Fahrbahn bei Parklücken von nur 1,1 Meter über Fahrzeuglänge (Bild 2) bereits im Kapitel »Modell« beschrieben. Da es ähnlich wie das Navigationssystem über Taster und Display funktioniert, möchten wir hier noch einige ergänzende Angaben bringen.
Bei Geschwindigkeiten bis zu 30 km/h und einem Abstand von 0,5 bis 1,5 m zu anderen parkenden Autos erfasst eine Ultraschallsensorik während der Vorbeifahrt auf Wunsch links oder rechts (je nach gesetzter Blinkrichtung) alle parallel zur Fahrbahn ausgerichteten Parklücken. Ein Steuergerät berechnet den idealen Einparkweg. Die Startposition dazu teilt »Park Assist« in der Multifunktionsanzeige mit.
Dann legt der Fahrer den Rückwärtsgang ein. Im Display erscheint jetzt die Anzeige »Lenkeingriff aktiv! Umfeld beachten!« Der Fahrer muss während des gesamten Parkvorgangs nur noch Gas geben, kuppeln und bremsen, das Lenken übernimmt sein Fahrzeug. Sobald der »ParkPilot« hinten zum ersten Mal Dauersignal

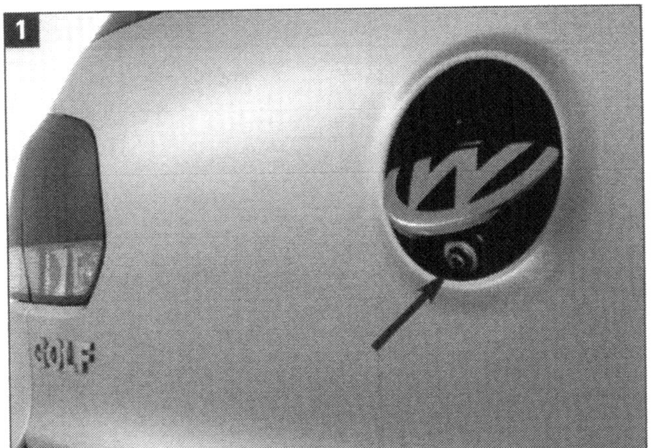

Rückfahr-Kamera: Im Rückwärtsgang erfasst das System »RearAssist« den Raum hinter dem Fahrzeug.

ParkPilot: Wenn der Assistent auf Dauersignal stellt, ist der optimale Abstand zum nächsten Fahrzeug erreicht.

gibt, ist der optimale Abstand zum nächsten Fahrzeug erreicht.
Aktiviert wird das intuitiv bedienbare System auf Knopfdruck. Die Funktionstaste befindet sich direkt vor dem Schaltknauf (Bild 3). Der gesamte Einparkvorgang dauert nach dem Einlegen des Rückwärtsganges nur 15 Sekunden. Bei zu hoher Geschwindigkeit oder/und Lenkeingriff des Fahrers wird »Park Assist« augenblicklich deaktiviert.

Weitwinkel erfasst jedes Hindernis

Die neue Golf- und Golf-Variant-Generation ist erstmals mit einer Rückfahrkamera – dem so genannten »RearAssist« – zu haben. Sobald der Rückwärtsgang eingelegt wird, erfasst die in die Heckklappe integrierte Kamera den Raum hinter dem Fahrzeug.
Geordert werden kann das System in Verbindung mit den Touchscreen-Radio- und Radio-Navigationssystemen RNS 310, RCD 510 und RNS 510. Die Aufnahmen der Kamera werden als Realbild direkt auf den Tast-Bildschirm übertragen. Der vom Fahrzeug eingeschlagene Weg wird mit Orientierungslinien angezeigt.
Mit der Rückfahrkamera sind selbst kleinste Hindernisse nach hinten gut zu erkennen und engste Parklücken millimetergenau zu meistern. Darüber hinaus vereinfacht »Rear Assist« das Ankoppeln von Anhängern. Die Kamera selbst (roter Pfeil in Bild 1) hat eine Weitwinkeloptik. Sie erfasst horizontal einen Bereich von 130 Grad und vertikal ein Spektrum von 100 Grad.

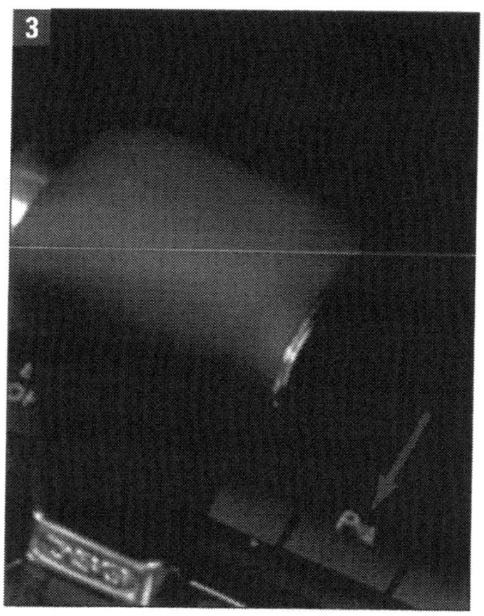

ParkAssist-Taste: Knopfdruck vor dem Schalthebel aktiviert das System.

Leichte Bedienung per Lenkrad

Das Autotelefon nutzt die Fahrzeugantenne, was optimale Empfangsqualität sicherstellt. Bedient wird es über die komfortable Sprachsteuerung, das Bediensystem MMI oder das optionale Multifunktionslenkrad (Bild 4). Für exzellente Freisprechqualität sorgt ein Sprachprozessor, der Störungen wie Echos oder Fahrgeräusche unterdrückt. Die Sprachübertragung erfolgt über die Soundanlage, die Lautstärkeregelung über das Radio.

Telefon-Vorbereitungen

Golf und Variant bieten die Telefonvorbereitungen »UHV Premium mit Bluetooth« und »UHV mit Audiostreaming«. Das fest eingebaute Telefon mit Bluetooth ermöglicht drahtlosen Zugriff auf die gespeicherten Telefondaten eines am Fahrzeugsystem angemeldeten Mobiltelefons. Dazu muss das anzukoppelnde Mobiltelefon über eine Bluetooth-Schnittstelle verfügen und das »Remote SIM Access Profile« (RSAP) unterstützen. Dann kann auf die Mobiltelefon-SIM-Karte zugegriffen werden.
UHV mit Audiostreaming nutzt zwei Bluetooth-Profile: Das »Hands-Free-Profile« HFP für den Telefon-Audio/Sprachkanal und das »A2DP Audiostreaming« für Musikdateien des angemeldeten Bluetooth-Geräts in Stereoqualität.

Multifunktionslenkrad: Das Mobiltelefon ist über Tasten leicht vom Lenkrad aus zu bedienen.

Radio und Radio-Navigationssystem ausbauen

Zur Beachtung:
Beim Aus- und Einbau gibt es geringfügige Unterschiede für die einzelnen Geräte RCD 210, RCD 310, RCD 510, RNS 310 und RNS 510. Wir beschreiben hier das Prinzip am Beispiel des RNS 510. Als Werkzeuge werden übliche Schraubendreher und ein Demontagekeil wie der 3409 von Volkswagen benötigt.

■ **Ausbauen:** Vor Beginn der Montagearbeiten müssen folgende Arbeitsschritte durchgeführt werden:
– Ggf. im Gerät verbliebene CD's entsprechend der jeweiligen Bedienungsanleitung herausnehmen.
– Die Zündung und alle elektrischen Verbraucher ausschalten und den Zündschlüssel abziehen.
■ Hebeln Sie dann mit dem Demontagekeil die Abdeckung der Mittelkonsole im Bereich der Pfeile (Bild 1) vorsichtig heraus und nehmen Sie die Abdeckung ab.

■ Drehen Sie die Schrauben (vier Pfeile in Bild 2) am Radio/Radio-Navigationssystem heraus und ziehen Sie das Gerät so weit aus dem Einbauschacht heraus, bis Sie an die Steckverbindungen auf der Rückseite herankommen.

■ Die Steckerarretierung zusammendrücken und den Verriegelungsbügel hoch schwenken. Ziehen Sie die Steckverbindung heraus.

■ Entriegeln Sie die Steckverbindungen der Antennenanschlüsse und ziehen Sie diese heraus.

■ **Einbauen:** Die Steckverbindungen am Radio/Radio-Navigationssystem aufstecken und verriegeln. Das Gerät gerade in die Schalttafel einschieben. Dabei keinesfalls auf das Display oder die Bedientasten drücken, weil das Gerät Schaden nehmen könnte.

■ Befestigen Sie das Radio/Radio-Navigationssystem mit den vier Schrauben entsprechend Bild 2. Die Abdeckung der Mittelkonsole gemäß Bild 1 wieder einbauen.

■ Ggf. die elektronische Diebstahlsicherung je nach Typ der Radioanlage deaktivieren, die Codierung des Radio/-Radio-Navigationssystems prüfen und ggf. neu codieren.

■ **Codieren:** Die Anti-Diebstahl-Codierung verhindert nach dem Ausbau des Gerätes auf elektronischem Weg die Wiederinbetriebnahme durch Unbefugte. Diese Radiocodes oder Sicherheitscodes sind jedem Gerät einprogrammiert. Sie finden den Sicherheitscode auf der Gerätekarte des in Ihrem Fahrzeug verbauten Systems. Er muss zur Radiofreischaltung nach der Bedienungsanleitung Ihres Gerätes über die Radiotastatur eingegeben werden.

■ Wenn die Gerätekarte nicht verfügbar ist, kann der Sicherheitscode mit dem Fahrzeugdiagnosetester von einer zentralen Datenbank abgefragt werden. Er wird dann am Display des Testers angezeigt. Dazu brauchen Sie neben dem Tester aber die Zugangsberechtigung für das System »GeKo« (Geheimnis- und Komponentenschutz). Das ist dann Angelegenheit der Fachwerkstatt.

1

Blenden-Ausbau: Blende mit Demontagekeil oder kleinem Flachschraubendreher vorsichtig abhebeln (Pfeile).

2

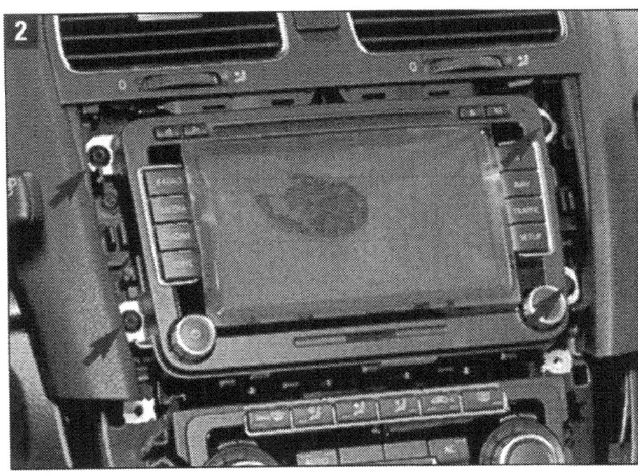

Radio-Ausbau: Nach Abnehmen der Blende werden die vier Befestigungsschrauben (Pfeile) zugänglich.

Anschlüsse und Komponenten Radio-Navi-System

Nach dem Ausbau des Radio-Navigationssystems sind die rückwärtigen Steckanschlüsse zugänglich. Wir zeigen hier mit VW-Bildern die Belegung am Beispiel des Systems RNS 510, die aber prinzipiell übertragbar ist auf alle anderen Gerätetypen. In der folgenden Übersicht, die für Reparatur- oder Nachrüstarbeiten unerlässliche Orientierung gibt, sind die Einbauorte der diversen Systemkomponenten zu sehen.

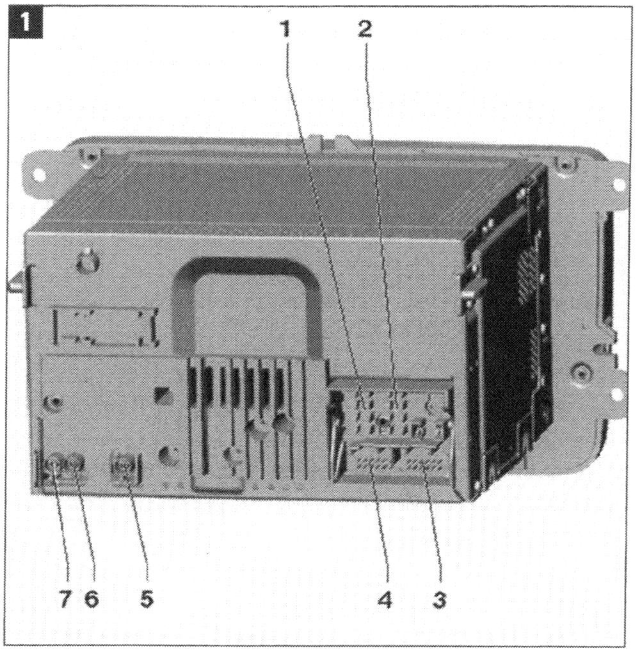

Steckverbindungen am Radio-Navigationssystem:
(1, 2) 8fach-Steckverbindungen 1 und 2,
(3, 4) 12fach-Steckverbindungen 3 und 4,
(5) Steckverbindung 5 für Navigations-Antenne,
(6, 7) Steckverbindungen 6 und 7 für Radio-Antenne.

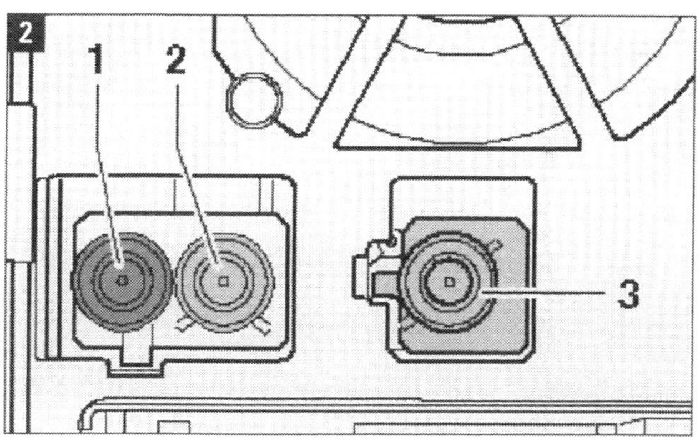

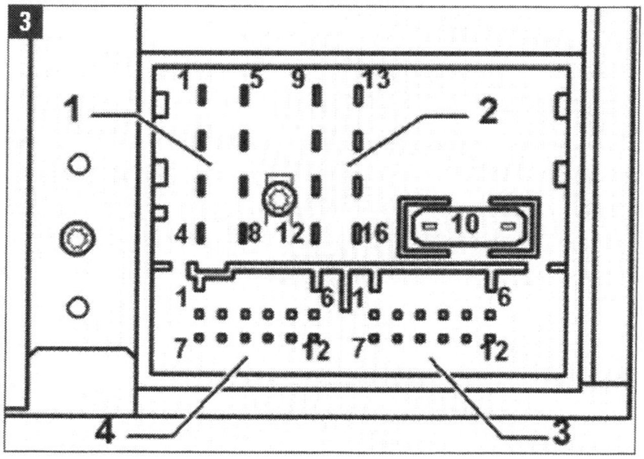

Belegung der Steckverbindungen (Bilder 2 und 3):
Antennenanschlüsse 1, 2 und 3 in Bild 2 (Steckverbindungen »7«, »6« und »5« nach Bild 1).
(1) Steckverbindung Antenne Radioempfang AM und FM, Doppelfakra, keine Codierung, Impedanz 50 Ohm, Farbe Cremeweiß
(2) Steckverbindung Antenne Radioempfang FM 2, Doppelfakra,Codierung B, Impedanz 50 Ohm, Farbe Cremeweiß
(3) Steckverbindung Antenne Navigation (GPS), Fakra, Codierung C, Impedanz 50 Ohm, Farbe Signalblau

Mehrfachsteckverbindung **»1«** (8fach) für Lautsprecherausgänge (Bild 3):
(1) Lautsprecher, plus, hinten rechts
(2) Lautsprecher, plus, vorn rechts
(3) Lautsprecher, plus, vorn links
(4) Lautsprecher, plus, hinten links
(5) Lautsprecher, minus, hinten rechts
(6) Lautsprecher, minus, vorn rechts
(7) Lautsprecher, minus, vorn links
(8)Lautsprecher, minus, hinten links

Mehrfachsteckverbindung **»2«** (8fach) für Spannungsversorgungsleitungen und CAN Bus (Bild 3):
(9) CAN-Bus High
(10) CAN-Bus Low
(11) Display Versorgung, plus, geschaltet
(12) Spannungsversorgung, minus, Klemme 31
(13) Display High Speed CAN-Bus, minus
(14) Display High Speed CAN-Bus, plus
(15) Spannungsversorgung, plus, Klemme 30
(16) Steuersignal für Diebstahlsicherung, SAFE

12fachsteckverbindung **»3«** für Telefonsignale (Bild 3):
(1) Mikrofon-Eingang, minus
(2) AUX-Out, Audio rechts, plus
(3) AUX-Out, Audio, Masse
(4) Mikrofon-Ausgang, minus
(5) Telefon-Audioeingangssignal links, minus
(6) Telefon-Audioeingangssignal rechts, minus
(7) Mikrofon-Eingang, plus
(8) AUX-Out, Audio links, minus
(9) Mikrofon-Ausgang, plus
(10) Telefon-Mute (Stummschaltung Radio)
(11) Telefon-Audioeingangssignal links, plus
(12)Telefon-Audioeingangssignal rechts, plus

12fachsteckverbindung **»4«** für CD-Wechsler-Steuerung und CD-Audio-Eingangssignale (Bild 3):
(1) Eingang AUX-Signale, links
(2) AUX-Signalmasse
(3) CD-Wechsler, Audio-Signalmasse
(4) CD-Wechsler, Spannungsversorgung, plus, Klemme 30, Kontakt-Dauerbelastbarkeit größer 1A, kurzzeitige Spitzenbelastbarkeit 5A
(5) nicht belegt
(6) CD-Wechsler, DATA OUT (Datenaustausch zur CD-Wechsler-Steuerung vom RNS zum CD-Wechsler)
(7) Eingang AUX-Signale, rechts
(8) CD-Wechsler, Audio linker Kanal, CD/L
(9) CD-Wechsler, Audio rechter Kanal, CD/R
(10) CD-Wechsler, Steuerleitung, geschaltetes Plus
(11) CD-Wechsler, DATA IN (Datenaustausch zur CD-Wechsler-Steuerung vom CD-Wechsler zum Radio-Navigationssystem)
(12) CD-Wechsler, CLOCK (internes Prüfprotokoll zur Überwachung des Datenflusses)

Anmerkung: Die Systeme RNS kombinieren die Funktionen eines Navigationssystems mit GPS-Satellitenempfänger und eines hochwertigen RDS-Autoradios. Beide verfügen über vier Lautsprecherausgänge. Unterschiede:

- RNS 310 hat Monochrom-Display, RNS 510 hat 6,5 Zoll Multifarbdisplay mit Touchscreen.

- RNS 310 hat CD-Laufwerk für Audio und Navigation, RNS 510 hat DVD-Laufwerk für Navigation, Video und Audio sowie einen SD-Speicherkartenslot und Festplatte zur Datenspeicherung.

- RNS 310 kann Musik-CD im MP3-Format abspielen, RNS 510 unterstützt die Wiedergabeformate MP3 und WMA. ***(Fortsetzung Seite 166)***

4

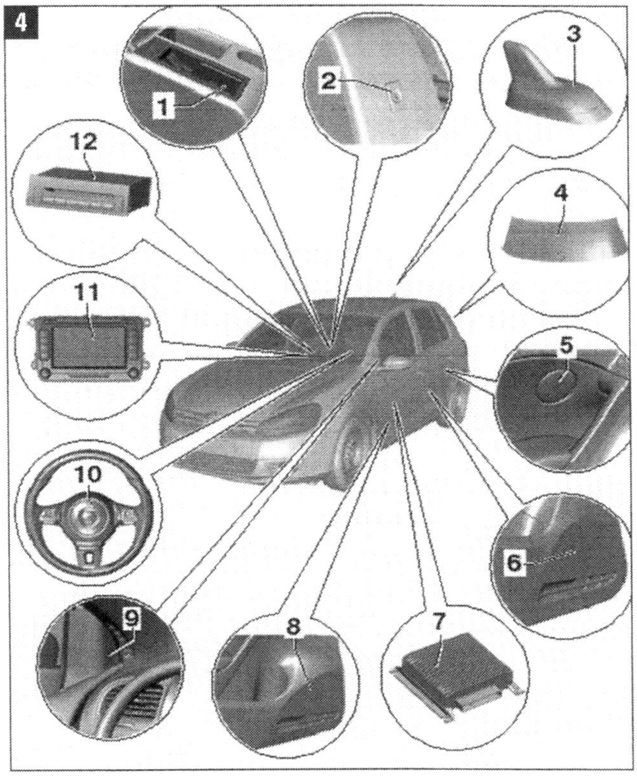

Komponenten und Einbauorte :
(1) Steuergerät für Multimediasystem im Ablagekasten der Mittelarmlehne. Optional kann dort ein Sechsfach-CD-Wechsler eingebaut werden. Beide Systeme zusammen können allerdings nicht verbaut werden.
(2) Anschluss für externe Audioquellen im Ablagekasten der Mittelarmlehne.
(3) Antenne für Telefon, Navigation und Fernbedienung der Standheizung auf dem Dach hinten. Sie ist nur eingebaut, wenn zusätzlich zum Radio noch Telefon oder Standheizung ab Werk eingebaut sind.
(4) Heckscheibenantenne.
(5) Hochtonlautsprecher hinten rechts und links in den Seitenwandverkleidungen im Fond.
(6) Tieftonlautsprecher hinten rechts und links in den Seitenwandverkleidungen im Fond.
(7) Verstärker unter dem linken Vordersitz.
(8) Tieftonlautsprecher vorn rechts und links in den Türen.
(9) Hochtonlautsprecher vorn rechts und links in den Türen.
(10) Multifunktionstasten im Lenkrad links und rechts.
(11) Steuergerät mit Anzeigeeinheit für Radio und Navigationssystem.
(12) 6fach-CD-Wechsler im Ablagekasten/Mittelarmlehne.

Anmerkung: Mitteltöne werden über Tiefton- und Hochtonlautsprecher wiedergegeben.

(Fortsetzung der Anmerkung von Seite 165)
Die Systeme RCD sind Kombinationen aus Autoradio und CD-Player oder 6fach-CD-Wechsler. Sie verfügen über nur eine Antennenanschlussbuchse. Unterschiede:

- RCD 210 hat Monochrom-Display, RCD 510 hat 6,5 Zoll Multifarbdisplay mit Touchscreen.

- RCD 210 kann mit CD-Wechsler (im Ablagekasten unter Mittelarmlehne) kombiniert werden , RCD 510 hat integrierten 6fach-CD-Wechsler und Steckplatz für SD-Karten.

- RCD 210 kann Musik-CD im MP3-Format abspielen, RCD 510 unterstützt die Wiedergabeformate MP3 und WMA..

Ausstattung des Soundsystems mit Lautsprechern gemäß Bild 4:

- In Verbindung mit dem Radiogerät »RCD 210« besteht das Sound-System vorn aus jeweils einem Tiefton- und einem Hochtonlautsprecher in den vorderen Türen links und rechts (»2-Wege-System«). Optional kann auch im Fahrzeugfond in jeder Tür jeweils ein Tiefton- und ein Hochtonlautsprecher eingebaut werden.

- In Verbindung mit den Geräten »RCD 310« und »RNS 310« besteht das Sound-System vorn aus einem 2-Wege-System mit jeweils einem Tiefton- und einem Hochtonlautsprecher in den vorderen Türen links und rechts. Optional kann im Fahrzeugfond ebenfalls zusätzlich in jeder Tür ein 2-Wege-System mit jeweils einem Tiefton- und einem Hochtonlautsprecher eingebaut sein. In Verbindung mit dem Verstärker für Soundsystem »Dynaudio« sind stärkere Lautsprecher eingebaut.

- In Verbindung mit den Geräten »RCD 510« und »RNS 510« besteht das Sound-System vorn wie in den vorangegangenen Fällen aus einem 2-Wege-System mit jeweils einem Tiefton- und einem Hochtonlautsprecher in den vorderen Türen links und rechts. Im Fahrzeugfond sind in jeder Tür ein 2-Wege-System mit jeweils einem Tiefton- und einem Hochtonlautsprecher installiert. In Verbindung mit dem Verstärker für Soundsystem »Dynaudio« sind stärkere Lautsprecher eingebaut.

- Alle Lautsprecher sind passive Lautsprecher (ohne eigene Verstärker).

6fach-CD-Wechsler ausbauen

Der CD-Wechsler ist im Ablagefach unter der Mittelarmlehne eingebaut, das wir in Bild 1 ohne das Gerät zeigen. Um ihn auszubauen, ist das Entriegelungswerkzeug für Radio erforderlich, bei VW »3316« aus zwei gleichen Einzelteilen (Bild 2). Vor Beginn der Montagearbeiten Zündung und alle elektrischen Verbraucher ausschalteen, Zündschlüssel abziehen, im CD-Wechsler verbliebene CDs herausnehmen. Mittelarmlehne wie in Bild 1 hochklappen.

- **Ausbau:** Die Entriegelungswerkzeuge für Radio (3316) in die dafür vorgesehenen Schlitze links und rechts am CD-Wechsler (Bild 3, Pfeile) schieben, bis sie hörbar einrasten.

- Ziehen Sie den CD-Wechsler mit den Entriegelungswerkzeugen aus dem Ablagefach heraus (Bild 4).

- Drücken Sie auf die Rastklammer und ziehen Sie dabei die Entriegelungswerkzeuge aus dem ausgebauten Gerät heraus.

1

2

Mittelarmlehne vorn hochgeklappt: Bild 1 zeigt das Ablagefach, von schräg oben gesehen, ohne CD-Wechsler. Ist ein Gerät eingebaut, braucht man Werkzeug 3316 (Bild 2).

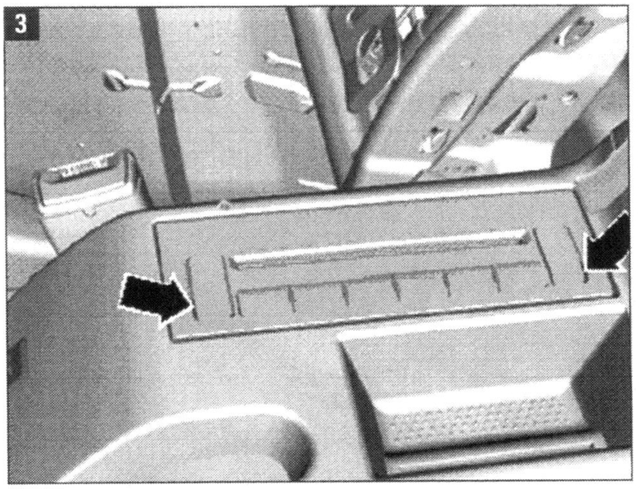

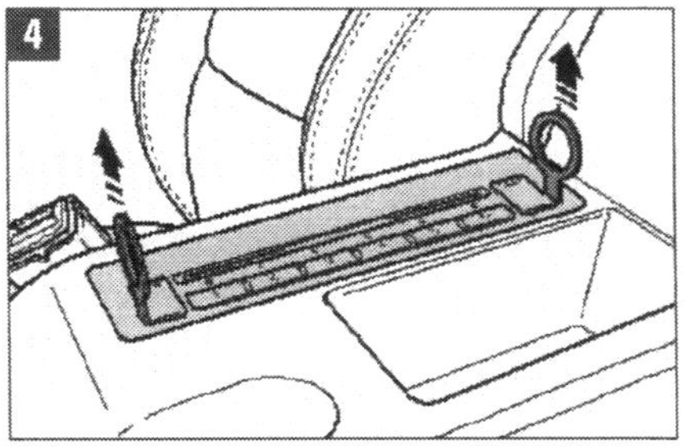

■ Trennen Sie die Steckverbindung in der Zuleitung zum CD-Wechsler.

■ Der **Einbau** erfolgt sinngemäß in umgekehrter Reihenfolge. Steckverbindungen fest verrasten!

Halterung für Mobiltelefon aus- und einbauen

■ **Ausbau:** Die Zündung und alle elektrischen Verbraucher ausschalten, den Zündschlüssel abziehen.

■ Nehmen Sie das Mobiltelefon (Handy) aus der Halterung (Bild 1) heraus.

■ Die Halterung von Hand kräftig, aber sehr vorsichtig in Pfeilrichtung (Bild 1) von der Schalttafel lösen.

■ Die beiden Torx-Schrauben an der Aufnahme für den Handyhalter herausdrehen und den Leitungsstrang herausziehen. Trennen Sie die Steckverbindung und entnehmen Sie die Halterung.

■ **Einbau:** Stecken Sie die Steckverbindung zusammen und führen Sie den Leitungsstrang wieder in die Schalttafel ein. Achten Sie dabei unbedingt auf die korrekte Steckung des Leitungsstranges!

■ Aufnahme für den Handyhalter wieder anschrauben. Setzen Sie die Telefonhalterung auf die Aufnahme (Pfeil in Bild 2). Bis zum hörbaren Einrasten hineindrücken.

■ Bei Instandsetzung oder Fehlersuche am Mobiltelefon muss ein Fahrzeugdiagnose-, Mess- und Informationssystem, bei VW das VAS 5051 oder das neuere VAS 5052, in der Funktion »Geführte Fehlersuche« verwendet werden.

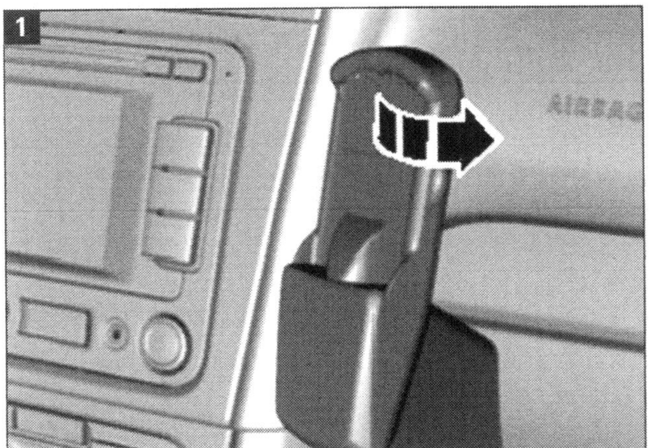

Handyhalter ausbauen: Wenn das Fahrzeug über eingebautes Telefon »UHV Premium mit Bluetooth« verfügt, ist drahtloser Zugriff auf die Handy-Daten möglich.

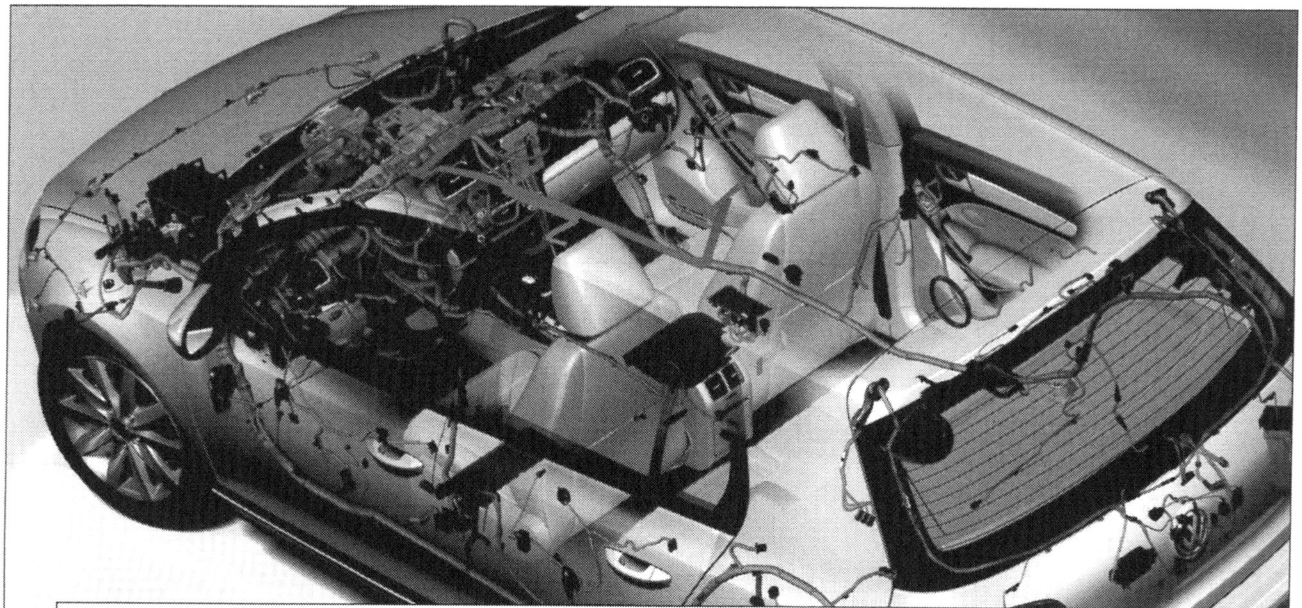

Fahrzeugelektrik: Licht, Wischer, Instrumente

Elektrik im Auto ist so alt wie das Kraftfahrzeug selbst. Aber sie leistet inzwischen entschieden mehr als Motor starten, Licht erzeugen und Scheibenwischer betreiben. Wie das Bild von der Verkabelung ahnen lässt, kann es im Fahrzeugbetrieb zu Ausfällen, Fehlern und Schäden kommen, die über den Defekt einer Schlusslichtlampe weit hinaus gehen. Dennoch kann man mit etwas Kenntnis und geeignetem Werkzeug auch in diesem Bereich viele Probleme selbst beheben.

Das Bordnetz

Ihr Golf oder Variant ist vom Start an auf elektrischen Strom angewiesen. Motorsteuerung und Kraftstoffeinspritzung müssen mit Elektroenergie versorgt werden. Alle für Fahrbetrieb, Sicherheit und Bequemlichkeit eingebauten Systeme und die gesamte Lichtanlage sind ohne sie arbeitsunfähig.

Bus-Systeme CAN und MOST

Das dezentrale Bordnetz des Golf mit verteilten Steuergeräten, Relaisplätzen, Sicherungsboxen und Kupplungsstationen für die Kabel (Bild zum Kapitelauftakt) ermöglicht eine schnelle und genaue Fehlerdiagnose. Es beruht auf dem Bus-System, bei dem auf einer Gruppe von Leitungen viele Informationen parallel übertragen werden. Zahlreiche Funktionen sind über »CAN-Bus« miteinander vernetzt, dem »Controller Area Network«, das aus mehreren Bussystemen aufgebaut ist. Wegen der CAN-Technik darf bei allen Reparaturen an der Fahrzeugelektrik keinesfalls gelötet werden. Erlaubt sind nur Quetschverbindungen, worauf wir später noch näher eingehen.

Bestimmte Komponenten der Elektrik/Elektronik sind mit einem speziellen Bus-System unter der Bezeichnung MOST verbunden. In diesem Teil des Bordnetzes werden Lichtwellenleiter eingesetzt, die noch strikteres Einhalten von Arbeitsweisen erfordern.

Batterie

Startenergie bereitzustellen, ist die wichtigste Aufgabe der Batterie links im Golf-Motorraum (Bild 1). Defekte Verbraucher, Selbstentladung (lange Standzeiten) oder Tiefentladung (nicht ausgeschaltete starke Stromverbraucher) können Ausfälle verursachen. Fehler zu finden, ist eine knifflige Sache. Eine ausgebaute Batterie oder den Akku in einem vorübergehend stillgelegten Fahrzeug aufzuladen, ist hingegen zu schaffen. Das sollten Sie einmal im Monat tun. Denn zum Anfahren sind zwischen 400 W (warmer Motor) und 2.000 W (Kaltstart) erforderlich.

Generator

Der Drehstrom-Synchrongenerator (»Lichtmaschine«), vom Motor mit angetrieben (Bild 2), versorgt schon bei Motorleerlauf alle elektrischen Aggregate mit Strom und lädt ständig die Batterie auf. Er bringt es auf mehr als 2 kW

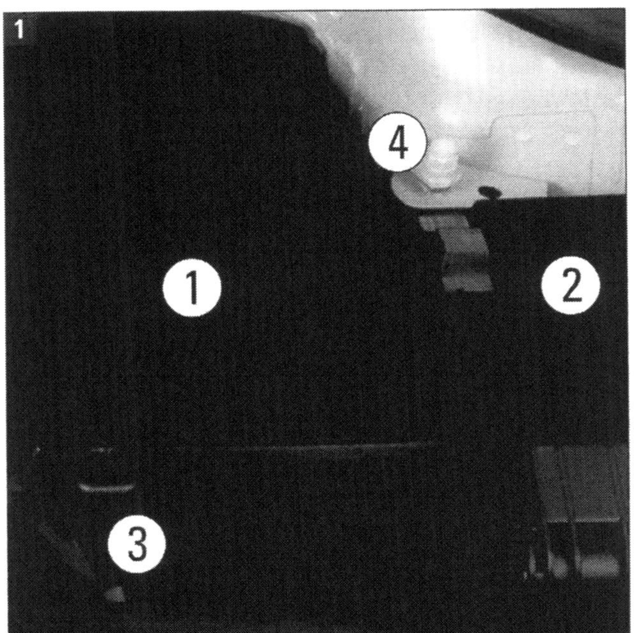

Batterie: (1) Batterie in Schutzhülle, (2) E-Box im Motorraum, (3) Pluspol, (4) Masseanschluss vom Minuspol.

Zuverlässige Lichtmaschine: Kraftvoller Generator in einer Modellversion des neuen Golf..

Elektroenergie. Leistungsdioden besorgen die Gleichrichtung dieses Wechselstroms. Der Generator im Golf ist wartungsfrei, die verschleißenden Schleifkohlen sind für 100.000 km gut.
Je schneller die Lichtmaschine dreht, umso höher steigt die Spannung. Ein Regler schützt vor Überspannungen und verhindert ein Überladen der Batterie. Er ist an die Lichtmaschine angeschraubt und reguliert die Betriebsspannung je nach Temperatur von Batterie und Umgebung auf Werte zwischen 13,8 und 14,5 Volt im 14-Volt-Toleranzfeld.

Anlasser

Der Golf ist mit dem üblichen Schub-Schraubtrieb-Anlasser ausgestattet, der sich vorn am Motor befindet. Sein Magnetschalter (Bild 3, Pfeil) trägt die Anschlüsse Klemme 30 (Pluskabel der Batterie; roter Pfeil Bild 1) und Klemme 50 (dünnes Kabel vom Zündanlassschalter).
Tut sich mal beim Starten gar nichts und könnte es der Anlasser sein: Kontakte überprüfen, durchmessen, vielleicht ausbauen und auswechseln. Magnetschalter, Schleifkohlen oder ein Lager-Verschleiß sind mögliche Ursachen.

Fehler an der Elektrik

Nötige Arbeiten an der elektrischen Anlage sind nicht immer von der komplizierten Elektronik verursacht. Pflege und Wartung der Batterie, Ersetzen von Lampen im ausgedehnten Beleuchtungssystem oder Austausch von Sicherungen können Sie durchaus bewältigen. Dazu geben wir Ihnen später einige Tipps.

Die Beleuchtung

Die Fahrzeugbeleuchtung ist ein zentrales aktives Sicherheitselement. Auch das Fahren mit Licht am Tag wird daher immer aktueller. Der Golf ist entsprechend ausgestattet. Seine Lichttechnik ist schon über Steuergeräte in den Daten- und Kommunikationsverbund des Fahrzeugs integriert. Neue Funktionen werden realisiert und vernetzt.

Für Sicherheit auf der Straße

Dynamisch gezeichnete, zur Fahrzeugmitte hin orientierte Scheinwerfer unterstreichen den Auftritt der neuen Generation (Bild 4). Hinter den Kunststoff-Abdeckscheiben in Klarglas-Optik verbirgt sich moderne Lichttechnik, die für großflächige und gleichmäßige Ausleuchtung der Fahrbahn sorgt.
Halogen-Abblendscheinwerfer (H7-Lampen) in Reflexionstechnik sind serienmäßig, Xenon-Licht gibt es optional. Die ebenfalls serienmäßigen Halogen-Nebelscheinwerfer liegen in den Lufteinlässen der vorderen Stoßfängerverkleidung. Die Rückleuchten sind großflächig und zugunsten einer breiten Kofferraumklappe bei Limousine, Golf Plus, CrossGolf und GTD zweigeteilt. Die hochgesetzte dritte Bremsleuchte ist mit leistungsstarken, langlebigen Leuchtdioden bestückt.

Schub-Schraubtrieb-Anlasser: Dieses Modell von Bosch zeigt die übliche, auch im Golf zu findende Bauform.

Scheinwerfer: Halogen- und Xenonlampen sind verfügbar, die Umstellung auf LED hat begonnen.

Die Scheibenwischanlage

Über das Bordnetz wird auch die Steuerung der Scheibenwischer geregelt. Die Wischeranlage (Bild 5 Schalter an der Lenksäule) ermöglicht Wischen in den Geschwindigkeitsstufen 1 und 2, Intervallbetrieb (zwischen 2 und 24 Sekunden, Pfeil in Bild 5), Lichtsensorbetrieb, Tippwischen, das Waschen von Scheiben und Scheinwerferglas sowie Service-Funktionen.

Wischerfunktionen

Die Anlage ist mit den Steuergeräten im Schalttafeleinsatz, für Wischermotor, für Bordnetz und für Lenksäulenelektronik vernetzt. Bei stehendem Fahrzeug ist nach Aktivierung der Funktion Tippwischen eine Servicestellung möglich. Die »alternierende Parkstellung« klappt das Wischergummi auf der Scheibe um und erhöht so die Lebensdauer der Wischgummis.
Der kleine Stufenschalter (Pfeil Bild 5) kann vier Intervallstufen einstellen. Es gibt Stopp (beim Öffnen der Motorhaube) und Störungsstopp (jede Blockierung der Wischer wird erkannt). Das Frontwischersystem ist einmotorig mit mechanischer Verbindung zwischen den beiden Wischern. Der einmotorige Heckwischer mit vielen Funktionen beginnt bei eingeschalteten Frontwischern automatisch zu laufen, wenn im Fahrzeug der Rückwärtsgang eingelegt wird.

5

Unentbehrlich: Schalter für Wischer und Wascherdüsen. Der Stufenschalter (roter Pfeil) regelt das Intervalltempo.

Relais und Sicherungen

Damit Sie die Elektrik Ihres Autos einfach, zuverlässig und sicher nutzen können, gibt es Schaltstellen, Leitungsstränge und Sicherheitsvorkehrungen. Die zahlreichen Schalter und Taster können auch schon mal Ursache für Störungen sein. Mit Prüflampe kontrollieren, defekte Schalter auswechseln: Zündung und Verbraucher ausschalten, Zündschlüssel abziehen.

Schutz der Systeme

Verbraucher, die einen hohen Strom aufnehmen, werden durch Schaltrelais in Betrieb genommen. Erst über das Schließen des Schaltstromkreises wird von ihnen der Arbeitsstromkreis hergestellt. Für den Schutz der elektrischen Systeme sorgen Schmelzsicherungen. Wo sich Relaisträger und Sicherungshalter befinden, zeigen wir im folgenden Abschnitt. Für Sie am wichtigsten: Sicherungen im Halter seitlich links in der Schalttafel (Bild 6).

Bauteilkennung und Kabelfarben

In den Stromlaufplänen haben alle Bauteile Kennbuchstaben in Kombination mit Zahlen. Die Kabel sind mit Farben gekennzeichnet, und die meisten Anschlüsse an den Mehrfachsteckern wie an den Relais sind nummeriert.

6

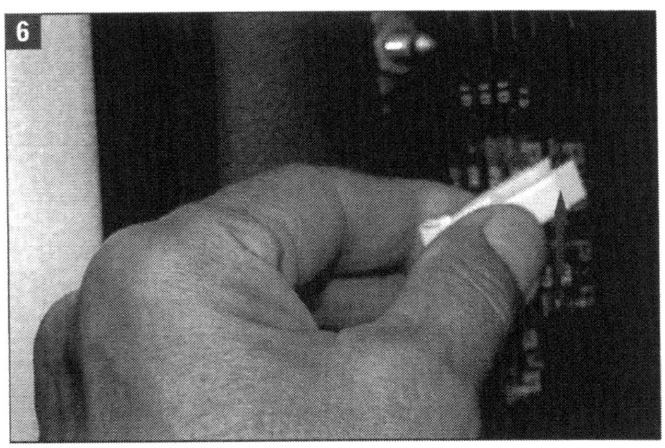

Schutz der Elektrik: Sicherungskasten in der Schalttafel links. Pfeil: Kunststoffklemme zur Sicherungsentnahme.

Batterie: Sichtprüfung und richtige Behandlung

■ **Sichtprüfung:** Zündung ausschalten, Zündschlüssel abziehen, Motorhaube öffnen. Die flexible Abdeckung der Batterie Mitte links im Motorraum aufklappen. Auf Schäden am Gehäuse untersuchen. Wenn Säure ausgelaufen ist: Betroffene Stellen mit Säurewandler oder Seifenlauge reinigen. Undichte Batterien auswechseln!

■ Sind die Batteriepole beschädigt? Dann könnte der nötige Kontakt der Klemmen nicht mehr gewährleistet sein. Oxidkristalle an Batterieklemmen mit warmem Sodawasser abwaschen oder mit Säurewandler Neutralon behandeln.

■ Die Batteriepolklemmen (Bild 1) müssen korrekt aufgesteckt und festgezogen sein, weil es sonst zu Leitungsbränden und Funktionsstörungen der elektrischen Anlage kommen kann. Der Funktionszustand des Fahrzeugs ist dann in erheblichem Maße nicht mehr gewährleistet. Polklemmen gewaltfrei nur von Hand aufstecken, um das Gehäuse nicht zu beschädigen. Die Mutter (weißer Pfeil) muss mit 5 Nm festgeschraubt werden.

■ Die Batterie muss fest in ihrer Halterung (Bild 2) sitzen. Schraube (Pfeil) mit 22 Nm anziehen. Lockerer Sitz verkürzt durch Erschütterungen die Batterielebensdauer, kann zu Schäden an den Batterieplatten führen und stellt eine Gefährdung durch Explosions-Möglichkeit dar.

■ **Batterie richtig behandeln:** Um lange Gebrauchstüchtigkeit zu gewährleisten, muss die Batterie sachgemäß geprüft, gewartet und gepflegt werden. Hinweise (Piktogramme) auf der Batterieoberseite und in der Betriebsanleitung beachten!

■ Richtige Reihenfolge beim Ab- und Anklemmen: Zuerst Minuspol, dann Pluspol abklemmen. Beim Anklemmen erst Pluspolklemme, dann Minuspolklemme (Masseband) auf den Minuspol stecken. Verpolung und Kurzschlüsse vermeiden!

■ Wenn die Batterie längere Zeit im abgestellten Fahrzeug verbleibt, sollte der Minuspol abgeklemmt werden.

■ Für die neue Batteriegeneration weist Volkswagen an: »Keine Etiketten entfernen und kein destilliertes Wasser auffüllen. Nur Sichtprüfungen vornehmen!«

■ Nach Wiederanklemmen der Batterie Grundprogrammierung mit dem Werkstattsystem (VAS 5052) vornehmen. Einige Funktionen »lernt« das Elektrik-System auch wieder selbst.

Anmerkung: Mit »AGM« gekennzeichnete Blei-Säure-Akkus sind Vliesbatterien, wartungsfrei mit festem Elektrolyt. Dieser ist in einem Mikroglasvlies (»Absorbent Glas Material – AGM«) festgelegt. Die Batterie ist verschlossen und hat Ventile. Vliesbatterien stets durch Vliesbatterien ersetzen!

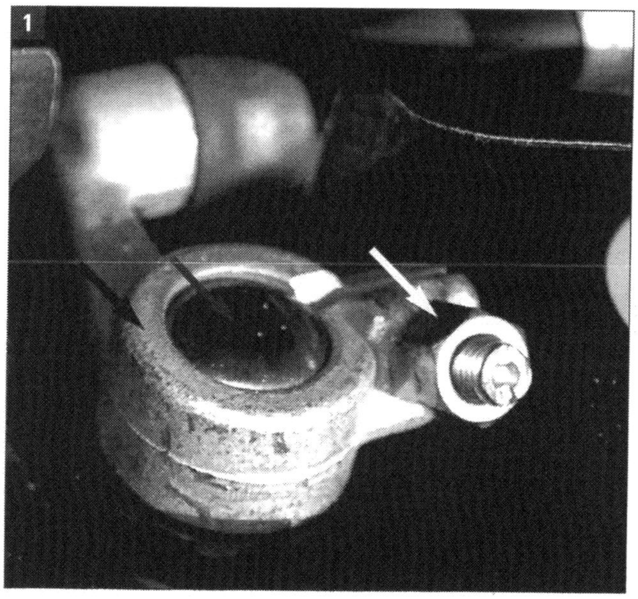

Batterie-Pol: Die Pfeile bedeuten schwarz = Polschuh / Klemme, rot = Batterie-Pol (hier minus), weiß = Mutter.

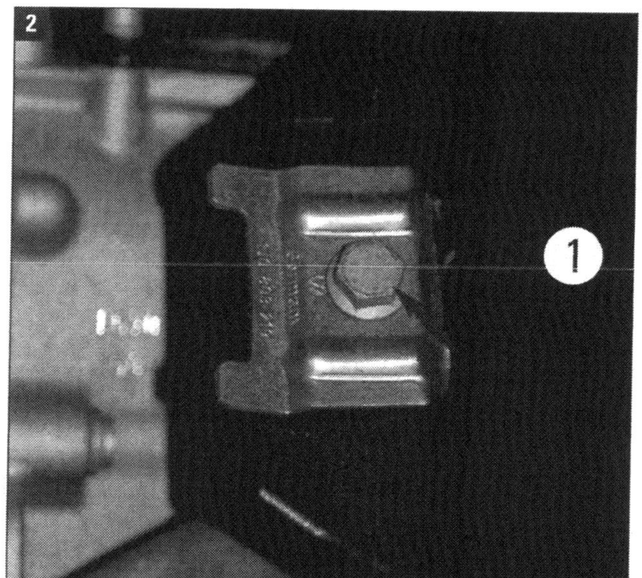

Batterie-Befestigung: (1) rechte Akkuseite mit Hülle. Pfeil: Schraube rechts unten an der Halterung.

Batterie: Säurestand, Ladezustand, magisches Auge

■ **Magisches Auge:** Die Batterien (außer AGM-Akkus) sind mit »Magischem Auge« ausgestattet. Es erlaubt die Prüfung von Säurestand und Ladezustand. Klopfen Sie mit einem Gegenstand leicht auf das runde Glasfenster: Luftblasen lösen sich auf, die Farbanzeige wird genauer.

■ Mehrere Farbanzeigen sind möglich, eine ist entscheidend: farblos oder gelb = Kritischer Säurestand, die Batterie muss erneuert werden. (Siehe dazu später ausführlich!)

■ **Säureheber (Araeometer):** Wirkt die Batterie trotz richtigem Säurestand kraftlos, wird die Säuredichte in der Batteriezelle per Säureheber (Bild 1) geprüft. Dies entfällt bei wartungsfreien Vlies-Batterien im schwarzen Gehäuse mit dem Aufdruck »AGM« (früher auch: »VRLA«).

■ Das Araeometer ist ein Messgerät zur Bestimmung der Dichte von Flüssigkeiten. Die übliche Ausführung zum Testen von Batteriesäure besteht aus einer Glaspipette (schwarzer Pfeil), über deren Spitze (blauer Pfeil) Säure »gehoben« wird, in der dann das eigentliche Araeometer mit der Skala (roter Pfeil und Detailbild) im oberen Bereich aufschwimmt. Das auch als Senkwaage bezeichnete Gerät wird eingesetzt, um indirekt über die Säuredichte den Ladezustand offener Bleiakkus zu überprüfen. Das Prinzip: Zelle geladen = viel Säure, schwer; Zelle leer = wenig Säure, leicht Bild 1).

■ Zum Messen Batteriezellen-Stopfen herausdrehen (falls es keine Batterie ist, für die VW das Öffnen untersagt!). Pipettenkopf zusammendrücken, Pipettenspitze in die Batteriezelle einführen, Pipettenkopf freigeben und Säure einströmen lassen. An der Skala den Ladezustand ermitteln. Beispiel Bild 1: Laden ist erforderlich (»recharge«, roter Pfeil).

■ **Batterietester:** Eine grobe Einschätzung des Ladezustands ist mit preisgünstigen Testern aus dem Zubehörhan-

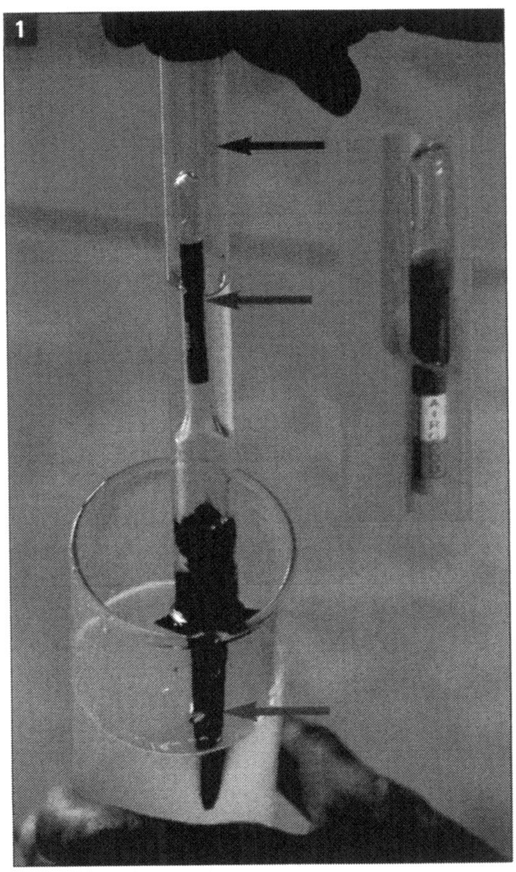

Säureheber: Pfeile schwarz = Heber, blau = Spitze in Säure, rot = Araeometerskala.

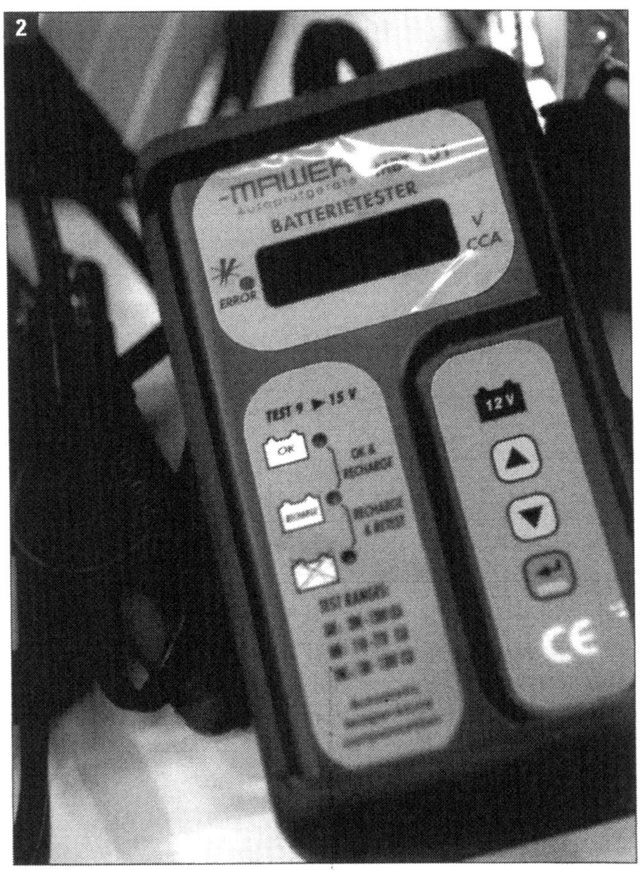

Batterie-Tester: Enthält Messtechnik und nicht lediglich Leuchtdioden. Individuell einzustellen, digitale Anzeige.

del möglich. Solche Geräte verfügen über einen Anschlussstecker, der in die Buchse für den Zigarrenanzünder oder die 12 V-Steckdose passt. Elektrik einschalten, aber nicht den Motor, Licht für eine Minute ein- und dann wieder ausschalten. Leuchten LED in den grünen Sektoren, dann sollte der Ladezustand i. O. sein.

■ Eine präzise Bestimmung des Ladezustandes ist mit einem Tester wie in Bild 2 möglich (Fachmesse von »Reed Exhibitions« in Salzburg). Solche Geräte enthalten Messtechnik, sind mit Klemmen anzuschließen und individuell einzustellen und zeigen das Messergebnis digital an. VW-Werkstätten verwenden Tester mit Drucker VAS 5097 A oder 6161.

■ **Säurestand-Prüfung an Markierungen:** Den Säurestand von Batterien mit Verschlussstopfen können Sie von außen prüfen, wenn MIN- und MAX-Markierungen am Gehäuse vorhanden sind. Die Säure muss über die MIN-Markierung reichen (Oberkanten der Platten gut bedeckt), darf aber auch nicht über der MAX-Marke liegen.

■ **Magisches Auge richtig nutzen:** Laut VW muss zwischen Batterien unterschieden werden, die ein magisches Auge (weißer Pfeil Bild 3, S. 175) mit den bisher üblichen drei oder die ein magisches Auge mit nur noch zwei Farbanzeigen haben. Zukünftig gebe es nur noch die Farben »schwarz« und »farblos oder hellgelb« zur Information über den Säurestand.

■ Alle magischen Augen informieren über den Säurestand, das dreifarbige auch über den Ladezustand der Batterie. Das magische Auge kann sich an unterschiedlichen Positionen befinden, aber stets nur an einer Batteriezelle. Seine Anzeige ist genau genommen nur für diese Zelle gültig. Exakte Beurteilung der gesamten Batterie erfordert Belastungsprüfung.

■ Wenn eine Batterie nachgeladen wurde, also auch bei Aufladung während des Fahrbetriebs, können sich Luftblasen unter dem magischen Auge bilden, welche die Farbanzeige verfälschen. Daher leicht auf die Anzeige klopfen!

■ Batterien mit Index »1J0« , »7N0« und »3B0« in der Erstausrüstung und alle Ersatzteilbatterien 191 915 105 AB ab Index »000 915 105 AX« haben ein magisches Auge mit **drei Farbanzeigen.** Diese bedeuten:

- »grün« – Batterie ausreichend geladen;
- »schwarz« – Batterie teilentladen, Ladezustand < 65 % oder entladen;
- »farblos/hellgelb« – Batterie muss ersetzt werden.

■ Bei Batterien ab Index »5K0« in der Erstausrüstung und für Ersatzteilbatterien 191 915 105 AC ab dem Index »000 915 105 DX« entfällt die Farbanzeige »grün« für die Ladezustandsanzeige. Ihre Einführung erfolgt gleitend, es gibt einen Übergangszeitraum für beide Anzeigen. Zukünftig gibt es nur noch die Farben »schwarz« und »farblos oder hellgelb«. Die **zwei Farbanzeigen** bedeuten:

- »Schwarz« – Säurestand in Ordnung;
- »farblos/hellgelb« – Säurestand zu niedrig, Batterie muss ersetzt werden.

Achtung! Batterien, deren magisches Auge »farblos oder hellgelb« anzeigt, dürfen nicht geprüft, nicht geladen und nicht zur Starthilfe verwendet werden! Explosionsgefahr!

Batterie: Abklemmen, ausbauen, laden, prüfen

■ **Abklemmen:** Zündung aus, Zündschlüssel abziehen, Motorhaube öffnen, Batterieabdeckung aufklappen. Mutter lösen, Polschuh der Masseleitung abziehen (Bild 1, S. 172).

■ **Anklemmen** umgekehrt. Funktionen laut Fahrzeug-Bedienungsanleitung aktivieren. Fehlerspeicher sämtlicher Steuergeräte abfragen (Werkstattarbeit).

■ **Batterie ausbauen:** Um Speicherfunktionen aufrecht zu erhalten, vor dem Abklemmen am Minuspol ein Batterie-Ladegerät für Stützbetrieb (bei VW die Gerätereihe 5900, 5903, 5906) anschließen. Dann Polschuh der Masseleitung abnehmen. Mutter am Pluspol lösen, Polschuh der Plusleitung abnehmen. Schraube am Befestigungsbügel (Bild 2, S. 172) abschrauben. Batterie aus Aufnahme ziehen und herausheben.

■ **Einbau:** immer zuerst die Plusleitung, dann Minusleitung anklemmen!

■ **Laden:** Die Batterie kann ausgebaut werden, sie muss es aber nicht. VW rät vielmehr dazu, die Batterie in eingebautem und angeschlossenem Zustand zu laden. So wird auch der Ladestrom in die Kapazitätsrechnung des – falls vorhanden – Steuergerätes für Batterieüberwachung mit Batteriesensor »J367« einbezogen.
Zündung und Verbraucher abschalten.

■ Geladen werden kann mit handelsüblichen Geräten (Beispiel Bild 1). Mit dem Allround-Ladegerät VAS 5095 A für alle im Volkswagenkonzern verbauten 12 V-Akkus erfolgt Laden ohne Strom- und Spannungsspitzen, schont Bordelektronik.

■ Rote Ladeklemme (1 in Bild 1) am Pluspol (Pfeil in Bild 2), Schwarze Ladeklemme (2 in Bild 1) an Karosseriemasse (Pfeil in Bild 3) anschließen. Bei direktem Anschluss an den Minuspol der Batterie kommt es zu Fehlfunktionen der Start/Stopp-Anlage! Ladegerät ans Netz, Ladestrom einstellen, Ladegerät einschalten. Motorhaube geöffnet lassen!

1

2
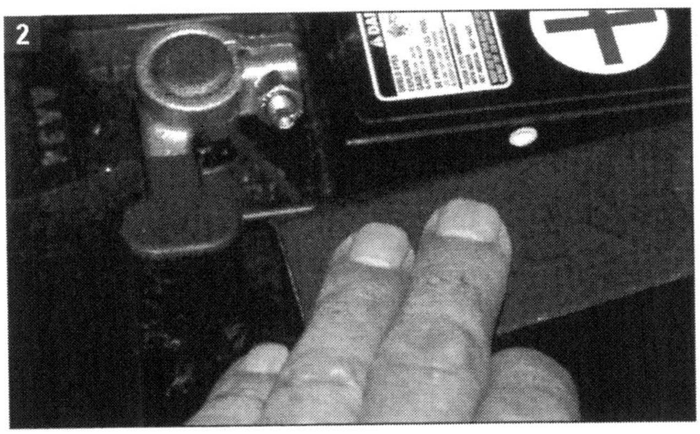

3
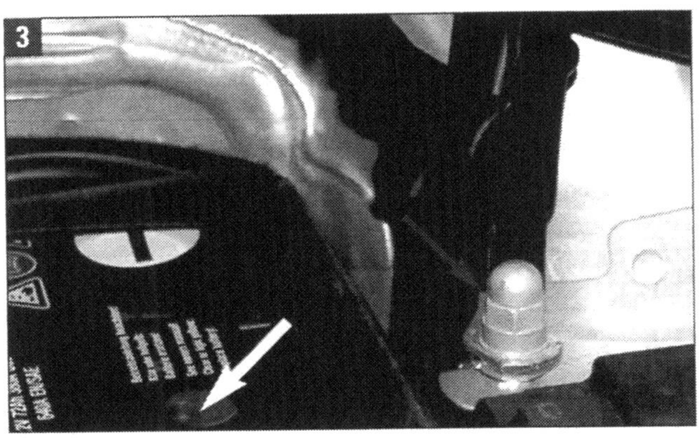

Bilder 1 bis 3 Laden: Gerät mit Ladeklemmen (1) für Plus (rot) und (2) für Minus (schwarz). Pfeile: Anschlusspunkte.

■ Batterie-Mindesttemperatur 10 °C. Schnellladen nur im Ausnahmefall (z. B. bei Starthilfe)!. Räume, in denen Batterien geladen werden, dürfen wegen des sich bildenden Gases nicht mit offenem Licht oder rauchend betreten werden. Funken beim An- oder Abklemmen könnten das Gas ebenfalls zur Explosion bringen. Stellen Sie auf jeden Fall Durchlüftung sicher!

■ **Belastungsprüfung:** Nach dem Laden erfolgt die Belastungsprüfung. Der »Praxistipp« zeigt Ihnen den Zusammenhang von Akku-Kapazität, Strom und Spannung:

Belastungsprüfung der Batterie

PRAXISTIPP

Eine Belastungsprüfung gibt Aufschluss über den Zustand der Batterie. Erforderlich ist dazu ein Batterieprüfgerät wie der VW-Tester 5097 A. Batterie-Temperatur mindestens 10 °C. Batterien mit farblosem oder hellgelbem magischem Auge nicht prüfen, Explosionsgefahr! Diese Batterien ersetzen. Zündung und Verbraucher ausschalten.

■ Den Kälteprüfstrom nach den Angaben auf der Batterie in Ampere (A) nach DIN feststellen oder anhand von Tabellen zum Kälteprüfstrom den Einstellbereich des Batterietesters ermitteln.

■ Kälteprüfstrom mit Wahlschalter, Messbereich (80 - 379 A bzw. 380 - 499 A) mit EIN/AUS-Funktionsschalter einstellen. Batterien mit einem Kälteprüfstrom über 499 A nach DIN (520, 580 oder 600 A) mit der Einstellung 499 A nach DIN prüfen. Rote Klemme »+« des Prüfgeräts an den Pluspol, schwarze Klemme »-« an den Minuspol der Batterie anschließen:

Batteriekapazität	Kälteprüfstrom	Belastungsstrom	Mindestspannung
36 Ah	175 A	100 A	10,4 V
40 - 49 Ah	220 A	200 A	9,2 V
50 - 60 Ah	265 - 280 A	200 A	9,4 V
61 - 80 Ah	300 - 380 A	300 A	9,0 V
81 - 110 Ah	380 - 500 A	300 A	9,5 V

■ Bei einwandfreier Batterie sinkt die Spannung auf den Mindestwert, bei defekter oder schwach geladener Batterie sehr schnell unter den Mindestwert. Nach dem Test steigt die Spannung langsam wieder an. Falls die Batterie nachgeladen werden muss, danach erneut Belastungsprüfung. Wenn immer noch Nachladen nötig ist: Batterie auswechseln.

■ **Vorsicht bei tiefentladenen Batterien!** Bei ihnen ist die Ruhespannung (bei voller Batterie: 12,6 V) unter 11,6 V abgesunken, ihre Batteriesäure besteht fast nur noch aus Wasser, der Schwefelsäureanteil ist stark reduziert.

■ Bei Tiefentladung sulfatieren Batterien, die gesamten Plattenoberflächen verhärten. Werden solche Batterien unmittelbar nach der Tiefentladung wieder geladen, bildet sich die Sulfatierung zurück.

■ Werden tiefentladene Batterien nicht nachgeladen, verhärten die Platten weiter. Die Fähigkeit zur Ladungsaufnahme wird eingeschränkt, die Batterieleistung sinkt ab.

■ Die Ladedauer bestimmt sich nach den Angaben für das jeweilige Ladegerät. Beim VAS 5095 A und ähnlichen elektronischen »Battery Chargern«, welche die Tiefentladung automatisch erkennen, beträgt die Ladezeit 24 Stunden. LED-Anzeige rot während des Ladens, grün bei Ende des Ladens.

Generator und Anlasser ausbauen

■ **Ausbau Generator:** Masseleitung der Batterie bei ausgeschalteter Zündung abklemmen. Motorabdeckung nach oben abziehen, Schlossträger in Servicestellung bringen (Fahrzeugaufbau/Karosserie).

■ Der Generator sitzt mit anderen Nebenaggregaten auf einem Halter am Motor. Er wird über seine Riemenscheibe per Keilrippenriemen vom Motor angetrieben. Vor Ausbau des Riemens die Steckverbindung am Klimakompressor trennen, Kompressor abschrauben und bei angeschlossenen Schläuchen (nicht knicken!) mit Bindedraht aufhängen.

■ Laufrichtung des Keilrippenriemens markieren, da der Riemen ausgebaut und wieder in ursprünglicher Richtung eingebaut werden muss (Kapitel »Antrieb«).

■ Elektrische Steckverbindung am Generator trennen und die Klemme 30/B+ an der Generatorrückseite abschrauben.

■ Den Leitungshalter und den Kraftstofffilter (mit angeschlossenen Schläuchen) abschrauben Die zwei Befestigungsschrauben des Generators herausdrehen und den Generator nach oben aus dem Fahrzeug herausnehmen.

■ **Einbau:** Markierte Laufrichtung und das (vom Motor abhängige; siehe »Antrieb«) Laufbild des Keilrippenriemens beachten. Riemen muss korrekt auf den Scheiben liegen.

■ **Ausbau Anlasser 1.6 und 2.0 TDI mit Schaltgetriebe:** Benötigt werden Drehmomentschlüssel (V..A.G 1331 und 1332) sowie eine Zange für Federbandschellen (VAS 5024). Batterie abklemmen, Motorabdeckung nach oben abziehen.

■ Steckverbindung am Unterdruckschlauch entriegeln und trennen. Federbandschelle am Schlauch mit Zange (VAS 5024) lösen und den Unterdruckschlauch abziehen.

■ Befestigungsschraube des Luftfiltergehäuses herausschrauben. Die Rastnasen entriegeln und die Abdeckung abnehmen. Den Schlauch vom Luftfiltergehäuse abziehen und herausnehmen. Luftfiltergehäuse nach oben aus den Gummilagerungen ziehen und aus dem Fahrzeug herausnehmen.

■ Schutzkappe vom Magnetschalter schieben. Plusleitung abschrauben, Steckverbindung Klemme 50 trennen.

■ Befestigungsmutter abschrauben und Masseleitung von oberer Befestigungsschraube des Anlassers abnehmen. Obere Befestigungsschraube herausschrauben.

■ Geräuschdämpfung ausbauen (Fahrzeugaufbau/Karosserie) und die Mutter von der unteren Befestigungsschraube des Anlassers abschrauben.

■ Den Leitungshalter abnehmen. Untere Befestigungsschraube des Anlassers herausschrauben und Anlasser nach unten aus dem Fahrzeug herausnehmen.

■ **Einbau** sinngemäß in umgekehrter Reihenfolge. Die M8-Schraubverbindungen B+-Leitung mit 15 Nm, M12-Befestigungsschrauben Anlasser mit 75 Nm, M8-Befestigungsmuttern Leitungshalter mit 23 Nm und Befestigungsschraube Luftfiltergehäuse mit 10 Nm festziehen.

■ **Ausbau Anlasser bei Doppelkupplungsgetriebe DSG:** Wie vorher beschrieben. Bei Fahrzeugen mit Start-Stopp-Anlage muss aber beim Ersatz des Anlassers auf die korrekten Ersatzteilbezeichnungen geachtet werden. Die hierfür angepassten Bauteile sind nicht extra gekennzeichnet und unterscheiden sich äußerlich kaum von herkömmlichen Bauteilen.

Spannungsregler ausbauen, Kohlebürsten prüfen

■ Der Spannungsregler mit den beiden Kontakt-Schleifkohlen (Kohlebürsten) ist rückseitig an den Generator geschraubt. Bild 1 zeigt das Prinzip.

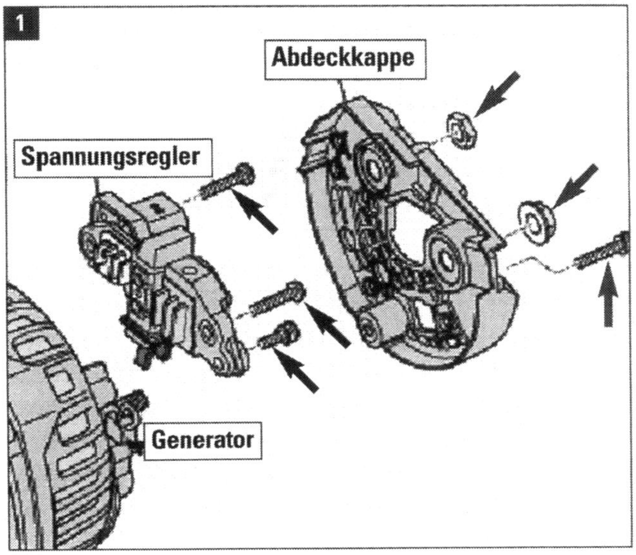

■ Die Abdeckkappe an der Generatorrückseite sieht bei den im Golf verwendeten Spannungsregler-Typen Bosch und Valeo unterschiedlich aus. Wir zeigen Ausbau und Prüfung am Bosch-Regler. Das Prinzip ist auf den von Valeo übertragbar. Zum **Ausbau** müssen der Generator ausgebaut und die B+-Leitung mit der 15 Nm-Mutter (schwarzer Pfeil in Bild 2) losgeschraubt werden.

■ Befestigungsmuttern (rote Pfeile) und -schraube (blauer Pfeil) entsprechend Abbildungen 1 und 2 abschrauben und die Abdeckkappe abnehmen. Dann die drei 2 Nm-Schrauben (Pfeile in Bild 3) herausschrauben und Regler abnehmen.

■ **Prüfen des Spannungsreglers:** Bei etwaiger Fehlfunktion des Generators, bei Aussetzern usw. müssen die Schleifkohlen (Kohlebürsten) des Spannungsreglers überprüft werden. Sie dürfen eine minimale Länge »a« nicht unterschreiten.

■ Dieses Verschleißmaß »a« (Bild 4) beträgt 5 mm bei 1 mm Toleranz zwischen beiden Kohlebürsten. Bei neuen Spannungsreglern sind die Bürsten 12 bis 15 mm lang. Im Bedarfsfall die Kohlen erneuern oder den Regler austauschen.

■ Der **Einbau** erfolgt sinngemäß umgekehrt. Die Kohlebürsten müssen korrekt auf den Schleifbahnen liegen.

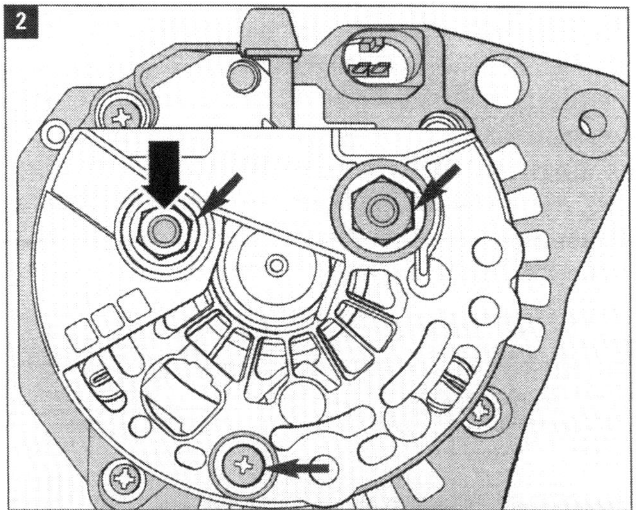

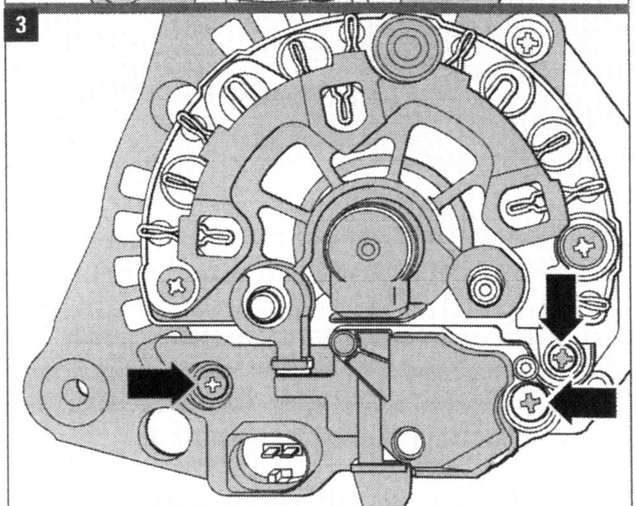

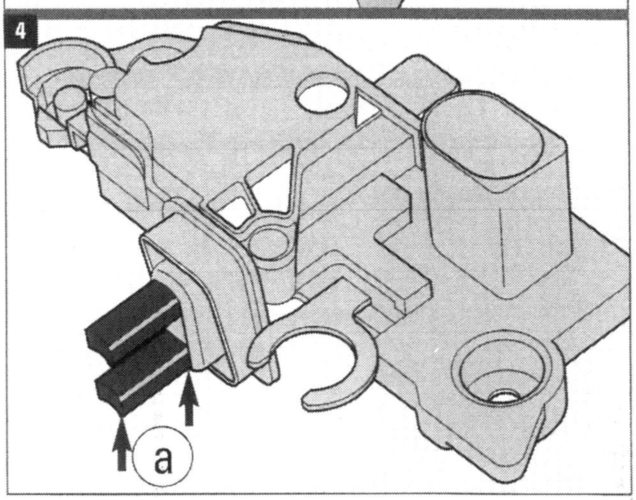

Kohlebürsten: In beiden Reglerfällen liegt die Verschleißgrenze der neu 12 mm langen Schleifkohlen bei a = 5 mm.

Scheinwerfer ausbauen, Lampen wechseln

Die Scheinwerfer müssen zum Lampenwechsel nur im Falle von Gasentladungslampen (Bi-Xenonlicht) zwingend ausgebaut werden. Bei Halogenscheinwerfern kann der Lampenwechsel in eingebautem Zustand erfolgen. Wir erläutern hier dennoch den Scheinwerferausbau, wobei angemerkt werden muss, dass der Einbau immer mit dem Einstellen verbunden ist.

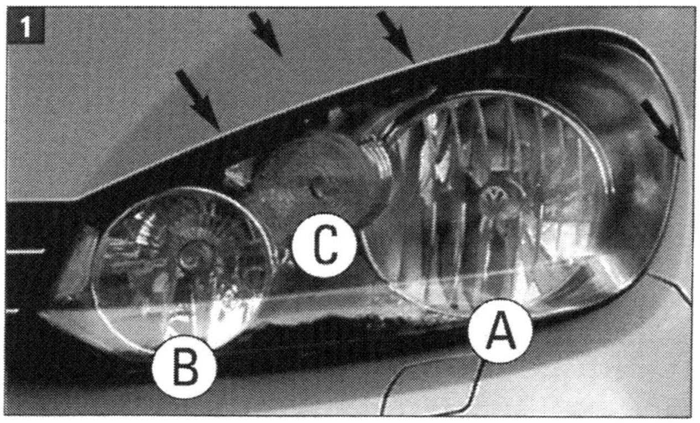

■ **Scheinwerfer ausbauen:** Die Arbeitsabläufe sind bei Scheinwerfern mit Halogenlampen und mit Xenonlampen gleich. Das Batterie-Masseband muss nicht abgeklemmt werden. VW verbaut im Golf Scheinwerfer von Hella und Valeo. Aus- und Einbau sind für beide Versionen gleich. Günstig für die Arbeit ist ein Drehmomentschlüssel mit Innensechskant (V.A.G 1331). Orientierung nach Bild 1.

■ Zündung und alle elektrischen Verbraucher ausschalten, Zündschlüssel abziehen. Motorhaube öffnen. Kühlergrill und Stoßfängerabdeckung vorne gemäß Kapitel 6 ausbauen.

■ Steckverbindung (Bild 2) entriegeln (Pfeil) und trennen.

■ Der Scheinwerfer ist mit vier Schrauben an der Karosserie befestigt. Die Pfeile in Bild 1 deuten deren Position unter Motorhaube und Kotflügel an. Diese Schrauben in der Reihenfolge: 1. hinten, 2. Außenseite (linker Scheinwerfer links, rechter Scheinwerfer rechts), 3. zwei Schrauben oben mit Innensechskantschlüssel herausdrehen. Den Scheinwerfer gerade nach vorne aus dem Karosserieausschnitt ziehen.

■ Der **Einbau** erfolgt in umgekehrter Reihenfolge: Scheinwerfer mit seinen drei Führungen an der Unterseite in die Aufnahmen am Führungsteil einsetzen und in den Karosserieausschnitt schieben.

■ Schrauben Sie zuerst die zwei Befestigungsschrauben oben, dann die seitliche und dann die hintere ein.

■ Kontrollieren Sie die Einbaulage des Scheinwerfers auf gleichmäßige Spaltmaße und korrigieren Sie ggf. nach. ***Anmerkung:*** Um die Einbaulage eines eingebauten Scheinwerfers zu korrigieren, muss der Stoßfänger vorne nicht ausgebaut werden. Dann die bekannten Schritte: Zündung und Verbraucher ausschalten, Zündschlüssel abziehen, Kühlergrill ausbauen, Befestigungsschrauben lösen. Bündigkeit zur Karosserie mit der Einstellbuchse (Bild 3) am Scheinwerfer unten anpassen.

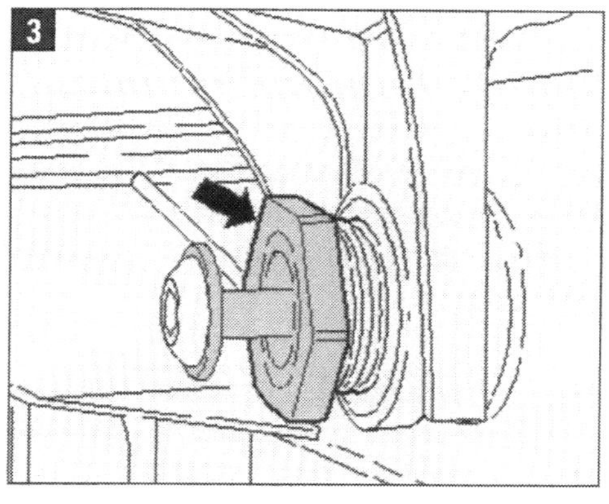

■ Ziehen Sie die Schraubverbindungen mit 5 Nm an. Kontrollieren und korrigieren Sie ggf. erneut die Einbaulage auf gleichmäßige Spaltmaße hin. Bauen Sie den Kühlergrill ein.

■ Prüfen Sie die Funktionen des Scheinwerfers und korrigieren Sie nach Prüfung die Scheinwerfereinstellung.

■ **Lampen wechseln:** Die Glaskolben niemals mit der bloßen Hand berühren! Lampen entsprechend Tabelle auf Seite 189 verwenden. Abdeckkappen fest wieder aufsetzen.

■ ***Abblendlicht:*** Die Lampe sitzt im äußeren Reflektor (A) in Bild 1 (für linke Seite). Dieser hat nach hinten im Motorraum die größte der drei Scheinwerferkammern. Zündung und Verbraucher abschalten, Zündschlüssel ziehen. Abdeckkappe am Scheinwerfer abnehmen (bei Bauart Valeo vorher Spange lösen), Lampenfassung mit Lampe entgegen Uhrzeigersinn drehen und herausnehmen, Lampe (12 V/55 W) aus der Fassung ziehen. Einbau umgekehrt. (Zu Xenon s. S. 183)

■ ***Fernlicht/Tagesfahrlicht:*** Die Lampe sitzt im inneren Reflektor (B) in Bild 1 (für linke Seite). Abdeckkappe abnehmen, Lampenfassung entgegen Uhrzeigersinn drehen und mit Lampe (12 V, 15 W/55 W) herausnehmen. Lampe und Fassung sind fest verbunden und nicht trennbar. Ersatzlampe mit Fassung käuflich. Einbau umgekehrt.

■ ***Standlicht:*** Die Lampe sitzt im Reflektor (B) unterhalb der Fernlichtlampe. Fassung mit Lampe (12 V/5 W) aus dem Reflektor ziehen, (Glassockel)Lampe aus der Fassung ziehen. Einbau umgekehrt.

■ ***Blinklicht vorn:*** Lampe im mittleren Reflektor (C) in Bild 1 (für linke Seite). Abdeckkappe abziehen, Fassung entgegen Uhrzeigersinn drehen und mit Lampe (12 V / PSY 24 W SV) herausnehmen. Entriegelung an der Fassung drücken, Lampe mit Halter herausnehmen. Einbau umgekehrt, dabei beachten: Lampenfassung hat zur Verriegelung im Reflektor zwei unterschiedlich lange Rastnasen. Fassung mit Lampe so einsetzen, dass die längere Rastnase nach oben weist.

Scheinwerfer provisorisch einstellen

■ **Scheinwerfer einstellen:** Fahrzeug gegenüber der Einstellwand auf ebener Fläche abstellen. Der Abstand zwischen Front und Wand muss exakt fünf Meter betragen. Fahrzeug vorn und hinten mehrmals kräftig durchdrücken, damit sich die Federn setzen.

■ Die provisorische Einstellung (präzise Einstellung ist Werkstattsache!) erfolgt bei Abblendlicht. Damit wird gleichzeitig der Fernscheinwerfer eingestellt. Das vorgeschriebene Neigungsmaß beträgt 10 cm auf 10 m Entfernung (Projektionsabstand). Das Neigungsverhältnis in Prozent (bei 10 m / 10 cm ist es 1%) ist oben auf dem Scheinwerfergehäuse eingeprägt. Auf dieses Maß Scheinwerfer einstellen.

■ Den Abstand zwischen Boden und Mittelpunkt der beiden Scheinwerfer messen. Das Maß an der Wand markieren und die Punkte durch eine Linie (S 1) verbinden (Bild 1).

■ Etwa 5 cm darunter eine parallele Linie E an der Wand anzeichnen. Das ist die Neigung des Abblendlichts auf fünf Meter Entfernung.

■ Durch das Heckfenster nach vorn peilen. Einem Helfer Hinweise geben, damit er eine zur Fahrzeugmitte orientierte senkrechte Linie M einzeichnen kann.

■ Abstand zwischen Fahrzeugmitte und Mittelpunkt des Scheinwerfers (rechts und links) messen. Diese Werte sind auf die Hilfslinie S1 (rechts und links vom Schnittpunkt der Linien M und S1) zu übertragen und mit einem Einstellkreuz (S2) zu markieren. 5 cm unter diesen Kreuzen müssen die Abknickpunkte des Abblendlichts auf Linie E justiert werden.

■ Die Scheinwerfer an ihren jeweils zwei Einstellschrauben (1, 2 in Bild 2) verstellen. Die Einstellschrauben zur Höhen- (1) und zur Seitenverstellung (2) des Hauptscheinwerfers sind auch im Falle einer Ausstattung mit Gasentladungslampen (Bi-Xenon) zu finden, diese Scheinwerfer werden aber automatisch eingestellt.

■ Zündung und Abblendlicht einschalten. Erst Höheneinstellschraube (1), dann Seiteneinstellschraube (2) jeweils so

1

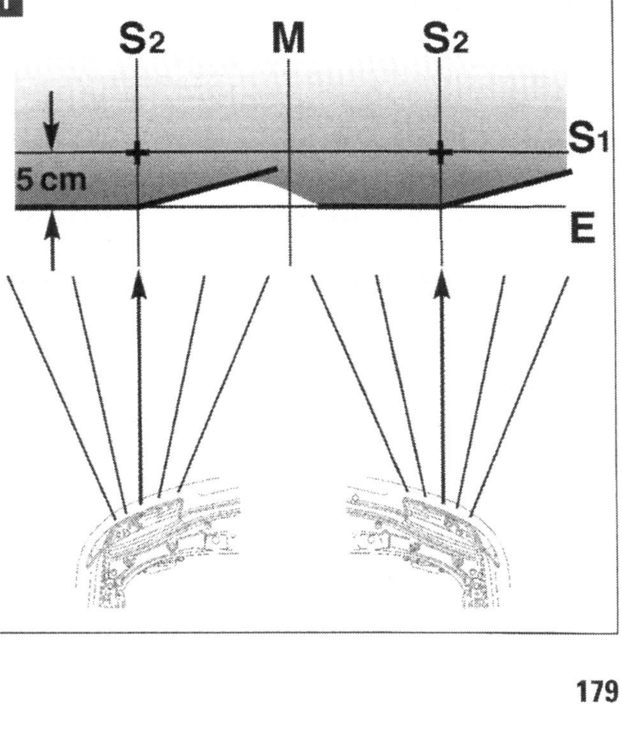

lange drehen, bis die waagerechte Hell-Dunkel-Grenze des Abblendlichtstrahls mit der Einstelllinie E übereinstimmt.

■ Zur Korrektur der Seiteneinstellung Schraube (2) in der Weise verdrehen, dass der Abknickpunkt im Abblend-Lichtbild genau auf das Einstellkreuz ausgerichtet ist. Dabei darf ein Streuanteil von 15 Prozent über der Linie liegen.

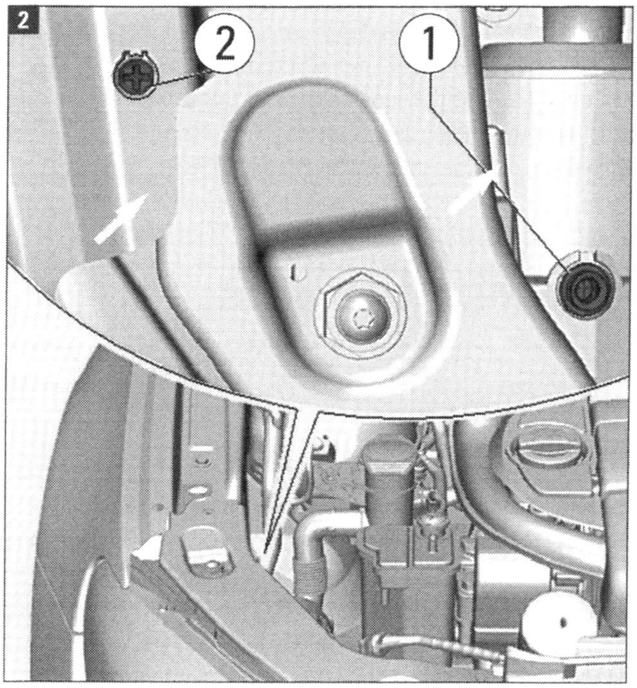

■ **Nebelscheinwerfer einstellen:** Das Neigungsmaß dieser Scheinwerfer beträgt 20 cm. Die Abdeckung (1) aus den Verrastungen im unteren Teil der Stoßfängerabdeckung ausclipsen und nach vorn unten abnehmen (Bild 3).

■ Zum Verstellen der Leuchtweite die Einstellschraube (roter Pfeil in Bild 3) drehen. Seitenverstellung ist nicht vorgesehen.

Anmerkung: Die Bilder 2 und 3 zeigen die Situation rechts. Links sind die Einstellschrauben spiegelbildlich angeordnet.

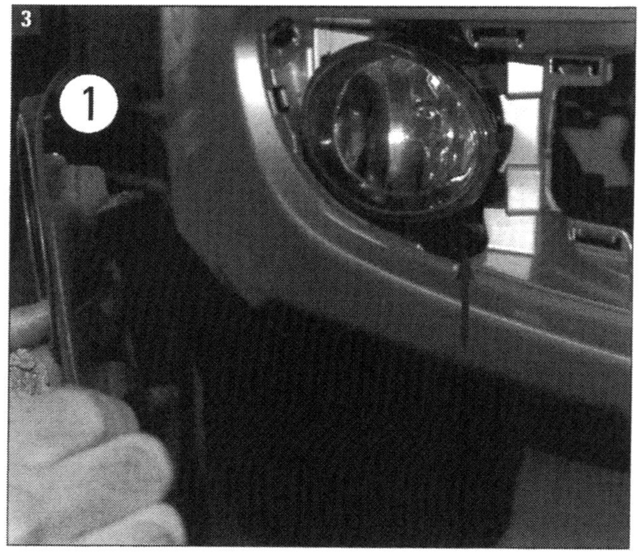

Heckleuchten (Schlussleuchten) ausbauen

■ **Leuchte Seitenteil:** Zündung ausschalten, Zündschlüssel abziehen. Den Hauptlichtschalter an der Schalttafel links in Stellung »0« drehen. Flexible Kofferraumseitenverkleidung öffnen. Die elektrische Steckverbindung (blauer Pfeil in Bild 1) trennen. Die Feder-gesicherte Befestigungsschraube (Flügelschraube aus Kunststoff; roter Pfeil in Bild 1) herausdrehen. Beim **Einbau** mit maximal 2,5 Nm festziehen!

■ Schlussleuchte Seitenteil nach hinten aus dem Karosserieausschnitt nehmen (Bild 2). Die fünf Haltelaschen (rote Pfeile in Bild 2) entriegeln und den Lampenträger abnehmen.

■ **Leuchte Heckklappe:** Abdeckung (Pfeil in Bild 3) abhebeln und die (im Bild nicht sichtbare) Steckverbindung trennen. Den Lampenträger nach außen schwenken und von der Heckklappe abnehmen.

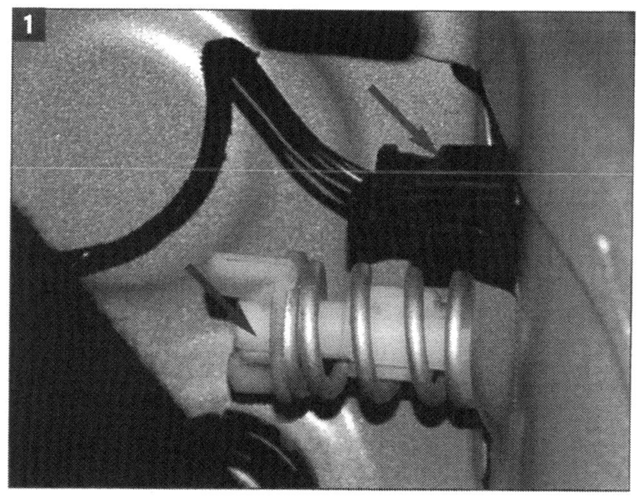

Schlussleuchte Seitenteil: Vom Kofferraum her seitliche Abdeckung öffnen und Kunststoff-Flügelschraube lösen.

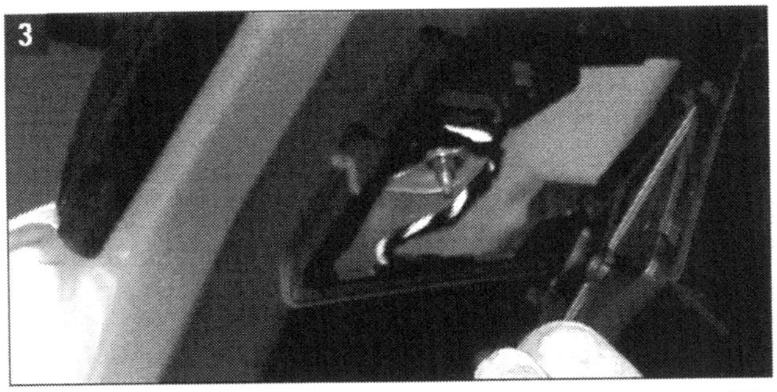

Bilder 2 und 3 Schlussleuchte herausgenommen: Die Bilder (2 = Seitenteil, 3 = Heckklappe) zeigen die Seitenteil-Leuchte rechts und die Klappen-Leuchte links. Die Leuchte im Seitenteil links enthält zusätzlich die Lampe für Nebelschlusslicht.

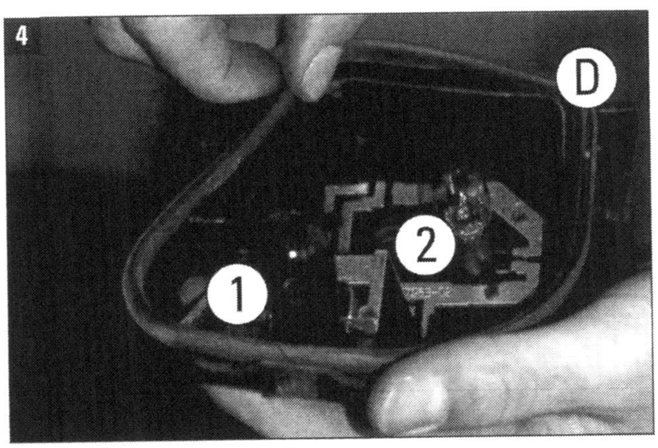

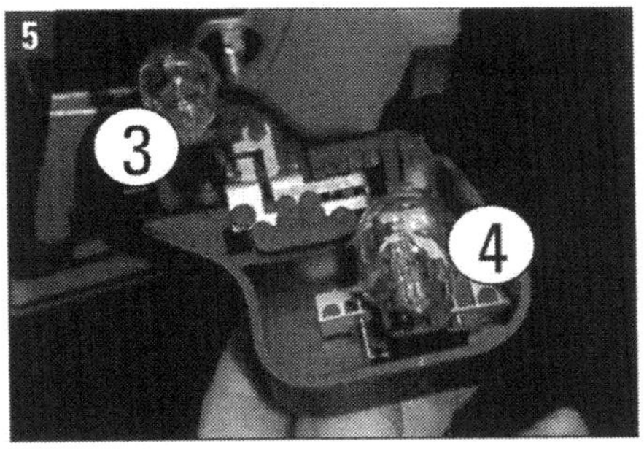

■ **Lampen wechseln:** Aufstellung auch aller Lampen der Heckleuchte in der folgenden Liste.
Lampenzuordnung ***Bilder 4 und 5:*** (1) Blinklicht, (2) Schlusslicht/Bremslicht, (3) Schlusslicht Klappe, (4) Rückfahrlicht.

■ **Einbau:** Dichtgummi (D in Bild 4) beachten!

Leuchten und Lampen im Golf

Leuchte	Lampe	Daten
Abblendlicht	H7	12 V/55 W
Fernlicht/Tagesfahrlicht (Zweifadenlampe)	H7	12 V / 15 W/55 W
Bi-Xenon-Licht	D 1 S	12 V/35 W
Standlicht	Glassockellampe	12 V / 5 W
Blinklicht vorn	PSY	12 V/24 W SV
Brems-/Schlusslicht	Glassockell. W	12 V/16 W
Nebelschluss-/Rückfahrlicht	Glassockell. WY	12 V/21 W
Schlusslicht Klappe	Glassockell. W	12 V/16 W
Blinklicht hinten	Glassockell. WY	12 V/21 W
Kennzeichenl. Schraube	Soffitte C	12 V / 5 W
Kennzeichenl. Clips	Glassockell. W	12 V / 5 W
Innenleuchten wie im Handschuhfach	Glassockellampe	12 V/5 W
Einstiegs- und Türwarnleuchten	Soffitten	12 V/3 W
Innen-/Leseleuchten	Soffitten	12 V/5 oder 10 W

Leuchten mit LED (hochgesetzte Bremsleuchte) müssen bei Ausfällen meist komplett ausgewechselt werden.

Innenleuchten ausbauen

■ Mit kleinem Flachschraubendreher, Abdrückhebel oder Montagekeil die Abdeckungen oder die komplette Leuchte aus dem Einbauort heraushebeln, Steckverbindung trennen. Lampen wechseln, wieder fest verrasten.

■ Eine Ausnahme stellt die Lese-/Innenleuchte vorn dar: Bei ihr (Bild 1) müssen Sie das Brillenfach (Pfeil) aufklappen, die Schraube herausdrehen und die Leuchte aus der Dachverkleidung nehmen.

■ Beispielhaft für viele der kleinen Leuchten im Innenbereich steht die Handschuhfachleuchte. In ihrer »klassischen« Ausführung sind die Lampen dazu Soffitten, in neueren Ausführungen vielfach Glassockellampen mit den Kontakten nur am unteren Ende (Bilder 2 und 3).

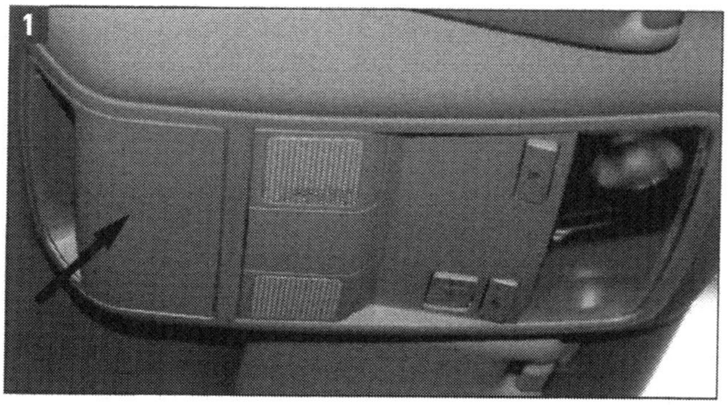

Innenleuchte vorn: Der Pfeil weist auf das Brillenfach, das zum Leuchtenausbau geöffnet werden muss.

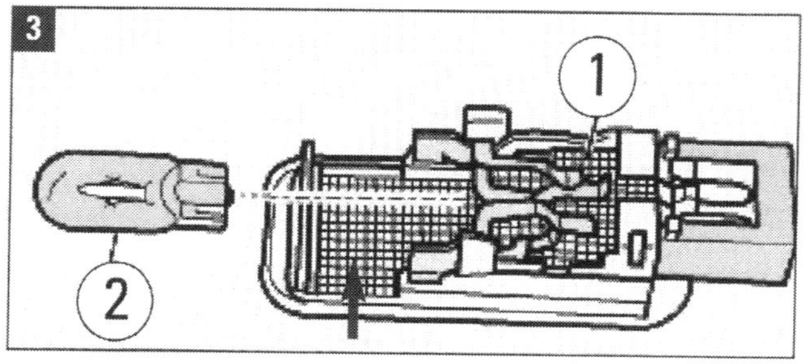

Bilder 2 und 3 Handschuhfach: (1) Kontaktfeder/Fassung, (2) Glassockellampe. Roter Pfeil: Streuglas, trägt Leuchte.

Einbauorte der Relais- und Sicherungshalter

Für Reparatur- und Überprüfungsarbeiten relevante Einbauorte für die 16 Kabel-Kupplungsstationen, diverse Steckverbindungen sowie die vier Sicherungs- und Relaishalter sind:

● A- und B-Säulen, Dachrahmen, Raum unter dem Beifahrersitz, hinten rechts und links. Dort sind Steckverbinder für Leitungssätze verbaut.

● Die Türen mit ihren zahlreichen Einbauten unter der Verkleidung: Zentralverriegelung, Fensterheber, Lautsprechersysteme, Steuergeräte und diverse Mehrfachsteckverbindungen.

● Die Schalttafel (inkl. Mittelkonsole vorn) mit den zahlreichen Geräten und Bedieneinrichtungen für Infotainment: Fahrerinformationssystem, Radio/Navigation, CD-Abspielgeräte.

● Die **E-Box im Motorraum** (Bild 1), ganz links neben der Batterie (Pfeil), ihre Abdeckung wird im Bild gerade abgenommen. Hier sind die Halter A und B mit den Sicherungen SA und SB sowie eine Reihe von Relais untergebracht.

● In der **Schalttafel links** (Fahrerseite) der Sicherungshalter C (Sicherungen SC). Er ist für die erste Überprüfung bei Störungen der elektrischen Anlage besonders wichtig, weil er die meisten jener Stecksicherungen enthält, die schnell zugänglich sein müssen. Dieser Sicherungshalter wird nach Abheben einer Abdeckung von der Stirnwand der Schalttafel zugänglich. Kunststoff-Demontagekeil oder einen kleinen Flachschraubendreher verwenden!

● **Sicherungsbelegung** ist von der Fahrzeugausstattung abhängig. Schema als Aufkleber oder lose bei den Sicherungshaltern. Sicherungen sind nach Steckplätzen nummeriert. Angegeben sind abgesicherter Verbraucher und der Stromstärke-Wert (in A), durch Farbe markiert. ●

Sicherungsfarben bedeuten: hellrot = 50 A; orange = 40 A; hellgrün = 30 A; natur (weiß) = 25 A; gelb = 20 A; hellblau = 15 A; rot = 10 A; braun = 7,5 A; hellbraun = 5 A; lila = 3 A.

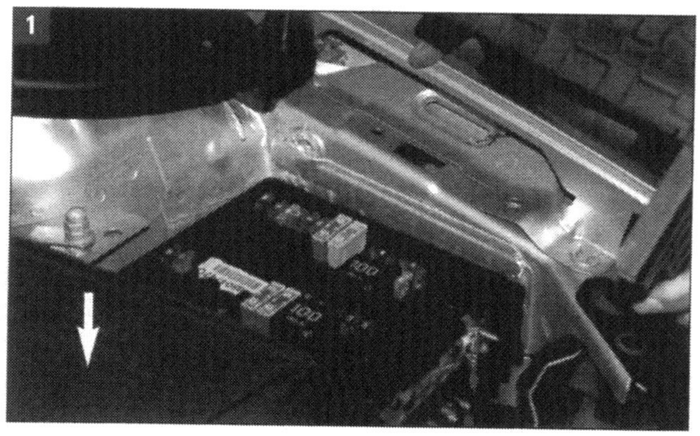

Signalgeber prüfen, Signalhorn ausbauen

■ **Warnblinkanlage:** Zündung aus, Druckschalter mit rot umrandetem Dreieck betätigen. Alle vier Blinklampen und Kontrollleuchte/Schalter leuchten im gleichen Rhythmus.

■ **Richtungsblinker:** Zündung einschalten, Blinkerhebel drücken. Beide Blinker einer Fahrzeugseite müssen blinken, auch Blinkerkontrolle im Kombiinstrument.

■ **Bremsleuchten:** Fahrzeug mit dem Heck zur Wand stellen, Bremspedal drücken: Wand muss rot aufleuchten. Oder ein Helfer gibt Bescheid. Funktionieren beide Lampen nicht: Sicherung und Bremslichtschalter prüfen.

■ **Lichthupe:** Funktioniert die Lichthupe nicht, obwohl die Scheinwerfer brennen, zuerst prüfen, ob an den beiden roten Klemme-30-Kabeln zum Lenkstockschalter Spannung anliegt. Ist dies der Fall, dürfte der Lichtumschalter im Hebelschalter defekt sein.

■ **Signalhorn:** Betätigen Sie die Druckplatte auf dem Lenkrad. Die Hupe muss ertönen.

Anmerkung: Wegen der zahlreichen Steuergeräte muss bei Störungen und Fehleranzeigen oftmals auch der Fehlerspeicher ausgelesen werden (Werkstattsystem).

■ **Signalhornausbau:** Der Tieftöner des Doppeltonhorns ist am Stoßfänger vorn rechts, der Hochtöner am Stoßfänger vorn links angeschraubt. Entsprechend je nach Ausbauabsicht Blende am Stoßfänger vorn links oder rechts ausclipsen und den Nebelscheinwerfer ausbauen.

■ Befestigungsschraube (20 Nm) abschrauben und das Signalhorn mit Halter nach vorn herausnehmen. Steckverbindung trennen. Wenn nötig oder gewünscht, Mutter (15 Nm) herausschrauben, Halter vom Horn abbauen.

■ **Einbau** in sinngemäß umgekehrter Reihenfolge.

Bi-Xenon-Lampen wechseln

■ **Lampenausbau:** Zündung und Verbraucher ausschalten, Zündschlüssel abziehen, Scheinwerfer ausbauen.

■ Die große (äußere) Abdeckkappe von der Scheinwerferrückseite abnehmen. Stecker durch Drücken der seitlichen Taste entriegeln und nach unten abziehen.

■ Gasentladungslampe (Typ D1S 12V, 35W) entgegen Uhrzeigersinn drehen und vorsichtig nach hinten aus dem Reflektor herausziehen.

■ **Einbau** sinngemäß umgekehrt. Die Anwendungs- und Sicherheitshinweise für Gasentladungslampen beachten! Auf den richtigen Sitz der Abdeckkappe achten; Wassereintritt in den Scheinwerfer führt zu seiner Zerstörung.

■ Nie direkt in den gebündelten Lichtstrahl sehen, die UV-Strahlung ist mehr als doppelt so stark wie bei Halogen!

■ Scheinwerfer an Karosserie anpassen, Grundeinstellung vornehmen.

Quetschverbindungen ausführen

■ Bei Ergänzungen und zusätzlichen Einbauten sind Eingriffe ins und Arbeiten am Leitungsnetz nötig. Das Verlegen und Verbinden von Leitungen ist durchgängig nur mit Quetschverbindungen erlaubt. Gelötet darf nichts werden.

■ Nötige Werkzeuge sind Crimpzange zum Zusammenquetschen der Leitungen mit einem Quetschverbinder und das Heißluftgebläse mit »Schrumpfaufsatz« zum Schrumpfen der Quetschverbinder, damit keinerlei Feuchtigkeit eindringen kann.

■ Der Verbinder wird mit dem Gebläse von der Mitte nach außen in Längsrichtung erhitzt, bis er vollständig abgedichtet ist und der Kleber an den Enden austritt. Wenn mehrere so verbundene Leitungen nebeneinander liegen: Die Quetschverbinder versetzt anordnen!

Batterie und Lichtmaschine

Störung	Was kann das sein?	Was muss ich tun?
A Rote Ladekontrolle brennt nicht beim Einschalten der Zündung	**1** Batterie leer	Mit Starthilfekabel starten oder Wagen anschleppen
	2 Batteriekabel gebrochen. Kabelklemmen lose oder oxidert	Batteriekabel und -klemmen kontrollieren
	3 Kontrollleuchte defekt	ersetzen
	4 Kabelweg zwischen Zündschloss, Kontrollampe und Lichtmaschine unterbrochen	Stromweg mit Prüflampe kontrollieren
	5 Schleifkohlen abgenutzt	Regler tauschen
	6 Spannungsregler defekt	Regler austauschen
	7 Lichtmaschine schadhaft	Lichtmaschine überholen oder austauschen
	8 Feuchtigekit bildet einen isolierenden Schmierfilm zwischen den Schleifringen und Kohlen (z.B. nach Motorwäsche)	Lichtmaschine mit Druckluft ausblasen oder Schleifringe und Kohlen sauberreiben
B Ladekontrolle brennt oder glimmt bei laufendem Motor	**1** Keilrippenriemen lose bzw. ohne Spannung	Keilrippenriemenspannung kontrollieren
	2 Mangelnder Kontakt an Kabelanschlüssen der Lichtmaschine oder unterbrochene Kabel	Kabelanschlüsse und Kabel prüfen
C Batterieoberfläche feucht	**1** Zuviel destilliertes Wasser eingefüllt	Ausgasen lassen, keine Säure absaugen
	2 Batterieverschlüsse verstopft	Entlüftungslöcher säubern
	3 Spannungsregler defekt	austauschen
D Batterie gast stark	**1** Spannungsregler defekt	Regler austauschen

Anlasser

Störung	Was kann das sein?	Was muss ich tun?
A Beim Drehen des Zündschlüssels in Startstellung dreht der Anlasser zu lange oder gar nicht	**1** Kontrollampen brennen schwach oder verlöschen **1a** Batterie entladen **1b** Kabelanschlüsse lose oder oxidiert **1c** Batterie entladen	Mit Starthilfekabel starten, Auto anschieben/anschleppen, Kabel befestigen, Anschlüsse säubern, Anlasser überholen lassen oder austauschen
	2 Kontrollampen brennen hell, Klicken aus Richtung Anlasser immer noch nicht: **2a** Kohlenbürsten bzw. deren Anschlüsse im Anlasser gelöst **2b** Kontakte im Magnetschalter verschmort **2c** Anlasserwicklung schadhaft	Anlasser überholen lassen oder austauschen
B Der Anlasser dreht, aber der Motor dreht nicht	**1** Ritzel verschmutzt	Ritzel reinigen
	2 Einrückvorrichtung klemmt	Anlasser überholen lassen
	3 Verzahnung des Ritzels oder der Motorschwungscheibe beschädigt	Wagen bei eingelegtem Gang durch Helfer ein Stück vorschieben lassen. Erneut starten. Beschädigte Teile ersetzen
C Magnetschalter schaltet schnell ein und aus. Anlasser läuft nicht an	**1** Batterie stark entladen, beim Einschalten des Magnetschalters fällt die Spannung ab und er schaltet wieder aus	Batterie laden
	2 Einrückvorrichtung klemmt	Anlasser überholen lassen
	3 Verzahnung des Ritzels oder der Motorschwungscheibe beschädigt	Wagen bei eingelegtem Gang durch Helfer ein Stück vorschieben lassen – Zündung aus! Erneut starten. Beschädigte Teile ersetzen
D Anlasser läuft weiter, obwohl der Zündschlüssel losgelassen wurde	**1** Magnetschalter hängt oder schaltet nicht ab	Zündung sofort abschalten, notfalls Batterie abklemmen. Magnetschalter reparieren oder Anlasser austauschen
	2 Zünd-/Anlassschalter defekt	Schalter ersetzen
E Ritzel spurt nach Anspringen des Motors nicht aus	**1** Rückstellfeder des Einrückhebels lahm oder gebrochen	Motor abstellen, Anlasser austauschen

STÖRUNGSBEISTAND

Hupe

Störung	Was kann das sein?	Was muss ich tun?
A Hupe tönt nicht	**1** Sicherung defekt	Ersetzen
	2 Kabel vom Lenkrad zur Hupe unterbrochen	Kabelverlauf kontrollieren, Steckkontakte der Hupe blankkratzen
	3 Hupe defekt	Prüfen, ggf. ersetzen
	4 Relais defekt	Prüfen, ggf. ersetzen
B Hupe tönt dauernd	**1** Hupenkontakt vom Lenkrad defekt. Kabel vom Hupenkontakt zur Hupe hat Dauerstrom	Schwarz/gelbes Kabel von der Hupe abziehen. Hupt es nicht mehr, Hupenkontakt bzw. Kabel reparieren lassen
	2 Hupe hat inneren Masseschluss	Hupe ersetzen. Unterwegs Kabel von der Hupe abziehen

STÖRUNGSBEISTAND

Bremslicht

Störung	Was kann das sein?	Was muss ich tun?
A Eine Bremsleuchte brennt nicht	**1** Glühlampe durchgebrannt	Austauschen
	2 Masseverbindung unterbrochen. Brennen alle übrigen Lampen in derselben Heckleuchte?	Kabel kontrollieren
	3 Unterbrechung in der Zuleitung	Kabel kontrollieren
B Beide bzw. alle drei Bremslichter brennen nicht	**1** Sicherung defekt	Ersetzen
	2 Bremslichtschalter defekt	Überprüfen, ggf. ersetzen
	3 siehe A1 und A3	
C Bremslicht brennt dauernd	**1** Kabel zum Bremslichtschalter haben direkten Kontakt	Kabel kontrollieren

Warnblink- und Blinkanlage

Störung	Was kann das sein?	Was muss ich tun?
A Kontrollampe für Richtungsblinker leuchtet in ganz kurzen Intervallen auf. Normaler Blinkrhythmus beim Warnblinken	**1** Eine Glühlampe defekt oder ohne Kontakt	Auswechseln
B Blinkleuchten und Kontrolleuchte brennen bei Richtungs- und Warnblinken dauernd oder gar nicht	**1** Blinkrelais defekt	Auswechseln
C Richtungsblinken funktioniert, aber kein Warnblinken	**1** Sicherung defekt	Auswechseln
	2 Kabel vom Steckkontakt am Warnblinkschalter zur Sicherung bzw. Blinkerrelais unterbrochen	Durchgang kontrollieren, ggf. erneuern
	3 Warnblinkschalter defekt	Auswechseln
D Warnblinken funktioniert, aber kein Richtungsblinken	**1** Kabel zwischen Blinkerschalter und Blinkerrelais unterbrochen	Durchgang kontrollieren, ggf. erneuern.
	2 Blinkerschalter defekt	Auswechseln (lassen)
	3 Sicherung defekt	Ersetzen
E Kein Richtungs- und kein Warnblinken	**1** Sicherung defekt	Auswechseln
	2 Warnblinkschalter defekt	Auswechseln

Antrieb: Motor und Öl, Kühlung und Getriebe

Der neue Golf Diesel hat leistungsstarke und gleichzeitig beispielhaft sparsame Motoren. Wartung der Triebwerke am Schmier- und am Kühlsystem sowie die Anbindung der Motoren ans Fahrwerk über das Getriebe sind Gegenstand dieses Kapitels.

Dieselmotoren im Golf VI

Erfolgreiche Triebwerke

Mit dem neuen Golf stellt Volkswagen das TDI-Spektrum seines Bestsellers komplett auf Vierventil-Common-Rail-Motoren um (Bilder 1 und 2). Geplant war von Anfang an ein Leistungsspektrum von 77 kW/105 PS bis 125 kW/170 PS. Auf den Markt kam der Golf zunächst mit zwei 2,0 Liter großen Common-Rail-TDI. Sie leisten 81 kW/110 PS und 103 kW/140 PS. Die 110-PS-Version wird serienmäßig über Fünfgang-Getriebe, die 140-PS-Variante via Sechsgang-Getriebe geschaltet. Auch die Ausstattung mit Automatikgetriebe vom Typ DSG ist möglich. Immer an Bord: ein Dieselpartikelfilter (DPF). Neben ihrer Sparsamkeit und Agilität zeichnen sich die neuen TDI-Motoren durch auffallend gute Geräuscheigenschaften aus. Zwei Ausgleichswellen machen unerwünschten Vibrationen den Garaus. Eine neu konzipierte Aggregatelagerung sorgt dafür, dass die Motoren noch besser von der Karosserie isoliert sind.

WISSENSWERTES – Das Viertaktprinzip

Bei den Golf-Motoren umfasst ein Arbeitszyklus des Kolbens im Zylinder vier Takte. Der Raum, den der Kolben im Zylinder durchmisst, ist der Hubraum. Hat der Kolben darin seinen höchsten Punkt erreicht, bleibt nur noch der Brennraum (Bild 1) mit dem Kraftstoff-Luft-Gemisch. Hubraum plus Brennraum bilden den Zylinderraum. Das Verhältnis des Zylinderraums zum Brennraum gibt an, auf den wievielten Teil des Zylinderraums das Kraftstoff-Luft-Gemisch verdichtet wird. Bei den Golf-Dieselmotoren beträgt die **Verdichtung**: 16,5:1.

Vier Takte:

- Einspritzen: Der Kolben gleitet zum Unteren Totpunkt UT. Die Einlassventile öffnen, das Einspritzventil arbeitet, Luft und Kraftstoff strömen in den Zylinder.
- Verdichten: Der Kolben bewegt sich vom UT zum Oberen Totpunkt OT. Die Einlassventile schließen. Der Kolben verdichtet das eingeströmte Gemisch.
- Verbrennen: Kurz vor dem OT wird das Gemisch gezündet. Es verbrennt und drückt den Kolben zum UT. Sein Pleuel dreht die Kurbelwelle.
- Ausstoßen: Der Kolben geht nach oben. Die Auslassventile öffnen, die verbrannten Gase werden ins Auspuffsystem und in den Turbolader geschoben.

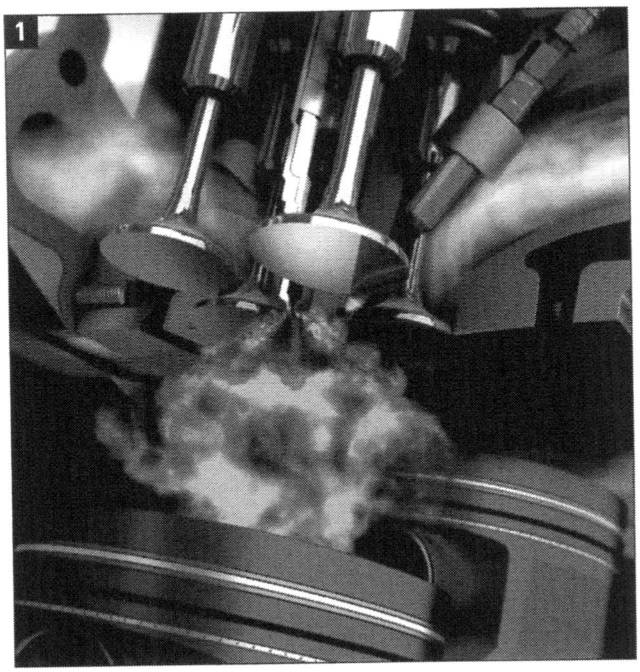

Prinzip und Praxis des TDI: Bild 1 der entzündete Kraftstoff im Zylinder, Bild 2 der neueste 1,6-Liter-Motor von VW.

BlueMotion in zweiter Generation

Im. Oktober 2009 kündigte Volkswagen die »zweite Generation des Golf BlueMotion« an. Um extrem niedrige Verbrauchs- und Emissionswerte zu erreichen, sorgen neben einem sparsamen TDI-Motor eine ganze Reihe innovativer Detaillösungen für Spitzenwerte in seiner Klasse. Mit einem Durchschnittsverbrauch von 3,8 l/100 km bei einem CO_2-Ausstoß von lediglich 99 g/km empfiehlt er sich als der sparsamste Golf aller Zeiten. Die Kraftübertragung übernimmt ein länger übersetztes Fünfgang-Schaltgetriebe, und die Gangempfehlung erinnert stets an die verbrauchsoptimale Fahrstufe.

Zu den BlueMotion-Features gehören vornan die Bremsenergie-Rückgewinnung (Rekuperation) und ein Start-Stopp-System (automatische Motorabschaltung im Stand). Ferner gibt es rollwiderstandsoptimierte Reifen, besonders leichte und strömungsgünstige Felgen sowie einen aerodynamischen Karosserie-Feinschliff.

Den maßgeblichen Beitrag allerdings leistet ein hoch effizienter 1.6 TDI (Bild 2). Dieses neue Common-Rail-Aggregat entwickelt eine kraftvolle Leistung von 77 kW/105 PS und ist trotzdem sparsamer als ein Polo BlueMotion der ersten Generation. Dieser Vergleich macht deutlich, wie intensiv Volkswagen an der Effizienzsteigerung seiner Modelle arbeitet.

Völlig neuer 1.6 TDI mit 77 kW

Der 1,6-Liter-TDI Common Rail löste ab Juni 2009 den für die Golf Familie viele Jahre lang traditionellen 1.9 TDI Pumpe-Düse ab, einen der weltweit erfolgreichsten Pkw-Diesel. Der völlig neu entwickelte Common-Rail-Dieselmotor war von Volkswagen zunächst im neuen Polo mit 55 kW/75 PS präsentiert worden. Jetzt also ist er in seiner stärksten Leistungsstufe (77 KW oder 105 PS) in Golf, Golf Plus und Golf Variant bestellbar.

Dieser TDI-Motor zeichnet sich mit einem durchschnittlichen Verbrauch nach NEFZ von 4,5 Litern auf 100 km (Golf/Golf Variant) und 4,8 Litern auf 100 km beim Golf Plus durch sehr niedrige Abgaswerte aus. Der CO_2-Ausstoß bei Golf und Golf Variant beträgt nur 119 g/km. Die Emission des Golf Plus liegt bei 126 g/km. In allen drei Fahrzeugen unterbietet der Motor die Grenzwerte der Abgasnorm Euro 5.

Mühelos erreichen Golf und Golf Variant Spitzengeschwindigkeiten von 189 km/h. Das früh einsetzende maximale Drehmoment beträgt 250 Newtonmeter und steht im meistgenutzten Drehzahlbereich von 1.500 bis 2.500 U/min zur Verfügung.

Mit diesem laufruhigen 1,6-Liter-TDI-Aggregat ist bei Volkswagen eine neue Motorengeneration konzipiert worden. Golf und Golf Plus 1,6-

3

Hinweis auf maximale Sparsamkeit: Das Signet (Pfeil) für die BlueMotion-Baureihe von Volkswagen.

4

Kein sichtbarer Unterschied: Der BlueMotion-Motorraum bietet das gleiche Bild wie der »gewöhnliche« 1.6 TDI.

Liter-TDI sind mit 5-Gang-Schaltgetriebe und 7-Gang-Doppelkupplungsgetriebe DSG erhältlich. Der 1,6 Liter TDI Variant wird – auch in seiner Allradversion 4Motion – nur mit Schaltgetriebe angeboten.

2.0 TDI mit 81 kW/110 PS

Der 110 PS starke TDI debütierte Anfang 2009 im Golf. An der Tankstelle setzte er sich mit einem Durchschnittsverbrauch von nur 4,5 Litern Kraftstoff in Szene (119 g/km CO_2) – das entspricht einer Reduktion um 0,6 Liter und dem Verbrauchsniveau des Golf BlueMotion der ersten Generation. Dabei ist der mit ihm motorisierte Golf ausgesprochen temperamentvoll: In nur 10,7 Sekunden beschleunigt er auf 100 km/h. Die Höchstgeschwindigkeit beträgt 194 km/h, die Leistung von 81 kW steht bei 4.200 U/min zur Verfügung. In die Technischen Daten haben wir diesen Motor (Kennbuchstaben CBDC) allerdings nicht aufgenommen. Wir beschränken uns dort auf die ab Anfang 2010 aktuellen Motorisierungen mit den 77 kW-, 103 kW- und 125-kW-Triebwerken.

2.0 TDI mit 103 kW/140 PS

Ausgesprochen sparsam ist auch die 140-PS-Version des neuen TDI. Von diesem Motor angetrieben, benötigt der Golf 2.0 TDI lediglich 4,9 Liter Diesel auf hundert Kilometern (129 g/km CO_2) und damit 0,6 Liter weniger als sein entsprechend starker Vorgänger. Dem gegenüber steht eine Höchstgeschwindigkeit von 209 km/h und ein Beschleunigungswert von 9,3 Sekunden für den klassischen Sprint auf 100 km/h. Darüber hinaus glänzt der TDI bei praktisch jeder Drehzahl mit einem rigorosen Durchzugsvermögen, da er schon ab 1.750 U/min ein maximales Drehmoment von 320 Newtonmetern bereitstellt.

5

Motorraum des GTD: Äußerlich fällt gegenüber dem 1.6 TDI nur die andere Platzierung des Öleinfüllstutzens ins Auge.

Top-Diesel: 2,0 TDI mit 125 kW

Auf der AMI (Auto Mobil International) in Leipzig im März 2009 zeigte VW erstmals den Golf GTD. Er ist das Fahrzeug für Diesel-Fans, die ein Höchstmaß an Dynamik schätzen. Sein wichtigster Bestandteil ist das im Golf erstmals eingesetzte 2,0-Liter-TDI-Aggregat mit 125 kW, also 170 PS.

Nur 5,6 Liter Kraftstoff auf 100 Kilometer benötigt der kaum noch als Diesel wahrnehmbare Common-Rail-Motor. Das entspricht einer CO_2-Emission von lediglich 147 g/km. Dem gegenüber stehen 220 km/h Höchstgeschwindigkeit und 8,1 Sekunden für den Sprint auf 100 km/h (Angaben für den GTD mit 6-Gang-DSG).

Neueste TDI-Technologie

Die Gemischbildung der jüngsten Turbodiesel-Direkteinspritzer des Golf übernimmt ein Common-Rail-System der neuesten Generation. Bis zu 1.800 bar Einspritzdruck und spezielle Achtloch-Einspritzdüsen sorgen für eine besonders feine Zerstäubung des Dieselkraftstoffs. Die Ansteuerung der Achtloch-Einspritzdüsen übernehmen Piezo-Inline-Injektoren. Bei ihnen lösen elektrisch ansteuerbare Piezo-Kristalle mit Unterstützung eines hydraulischen Elements in Sekundenbruchteilen die Einspritzung aus. Im Vergleich zu herkömmlichen Magnetventilen ermöglicht die Piezo-Technik flexiblere Einspritzvorgänge mit kleineren und exakter dosierbaren Kraftstoffmengen.

Das bietet neben sehr leisem und angenehm weichem Motorlauf ein spontanes Ansprechverhalten.

Das Schmiersystem

Alle Stellen im Motor, an denen Metalle aufeinander gleiten, müssen ständig mit Öl versorgt werden: Kolben, Zylinderlaufbahnen, die Lager von Kurbelwelle und Nockenwelle. Kein Triebwerk hält mehr als einige Minuten ohne passende Schmierung durch. Ein Teil des Schmieröls wird vom Kreislauf abgezweigt und zur Kühlung u. a. des Kolbens direkt in dessen Inneres gespritzt.

Das Motoröl

Öl vermindert Reibung und Verschleiß und dichtet die engen Räume zwischen Kolben, Kolbenringen und Zylinderwand so fein ab, dass der hohe Druck bei der Verbrennung fast ohne Verluste auf die Kurbelwelle übertragen wird. Öl kühlt auch den Motor, zum Beispiel die Kolben in den Zylindern und die Lager von Kurbelwelle und Nockenwelle. Außerdem schützt es vor Rost, bindet Schmutzpartikel und einen Teil der Verbrennungsrückstände.
Wichtige Kenngröße für Motoröl ist seine Viskosität. Sie ist das Maß für die Fließfähigkeit des Schmieröls. Im Winter muss ein Motoröl so dünnflüssig sein, dass es nach dem Kaltstart sofort alle Schmierstellen versorgt. Bei höheren Temperaturen ist dickflüssiges Öl gefragt, das den Schmierfilm nicht abreißen lässt.
Im Golf fließt ganzjährig fahrbares »Mehrbereichsöl« (Bilder 1/2). Die meisten Motoröle sind solche Öle aus Mineralöl und bis zu 20% Additiven (»VI-Verbesserer«). Diese Zusätze bewirken, dass sich das Öl den Temperaturen im Motor anpasst. Sie schützen ferner das Öl vor Oxidation und verhindern das Aufschäumen bei hohen Drehzahlen.
Die Additive verschleißen aber bei hohen Temperaturen und verlieren ihre Wirkung. Wasser, Kraftstoff und Verbrennungsrückstände setzen der Lebensdauer des Motoröls ebenfalls Grenzen. Rechtzeitiger Ölwechsel ist daher kein Luxus, sondern reine Notwendigkeit, wenn Ihr Motor reibungslos funktionieren soll.

WISSENSWERTES: Normen für Motoröl

■ SAE-Klasse: Einstufung durch die Society of Automotive Engineers. Bezeichnet die Klasse der Viskosität, zum Beispiel SAE 15W-40. Je kleiner die erste Zahl, umso dünner und bei Kälte besser fließend ist das Öl (W = Winter). Ein Öl mit 0W schmiert noch bei minus 30 Grad, bei 5W ist es gut bis minus 25 Grad, bei 15W bis minus 15 Grad. Je höher die zweite Zahl, umso besser widersteht das Öl hohen Temperaturen. Das von Volkswagen empfohlene Öl entspricht SAE 5W-30 (Bilder1/2).

■ ACEA-Norm: Von der Association des Constructeurs Européen d'Automobiles im Jahre 1996 eingeführte europäische Ölnorm. Nach ACEA gibt es für Benziner die Gruppen A1 (Sprit sparendes Öl), A2 (gering belastetes Öl), A3 (Hochleistungs-Öl). Für Diesel gilt eine Einteilung von B1 bis B4.

■ API-Norm: Vorschrift des American Petroleum Institute. Diese Spezifikation besteht aus den Buchstaben S bzw. G (Benziner) und C bzw. PD (Diesel) sowie einem weiteren Buchstaben bzw. einer Zahl. Je höher im Alphabet oder je größer die Zahl, umso besser ist die Qualität des Öls.

Der Ölkreislauf

Im Motorblock strömt das Öl durch ein System von Leitungen und feinen Bohrungen an die richtige Adresse. Dieses System bildet von der Ölwanne unten am Motor über die verschiedenen Stationen bis in die Wanne zurück einen Kreislauf mit der Ölpumpe im Zentrum.

Die Pumpe holt über die Saugleitung das Öl aus der Wanne. Im Hauptstrom sitzt der Ölfilter (Bild 3), der Verunreinigungen wie Ruß, Metallabrieb und Staub zurückhält. Vom Filter gelangt das Motoröl über Bohrungen im Zylinderblock zu den Schmierstellen der Kurbelwelle und zu den Pleueln. Von den Gleitlagern der Kurbelwelle wird das Öl in den Zylinderkopf, zu den Nockenwellenlagern und an andere sensible Stellen gedrückt. Rücklaufkanäle führen wieder in die Ölwanne.

Der Ölfilter

Bauform und Montage des Ölfilters unterscheiden sich je nach Motortyp, aber das Prinzip ist beim 1.6 TDI ähnlich wie in Bild 3 für den 2.0 TDI gezeigt. Der Filter arbeitet nur so lange, bis er vom Schmutz zugesetzt ist. Deshalb Filtereinsatz (2) beim Ölwechsel tauschen!

Wenn er nicht rechtzeitig gewechselt wurde, tritt ein Überdruckventil in Aktion. Es öffnet, und das Motoröl umgeht den Filter. Damit ist zwar die Ölversorgung sichergestellt, doch ungefiltertes Motoröl bewirkt einen höheren Verschleiß an den Lagerstellen.

Durch die Mittelachse der Filterpatrone gelangt das gereinigte Öl direkt in den Hauptölkanal. Der Öldruckschalter dort signalisiert über die Kontrollleuchte im Schalttafeleinsatz und einen Warnton zu niedrigen Öldruck .

Der Öldruck

Denn damit die Schmierung bei jeder Belastung des Motors sicher gestellt ist, muss der Öldruck stimmen. Bei zu kaltem und sehr zähflüssigem Öl kann ein zu hoher Druck entstehen. Dann öffnet ein Überdruckventil eine Umgehungsleitung (Bypass) und leitet das Öl direkt auf die Saugseite der Ölpumpe zurück. Der Ölkreislauf bleibt in diesem Fall erhalten.

Problematisch ist zu niedriger Öldruck, der z. B. vorkommt, wenn Sie Ihren Wagen bei zu geringem Ölstand mit hohem Tempo durch eine Kurve fahren. Die Ölpumpe saugt dann Luft anstatt Öl aus der Ölwanne. Der Öldruck fällt abrupt ab, was zu schweren Lagerschäden führen kann. Wenn nach schnellen Autobahn- oder Passfahrten die Öldrucklampe im Leerlauf flackert, ist das ein Indiz dafür, dass der Öldruck durch zu heißes und damit dünnflüssiges Öl unter den normalen Wert gesunken ist, obgleich das Öl einen extra Kühler passiert (4).

Wenn die Kontrollleuchte beim Gasgeben wieder verlischt, ist alles in Ordnung. Wenn aber der Geber in der Ölwanne zu geringen Ölstand signalisiert, könnte Motorschaden drohen. Sofort anhalten, Motor abstellen, Öl auffüllen und prüfen, ob die Warnsignale damit ausgeschaltet sind. Sonst Werkstatt oder Selbsthilfe!

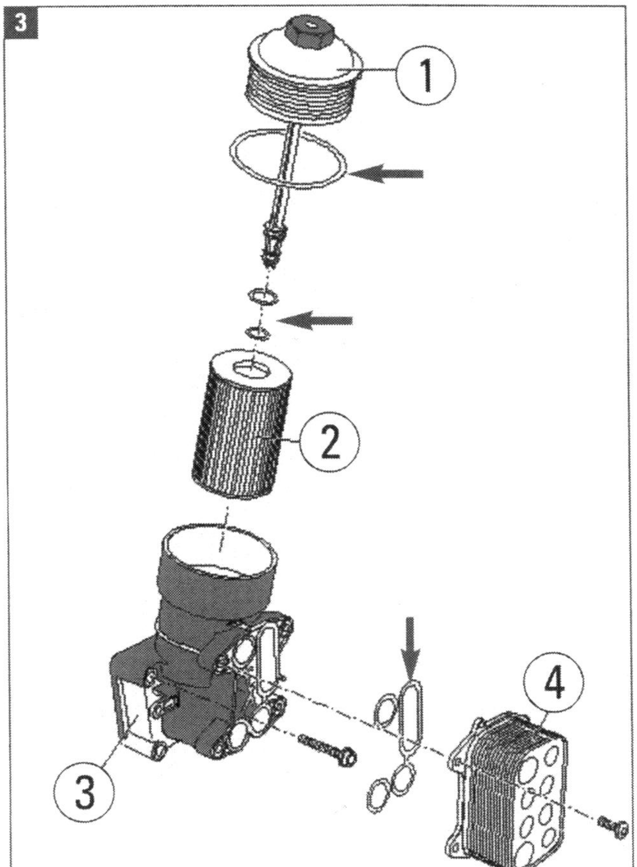

Ölfilter beim 2.0 TDI: (1) Verschlussdeckel, (2) Filtereinsatz, (3) Ölfiltergehäuse, (4) Motorölkühler. Pfeile: Dichtung zwischen Filtergehäuse und Ölkühler, Dichtringe (O-Ringe) zwischen Filtereinsatz und Deckel.

Das Kühlsystem

Das Kühlsystem sorgt für die richtige Betriebstemperatur des Motors. In dem Kreislauf zirkuliert die in den Ausgleichsbehälter (Bild 1) eingefüllte Flüssigkeit aus Wasser und Kühlmittelzusatz. Das System besteht aus Kühler, Temperaturregler (Thermostat; Bild 2), Wasserleitungen und einem Netz kleiner Kanäle in Motorblock und Zylinder. Dieser Wassermantel führt die Verbrennungswärme über die Schläuche des Kühlsystems an den Kühler ab.

Der Kurzschlusskreislauf

Nach dem Kaltstart zirkuliert das Kühlmittel im kleinen Kühlkreislauf, der sich auf Motor und Heizung beschränkt. In diesem Kurzschlusskreislauf hält der Thermostat den Durchfluss zum Kühler geschlossen. Das Kühlmittel gelangt auf direktem Weg zurück in den Motor. So erhitzt sich die Kühlflüssigkeit schneller und der Motor wird schneller warm. Der Kühler tritt erst in Aktion, wenn die Kühlflüssigkeit eine bestimmte Temperatur erreicht hat. Wenn dann der Thermostat öffnet, wird kaltes Wasser aus dem Kühler mit bereits erwärmtem Wasser aus dem kleinen Kühlkreislauf vorgemischt.

Kühlung bei Betriebstemperatur

Solange die Wassertemperatur steigt, öffnet der mit dem Anschlussstutzen (roter Pfeil in Bild 2) in den Zylinderblock geschraubte Thermostat den Kaltwasserzufluss aus dem Kühler immer weiter und schließt den Kurzschlusskreislauf. Bei Betriebstemperatur zirkuliert die Kühlflüssigkeit vom unteren Kühlwasserschlauch zur Wasserpumpe (Kühlmittelpumpe), die sie in Motorblock und Zylinderkopf drückt. Der größte

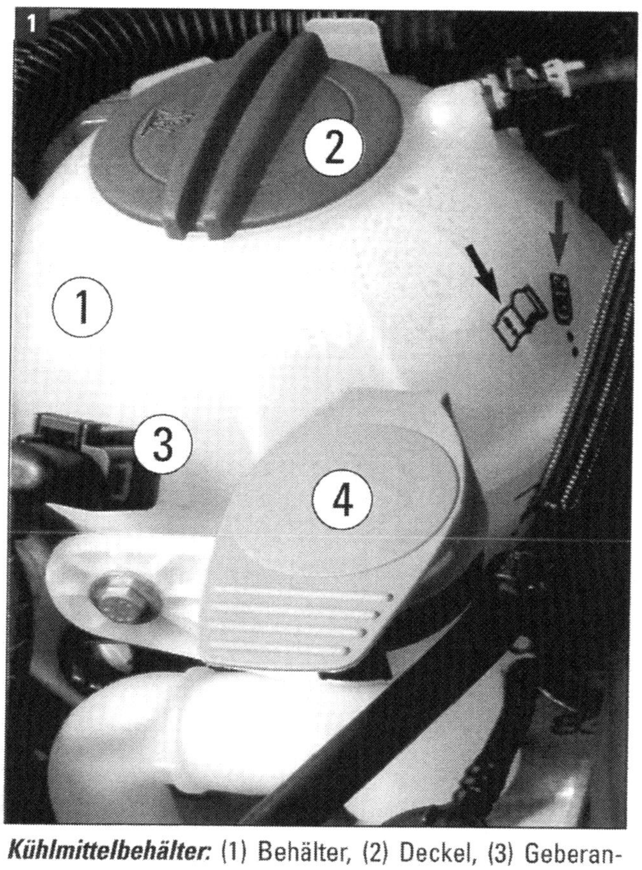

Kühlmittelbehälter: (1) Behälter, (2) Deckel, (3) Geberanschluss, (4) Waschwasser. »G 12« (roter Pfeil) = Kühlmittelzusatz, »Buch« (schwarzer Pfeil) Bedienungsanleitung.

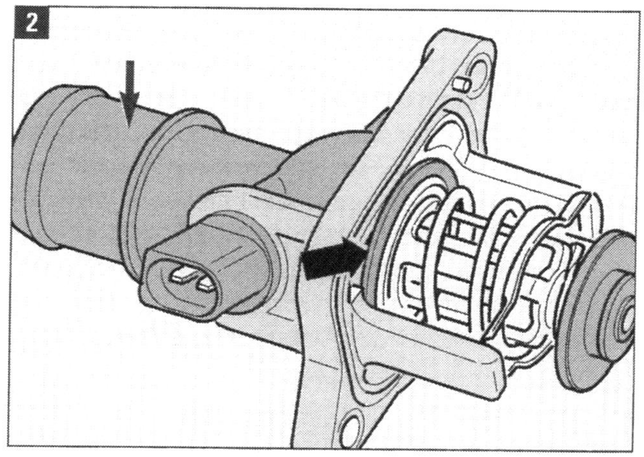

Bild 2 Thermostat: Der große Ventilteller (schwarzer Pfeil) muss mit gesamtem Umfang gegen den Flansch abdichten. ***Bild 3 Kühlmittelzusatz:*** VW schreibt G12 plus plus vor.

Teil der Flüssigkeit läuft über den geöffneten Thermostat zum Kühler, der Rest zum Wärmetauscher der Heizung.
Das im Kühler unten abfließende kalte Wasser zieht heißes Kühlmittel oben in den Kühler nach. Dort wird es durch die Kühlerlamellen abgekühlt. Sinkt während der Fahrt die Wassertemperatur unter die Soll-Betriebstemperatur, sperrt der Thermostat den Kühlerdurchfluss erneut, bis das Kühlmittel warm genug ist.
Das Kühlsystem steht unter einem Überdruck von etwa 1,2 bis 1,5 bar bei Betriebstemperatur. Dadurch und durch den Einsatz von Kühlmittelzusätzen erhöht sich der Siedepunkt der Kühlflüssigkeit von 100 °C auf rund 135 °C. Die höhere Temperatur ermöglicht einen wirtschaftlicheren, Kraftstoff sparenden Motorbetrieb.

Überdruck und Kühlerventilator

Wenn bei einem heißen Motor der Kühlmittel-Druck 1,5 bar übersteigt, tritt das Überdruckventil am Ausgleichsbehälter (im Schraubdeckel, Position 2 in Bild 1) in Aktion. Es öffnet und lässt zum Druckausgleich etwas Wasserdampf entweichen.
Trotzdem kann es zum Beispiel bei Fahrten in der Stadt vorkommen, dass das Kühlmittel im System überhitzt wird. Dann muss der Kühlerventilator den Kühler zusätzlich kühlen. Bei 92 bis 97 °C Kühlmitteltemperatur wird die erste Stufe (halbe Drehzahl), bei 99 bis 105 °C in der zweiten Stufe die volle Drehzahl geschaltet.

Das Kühlmittel

Kühlflüssigkeit besteht aus Wasser und Kühlmittelzusatz. Bei dem Kühlmittelzusatz im VW-Konzern handelt es sich um das Kühlerfrost- und Korrosionsschutzmittel G 12 plus (plus) mit lila Färbung (Bild 3). Es soll stets nur G 12 lila nachgefüllt werden. Der Zusatz ist aber mit den älteren Mitteln G 11 und G 12 (rot) mischbar.
G 12 ist als Lebensdauerfüllung geeignet und schützt optimal vor Frost, Korrosionsschäden, Kalkansatz und Überhitzung. Das Mittel sorgt für bessere Wärmeableitung. Deshalb soll das Kühlsystem unbedingt ganzjährig mit dem Mittel befüllt sein, mindestens 40% gemischt mit 60% Wasser. Das Mischungsverhältnis sollte

WISSENSWERTES

ABC der Motorbauteile

Keilrippenriemen: Treibt per Motor Nebenaggregate wie Generator, Kühlmittelpumpe und den Kältemittelverdichter der Klimaanlage.

Kolben: Bewegen sich in den Zylindern, nehmen den Verbrennungsdruck auf und geben ihn über die Pleuel an die Kurbelwelle weiter. Bestehen aus Kolbenboden, Ringzone mit Kolbenringen und Bolzenaugen für die Kolbenbolzen.

Kolbenringe: Die Verdichtungsringe (oben) verhindern Gasentweichen aus dem Verbrennungsraum. Der Ölabstreifring (unten) führt Schmieröl vom Zylinder in die Ölwanne zurück.

Kurbelwelle: Wandelt das Auf und Ab der Kolben in eine Drehbewegung um. Ihre Teile sind Wellenzapfen (für Lagerung im Kurbelgehäuse) und Kurbelzapfen. Kurbelwangen verbinden Wellen- und Kurbelzapfen.

Motorblock: Hier sind die beweglichen Teile gelagert, auch Aggregate wie Generator und Anlasser.

Nockenwelle: Öffnet und schließt die Ventile. Jedes Ventil wird über Rollenschlepphebel von einem Nocken betätigt. Die Nockenwelle wird von der Kurbelwelle angetrieben.

Pleuel: Verbinden Kolben und Kurbelwelle. Kopf umschließt den Kolbenbolzen. Ferner Schaft und Fuß. Pleuellagerdeckel umschließen den Kurbelzapfen.

Turbolader: Baugruppe zur Aufladung, d. h. zur besseren Versorgung des Zylinders mit Frischluft für die Verbrennung. Steigert die Motorleistung.

Ventile: Die Einlassventile lassen Frischgas in den Zylinder, die Auslassventile Abgase in den Auspuff.

Zylinder: Bilden mit dem Zylinderkopf den Verbrennungsraum (Hubraum). Glatt ausgeschliffen (gehont) und auf Kolbendurchmesser abgestimmt.

Zylinderkopf: Zylinderraumabschluss nach oben. Enthält Kanäle, Ventilsitze, Lager und Führungen für Ventilsteuerung, Einspritzventile und Zündkerzengewinde. Seine Dichtung hält Luft und Kühlwasser fern.

immer einmal mit einem handelsüblichen Prüfgerät (Bild 4) oder auch mit einem Refraktometer (Bild 5) kontrolliert werden.

Der Zusatzanteil am Gemisch von mindestens 40% sichert Frostschutz bis -25 °C. Bis zu dieser Temperatur muss der Frostschutz gewährleistet sein, in Ländern mit arktischem Klima sogar bis -35 °C. Der Anteil soll 60% nicht übersteigen, weil sich bei zu viel Zusatz Frostschutz und Kühlwirkung wieder verschlechtern.

Der Kühlmittelzusatz verliert seine Wirksamkeit nach etwa vier Jahren und sollte dann erneuert werden. Die Autohersteller schreiben einen turnusmäßigen Wechsel nicht vor, aber Auffüllen von Zusatz nach Ablassen einer Differenzmenge kann nötig werden. Dann Vorsicht: Beim Öffnen des Ausgleichsbehälters kann heißer Dampf entweichen. Verschlussdeckel vor dem Aufdrehen mit Lappen abdecken und erst dann vorsichtig öffnen. Zischen zeigt Druckabbau.

Wichtig bei Arbeiten am Kühlsystem ist die richtige Befestigung der Kühlmittelschläuche. Es sollten immer die originalen Klemmschellen des Herstellers verwendet werden. Das geeignetste Werkzeug zur Entfernung und Befestigung ist die passende Schlauchklemmenzange.

4

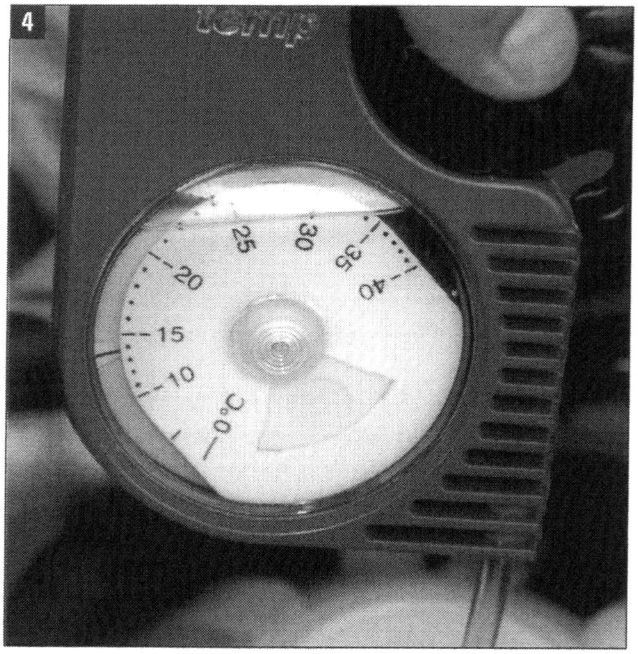

5

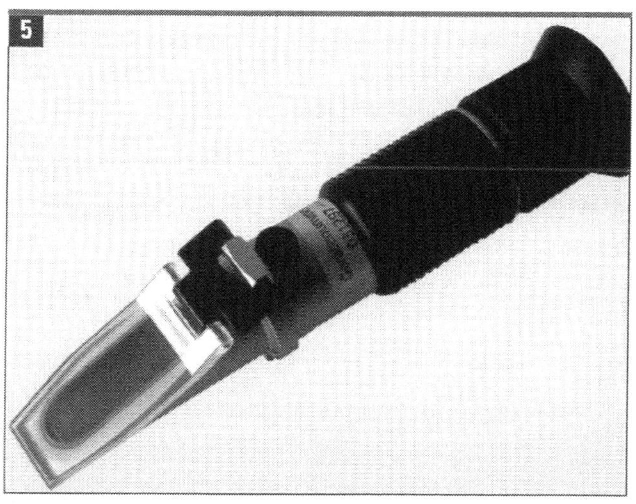

Bild 4 Prüfgerät: Die Skala zeigt Frostschutztemperatur an.
Bild 5 Refraktometer : Erlaubt ganz genaue Messung.

Teile der Motorkühlung

WISSENSWERTES

Ausgleichsbehälter: Lässt bei zu hohem Druck durch ein Überdruckventil im Deckel Wasserdampf entweichen. Der Behälter (bei Golf und Variant rechts hinten im Motorraum) hat an der Außenseite eine Anzeige des Kühlmittelstandes (MIN-MAX-Markierung).

Kühler: Am Schlossträger der Karosserie montiert. Zwischen Kunststoff-Wasserkästen links und rechts befinden sich dünnwandige Röhrchen, die durch ein Gerüst von Lamellen miteinander verbunden sind. Die vom Luftstrom bestrichene Fläche ist dadurch viele Quadratmeter groß.

Kühlerventilator: Lüfter und kleinerer Zusatzlüfter direkt am Kühler verhindern ein Überhitzen des Kühlmittels.

Motorölkühler: Am Ölfilter montiert. Mit Schläuchen ins Kühlsystem eingebunden.

Rohre und Schläuche: Verbinden die einzelnen Komponenten zum System.

Thermostat: Hält die Wassertemperatur konstant. Der Regler öffnet bei etwa 87 °C und lässt das Wasser zum Kühler oder zurück in den Motor strömen. Bei 102 °C endet der Öffnungshub von ca. 8 mm. Die mechanischen Thermostaten werden mit Elektronik komplettiert.

Wasserpumpe: Sorgt für den Kreislauf des Kühlmittels. Bei den TDI-Motoren des Golf wird sie über den Keilrippenriemen angetrieben.

Das Motormanagement

Kraftstoffzufuhr und -dosierung, Herstellung des optimalen Kraftstoff-Luftgemischs, Arbeit des Turboladers und Abgaskontrolle werden von der Motorsteuerung bewerkstelligt. Das Motormanagement ist mit Kennfeldern für Gemischaufbereitung und Kraftstoffeinspritzung vorprogrammiert. Gesteuert werden Einspritzmenge und -beginn, Leerlaufdrehzahl, Abgasrückführung, Turbolader, Aufladung, Ladeluftkühlung und Ladedruck.

Bordcomputer und Diagnose

Im Golf (auch Plus, GTD und Variant) gibt es 26 Steuergeräte, 15 davon im vorderen, 11 im hinteren Fahrzeugteil. Im Motorraum unter der Wasserkastenabdeckung, leicht rechts von der Mitte, ist als Baugruppe J623 das Motorsteuergerät (Bild 1) eingebaut. Die TDI-Motoren werden seit mehr als einem Jahrzehnt von Geräten der EDC-Baureihe des erfahrenen Herstellers Bosch gesteuert (Bild 2).
Zur Funktionsdiagnose und Fehlerabfrage von den Steuergeräten gibt es im Fahrzeug tief unter der Schalttafel Fahrerseite einen Steckanschluss (Bild 3), der über Kabel mit dem mobilen Diagnosegerät (Bild 4) verbunden wird. In VW-Werkstätten werden das »Fahrzeugdiagno-

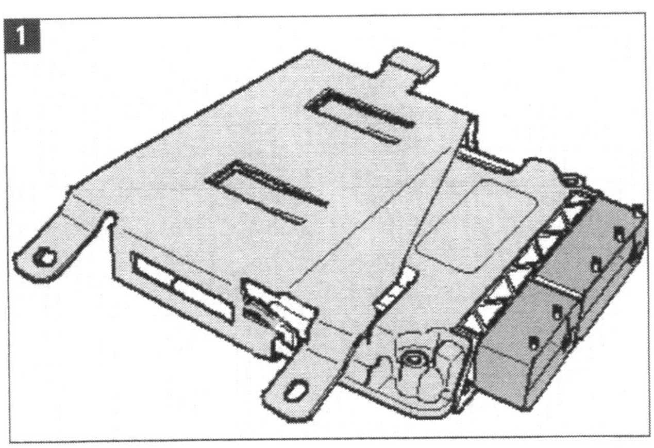

Einbauort Wasserkasten: So in Metall gekapselt, ist das Motorsteuergerät beim Golf (hier die Variante im Golf Plus) hinten rechts im Wasserkasten an der Stirnwand verbaut..

TDI-Steuergerät: Ein Bosch-Gerät vom Typ »Electronic Diesel Control (EDC) 16« steuert die effektive und schadstoffarme Verbrennung in den Golf-Dieselmotoren.

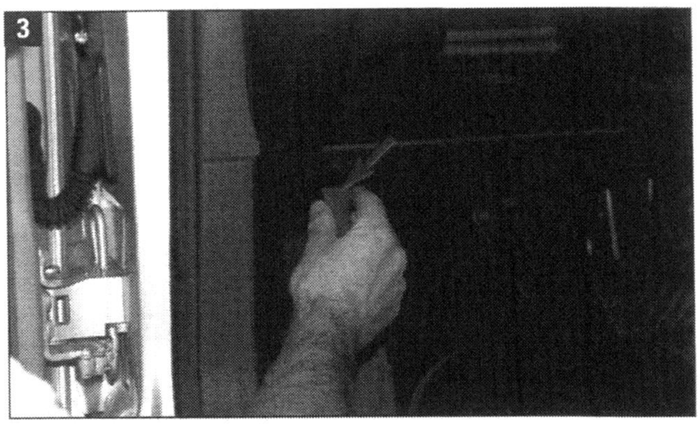

Diagnoseanschluss: Das Gerät wird per Stecker und Kabel mit dem Diagnoseanschluss (Pfeil) links unter der Schalttafel Fahrerseite verbunden.

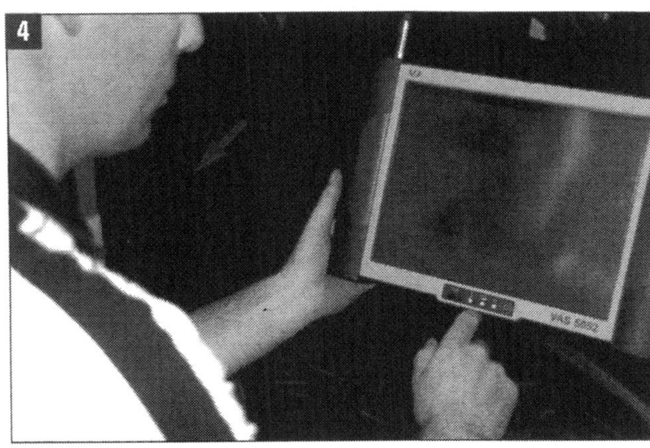

Arbeit mit dem VAS 5052: Diagnose und Fehlerabfragen mit dem Fahrzeugdiagnose- und Servicesystem erfolgen über festgelegte Menüpunkte.

se-, Mess- und Informationssystem VAS 5051« und das »Fahrzeugdiagnose- und Servicesystem 5052« verwendet. Sie sind so programmiert, dass die Einstellung »Fahrzeug – Eigendiagnose« und dann der Menüpunkt »Gateway – Verbauliste« gewählt werden können. Darauf folgt der Schritt »Steuergeräte mit hinterlegtem Fehlerspeichereintrag auslesen«. Die relevanten Fehler müssen dann behoben werden.
Einige Hersteller bieten solche Geräte für den typenoffenen Einsatz an. Im Vergleichstest 2009 der Sachverständigenorganisation DEKRA wurde der kompakte Steuergeräte-Diagnosetester KTS 340 (Bild 5) von Bosch Testsieger. Er ist für viele Fahrzeug- und Steuergerätetypen einsetzbar und bietet zahlreiche Diagnosefunktionen. Das Bild 6 zeigt ein preisgünstiges Kleingerät von Bosch mit Zubehör, vor allem dem Anschlusskabel mit Verbindungsstecker (1) für das Interface. Auch über Internet (z. B. bei www.TuningPro24.de) werden solche Produkte angeboten. Nötig für ihren Einsatz ist natürlich eine Software, mit der die Datenspeicher des eigenen Fahrzeugs auslesbar sind.

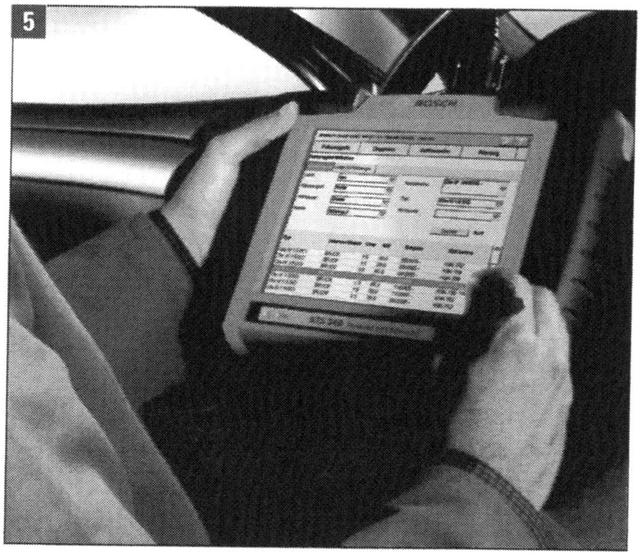

Dem VAS vergleichbar: Das Steuergeräte-Diagnosesystem KTS 340 von Bosch erhielt gute Noten von der DEKRA.

Effiziente Systeme

Die elektronischen Systeme für das Motormanagement errechnen die bestmöglichen Werte für Kraftstoffaufbereitung und Verbrennung. Motorsteuergerät EDC (1), Hochdruckpumpe (2), Common Rail mit Injektoren (3) und die nötigen Sensoren bilden das Einspritzsystem (Bild 7), das den Einspritzvorgang optimiert und so maßgeblich zur hohen Wirtschaftlichkeit und zu den niedrigen Emissionen der TDI-Motoren beiträgt.
Die Elektronik wertet in Echtzeit alle Sensordaten über die Kühlmittel-, Kraftstoff- und Ansauglufttemperatur sowie über die momentane Motordrehzahl, die Gaspedalstellung und über die angesaugte Luftmasse aus. Damit schafft sie auch Voraussetzungen für Systeme, mit denen sich der Komfort des Motors steigern und Emissionen sowie Verbrauch senken las-

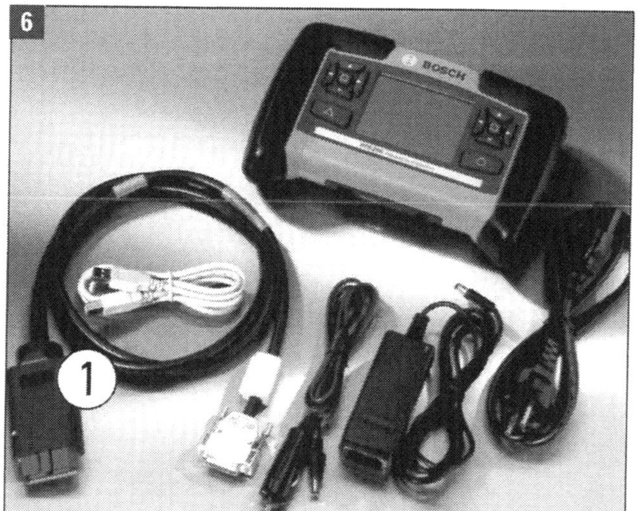

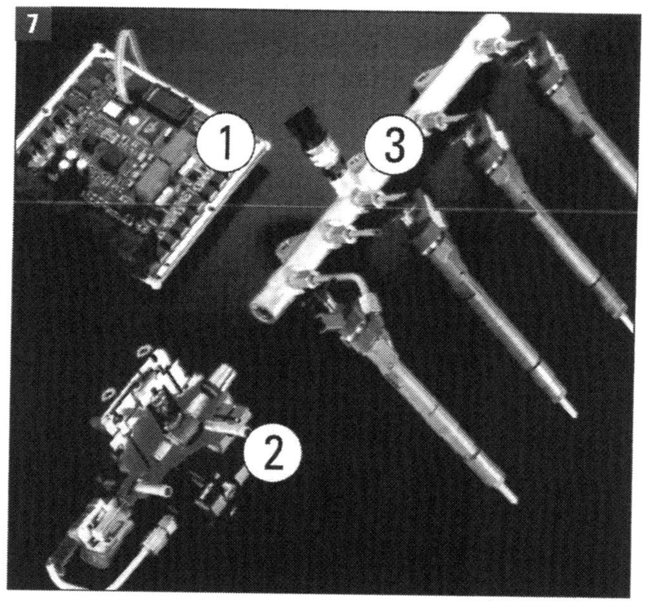

Bild 6 Kleingerät: Günstiger Tester mit (1) Anschlusskabel.
Bild 7 System: (1) EDC, (2) Pumpe, (3) Rail mit Injektoren.

sen, nämlich elektronisches Gaspedal (E-Gas), automatische Geschwindigkeitsregelung (AGR) und Leerlauf-Regelung.
Schließlich ermöglicht die Elektronik die On-Board-Diagnose sowie den Datenaustausch mit dem Steuergerät des Automatikgetriebes. Dies stellt sicher, dass der Motor im verbrauchsgünstigsten Bereich arbeitet und ermöglicht ruckfreie Gangwechsel mit hoher Dynamik.

Die einzelnen Geber

Das Motorsteuergerät mit Funktions- und Überwachungsrechner ist gegen äußere Einflüsse in einem Metallgehäuse gekapselt. Es enthält vor Kurzschlüssen und Überlastung geschützte Endstufen, die genügend Leistung für direkten Anschluss der Stellglieder liefern. Das Gerät erfasst über Sensoren u. a. folgende Parameter:

Luftbeschaffenheit

Luftmassenmesser, Geber für Ansauglufttemperatur, Höhenmesser und Ladedrucksensor bestimmen präzise die Dichte der Umgebungsluft und den Druck für den Turbolader. Von der Luftdichte hängt der Anteil der für die Verbrennung entscheidenden Sauerstoffteilchen ab. Die Luftfüllung ist zusammen mit der Motortemperatur ein Berechnungsfaktor für Einspritzmenge und jeweiliges Motor-Drehmoment.

Motordrehzahl

Der Drehzahlgeber an der Kurbelwelle informiert über Motordrehzahl, genaue Stellung der Kurbelwelle und Stellung des Kolbens jedes einzelnen Zylinders. Dazu werden per Magnetfeld Impulse erzeugt, deren Anzahl pro Zeit ein Maß für die Drehzahl des Schwungrades ist.

Nockenwellenstellung

Der Nockenwellenpositionssensor, ein »Hallgeber«, gibt die Stellung der Nockenwelle an. Motordrehzahl und Nockenwellenstellung bestimmen Einspritzzeitpunkt und sequenzielle Einspritzung jedes Zylinders.

E-Gas und Drosselklappe

Zwei Geber für Gaspedalstellung sitzen als gemeinsames Modul direkt am Gaspedal. Das elektronische Gaspedal erfasst so den »Fahrerwunsch« als eine Haupteingangsgröße für das Motorsteuergerät.
Nach dieser Information wird vom Drosselklappensteller der Öffnungswinkel in Abhängigkeit vom Betriebszustand reguliert. Beim Beschleunigen kann die Klappe schon ganz geöffnet sein, obgleich das Gaspedal erst halb durchgetreten ist. Auch die Einflussnahme auf die Systeme des Fahrwerks (ABS, ESP) ist möglich. Falls z. B. der Fahrer zu viel Gas gibt, kann das Steuergerät so weit drosseln, bis kein Rad mehr durchdreht.

Das »Chiptuning«

Die Parameter der elektronischen Motorsteuerung, im Allgemeinen ein mehrdimensionales Kennfeld, sind als Datensatz auf einem meist wiederbeschreibbaren Speicherchip im Steuergerät abgelegt (Bild 8). Durch Veränderung der Software werden bei TDI-Motoren mit gleicher Motormechanik verschiedene Leistungsstufen ermöglicht.
Hier greifen spezialisierte Werkstätten und auch Tüftler an, um durch »Chiptuning« eine Leistungssteigerung des Motors zu bewirken. Dabei werden die werkseitig festgelegten Steuerparameter verändert und die relevanten Kenndaten neu verknüpft. Einspritzzeitpunkt und Einspritzmenge für jeden Zylinder ergeben sich dann neu. Aber Vorsicht: Falsches Tuning kann Schäden am Antrieb bewirken!

Eingriff ins Programm: Einflussnahme auf die im Steuergerät gespeicherten Programme ändert Motoreigenschaften.

CAN-Bus und Luftfilter

Zum Datenaustausch zwischen den elektronischen Komponenten dienen im Wesentlichen so genannte Daten-Bus-Systeme, bei denen über einen Kabelstrang sehr viele Daten parallel eingespeist und übertragen werden. Für Kraftfahrzeuge wurde das Bussystem CAN konzipiert und international genormt. Die elektronischen Steuergeräte brauchen eine serielle Schnittstelle CAN, dann sind sie über die entsprechende Datensammelschiene miteinander und auch mit dem Diagnoseanschluss zu verbinden.
Noch ein Wort zum Luftfilter. Wichtig für Motormanagement und Einspritzsysteme ist saubere Luft zur Verbrennung. Die angesaugte Luft muss daher einen Filter passieren, in dessen feinporigem Einsatz sich Schmutzteilchen absetzen. Größere Staubteilchen fallen ins Filtergehäuse. Ist der Filter zugesetzt, wird das Gemisch fetter. Deshalb Filtereinsatz regelmäßig wechseln und Gehäuse reinigen!

Kraftstoff, Einspritzung, Zündung

Per Zapfpistole gelangt der Kraftstoff durch Einfüllöffnung und Einfüllstutzen der Tankklappeneinheit (4 in Bild 1) in den Kraftstoffbehälter. Der Kraftstoff für die TDI ist Diesel mit einer Cetanzahl (CZ) von mindestens 51. Vom 55-Liter-Tank (Bild 2) schafft die Fördereinheit (Beispiele Bild 3) mit Kraftstoffpumpe und Füllstandsgeber den Kraftstoff über Vorlaufleitung und Kraftstofffilter zur Hochdruckpumpe. Diese drückt ihn ins Common Rail und von dort in die Piezo-Injektoren (Bild 4).
Kraftstoffvor- und -rücklaufleitung sind aus besonders druckfestem Material gefertigt und werkseitig mit Schellen gesichert. Aus Sicherheitsgründen sollen bei einem Austausch immer originale Federbandschellen benutzt werden (mit Zangen VAS 5024 A oder V.A.G 1921 aus- und einbauen). In den Motorraum eintretende Kraftstoffleitungen sind durch einen Wärmeabschirmkanal aus hochtemperaturfestem Kunststoff geschützt. Den Kraftstoffbehälter sichern Wärmeschutzbleche (Bild 2).

Tankbe- und -entlüftung

Für die Tankent- und -belüftung sorgen Ventile und Leitungen. Durch das geschlossene Lüftungssystem entweicht die Luft, wenn der Tank mit Kraftstoff gefüllt wird. Bei der Fahrt strömt entsprechend der verbrauchten Kraftstoffmenge von außen Luft in den Tank, damit sich kein Unterdruck bildet.

Der Kraftstoff

Der Kraftstoff für die Dieselmotoren muss der DIN EN 590 entsprechen. Wichtig ist seine

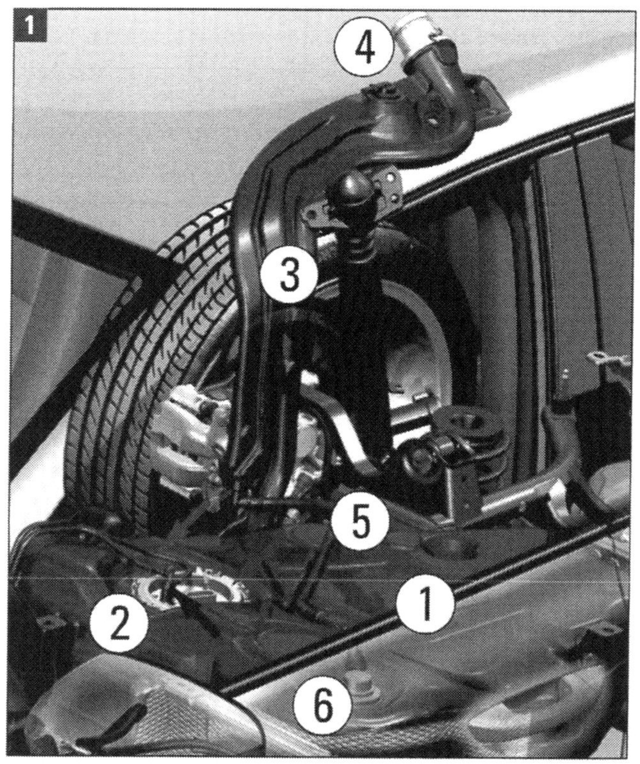

Kraftstoffbehälter: (1) Tank aus Kunststoff, (2) Kraftstofffördereinheit, (3) Zuleitung mit Belüftung und Masseanschluss, (4) Tankklappeneinheit, (5) Verbindungsschlauch am (6) Druckhalteventil. Pfeile: rot = Flanschmarkierung »entgegen Fahrtrichtung«, blau = Rücklaufleitung vom Kraftstoffkühler, schwarz = Vorlaufleitung zum Filter.

Cetan-Zahl (CZ). Diese Verhältniszahl für die Zündwilligkeit bezieht sich darauf, dass man dem sehr zündwilligen Kraftstoff Cetan die 100 und dem extrem zündträgen Methylnaphtalin die 0 zuordnet. Die Cetanzahl eines Dieselkraftstoffs gibt an, wieviel Volumenprozent Cetan sich in einem Gemisch mit dem Vergleichskraftstoff befinden müssten, um seine Zündwilligkeit zu haben. Sie darf bei den Golf-TDI nicht niedriger sein als 51.

Bei niedrigen Temperaturen nimmt die Fließfähigkeit von Dieselkraftstoff ab, so dass Paraffinausscheidungen den Kraftstofffilter zusetzen und den Motorbetrieb empfindlich stören können. In Deutschland gibt es aus diesen Gründen während der kalten Jahreszeit generell kältebeständigen Winterdiesel. Fließverbesserer oder Benzin dürfen nicht zugesetzt werden.

Die Kraftstoffversorgung der TDI-Motoren ist mit einer Filter-Vorwärmanlage ausgerüstet, durch die mit Winterdiesel bis zu einer Außentemperatur von ca. -24°C betriebssicher gefahren werden kann. Sollte der Kraftstoff bei noch niedrigeren Temperaturen so dickflüssig geworden sein, dass der Motor nicht mehr anspringt, muss das Fahrzeug einige Zeit in einem geheizten Raum (Garage, Werkstatt) untergestellt werden.

Einspritzung und Gemisch

Ziel aller Maßnahmen mit dem Kraftstoff ist es, zum Zündzeitpunkt ein zündfähiges Kraftstoff-Luft-Gemisch im Zylinderbrennraum bereit zu stellen. Der Kraftstoff wird von der Hochdruckpumpe (Bild 5) mit einem Druck bis 1600 bar dem Common Rail (Verteilerrohr) zugeführt, von dem ihn die Einspritzventile im Steuerungsrhythmus entnehmen und direkt in die Brennräume der Zylinder einspritzen.

Kraftstoffpumpe in der Fördereinheit und Hochdruckpumpe bewegen immer nur soviel Kraft-

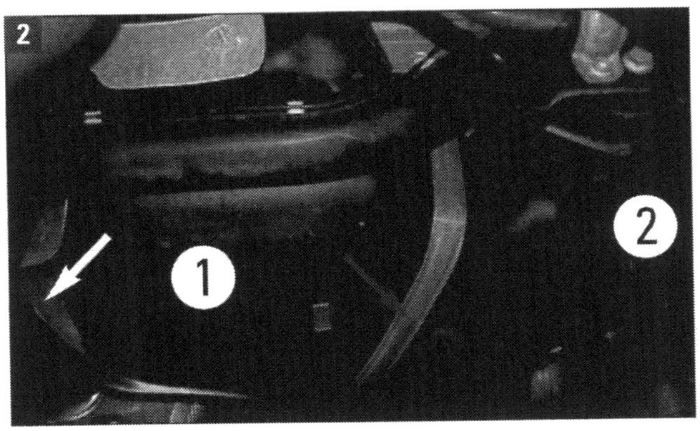

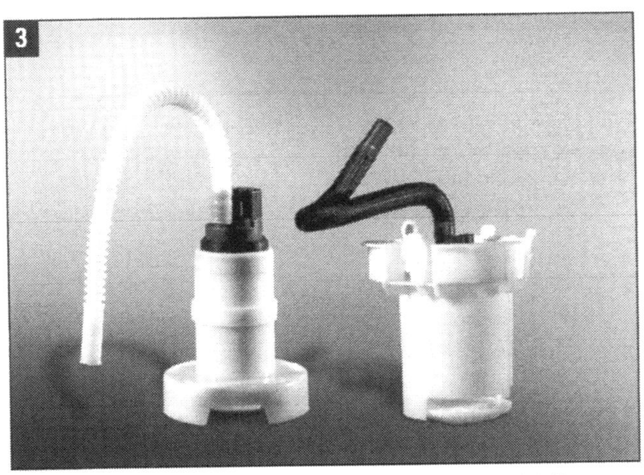

Bild 2 Tank von unten: (1)Tank mit (2) Zuleitung. Pfeile: rot = Spannband, weiß = Wärmeschutzblech.
Bild 3 Kraftstofffördereinheit: Module von Bosch.

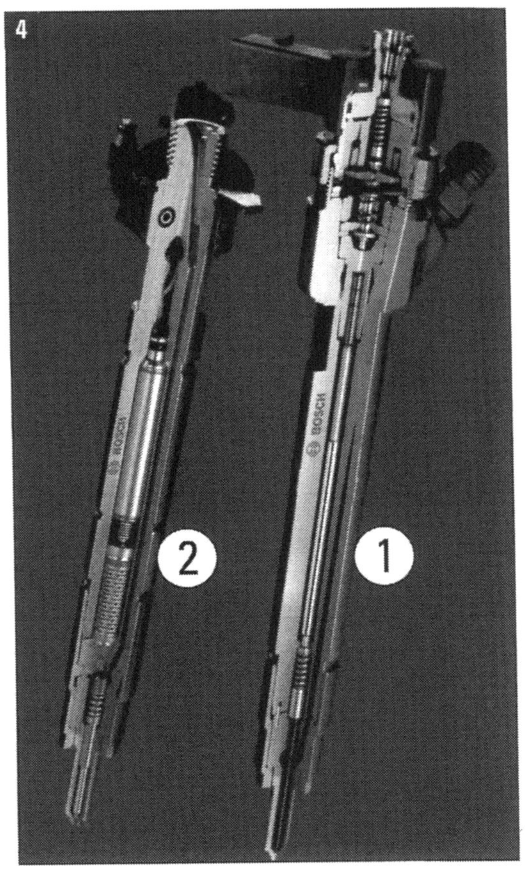

Piezo-Injektoren: (1) noch aktuelle zweite und (2) dritte Generation von Bosch-Einspritzventilen für Dieselmotoren.

stoff, wie der Motor gerade benötigt. Dadurch sind elektrische und mechanische Antriebsleistung gering, Kraftstoff wird eingespart.

Vorglühen und Zünden

Damit das Kraftstoff-Luft-Gemisch im Brennraum seine optimale Wirkung entwickelt, muss es exakt zum richtigen Zeitpunkt gezündet werden. Da sich das Dieselgemisch selbst entzündet, sorgt dafür der vom Motorsteuergerät gewählte richtige Einspritzmoment. Das EDC-Gerät ist dazu mit den Zündzeitpunkten für die verschiedenen Lastzustände des Motors programmiert. Das Kraftstoff-Luft-Gemisch zündet im Moment der höchsten Verdichtung, also wenn der Kolben von der Aufwärtsbewegung des Kompressionshubs in die Abwärtsbewegung des Arbeitstaktes übergehen will.
Bei Dieseleinspritzmotoren wird reine Luft in die Zylinder gesaugt und dort hoch verdichtet. Dadurch erwärmt sie sich weit über die Zündtemperatur des Dieselkraftstoffs hinaus auf 600 bis 900 °C. Steht der Kolben kurz vor dem Oberen Totpunkt, wird der Kraftstoff in den Zylinder eingespritzt. Dann erfolgt das Zünden.
Bei sehr kaltem Motor kann es sein, dass die Zündtemperatur nicht erreicht wird. Deshalb wird nach Einschalten der Zündung »vorgeglüht«. Im Brennraum jedes Zylinders steckt eine Glühkerze. Die Vorglühdauer wird, abhängig von der Umgebungstemperatur, ebenfalls vom Motor-Steuergerät eingestellt. Wenn die Kerzen glühen, signalisiert das die Kontrollleuchte für Vorglühzeit. Ist der Glühvorgang beendet, erlischt die Kontrollleuchte, der Motor kann gestartet werden.
Nach jedem Motorstart wird nachgeglüht. Dadurch werden die Verbrennungsgeräusche vermindert, die Leerlaufqualität verbessert und die Kohlenwasserstoff-Emissionen reduziert. Die Nachglühphase dauert maximal vier Minuten. Sie wird bei Motordrehzahlen über 2.500 U/min unterbrochen.

Fortschritt unterm TDI-Signum

Auf der Basis der Hochdruck-Einspritzpumpe von Bosch und zunächst der Pumpe-Düse-, jetzt der Common-Rail-Technologie hat Volkswagen seit Anfang der 1990er Jahre das Direkteinspritzverfahren bei Turbodieseln mit Abgasrückführung beispielhaft vorangetrieben. Die Entwicklung führte u. a. zum Turbolader mit verstellbarer Turbinengeometrie, was die Elastizität und die Leistung des Motors verbessert.
Bosch hatte die Common-Rail-Einspritzung 1997 als Weltneuheit auf den Markt gebracht. Dabei baut eine Hochdruckpumpe den festgelegten Einspritzdruck im Speicher, dem Rail, auf. Die Injektoren spritzen ihn dann direkt in den Brennraum (Bild 6).

5

Hochdruckpumpe CP4: Das Bosch-Modell zeigt die kompakte Bauweise des Herzstücks der Einspritzanlage.

6

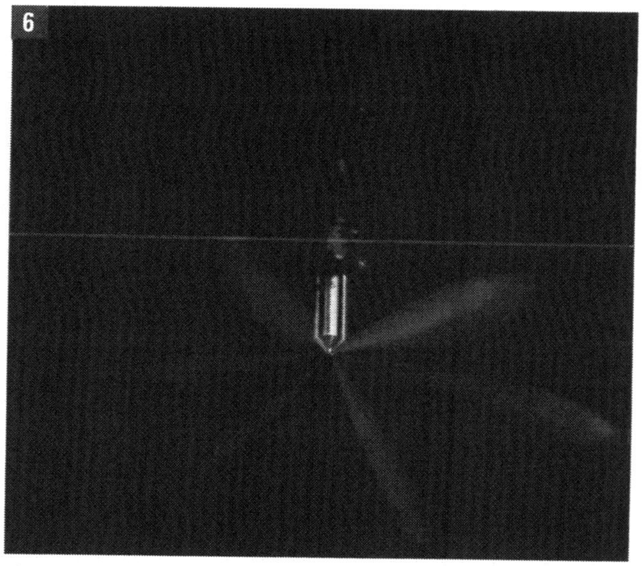

Einspritzung: Der fein zerstäubte Kraftstoff wird in den Zylinderbrennraum gedrückt.

Das Abgassystem

Die Abgas- oder Auspuffanlage eines Kraftfahrzeugs muss Verbrennungsabgase ableiten und soll Schadstoffe möglichst gering halten. Außerdem reduziert sie die Geräusche, die bei der Verbrennung entstehen, auf ein Minimum. Ihre wesentlichen Teile bei den Golf-TDI sind:

- Abgaskrümmer mit Abgasturbolader und Druckdose,
- Partikelfilter mit Oxidationskatalysator, Abgasvorrohr und Lambdasonde,
- je ein Abgastemperaturgeber an Vorrohr und Partikelfilter,
- Differenzdruckgeber zwischen Partikelfilter und Steuerleitung sowie
- Abgasendrohr mit Schalldämpfer.

Die Teile der Abgasanlage sind miteinander verschraubt oder mit Klemmhülsen (Doppelschellen) verbunden und lassen sich einzeln auswechseln. So sind Partikelfilter und Abgasvorrohr (1) sowie Vorrohr und hinteres Abgasrohr (2) mit Nachschalldämpfer durch eine Doppelschelle (3) verbunden, deren Einbauort (Markierung auf dem Abgasrohr, roter Pfeil; alle Positionen Bild 1) und Einbaulage (Abstand und Ausführung der Verschraubung; Bilder 2 und 3) eingehalten werden müssen.

In der Erstausstattung sind Vorrohr und hinteres Abgasrohr/Nachschalldämpfer mit einem durchgehenden, gebogenen Abgasrohr verbunden (Bild 1). Bei einer Reparatur können die Teile aber einzeln ersetzt werden. Dazu muss man das Verbindungsrohr an der markierten Trennstelle (roter Pfeil in Bild 1) aufsägen und mit dem neuen Rohr wieder verbinden.

Die Abgasanlage des Golf bewirkt einen gegenüber dem Vorgängermodell erneut reduzierten Schadstoffausstoß, der an den Anforderungen der EU Norm 5 orientiert ist. Sie trägt optimal zu der in diesem Sinne angelegten Technologie von Motoren und Turbolader bei.

1

Trennstelle (Pfeil): (1) vorderes und (2) hinteres Abgasrohr, (3) Klemmschelle, (4) Tunnelbrücke, (5) Aufhängung.

2

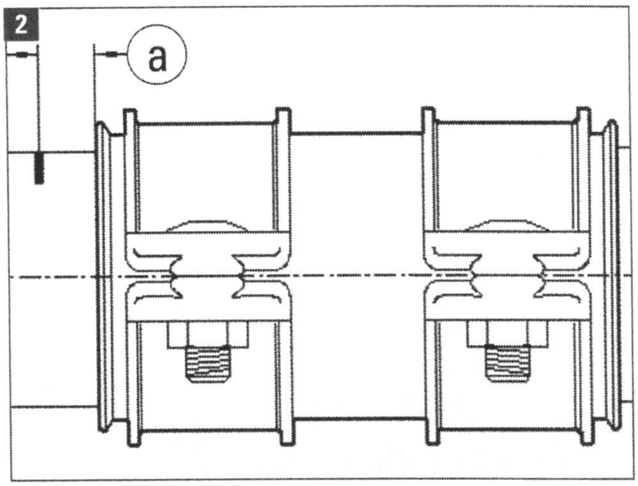

3

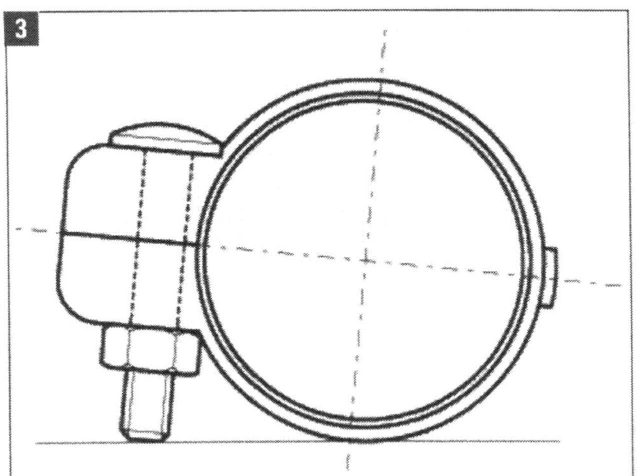

Bilder 2 und 3 Einbaulage der Klemmhülse: Die Doppelschelle im Abstand a = 5 mm von der Markierung am Abgasvorrohr positionieren und die Schraubenenden nicht über die Unterkante der Klemmhülse hinausragen lassen.

Die Kraftübertragung

Die Motorleistung gelangt zu den Rädern über ein System der Kraftübertragung aus Kupplung, Getriebe und Achsantrieb. Diese drei Akteure sind durch Gelenke, Wellen und Zahnräder miteinander verbunden.

Die Kupplung

Der Kraftfluss vom Motor zum Achsantrieb muss nach Wunsch hergestellt und unterbrochen werden können. Das übernimmt bei den Schaltgetrieben die Kupplung. Sie ermöglicht ruckfreies Anfahren, indem sie die unterschiedlichen Drehzahlen von Kurbelwelle und Getriebe-Antriebswelle ausgleicht. Golf mit Schaltgetriebe haben eine hydraulisch betätigte Einscheiben-Trockenkupplung mit asbestfreien Belägen und Zweimassen-Schwungrad. Golf mit Automatik arbeiten mit dem innovativen Getriebe DSG, das eine Doppelkupplung hat (Bilder 1 und 2).

Das Schaltgetriebe

Das Getriebe ist nötig, damit Ihr Auto immer die gewünschte Zugkraft entwickelt. Beim Anfahren wird an den Antriebsrädern ein großes Drehmoment gebraucht. Dazu übersetzt der erste Gang die Motordrehzahl ins Langsamere. Bei der Autobahnfahrt im fünften oder sechsten Gang verhält es sich umgekehrt, eine Übersetzung ins Schnellere wird wirksam.

Bei den Schaltgetrieben sitzen auf der Antriebswelle (Eingangswelle), laufruhig auf dünnen Rollen (»Nadeln«) gelagert, fünf bzw. sechs Zahnräder für die Vorwärtsgänge und eines für den Rückwärtsgang. Die ersten drei Gänge übersetzen ins Langsamere, der vierte Gang (direkter Gang) überträgt die Motordrehzahl

1

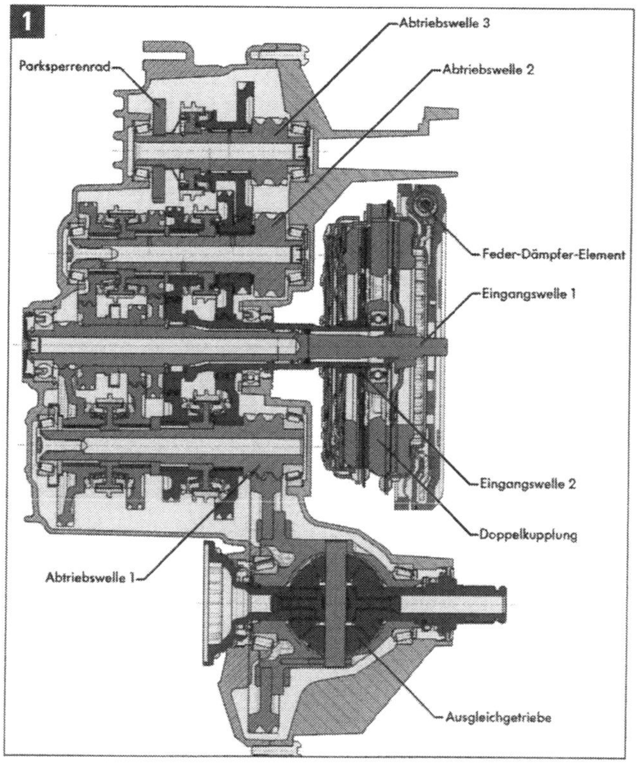

2

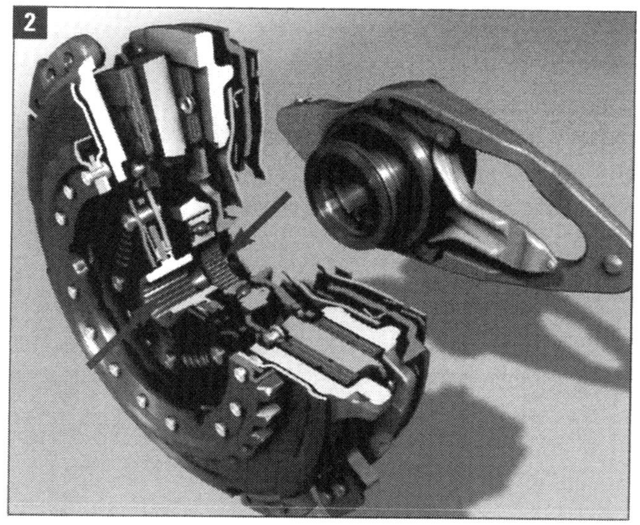

3

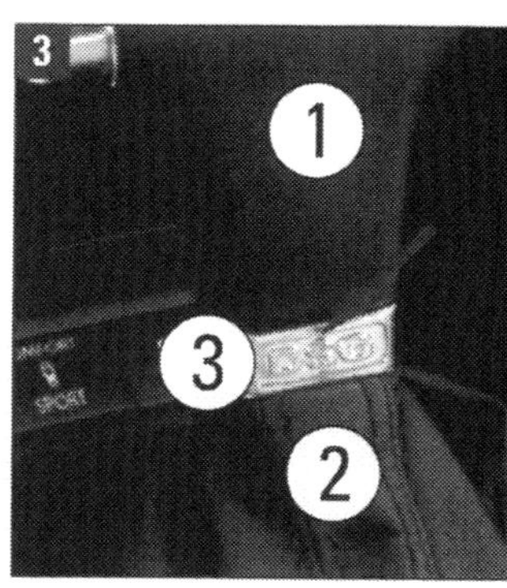

4

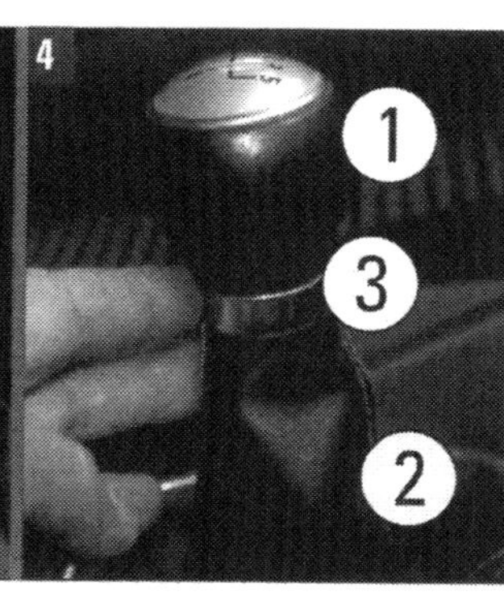

Bilder 1/2 herausragendes Konzept: Thermisch hoch belastbare Nass-Doppelkupplung mit Steuerhydraulik.
Bilder 3/4 Schalthebel: (1) Schaltknopf, (2) Manschette, (3) Klemmschelle, bei Automatik Schriftzug DSG (Bild 3).

etwa im Verhältnis 1:1. Im fünften und im sechsten Gang ist die Drehzahl der Abtriebswelle größer als die Motordrehzahl. Damit rückwärts gefahren werden kann, sitzt auf jeder Antriebswelle ein Zahnrad, das den Drehsinn der Antriebsräder umkehrt Am Schalthebel (Bilder 3 und 4) für die Gänge ist der Schaltknopf (1) mit einer Manschette (2) per Klemmschelle (3) befestigt. Seine Bewegung wird über Stangen und Seilzüge auf Getriebeschalthebel und Umlenkhebel am Getriebe übertragen.

6- und 7-Gang-DSG

Bei Automatik gewährleistet ein elektronisches Steuergerät die sinnvollste Übersetzung. Im neuen Golf löst das DSG die klassische Wandlerautomatik komplett ab, weil es höchste Wirtschaftlichkeit mit beispielloser Schaltdynamik verbindet. Bei seiner Einführung wurde es als »Direkt-Schaltgetriebe« bezeichnet, daher das Kürzel »DSG«. Inzwischen wird das hocheffiziente Schaltwerk nach seinem herausragenden Merkmal, den ineinander angeordneten zwei Lamellenkupplungen unterschiedlichen Durchmessers, treffender »Doppelkupplungsgetriebe« genannt. Die äußere Kupplung K1 (roter Pfeil in Bild 2) bedient die ungeraden Gänge plus Rückwärtsgang, die innere Kupplung K2 (blauer Pfeil in Bild 2) die geraden Gänge.
Das DSG besteht also aus zwei parallel geschalteten Teilgetrieben mit gemeinsamem Achsantrieb. Folge: komfortables Schaltgefühl bei höherem Wirkungsgrad. Für drehmomentstarke Motoren bis 350 Nm wird ein 6-Gang-DSG mit ölgekühlter (nasser) Doppelkupplung, für ein Drehmoment bis 250 Nm ein 7-Gang-DSG mit »trockener« Doppelkupplung verwendet.

Der Achsantrieb

Im Getriebe- und Kupplungsgehäuse sitzt auf zwei Kegelrollenlagern das Ausgleichsgetriebe. Mit dessen Gehäuse ist das Zahnrad für den Achsantrieb fest vernietet und mit dem Zahnrad der Abtriebswelle gepaart, denn der Achsantrieb ist die »letzte Station«. Er muss die vom Getriebe kommenden Drehzahlen ins Langsamere übersetzen, das Drehmoment vergrößern und an die Antriebsräder übertragen.

Der Luftfilter

Die Reinigung der zur Verbrennung angesaugten Luft übernimmt ein Filter. In dessen feinporigem Einsatz setzen sich die feineren Staub- und Schmutzteilchen ab, die größeren fallen ins Filtergehäuse. Der Filtereinsatz muss regelmäßig gewechselt, das Gehäuse muss gereinigt werden. Alle in Golf, Golf Plus und Variant mit Dieselmotoren verbauten Luftfilter haben den gleichen Aufbau (Bild 1). Einige Bemerkungen dazu: Der Ansaugschlauch (1) führt zum Turbolader, die Befestigungsschrauben (4) des Gehäuseoberteils (3) sind mit 2 Nm ins Unterteil (8) einzudrehen. Die Ansaugluftführung (5) ist mit 2 Nm-Schrauben am Schlossträger angeschraubt. Das Verbindungsrohr (10) von der Zylinderkopfhaube entlüftet das Kurbelgehäuse.

1

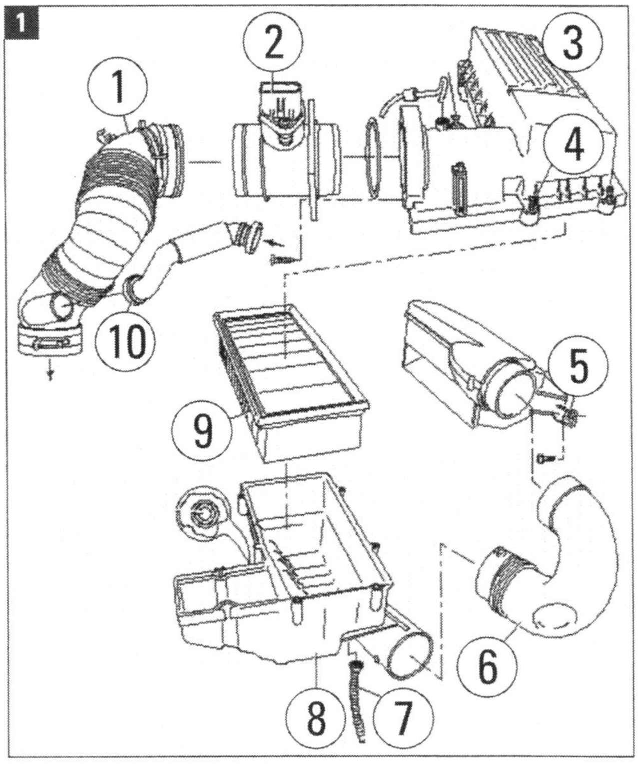

Aufbau der TDI-Luftfilter: (1) Ansaugschlauch, (2) Luftmassenmesser, (3) Luftfilteroberteil, (4) Schrauben, (5) Ansaugluftführung, (6) Luftführungsschlauch, (7) Entwässerungsrohr, (8) Luftfilterunterteil, (9) Filtereinsatz, (10) Rohr.

Luftfiltergehäuse reinigen, Filtereinsatz ersetzen

■ **Gehäuse reinigen:** Filtergehäuse (1 in Bild 1) beim jährlichen Säubern und beim zweijährlichen Wechsel des Filtereinsatzes reinigen. Selbstschneidende Schrauben (4 in Bild 1 Seite 205) herausdrehen, Oberteil abnehmen und gründlich feucht auswischen, Einsatz entnehmen und reinigen oder wechseln, Unterteil säubern, alles wieder verschrauben.

■ **Einsatz wechseln:** Filterelement (9 in Bild 1 Seite 205) mindestens einmal im Jahr reinigen, nach zwei Jahren wechseln. Filtereinsätze bei Vertragshändlern und im Zubehörhandel erhältlich. Die Spezifikation ist auf den Luftfiltergehäusen angegeben, aber auch auf dem Filtereinsatz selbst.

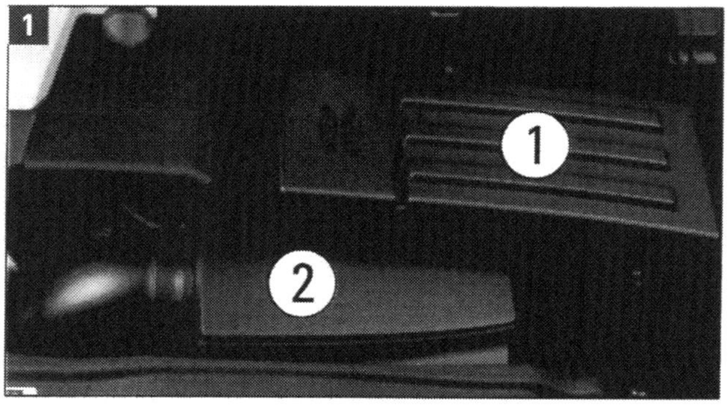

Luftfilter der Golf-TDI: (1) Filtergehäuse, (2) Luftführung am Schlossträger. Der Filter ist links vom Motor eingebaut.

Motor: Obere Abdeckungen ausbauen, Sichtprüfung

■ **Ausbau:** Die Motorabdeckungen sind in Kugelpfannen eingeclipst. Bei den 1,6-Liter-Motoren (Bild 1) wird die Abdeckung ruckartig nach oben gleichzeitig aus allen vier Befestigungsstellen (Pfeile) herausgezogen. Bei den 2,0-Liter-Motoren auch nach oben herausziehen, aber in der Reihenfolge nach Bild 2: Ecke (1), Ecke (2), Ecke (3) und zum Schluss Ecke (4). Dabei weit unter die Abdeckung greifen!

■ **Einbau:** Um Beschädigungen zu vermeiden, beim Aufsetzen nicht mit der Faust oder einem Werkzeug auf die Abdeckung schlagen! Korrekte Position der 4 Befestigungselemente prüfen: Die Kugelpfannen nicht verkanten, ggf. wieder in ihre Position bringen, sonst kommt es zu Schäden an der Motorabdeckung. Abdeckung auf die Befestigungspunkte setzen (4-1), an den Ecken fest in die Verrastung drücken.

■ **Sichtprüfung Motor/Motorraum:** Nach Ausbau der Abdeckung oben Motor und Umgebung auf Undichtigkeiten und Beschädigungen prüfen. Die Leitungen, Schläuche und Anschlüsse von Kraftstoffanlage, Kühl- und Heizsystem sowie Bremsanlage sorgfältig untersuchen. Schläuche auch leicht biegen oder kneten. Achten Sie auf alle Undichtigkeiten, auf Scheuerstellen, Porosität und Brüchigkeit.

■ Fahrzeug anheben, untere Abdeckung abschrauben und den Motorraum von unten nach den gleichen Gesichtspunkten untersuchen. Das Getriebe in die Kontrolle einbeziehen!

■ Diese Sichtprüfung ist sehr wichtig. Nehmen Sie alle entdeckten Schäden ernst, sie müssen unbedingt beseitig werden. Wenn das erforderlich wird: Werkstatt aufsuchen.

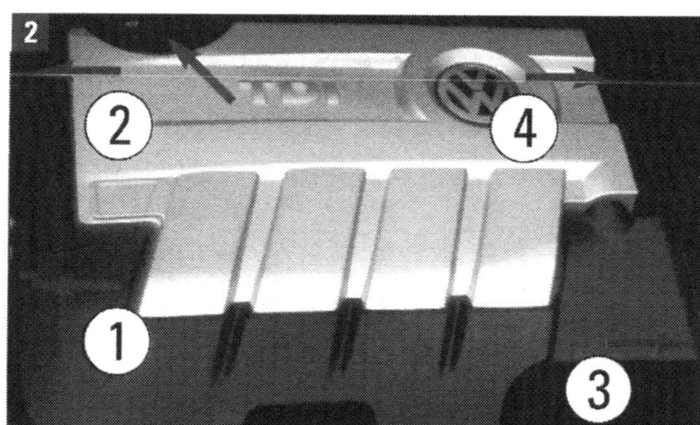

Motorabdeckung: Bild 1 – 1.6, Bild 2 – 2.0 TDI. Pfeile: blau = Öleinfüllöffnung, rot = Befestigung, (1-4) Reihenfolge.

Keilrippenriemen prüfen, aus- und einbauen

Der Keilrippenriemen der Golf-TDI-Motoren verläuft in allen Fällen (1.6 TDI, 2.0 TDI) gleich. Die Bilder 1 und 2 zeigen die kompliziertere Variante mit Spannelement und Klimakompressor. Bei Fahrzeugen ohne Klimaanlage entfällt auch die Spannrolle; der Riemen läuft dann nur über die Scheiben von Kurbelwelle und Generator.

■ **Prüfen:** Nach Abnehmen der Motorabdeckungen eine gut sichtbare Stelle des Keilrippenriemens (Bild 1; Pfeile) wählen und kontrollieren. Motor mehrmals drehen lassen, damit alle Flächen des Riemens ins Blickfeld kommen. Darauf achten, dass der Riemen einen einzigen, aber tiefen Riss haben könnte, der gerade genau auf einer Riemenscheibe liegt. Mit Kreide die kontrollierten Abschnitte markieren.

■ Achten Sie auf
- Unterbaurisse (Anrisse, Kern- und Querschnittbrüche)
- Lagentrennung (Deckschicht und Zugstränge)
- Ausbruch am Unterbau, Ausfransen der Zugstränge
- Flankenverschleiß (Materialabtrag, Ausfransungen, Flankenverhärtung, Oberflächenrisse)
- Öl- und Fettspuren.

■ Prüfen Sie durch kräftigen Daumendruck die Riemenspannung und die Funktion des Spannelements. Der Riemen darf nicht lose durchhängen, sondern erst bei Druck nachgeben, wobei die Spannrolle ausschwenkt. Wenn der Keilrippenriemen lose über den Rädern hängt, ist die Spannrolle defekt oder blockiert. Rolle tauschen oder Blockierung lösen.

■ Bei Schäden oder/und Fehlfunktion den Riemen und ggf. die Spannrolle auswechseln. Bei Entnahme des Riemens zum Ausbau von Generator oder Klimakompressor die Laufrichtung mit Kreide auf dem Riemen kennzeichnen!

■ **Ausbauen:** Wagen heben, Geräuschdämpfung (untere Motorabdeckung) vorn abschrauben. Ringschlüssel am Spannelement ansetzen und im Uhrzeigersinn (Pfeil in Bild 2) schwenken. Spannvorrichtung mit Absteckdorn (VW: T10060 A) arretieren. Den Keilrippenriemen abnehmen.

■ **Einbau** im umgekehrten Sinne. Den Riemen entsprechend Laufbild (Bild 1) in der Reihenfolge (1) bis (4) auflegen. Generator und Kompressor müssen fest am Halter für Nebenaggregate montiert sein (falls ein Ausbau erfolgte). Spannvorrichtung kurz im Uhrzeigersinn drehen und Absteckwerkzeug (es ist ein rechtwinklig abgebogener Dorn) herausziehen. Spannrolle entlasten und Riemenlage prüfen.

■ **Funktionsprüfung:** Motor starten und den Riemenlauf kontrollieren.

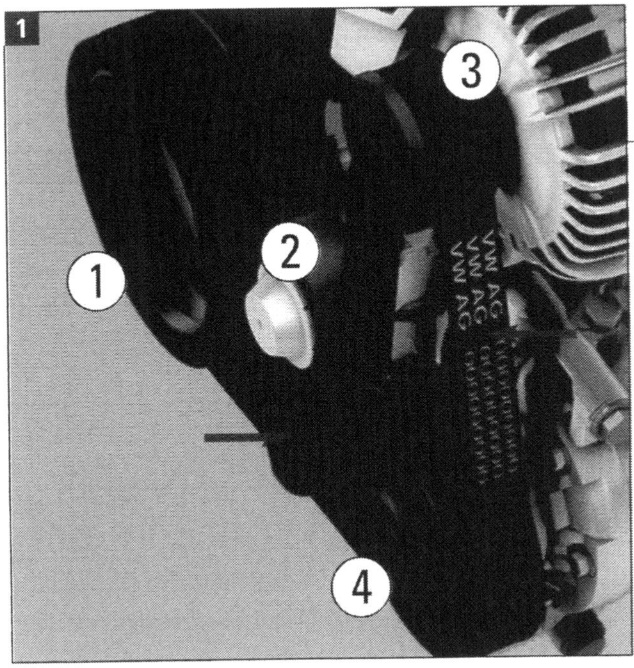

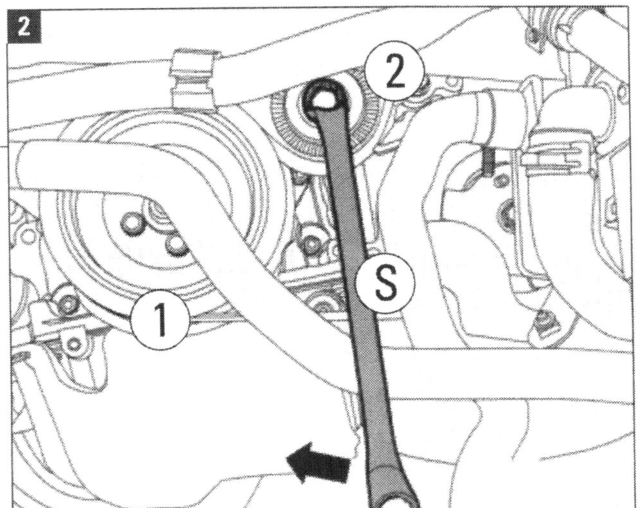

Riemenverlauf der Golf TDI: (1) Riemenscheibe Kurbelwelle mit Schwingungsdämpfer, (2) Spannelement, (3) Drehstromgenerator, (4) Klimakompressor, (S) Ringschlüssel. Pfeile: rot = Riemenabschnitte prüfen, schwarz = Richtung.

Ölstand prüfen, Öl / Filter wechseln, Öldruck prüfen

■ **Ölstand prüfen:** Nach Betriebsanleitung des Fahrzeugs vorgehen. Ölstandskontrolle laut Faustregel nach jedem zweiten Tanken ist nicht verkehrt, aber bei den Golf-Motoren kaum noch nötig. Auf jeden Fall ist Prüfen mit dem Peil- oder Messstab (Bilder 1 und 2) in regelmäßigen Abständen erforderlich für sicheres Fahren zwischen den Ölwechseln.

■ Kontrolle bei mindestens 60 °C Öltemperatur (10 min Fahrt nach Kaltstart). Messstab ziehen (Vorsicht vor heißer Umgebung der Stabführung, Pfeil in Bild 1). Stab flusenfrei abwischen, wieder einschieben, kurz warten, erneut herausziehen. Ölbedeckung an der Messspitze auswerten. Bild 2 zeigt die beiden Varianten der Messspitzen von Ölpeilstäben bei den Golf-TDI-Motoren. Es gilt:

A = Maximalstand, kein Öl nachfüllen.
B = Normalbereich, Nachfüllen nicht nötig, kann aber erfolgen bis höchstens zur Marke »A«.
C = Minimalstand, Öl muss nachgefüllt werden.

■ **Öl nachfüllen:** Mit Trichter in die Öleinfüllöffnung. Nur Motoröl nach Norm 504 00 / 507 00 verwenden, SAW 5W30; z. B. das bereits früher im Kapitel erwähnte Aral Super-Tronic LongLife III, eine Empfehlung von Volkswagen (Bild 3).

■ **Öl und Filter wechseln:** Die Golf-LongLife-Motoren gestatten Intervalle von zwei Jahren oder 30.000 Fahrtkilometern, falls die Anzeige nicht früheren Service verlangt. Bei ausschließlichen Stadtfahrten macht früherer Wechsel in jedem Falle Sinn. Im Winterhalbjahr können schon sechs Monate (7.000 bis 10.000 km) ausreichend sein.

■ Das Altöl sollte abgesaugt werden, man kann es aber auch ablassen. Wenn ein Ölabsauggerät verfügbar ist (V.A.G 1782; Mietwerkstatt), können Sie den Ölwechsel in eigener Regie vornehmen. Ölwechsel in eigener Regie darf nicht dazu veranlassen, billiges Motoröl zu verwenden. Das ist für die hochentwickelten und damit auch sehr anspruchsvollen TDI-Motoren der jüngsten Generation nicht zu empfehlen.

■ Mit dem Ölwechsel ist immer auch der Ölfilterwechsel verbunden. Die Einfüllmengen 4,0 und 4,3 Liter (»Technische Daten«) verstehen sich mit Filterwechsel. Der Ölfilter wird nach Abnehmen der oberen Motorabdeckung links vorn am Motor neben der Ölmessstabführung zugänglich.

■ Ölwechsel am betriebswarmen Motor. Entsorgungsvorschriften beachten. Am mit Ölkühler verschraubten Filtergehäuse den Verschlussdeckel mit Ringschlüssel (Steckschlüssel) SW 36 lösen und abschrauben.

■ Den Filterwechsel vor dem Ölwechsel vornehmen: Durch das Herausnehmen des Filterelements wird ein Ventil geöffnet, und das Öl im Filtergehäuse fließt automatisch ins Kurbelgehäuse. Es kann dann abgelassen (Schraube unten an der Ölwanne) oder eben besser abgesaugt werden.

■ Filtereinsatz herausnehmen. Der O-Ring vom Deckel muss ersetzt werden, dazu den neuen O-Ring leicht einölen. Einen neuen Filtereinsatz (Spezifikation laut Gehäuseaufdruck) einsetzen, Deckel wieder aufschrauben. Motoröl mit einem Absauggerät (bei VW Gerät 1782) absaugen.

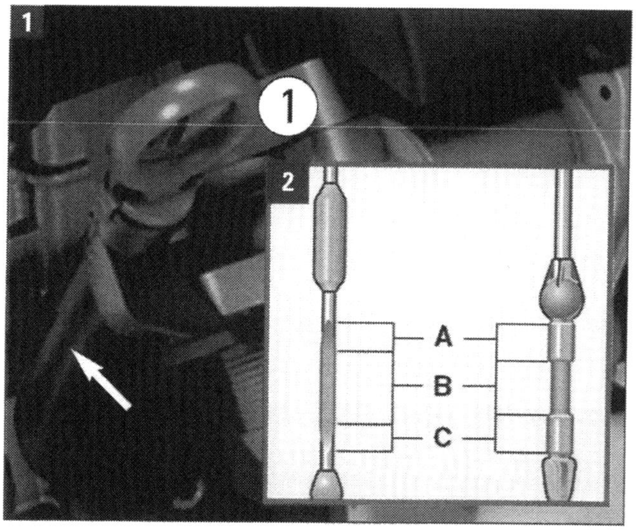

Bilder 1-3 Motoröl: Der Messstab (1) bietet unten die Ablesmöglichkeit A/B/C. Öl am besten mit Trichter einfüllen.

■ Öl der genannten Spezifikation und Menge (Angaben s. a. auf Seite 217) einfüllen. Nach dem Filter- und Ölwechsel beim ersten Motorstart beachten: Solange die Kontrollleuchte für Öldruck leuchtet, nur Leerlauf! Bei Gasstößen kann der Turbolader geschädigt werden oder ganz ausfallen.

■ **Öldruck prüfen:** Öldruckschalter aus Filterhalter oder Motorblock ausschrauben und Öldruckprüfer (z. B. V.A.G 1342) einschrauben.

■ Schalter an den Prüfer schrauben. Bei mindestens 80 °C Öltemperatur und normalem Ölstand prüfen. Motor erst im Leerlauf, dann mit erhöhter Drehzahl laufen lassen. Folgende Richtwerte sollten gemessen werden:

Im Leerlauf	Mindestüberdruck 0,8 bar
Bei 2000/min	Mindestüberdruck 1,5 bar
Darüber	Mindestüberdruck nicht über 5,0 bar
Ältere 2.0 TDI	2,0 bar bei 2000/min, darüber max. 7,0 bar

■ Wenn die Sollwerte bei der Prüfung nicht erreicht werden, muss auf Lagerschäden untersucht, der Ölfilterhalter mit Überdruckventil ersetzt oder die Ölpumpe ausgetauscht werden. Das sind dann Arbeiten für die Fachwerkstatt.

Kühlsystem: Kühlmittel, Dichtheit, Thermostat

■ **Kühlmittel ablassen:** Verschlussdeckel des Kühlmittelausgleichsbehälters öffnen. Vorsicht: Es könnte Dampf entweichen! Lappen auf den Deckel legen (Bild 1) und zunächst vorsichtig Druck ablassen, weil das Überdruckventil (Ü) erst bei gefährlich erhöhtem Druck öffnet. Dann den Deckel ganz abschrauben (Bild 2).

■ Geräuschdämpfung vorn (die Abdeckplatte unter dem Motorraum) abschrauben. Eine geeignete flache Auffangwanne unter Kühler und Motorbereich stellen. Verschlussschraube unten am Kühler öffnen oder Kühlmittelschlauch abziehen und das Kühlmittel (Wasser plus Frostschutzzusatz wie vorher beschrieben) abfließen lassen.

■ **Kühlsystem auf Dichtheit prüfen:** Ohne Kühlsystemprüfer (z. B. V.A.G 1274 mit Adaptern) ist nur eine Augenscheinprüfung möglich. Dichtheit aller Wasserschläuche an Kühler, Motor und Heizanlage prüfen. Schläuche kneten, harte und rissige Teile austauschen! Schlauchenden müssen satt auf den Stutzen sitzen, Schlauchschellen (Federband; Pfeil in Bild 2) müssen fest und unverschiebbar anliegen. Lockere Schellen festziehen, korrodierte Schellen erneuern.

■ **Überdruckventil prüfen:** Nur mit dem genannten Prüfgerät möglich. Deckel vom Behälter schrauben, Messeinrichtung aufschrauben, mit Handpumpe Druck erzeugen. Bei 1,4 bis 1,6 bar Überdruck muss Ventil (Ü in Bild 2) öffnen.

■ **Kühlmittelregler prüfen:** Der aus der Wasserpumpe ausgebaute Thermostat wird im Wasserbad erwärmt. Er muss von ca. 87 °C bis ca. 102 °C öffnen. Der Öffnungshub muss mindestens 8 mm betragen.

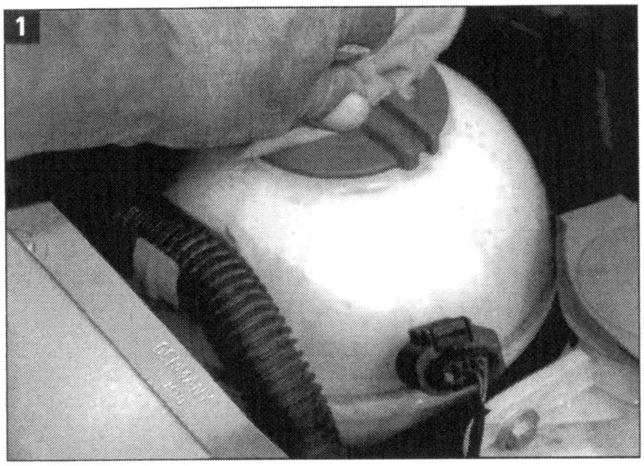

Druck abbauen: Lappen zwischen Hand und Behälterdeckel legen, Verschlussdeckel vorsichtig aufdrehen.

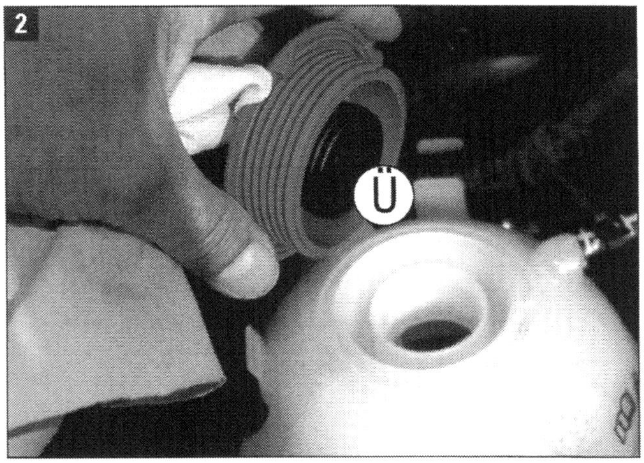

Verschlussdeckel abnehmen: Nach Druckabbau Deckel ganz abschrauben. Ü = Überdruickventil, Pfeil = Schelle.

Vorglühanlage prüfen, Glühstiftkerzen wechseln

■ **Vorglühanlage prüfen:** Die Vorglühanlage der ersten Common-Rail-Generation des Golf wird noch von der Eigendiagnose des Motorsteuergerätes überwacht. Alle nötigen Prüfungen erfolgen mit dem Werkstattsystem über die »Geführte Fehlersuche«.

■ Bei der zweiten Common-Rail-Generation, wie sie bei den 2.0 TDI ab zweites Halbjahr 2009 vorherrscht, gibt es ein Steuergerät für Glühzeitautomatik (J179) im Relais- und Sicherungsträger in der E-Box im Wasserkasten. Dieses Gerät steuert die Vorglühanlage an und ist zur Eigendiagnose fähig. Das separate Steuergerät ermöglicht zusammen mit einzeln elektronisch angesteuerten und auch diagnostizierten Glühstiftkerzen eine Schnellstartfunktion.

■ Fehler der Vorglühanlage werden weiterhin im Ereignisspeicher des Motorsteuergerätes abgelegt. Die Prüfung erfolgt dann wieder über »Geführte Fehlersuche«.

■ **Glühstiftkerzen ausbauen:** Zündung ausschalten, Motorabdeckung abbauen..

■ Öffnen Sie die Halteklammern am Leitungsstrang (Pfeile in Bild 1). Ziehen Sie dann die elektrischen Steckverbindungen an den Glühstiftkerzen ab.

■ Für den folgenden Arbeitsschritt wird eine Flachzange mit Nut am spitzen Ende der Backeninnenseite benötigt. Bei Volkswagen ist das ein Spezialwerkzeug mit der Nummer 3314. Die Zange wird mit der Nut am Bund der Stützhülse des Glühstift-Kerzensteckers angesetzt.

■ Ziehen Sie die Kerzenstecker mit der Zange von den Kontakten (1 in Bild 2) der Glühstiftkerzen ab. Dabei die Zange nicht zu fest zusammendrücken, damit die Stützhülse nicht beschädigt wird. Beim Abziehen auch keine Leitungsverbindung beschädigen, weil sonst der gesamte Leitungsstrang erneuert werden muss.

■ Vor der weiteren Ausbauarbeit muss der Kerzenkanal im Zylinderkopf gereinigt werden. Es darf keinesfalls Schmutz in den Zylinder fallen. Gehen Sie so vor: Groben Schmutz mit Staubsauger entfernen; Bremsenreiniger (oder ähnlichen Reiniger) in den Kerzenkanal sprühen und einwirken lassen; mit Pressluft ausblasen und mit einem ölbenetzten Lappen reinigen.

■ Die Kerzen am Sechskant (2 in Bild 2) aus dem Zylinderkopf ausschrauben (Gewinde: Pfeil in Bild 2). Dazu einen geeigneten Gelenkschlüssel (bei VW 3220) mit Schlüsselweite 10 zusammen verwenden.

■ **Glühstiftkerzen einbauen:** Sinngemäß umgekehrt vorgehen. Die Kerzen mit Anzugsdrehmoment 18 Nm festziehen und die Stecker wieder aufstecken. Auf festen Sitz der Kerzenstecker achten!

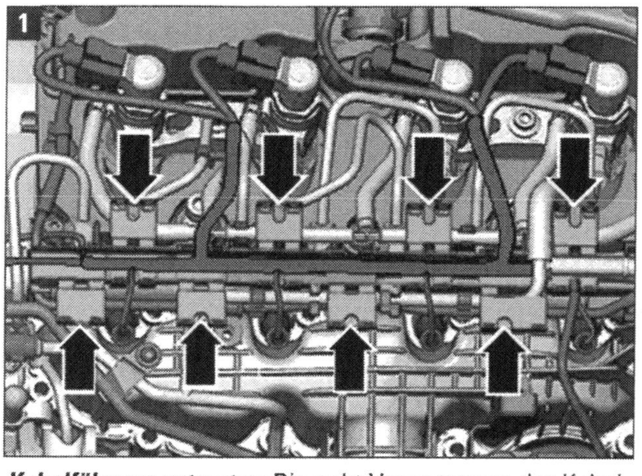

Kabelführung entrasten: Die acht Verrastungen der Kabelführung (Pfeile) müssen geöffnet werden, um den Leitungsstrang freizulegen. Dann lassen sich mit einer geeigneten Flachzange die Kerzenstecker abziehen.

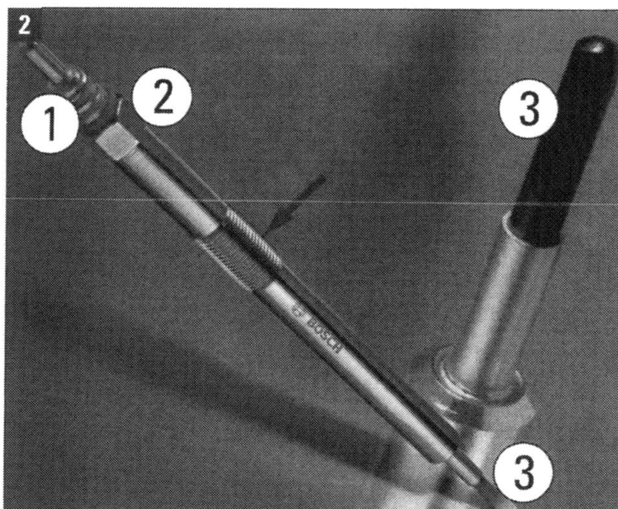

Keramik-Glühstiftkerzen: (1) Steckerkontakte, (2) Sechskant SW 10 für Schlüssel, (3) Glühstift.. Pfeil: Gewinde.

Abgasanlage spannungsfrei einrichten

Arbeiten am vorderen Teil der Abgasanlage, vom Abgaskrümmer bis zum Partikelfilter mit Abgasvorrohr, empfehlen wir hier nicht. Dies berührt empfindliche Baugruppen wie Abgasturbolader und Differenzdruckgeber, was wir für eine Sache der Fachwerkstatt halten. Wir beschränken uns auf den »klassischen« Bereich der Arbeiten am (Nach-)Schalldämpfer (1 in Bild 1) und auf das Ausrichten der Abgasanlage.
Denn nach Montagearbeiten muss stets darauf geachtet werden, dass die Anlage nicht verspannt wird und ausreichend Abstand zum Aufbau hat. Gegebenenfalls müssen die Doppelschelle (siehe Seite 203) gelöst sowie Schalldämpfer und Abgasrohr so ausgerichtet werden, dass überall ausreichend Abstand zum Aufbau vorhanden ist und die Aufhängungen (2 und 3 in Bild 1) gleichmäßig belastet werden. Selbstsichernde Muttern (6 in Bild 1) sind immer zu ersetzen.

■ **Arbeitsschritte:** Der Motor muss zur Ausrichtung der Abgasanlage kalt sein. Die hintere Abgasanlage (Bild 1) ist mit einer Doppelschelle (Klemmhülse; Bilder 2 und 3) mit dem Abgasvorrohr am Partikelfilter verbunden.

■ Die Verschraubungen (rote Pfeile in Bild 2) der Klemmhülse lösen und die Hülse/Schelle nach der Markierung am Abgasvorrohr (blauer Pfeil in Bild 2) ausrichten. Beachtet werden muss die Fahrtrichtung, die im Bild 2 (wie auch in Bild 4) von dem weißen Pfeil angegeben wird.

■ Die Verschraubungen müssen wie in Bild 2 rechts sein. Das Einbaumaß für die Klemmhülse vorn, sofern es sich um die konventionelle Hülse mit zwei einzelnen Schellen handelt wie in Bild 2 und (A) in Bild 3, beträgt genau 5 mm für den Abstand »a« zwischen Hülsenkante und Markierung am Vorrohr.

■ Abstand »a« wird auch in Bild 2 auf Seite 203 verdeutlicht; Bild 3/Seite 203 zeigt, dass die Verschraubungen nicht über Unterkante der Klemmhülse hinaus ragen dürfen.

■ **Neue Klemmhülsen:** Volkswagen führt zeitlich gleitend Klemmhülsen mit durchgehender Schelle entsprechend (B) in Bild 3 ein. Bei diesen Schellen beträgt das Einbaumaß »a« = 8,5 mm.

■ (Nach-)Schalldämpfer so weit nach vorn in die Klemmhülse schieben, bis das Maß »b« zwischen Aufhängung/Karosserie und Aufhängung/Schalldämpfer gerade 15 bis 17 mm beträgt (Bild 4).

■ (Nach-)Schalldämpfer waagerecht ausrichten. Verschraubungen festziehen: Einzelschellen 25 Nm, durchgehende Schelle 35 Nm.

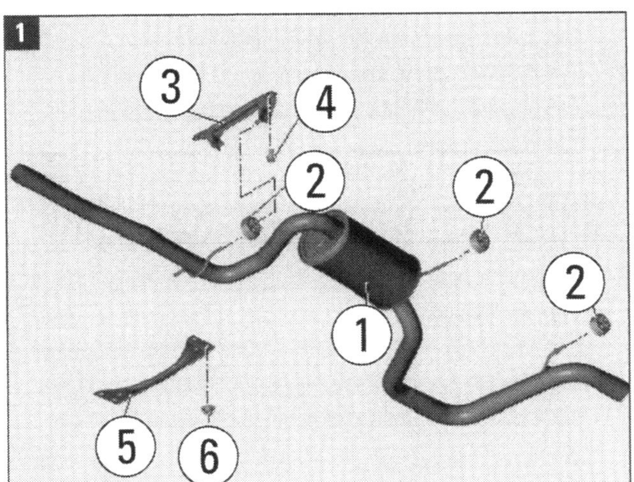

Hintere Anlage: (1) Schalldämpfer 1.6 TDI (2.0 TDI etwas andere Bauform), (2) Halteringe, (3) Aufhängung, (4) Schrauben 25 Nm, (5) Tunnelbrücke, (6) Muttern 25 Nm.

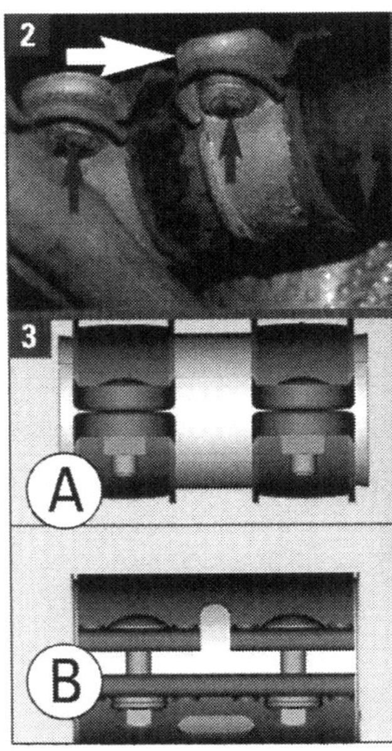

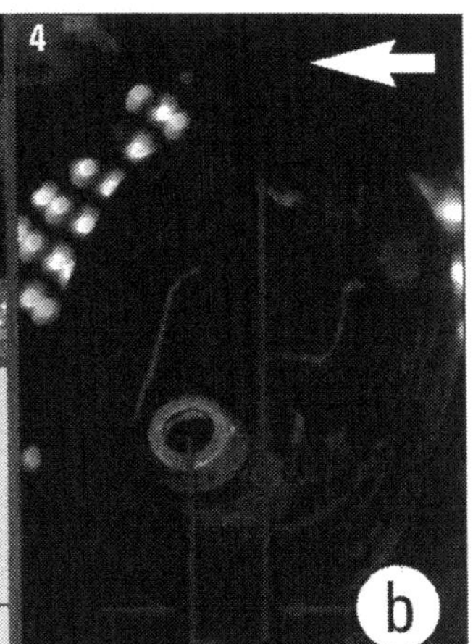

Bilder 2 und 3: Alte Ausführung (A) wird gleitend durch (B) ersetzt.
Bild 4 : b = max. 15-17 mm.

Motor

Störung	Was kann das sein?	Was muss ich tun?
A Motor startet nicht, Anlasser dreht nicht	**1** Die Wegfahrsperre bzw. die Anlasssicherung	Zu- und wieder aufschließen, Bremse getreten halten und Schalthebel auf Stellung N
	2 Batterie leer	Wenn die Scheinwerfer bei eingeschalteter Zündung nur schwach leuchten: Alle Verbraucher abschalten, Starthilfekabel benutzen und dann mindestens 20 Kilometer fahren
B Der Anlasser dreht, aber der Motor springt nicht an	**1** Die häufigsten Ursachen sind: Kein Sprit und/oder kein Zündfunke. Das kann leider an sehr vielen Bauteilen liegen	Zuerst prüfen ob noch Sprit und auch die richtige Sorte (Benzin oder Diesel) im Tank ist. Dann die Verkabelung im Motorraum auf Beschädigungen prüfen (Marderbiss?) Vorsicht! Zündung dabei unbedingt ausschalten!
C Motor läuft nach dem Start unrund	**1** Fehler in der Kraftstoffversorgung und/oder Zündanlage, Nebenluft durch undichte Schläuche	Zunächst eine Sichtkontrolle des Motorraums bei ausgeschalteter Zündung durchführen. Beschädigte Leitungen mit Isolierband notdürftig flicken. Mit einem Diagnosegerät den Fehlerspeicher auslesen lassen.
	2 Diesel: Falschbetankung oder defekte Glühkerzen	Vorsicht: Bei Falschbetankung nicht mehr weiterfahren, sonst kann die Hochdruckpumpe kollabieren
D Motor qualmt und stinkt aus dem Auspuff	**1** Turbolader (blauer Rauch) oder Zylinderkopfdichtung (weißer Rauch) defekt	Ist der Turbolader defekt besteht akute Gefahr: Bruchstücke wandern durch den Motor. Nicht mehr starten! Bei einer kaputten Kopfdichtung fehlt Wasser im Ausgleichsbehälter, auf jeden Fall auffüllen
E Motor zieht nicht mehr richtig	**1** Der Hauptverdächtige ist auch hier der Turbolader, besonders wenn der Motor im Leerlauf oder bei wenig Gas noch gut läuft	Beobachten Sie die Ladedruckanzeige und achten Sie auf ungewöhnliche Geräusche beim Beschleunigen. Eventuell entweicht Ladedruck. Ein blockierter Lader macht dagegen gar keine Geräusche mehr
	2 Luftmassenmesser defekt	Fehlerspeicher auslesen, ggf. ersetzen
F Hoher Verbrauch	**1** Wahrscheinlich ist der Luftfilter stark verschmutzt	Luftfilter austauschen, die Anleitung dazu finden Sie in diesem Kapitel
G Motor wird zu langsam warm	**1** Thermostat hängt	Sie können zunächst weiter fahren, der Thermostat sollte jedoch so bald wie möglich getauscht werden

STÖRUNGSBEISTAND

Getriebe / Kraftübertragung

Störung	Was kann das sein?	Was muss ich tun?
A Kratzen beim Gangwechsel	**1** Kupplung trennt nicht richtig	Schadensursache feststellen und beheben. Wenn Sie diesen Fehler ignorieren, ruinieren Sie sonst sehr schnell das Getriebe.
	2 Synchronring verschlissen	Wenn das Kratzen nur in einem Gang auftritt, kann der entsprechende Synchronring ersetzt und das Getriebe gerettet werden. Bis dahin: langsam schalten!
B Rupfen, Ruckeln und Springen	**1** Die Kupplung ist verschlissen oder verölt	Die Kupplung ist ein Verschleißteil, das bei hohen Laufleistungen irgendwann abgenutzt ist. Tritt an Motor oder Getriebe Öl aus, rutscht die Kupplung. In beiden Fällen hilft nur der Ausbau des Getriebes
	2 Motorlager defekt	Kontrollieren Sie den Zustand der Lager und vermeiden sie bis zur Reparatur starke Lastwechsel und allzu rasantes Anfahren.
C Schläge, ungewöhnliche Geräusche oder Vibrationen	**1** Motorlager ausgeschlagen	Beobachten Sie von außen, wie stark der Motor beim Anfahren kippt. Bei verschlissenen Lagern kann das dazu führen, dass Teile irgendwo anschlagen
	2 Antriebswellen defekt	Fahren Sie enge Kurven (auch rückwärts) und versuchen, Sie den Schaden an den Wellen zu lokalisieren Äußere und Innere Gelenke können einzeln ausgetauscht werden.)
	3 Synchronringe oder Getriebelager im Getriebe verschlissen	Auch die Synchronringe unterliegen einem gewissen Verschleiß. Wenn es in mehreren Gängen kratzt ist ein Austauschgetriebe fällig, mahlende Getriebelager lassen sich einzeln ersetzen.
	4 Zu wenig Öl im Getriebe	Ölstand prüfen und nötigenfalls ergänzen
D Es lässt sich kein Gang mehr einlegen	**1** Seilzüge ausgehängt	Untersuchen Sie die Anschlüsse und Führungen der Schaltseilzüge. Manchmal lässt sich so ein Zug auch an Ort und Stelle wieder einhängen.

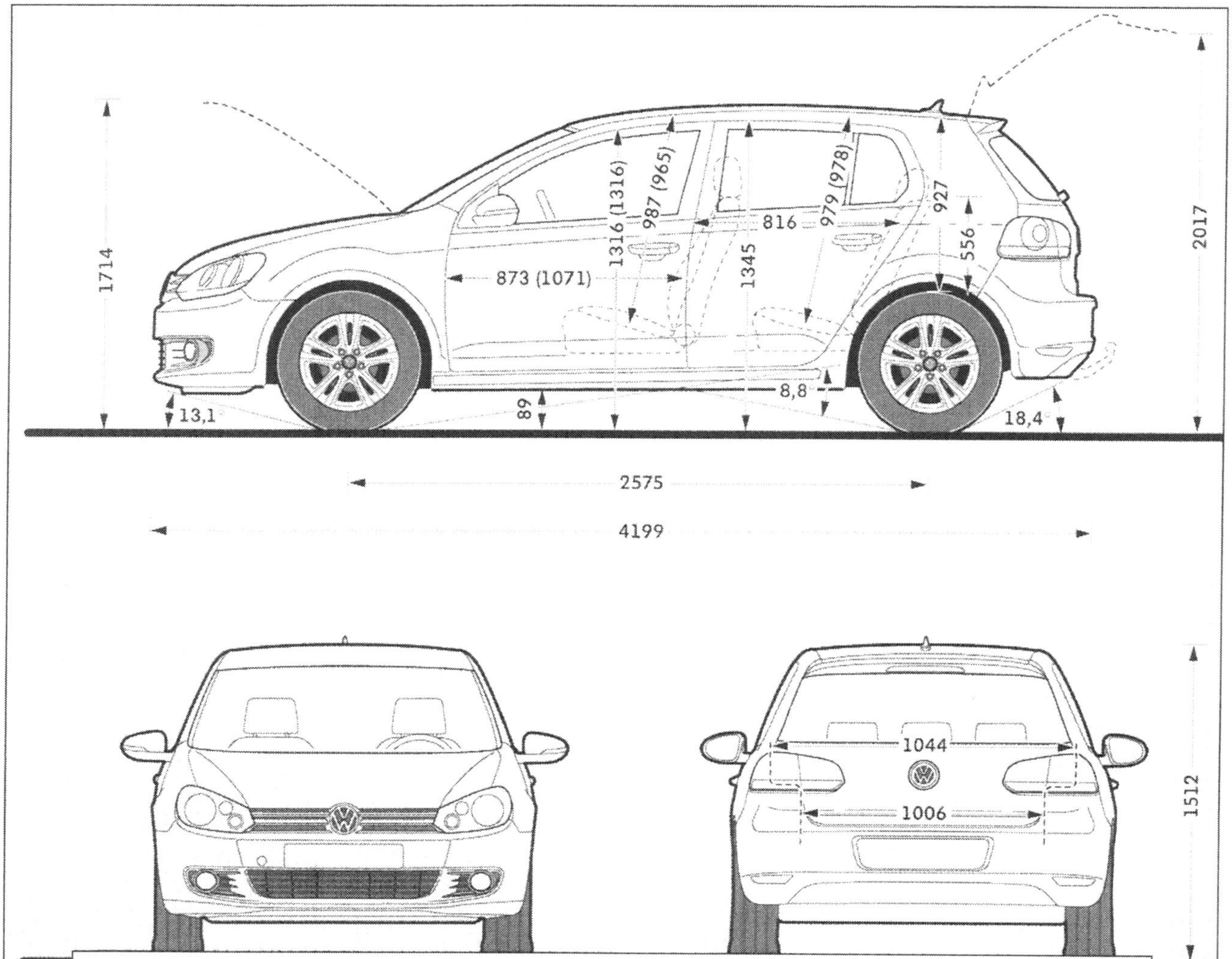

Technische Daten

Immer wieder stellen sich im Laufe des Fahrzeugbetriebs Fragen, die sich im Prinzip aus den Fahrzeugpapieren und der Betriebsanleitung beantworten lassen. Schneller Überblick über Daten wie Normverbrauch, Rad- und Reifengrößen, Verschleißgrenzen von Bremsscheiben oder maximale Anhängerlast ist damit aber nicht unbedingt gegeben. In unserer Zusammenstellung finden Sie daher alle relevanten Daten, Zahlen und Fakten für Ihren Golf VI.

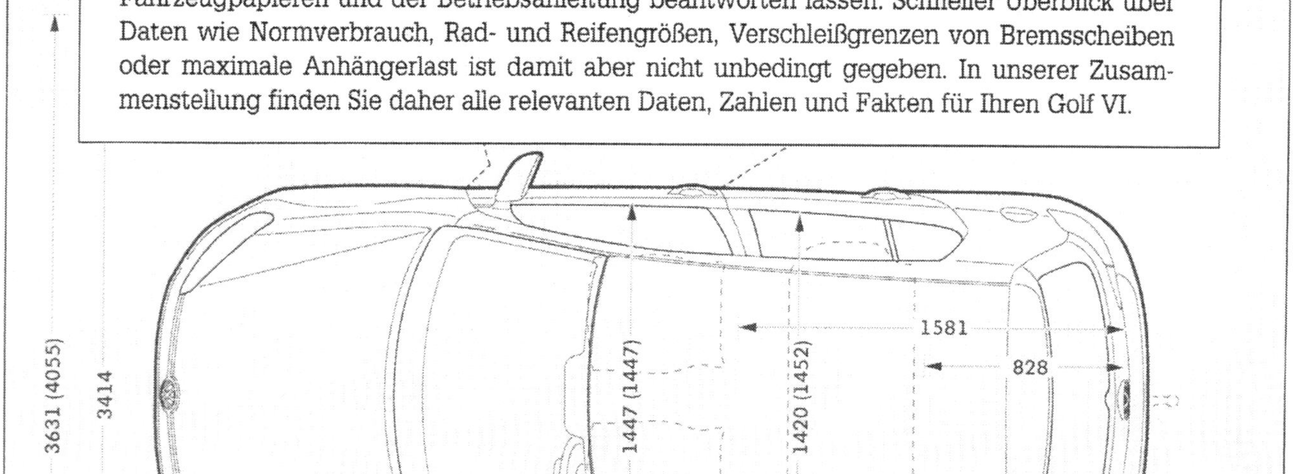

Große Vielfalt im Detail

Wie die Kapitel »Modell« und »Antrieb« zeigten, verfügt der Golf der neuen Generation über eine gute Zahl an Motorisierungen sowie Getriebe- und Ausstattungsvarianten. Mit ihnen sind viele Kombinationsmöglichkeiten gegeben, auf die wir in diesem Kapitel im Spiegel ihrer Parameter eingehen.
Das Repertoire umfasst die in diesem Buch ausschließlich behandelten Dieselmotoren in drei Leistungsstufen und in Kombination mit 5- oder 6-Gang-Handschaltgetriebe, automatischem 6- oder 7-Gang-Doppelkupplungs-Getriebe DSG (optional) sowie Frontantrieb oder Allradantrieb 4Motion (optional).

Die einzelnen Karosserie-Varianten weisen leichte Unterschiede in den Dimensionen auf. Wir stellen hier die verschiedenen Außenmaße in mm in der üblichen Reihenfolge Länge / Breite / Höhe zusammen:

● Golf, auch BlueMotion	4.199	1.786	1.512
● Golf Plus (4-türig)	4.204	1.759	1.621
● Golf GTD (2-türig)	4.213	1.786	1.501
● Golf Variant	4.534	1.781	1.504

Beschränkung auf 10 Grundmodelle

Für Golf, Golf Plus und Variant werden die drei Ausstattungslinien Trendline, Comfortline und Highline angeboten. Die Auflistung aller Modelle und Ausstattungsumfänge würde den Rahmen dieses Werks sprengen, zählte man zudem noch sämtliche möglichen Lackierungen von »Candy Weiß« bis »Deep Black Perleffekt« dazu.

1

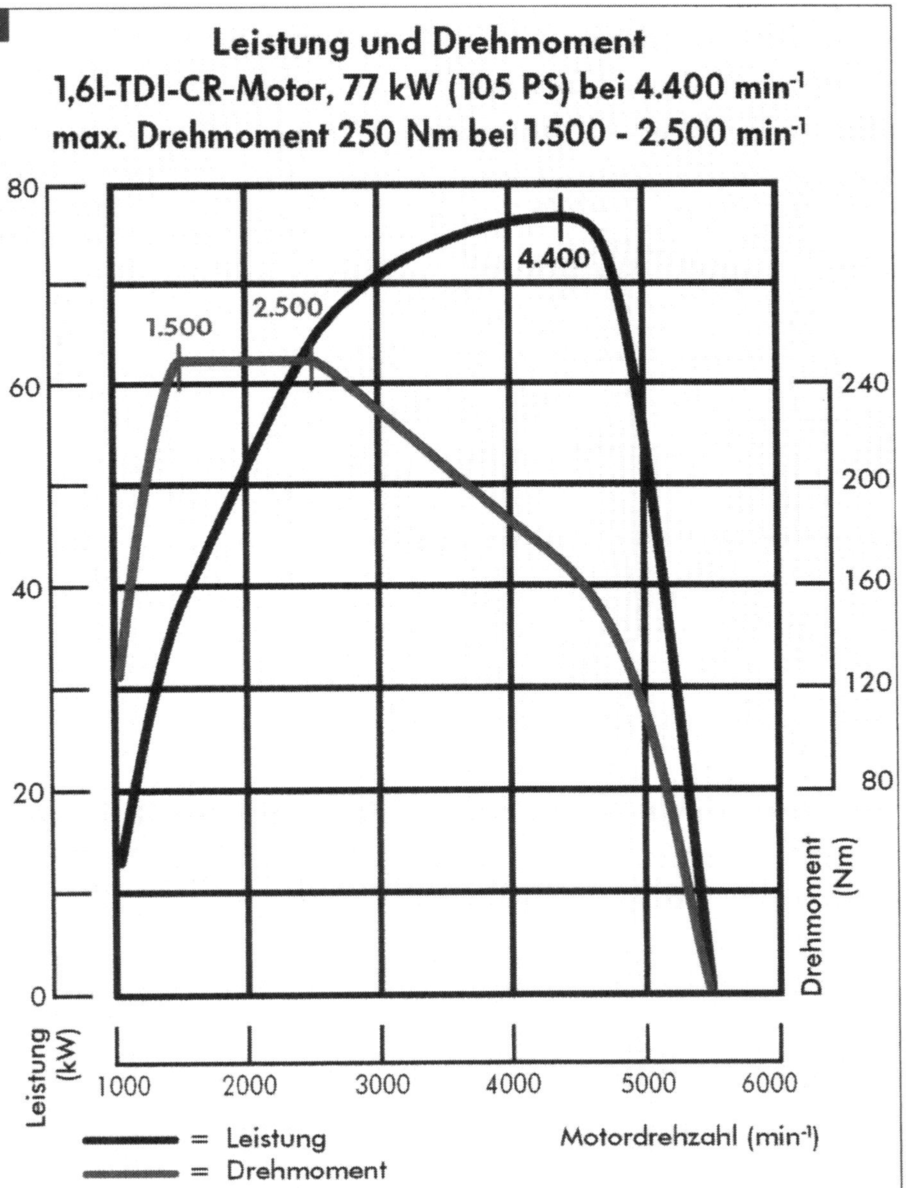

1.6 TDI Common Rail:
Der 77-kW-Motor bietet in der »normalen« Ausführung die gleichen Leistungsdaten wie mit BlueMotion Technology.

Schwarze Kurve:
Leistung in Abhängigkeit von der Motordrehzahl.

Blaue Kurve:
Drehmoment in Abhängigkeit von der Motordrehzahl.

Die Vielfalt im Detail berücksichtigen wir in den folgenden Daten nicht, aber alle Motorisierungen und ihre Kombination mit den vier Getrieben präsentieren wir in zehn Grundmodellen. Unsere Werte folgen den Werksangaben von Volkswagen. Gravierende Abweichungen von Messdaten etwa bei Verbrauchsangaben oder Beschleunigungswerten finden sich nicht in der Motorpresse.

Normen und Füllmengen

Was Motoren, Getriebe, Fahrwerk und Bremsen angeht, gibt es zwischen Golf, Golf Plus und Variant keine Unterschiede. Die geringfügigen Datendifferenzen bei Fahrleistungen, Gewichten, Abmessungen und Getriebeübersetzungen geben wir wegen der Exaktheit in den Listen an.

Zu erwähnen als zusätzliche Angabe zum Volumen des 55 Liter fassenden Kraftstoffbehälters ist die Reservemenge: Sie beträgt 8 Liter. Die Bremsflüssigkeit (Bremsen plus Kupplungshydraulik plus Behälter = 1 Liter) entspricht der Norm FMVSS 571.116 DOT 4. Das Synthetiköl für die Schaltgetriebe muss der Norm G 51 - SAE75W90 genügen. Das ATF für das Automatikgetriebe folgt der Norm N 052 162, das entspricht der VW-Konzernnorm G 052 162.

Das Kühlsystem einschließlich Heizung ist je nach Motor mit 8,8 bis 9,0 Liter Kühlmittel (Wasser plus Frostschutz) befüllt, beim GTD mit 9,6 Litern.

Die Öl-Füllmengen, die gemäß Anleitung im Kapitel »Antrieb« in entsprechender Spezifikation einzufüllen sind, betragen (erste Angabe mit, zweite Angabe ohne Filterwechsel):

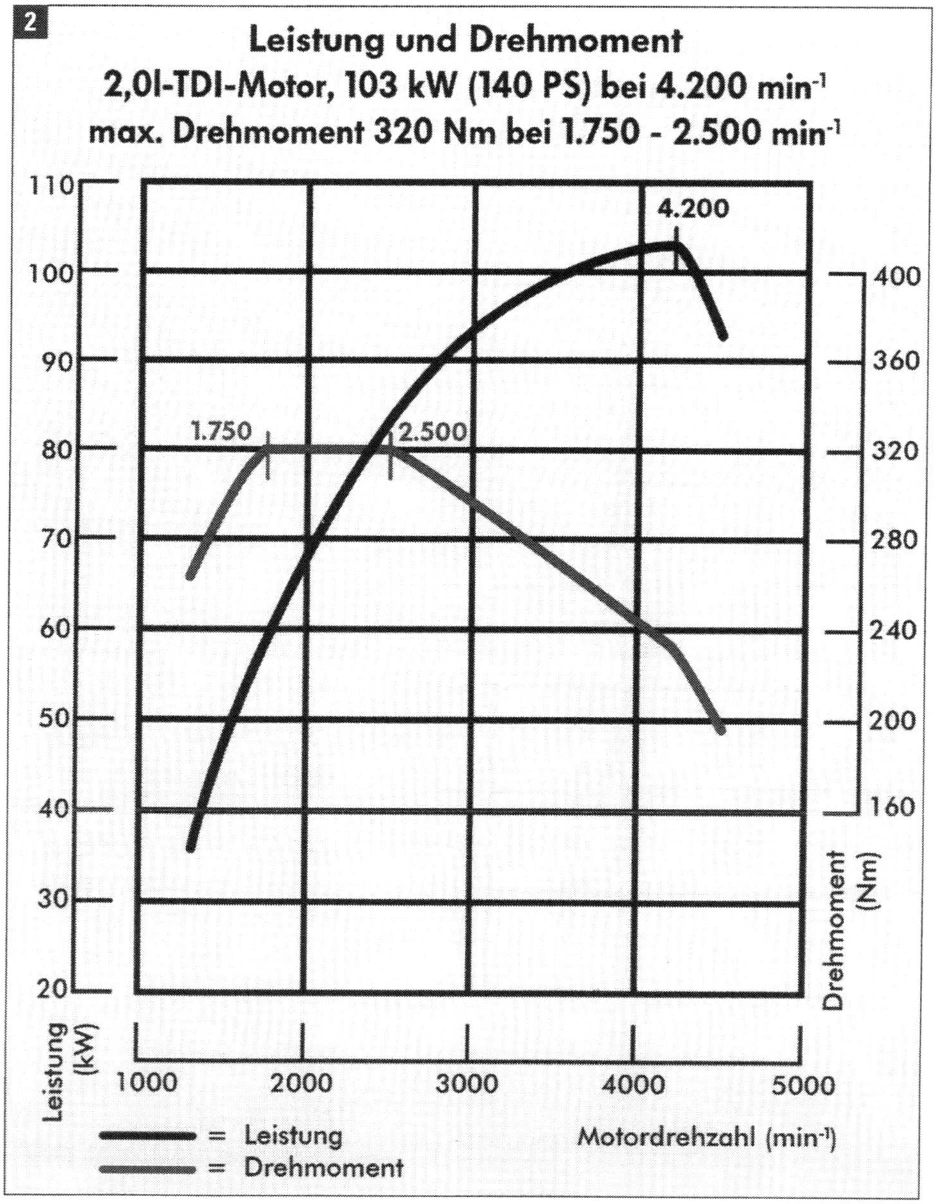

2,0 Liter TDI Common Rail:
Der 103-kW-Motor bietet ein Drehmoment von 320 Nm schon ab 1.750 Umdrehungen.

Schwarze Kurve:
Leistung in Abhängigkeit von der Motordrehzahl.

Blaue Kurve:
Drehmoment in Abhängigkeit von der Motordrehzahl.

- 1.6 TDI 77 kW 4,3 / 4,0 Liter
- 2.0 TDI 103 kW 3,8 / 3,7 Liter (4Motion: 4,0)
- 2.0 TDI 125 kW 4,3 / 4,0 Liter

Bedeutung der Kennbuchstaben

Die Motornummern bestehen aus einem vierstelligen Buchstabenblock und einer diesem folgenden mehrstelligen Zahl. Die ersten drei der vier Motorkennbuchstaben stehen für den Hubraum und für den mechanischen Aufbau des entsprechenden Motors. Der vierte Buchstabe codiert den Leistungsbereich und das Drehmoment. Diesen Zusammenhang zeigen die drei Diagramme (Bilder 1 bis 3).

Volumen des Kofferraums

Das optimale Kofferraum-Package der fünften Golf-Generation wurde 1:1 auf den Nachfolger übertragen. Der Kofferraum ist bei voller Ausnutzung der fünf Sitzplätze 828 Millimeter lang und nimmt ein Volumen von 350 (Golf Plus: 395-505) Litern auf. Wird die serienmäßig 1/3 zu 2/3 teilbare Rücksitzlehne umgeklappt, erhöht sich das Stauvolumen auf 1.305 (Golf Plus: 1.450) Liter und die nutzbare Länge auf 1.581 Millimeter. Die kleinste Breite zwischen den Radkästen beträgt 1.006 Millimeter.
Im Golf Variant beträgt die Gepäckraumlänge bei aufgestellter Rücksitzbank 1.072 mm und bei umgeklappter Bank 1.700 mm. Entsprechend variiert das Gepäckraumvolumen zwischen 505 und 1.495 Litern.
Bei allen Golf-Modellen gibt es drei Jahre Garantie auf den Lack und 12 Jahre Garantie gegen Durchrostung. Allgemeingarantie: 2 Jahre.

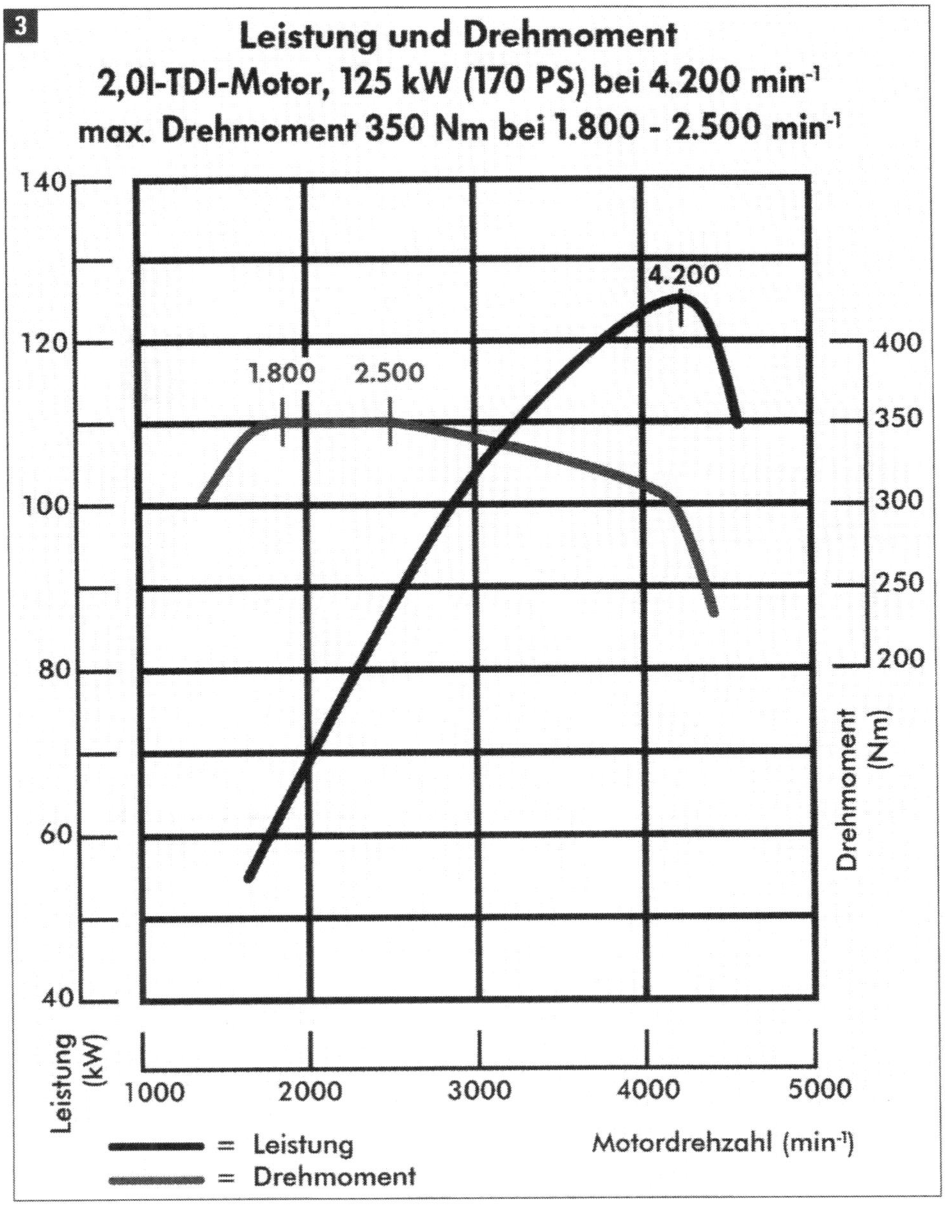

2,0 Liter TDI Common Rail:
Der 125-kW-Motor ist der stärkste Diesel der Golf-Baureihe. Er ist die Motorisierung für den sportlichen GTD .

Schwarze Kurve:
Leistung in Abhängigkeit von der Motordrehzahl.

Blaue Kurve:
Drehmoment in Abhängigkeit von der Motordrehzahl.

Dieselmotoren TDI CR

Modell	Golf 77 kW BM	Golf 77 kW BM	Variant 77 kW	Variant 77 kW	G Plus 77 kW
mit Getriebe	5-Gang manuell	7-Gang DSG	5-Gang manuell	6-Gang manuell	7-Gang DSG
andere Modellversion	auch G Plus	nur BlueMotion	auch Golf	nur Var. 4Motion	auch Golf
Motor	4-Zyl 1.6 TDI DPF	4-Zyl 1.6 TDI DPF	4-Zyl 1.6 TDI DPF	4-Zyl 1.6 TDI DPF	4-Zyl 1.6 TDI DPF
Motor-Kennbuchstaben	CAYB / CAYC	CAYB / CAYC	CAYB / CAYC	CAYB / CAYC	CAYB / CAYC
Bauzeit	ab 04.09/06.09	ab 04.09/06.09	ab 04.09/06.09	ab 04.09/06.09	ab 04.09/06.09
Abgasnorm	EU 5	EU 5	EU 5	EU 5	EU 5
Zylinder / Ventile pro Zyl.	4 / 4 im Winkel	4 / 4 im Winkel	4 / 4 im Winkel	4 / 4 im Winkel	4 / 4 im Winkel
Hubraum in cm^3	1.598	1.598	1.598	1.598	1.598
Bohrung in mm	79,5	79,5	79,5	79,5	79,5
Hub in mm	80,5	80,5	80,5	80,5	80,5
Verdichtung	16,5:1	16,5:1	16,5:1	16,5:1	16,5:1
Höchstleistung in kW / PS	77 / 105	77 / 105	77 / 105	77 / 105	77 / 105
bei Umdrehungen/min	4.400	4.400	4.400	4.400	4.400
max. Drehmoment in Nm	250	250	250	250	250
bei Umdrehungen/min	1.500-2.500	1.500-2.500	1.500-2.500	1.500-2.500	1.500-2.500
Höchstgeschwindigkeit in km/h	189	190	190	187	186
Beschleunigung (s) 0-100 km/h	11,3	11,3	11,9	13,1	12,0
Verbrauch Liter/100 km					
- innerorts:	5,2	4,7	5,7	6,8	5,0
- außerorts:	3,5	3,4	3,9	4,7	4,1
- kombiniert:	4,1	3,8	4,5	5,5	4,4
Emission CO_2 g/km	107	99	119	143	115
Emission HC / NO_x g/km	0,0 / 0,12	0,0 / 0,13	0,0 / 0,11	0,0 / 0,15	0,0 / 0,13
Partikel durchweg 0	-	-	-	-	-
Zündung	Selbstzünder, Zündreihenfolge: 1-3-4-2.				
Schmierung	Druckumlaufschmierung mit Hauptstromfilter.				
Kraftstoff	Diesel min. 51 CZ	Diesel min. 51 CZ	Diesel min. 51 CZ	Diesel min. 51 CZ	Diesel min. 51 CZ
Motor-Einbaulage	vorne quer	vorne quer	vorne quer	vorne quer	vorne quer
Ventile pro Zylinder	4 im Winkel	4 im Winkel	4 im Winkel	4 im Winkel	4 im Winkel
Ventilantrieb	indirekt, Rollenschlepphebel	indirekt, Rollenschlepphebel	indirekt, Rollenschlepphebel	indirekt, Rollenschlepphebel	indirekt, Rollenschlepphebel
Nockenwellen	2 oben im Zyl.Kopf	2 oben im Zyl.Kopf	2 oben im Zyl.Kopf	2 oben im Zyl.Kopf	2 oben im Zyl.Kopf
Nockenwellenantrieb	durch Zahnriemen	durch Zahnriemen	durch Zahnriemen	durch Zahnriemen	durch Zahnriemen
Kurbelversatz in Grad	180	180	180	180	180
Kurbelwellenlager-Zahl	5	5	5	5	5
Abgasreinigung	Zweiwege-Oxidationskatalysator, Dieselpartikelfilter	Zweiwege-Oxidationskatalysator, Dieselpartikelfilter	Zweiwege-Oxidationskatalysator, Dieselpartikelfilter	Zweiwege-Oxidationskatalysator, Dieselpartikelfilter	Zweiwege-Oxidationskatalysator, Dieselpartikelfilter
Aufladung:	Abgasturbolader, Ladedruck	Abgasturbolader, Ladedruck	Abgasturbolader, Ladedruck	Abgasturbolader, Ladedruck	Abgasturbolader, Ladedruck
Ladeluftkühlung:	ja	ja	ja	ja	ja

Dieselmotoren TDI CR

Modell	Golf 103 kW	Variant 103 kW	G Plus 103 kW	Golf 4M 103 kW	Golf GTD 125 kW
mit Getriebe	6-Gang manuell	6-Gang DSG	6-Gang DSG	6-Gang DSG	6-Gang DSG
andere Modellversion	auch Golf Plus	auch Golf	auch Golf	nur Golf	nur GTD
Motor	4-Zyl 2.0 TDI DPF	4-Zyl 2.0 TDI DPF	4-Zyl 2.0 TDI DPF	4-Zyl 2.0 TDI DPF	4-Zyl 2.0 TDI DPF
Motor-Kennbuchstaben	CBAB/CJAA/CFFB	CBAB/CJAA/CFFB	CBAB/CJAA/CFFB	CBAB/CJAA/CFFB	CBBB/CFGB
Bauzeit	ab 09.08/ab 09.09	ab 09.08/ab 09.09	ab 09.08/ab 09.09	ab 09.08/ab 09.09	ab 09.08/ab 11.09
Abgasnorm	EU 5	EU 5	EU 5	EU 5	EU 5
Zylinder / Ventile pro Zyl.	4 / 4 im Winkel	4 / 4 im Winkel	4 / 4 im Winkel	4 / 4 im Winkel	4 / 4 im Winkel
Hubraum in cm^3	1.968	1.968	1.968	1.968	1.968
Bohrung in mm	81,0	81,0	81,0	81,0	81,0
Hub in mm	95,5	95,5	95,5	95,5	95,5
Verdichtung	16,5:1	16,5:1	16,5:1	16,5:1	16,5:1
Höchstleistung in kW / PS	103 / 140	103 / 140	103 / 140	103 / 140	125 / 170
bei Umdrehungen/min	4.200	4.200	4.200	4.200	4.200
max. Drehmoment in Nm	320	320	320	320	350
bei Umdrehungen/min	1.750-2.500	1.750-2.500	1.750-2.500	1.750-2.500	1.750-2.500
Höchstgeschwindigkeit in km/h	209	208	202	209	220
Beschleunigung (s) 0-100 km/h	9,3	9,7	9,8	9,4	8,1
Verbrauch Liter/100 km					
- innerorts:	6,1	7,1	6,9	6,9	7,2
- außerorts:	4,1	4,5	4,7	4,7	4,7
- kombiniert:	4,8	5,5	5,5	5,5	5,6
Emission CO_2 g/km	126	144	144	143	147
Emission HC / NO_x g/km	0,05 / 0,14	0,0 / 0,15	0,0 / 0,16	0,06 / 015	0,0 / 0,11
Partikel durchweg 0	-	-	-	-	-
Zündung	Selbstzünder, Zündreihenfolge: 1-3-4-2.				
Schmierung	Druckumlaufschmierung mit Hauptstromfilter.				
Kraftstoff	Diesel min. 51 CZ	Diesel min. 51 CZ	Diesel min. 51 CZ	Diesel min. 51 CZ	Diesel min. 51 CZ
Motor-Bauart	vorne quer	vorne quer	vorne quer	vorne quer	vorne quer
Ventile pro Zylinder	4 im Winkel	4 im Winkel	4 im Winkel	4 im Winkel	4 im Winkel
Ventilantrieb	indirekt, Rollenschlepphebel	indirekt, Rollenschlepphebel	indirekt, Rollenschlepphebel	indirekt, Rollenschlepphebel	indirekt, Rollenschlepphebel
Nockenwellen	2 oben im Zyl.Kopf	2 oben im Zyl.Kopf	2 oben im Zyl.Kopf	2 oben im Zyl.Kopf	2 oben im Zyl.Kopf
Nockenwellenantrieb	durch Zahnriemen	durch Zahnriemen	durch Zahnriemen	durch Zahnriemen	durch Zahnriemen
Kurbelversatz in Grad	180	180	180	180	180
Kurbelwellenlager-Zahl	5	5	5	5	5
Abgasreinigung	Zweiwege-Oxidationskatalysator, Dieselpartikelfilter	Zweiwege-Oxidationskatalysator, Dieselpartikelfilter	Zweiwege-Oxidationskatalysator, Dieselpartikelfilter	Zweiwege-Oxidationskatalysator, Dieselpartikelfilter	Zweiwege-Oxidationskatalysator, Dieselpartikelfilter
Aufladung	Abgasturbolader, Ladedruck	Abgasturbolader, Ladedruck	Abgasturbolader, Ladedruck	Abgasturbolader, Ladedruck	Abgasturbolader, Ladedruck
Ladeluftkühlung	ja	ja	ja	ja	ja

Gemisch, Management; Abgas; Intervalle; elektrische Anlage.

Gemischaufbereitung: Direkte Dieseleinspritzung über Common Rail. Aufladung über Abgasturbolader.
Motormanagement: Elektronisch gesteuerte Dieseldirekteinspritzung EDC.
Abgasreinigung: Durchweg Zweiwege-Oxidationskatalysator mit Dieselpartikelfilter. EU 5.
Ölwechselintervall: Nach Serviceanzeige.
Inspektionsintervall: Nach Serviceanzeige.
Generator: Alle Modelle 140 A
Batterie: BlueMotion: 380 A / 68 Ah. Alle anderen Modelle: 330 A / 61 Ah.

Bremsanlage

Art der Bremsen: Hydraulik-Zweikreisbremssystem, diagonal. Rundum Scheibenbremsen, vorn innenbelüftet. Einkolben-Schwimmbremssattel. Tandem-Bremskraftverstärker. ABS mit elektronischer Bremskraftverteilung EBV, ESP. Mechanischer Bremsassistent »Dual Brake Assist«.
Bremsentypen vorn: PR **1ZF**: FS III (15"); PR **1ZE und 1ZP**: FN3 (15"); PR **1LJ** und **1ZA**: FN3 (16").
Bremsentypen hinten: PR **1KD**: C 38 (15"); PR **1KE und 1KF**: CII 41 (15").

Zuordnung zum Aggregat: **Vorderradbremsen:** Motoren mit 77 kW: 1ZF mit 15-Zoll-Sattel; Motoren mit 103 kW: 1ZE und 1 ZP mit 15-Zoll-Sattel; Motoren mit 125 kW: 1ZA mit 16-Zoll-Sattel; Allradfahrzeuge 4Motion: 1LJ mit 16-Zoll-Sattel.
Hinterradbremsen: Alle Motoren: 1 KD mit 15-Zoll-Sattel; 103 und 125 kW auch 1KE und 1KF.

Bremse vorn:

Bremssattel Kolben: Alle Modelle 54 mm Durchmesser.
Bremsscheibe Durchmesser: 1ZF: 280 mm; 1ZE/1ZP: 288 mm; 1LJ/1ZA: 312 mm.
Bremsscheibe Dicke: 1ZF: 22 mm; 1ZE/1ZP: 25 mm; 1LJ/1ZA: 25 mm.
Verschleißgrenze: 1ZF: 19 mm; 1ZE/1ZP: 22 mm; 1LJ/1ZA: 22 mm.
Bremsbelagdicke mit Rückenplatte und Blech: Bei allen Bremsen: 14 mm.
Verschleißgrenze ohne Platte: Bei allen Bremsen: 2 mm.

Bremse hinten:

Bremsscheibe Durchmesser: 1KD: 253 mm; 1KE/1KF: 256 mm.
Bremsscheibe Dicke: 1KD: 10 mm; 1KE/1KF: 12 mm.
Verschleißgrenze: 1KD: 8 mm; 1KE/1KF: 10 mm.
Bremsbelagdicke mit Rückenplatte und Blech: Beide Bremsen: 11 mm.
Verschleißgrenze ohne Platte: Beide Bremsen: 2 mm.
Handbremse: Mechanische Feststellbremse wirkt auf die Hinterräder.
Bremsflüssigkeit: N 052 766 gemäß US-Norm FMVSS 571.116 DOT4. TL 766. Wechsel: alle zwei Jahre.

Fahrwerk

Vorderachse: McPherson-Federbeinachse mit unteren Dreiecksquerlenkern. Stabilisator.
Hinterachse: Vierlenkerachse, getrennte Feder-Dämpfer-Anordnung; Einzelradaufhängung. Stabilisator.
Federung: Schraubenfedern und (vorn) Teleskopstoßdämpfer bzw. (hinten) Gasdruckstoßdämpfer.
Lenkung: Geschwindigkeitsabhängige elektromechanische Servolenkung. Lenkübersetzung: 14,96.
Spurweite (mm): vorn 1.541, hinten 1.514
Radstand (mm): 2.575
Wendekreis (m): 10,9
Räder: Stahlräder und Leichtbauräder 6 J x 15; 6 1/2 J x 16; 7 J x 17.
Reifen: 195/65 R 15 T oder V; 205/55 R 16 H oder V; 215/40 R 17 W; 225/45 R 17 V.

Kraftübertragung, Getriebeübersetzungen

Antrieb: Alle Modelle Frontantrieb mit elektronischem Stabilisierungsprogramm ESP. Ausnahmen Allradversion 4Motion: Golf 103 kW und Golf Variant 77 kW.

Kupplung: Einscheibentrockenkupplung, Tellerfeder, asbestfreie Beläge. Zweimassen-Schwungrad. 7-Gang-DSG: zwei elektrohydraulische Trockenkupplungen; 6-Gang-DSG: zwei elektrohydraulische Lamellenkupplungen im Ölbad.

Getriebe: Voll synchronisierte 5- oder 6-Gang-Handschaltgetriebe. Automatik: 7- und 6-Gang-Doppelkupplungsgetriebe DSG (zwei unabhängige Teilgetriebe).

Getriebe-Übersetzungen

5-Gang-Schaltgetriebe mit Motor 1.6 TDI 77 kW in BlueMotion, Plus, Variant: I-3,778; II-1,944; III-1,185; IV-0,816; V-0,625; R-3,6. Achsübersetzung: 3,647.

6-Gang-Schaltgetriebe mit Motor 2.0 TDI

103 kW Golf und Golf 4Motion: I-3,769; II-1,958; III-1,257; IV-0,87; V-0,857; VI-0,717; R-4,549. Achsübersetzung: 3,45.

125 kW Golf GTD: I-3,769; II-2,087; III-1,324; IV-0,919; V-0,902; VI-0,757; R-4,549. Achsübersetzung: 3,684.

7-Gang DSG; alle Modelle mit Motor 1.6 TDI 77 kW: I-3,5; II-2,087; III-1,343; IV-0,933; V-0,974; VI-0,778; VII-0,653; R-3,722. Achsübersetzung: 4,8.

6-Gang DSG / 2.0 TDI 103 kW: I-3,462; II-2,05; III-1,3; IV-0,902; V-0,914; VI-0,756; R-3,989. Achsübersetzung: 4,118.

6-Gang DSG / 2.0 TDI 125 kW: I-3,462; II-2,05; III-1,3; IV-0,902; V-0,914; VI-0,756; R-3,989. Achsübersetzung: 4,118.

Maße, Gewichte und Lasten; weitere Daten

Außenmaße in mm

Länge: 4.199; 4.204 (Golf Plus, 4-türig); 4.213 (Golf GTD, 2-türig); 4.534 (Golf Variant).

Breite (ohne Spiegel): 1.786 (Golf und Golf GTD); 1.759 (Golf Plus); 1.781 (Golf Variant).

Höhe (bei Leergewicht): 1.512; 1.501 (Golf GTD, 2-türig); 1.504 (Golf Variant); 1.621 (Golf Plus).

Einstieg vorn breit / hoch: Zweitürig: 1.071 / 1.316 (GTD: 1.305); viertürig: 883 (Variant: 874) / 1.406 (Variant: 1.302).

Innenmaße in mm

Ellenbogenbreite vorn: Variant: 1.446; Golf und Golf GTD: 1.447; Golf Plus: 1.468.

Ellenbogenbreite hinten: Variant: 1.437; Golf, Golf GTD und Golf Plus: 1.452.

Innenraumlänge: Golf, Golf GTD und Variant: 1.736; Golf Plus: 1.740.

Einstieg hinten breit / hoch: Golf und Variant: 784 / 1.320; Golf Plus: 900 / 1.435.

Gepäckraumvolumen: Golf und Golf GTD: 350 Liter; Golf Plus: 395 Liter; Variant: 505 Liter.

Sitzbank umgeklappt: Golf und Golf GTD: 1.305 Liter; Golf Plus: 1.450 Liter; Variant 1.495 Liter.

Gewichte und Lasten in kg

Leergewicht: Mit Schaltgetriebe: 1.142-1.243; Mit DSG: 1.239. GTD: 1.351; Variant 4Motion: 1.496.

Effektive Zuladung (Basis): Golf GTD: 559; Golf: 511-623; Variant: 610-621; Golf Plus: 633; Variant: 604 (Beispiele).

Zulässiges Gesamtgewicht: Golf: 1.840-1.870; Golf GTD: 1.890; Golf Plus: 1.920; Variant: 1.980-2.100 (Beispiele).

Maximale Stütz-/Dachlast: Durchweg alle Modelle: 75/75

Maximale Anhängelast

- bis 12%, gebremst: Golf Plus: 1.200; Golf: 1.300; Variant: 1.300-1.500 (4Motion); Golf GTD: 1.400

- bis 12%, ungebremst: Golf: 650; Golf Plus: 680; Variant: 690-750 (4Motion); Golf GTD: 700

Zulässige Achslast vorn: Golf: 920-1.010; Variant: 990; Golf Plus: 1.000-1.070; Golf GTD: 1.060; Variant 4Motion: 1.090.

Zulässige Achslast hinten: Golf, Golf GTD: 830-880; Golf Plus: 970; Variant: 1.000-1.060 (4Motion).

(Anmerkung: Die angegebenen Anhänge- und Achslasten gelten für die häufigsten Modellfälle)

Weitere Daten

Karosserietyp: Selbsttragend, verzinkt, Stahl, Verformungszonen vorn und hinten, 2/4 Türen, 5 Sitzplätze

Luftwiderstandsbeiwert cW 0,298; 0,304; 0,31. Stirnfläche A in m²: 2,2; 2,38. Luftwiderstand = cW x A = 0,675; 0,68; 0,719.

Wartungsplan

Ihr gerade gekaufter Golf hat den »Übergabeservice« hinter sich und dürfte Ihnen zunächst keine größeren Wartungsarbeiten abverlangen. Vom festen Sitz der Batteriekabel über sämtliche Flüssigkeitsstände oder auch die Vollständigkeit der Bordliteratur bis hin zur Zeituhr wurde alles geprüft und richtig gestellt.
Im späteren Fahrbetrieb werden dann in bestimmten Intervallen Ölwechsel und Inspektion fällig. Wie heute fast alle Hersteller, unterscheidet auch Volkswagen schon seit knapp zehn Jahren nach

- Inspektionsservice in festen Intervallen und
- LongLife Service mit flexiblen Wartungsintervallen.

Wenn Wartung oder Ölwechsel erforderlich sind, erscheint eine entsprechende Anzeige auf dem Display. Das geschieht eine Minute lang nach Einschalten der Zündung und nach dem Anlassen des Motors.
Es gibt zwei verschiedene Anzeigen: »service OEL« für den Ölwechsel und »service INSP« für die fällige Inspektion. Nach dem Service muss die Intervallanzeige zurückgesetzt werden. In der Werkstatt geschieht das mit dem Diagnose- und Informationssystem VAS 5051 oder 5052: Gerät am Diagnosesteckplatz (»Interface«) unterm Lenkrad anschließen, die »Geführten Funktionen« einschalten, auf »Servicearbeiten« stellen und dem Programm folgen.

Feste Wartungsintervalle

Dabei setzt sich der Inspektionsservice aus Ölwechsel nach Service-Intervall-Anzeige bei maximaler Laufleistung von 15.000 km oder maximalem Zeitintervall von 12 Monaten sowie einer Inspektion nach Service-Intervall-Anzeige bei maximaler Fahrt von 30.000 km oder maximalem Zeitintervall von 24 Monaten zusammen. Bei erschwerten Betriebsbedingungen wie überwiegenden Kurzstreckenfahrten oder staubigen Straßenverhältnissen soll der Ölwechsel öfter vorgenommen werden. Die Inspektion soll nach der Intervallanzeige stattfinden, davon unabhängig aber alle 30.000 km.

LongLife Service mit flexiblen Intervallen

Durch schonende Fahrweise und günstige Einsatzbedingungen kann die Intervalldauer auf das Doppelte vergrößert werden. Das sind also maximal 30.000 km oder 24 Monate (Inspektion sogar 36 Monate).

Bei extremer Fahrweise und beanspruchenden Einsatzbedingungen kann die Wartung allerdings auch bei Fahrzeugen mit LongLife-Service nach 15.000 km oder 12 Monaten fällig werden. Dazu erfolgen dann entsprechende Signale durch die Intervall-Anzeige der Instrumententafel (Display).
Lange Zeit galt für LongLife-Service-Turbodiesel der Motoröl-Standard nach Spezifikation VW 505.00 oder 505.01. Damit befüllt wurden die Fahrzeuge ausgeliefert. Inzwischen ist als Weiterentwicklung das Öl VW 504/507.00 auf dem Markt. Wenn frühere, nicht dem LongLife-Standard entsprechende Öle verwendet werden (z. B. VW 500 00), gilt für das Fahrzeug der Service nach festen Intervallen. Die Anzeige muss dann auf 15.000 Kilometer/12 Monate programmiert werden, verlängertes Intervall ist nicht möglich.
Zum Ölwechsel-Service gehören das Absaugen des Motoröls, wie wir es im Kapitel »Antrieb« unter »Das Schmiersystem« beschrieben haben, das Ersetzen des

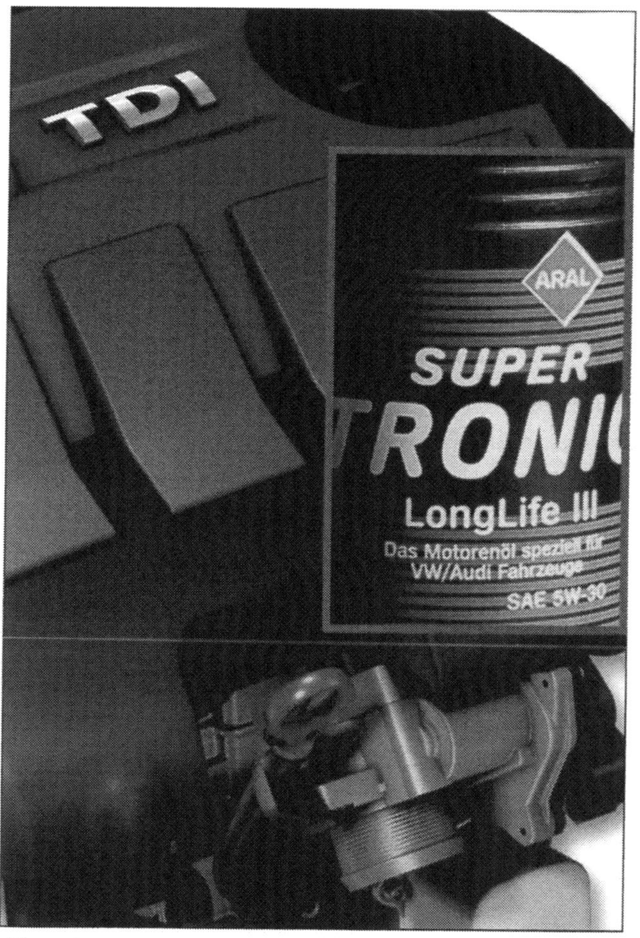

Eines für alle: VW empfiehlt als jüngstes Universalöl auch für TDI-Motoren das nach Haus-Norm 504 00 und 507 00. Die Spezifikation dieses Öls ist SAE 5W 30.

Ölfilters, das Auffüllen des neuen Öls und das Zurücksetzen der Service-Intervall-Anzeige. Nach VW-Anweisung gehört dazu auch stets das Prüfen der Bremsbelagdicke der Scheibenbremsen.

Umfang des Inspektionsservice

Wenn Sie die Wartungsarbeiten selbst erledigen, denken Sie bitte daran, in der Werkstatt die Abfrage des Fehlerspeichers der elektronischen Steuergeräte mit dem Werkstattsystem VAS 5051/5052 vornehmen zu lassen. Die Kontrolle der Fehlerspeicher ist sinnvoll, weil manche Defekte im elektronischen System während der Fahrt nicht unbedingt auffallen.
Denn die Steuergeräte verfügen über Notlaufprogramme, die den Betrieb auch bei Ausfall beispielsweise eines Sensors garantieren sollen. Manche dieser Programme funktionieren so gut, dass der Fahrer einen Fehler gar nicht bemerken kann. Natürlich muss dennoch unbedingt die Reparatur erfolgen. Richten Sie sich bei Wartungen und Kontrollen nach dem Plan, wie ihn Volkswagen vorgibt:

Ständige Kontrollen

- Scheibenwaschwasser auffüllen. Scheibenwischer und Waschanlage prüfen
- Standlicht, Abblend- und Fernlicht prüfen
- Motorölstand prüfen
- Rücklichter und Nebelschlussleuchten prüfen
- Kühlflüssigkeit prüfen und nachfüllen
- Bremsen und Bremsflüssigkeit prüfen
- Bremsleuchten, Blinker und Warnblinker sowie das Signalhorn (auch Lichthupe) prüfen
- Reifendruck prüfen

Alle 30.000 Kilometer oder einmal in 36/24 Monaten

- Beleuchtung über Fahrerinformationssystem prüfen
- Zusätzlich Signalhorn und Kennzeichenbeleuchtung prüfen
- Flüssigkeitsstand der Batterie prüfen, ggf. destilliertes Wasser auffüllen
- Scheibenwisch- und Waschanlage auf Düseneinstellung und Funktion prüfen
- Scheibenwischerblätter auf Beschädigung prüfen
- Motorraum: Sichtprüfung auf Beschädigungen und Undichtigkeiten
- Von unten: Sichtprüfung von Motor, Getriebe, Achsantrieb und Lenkung. Alle Gelenkschutzhüllen auf Beschädigung und Undichtigkeiten kontrollieren und im Zweifel nochmals in der Werkstatt prüfen lassen
- Motoröl: Absaugen, Ölfilter ersetzen, neu befüllen
- Dicke der Bremsbeläge prüfen
- Bremsflüssigkeitsstand abhängig vom Belagverschleiß prüfen
- Reifen (und, falls vorhanden, Reserverad): Zustand, Reifenlaufbild, Fülldruck und Profiltiefe prüfen. Wenn damit ausgestattet: Haltbarkeitsdatum des Reifenreparatur-Sets prüfen
- Teile der Abgasregulierung in der Werkstatt kontrollieren lassen, besonders, falls das Fahrzeug wegen bestimmter Umstände (Arbeiten nach Unfall) dem TÜV vorgeführt werden muss

Zusätzlich alle 60.000 Kilometer oder 60/48 Monate

- Staub- und Pollenfilter ersetzen
- Innenraumbeleuchtung und Licht im Handschuhkasten prüfen
- Motorhaubenfanghaken schmieren
- Scheinwerfereinstellung prüfen
- Unterboden auf Beschädigungen und lose Befestigungsteile prüfen
- Gelenke an der Vorderachse: Dichtungsbälge, Spiel und Befestigung prüfen
- Bremsanlage auf Undichtigkeiten und Beschädigungen prüfen (Sichtprüfung)
- Frostschutz und Flüssigkeitsstand im Kühlsystem prüfen
- Flüssigkeitsstand der Hydraulik prüfen
- Wasserablauf im Wasserkasten prüfen

Danach folgende Wechselintervalle unbedingt einhalten

- Glühstiftkerzen alle 60.000 km oder 4 Jahre
- Ölfilter des DSG alle 60.000 km
- Staub- und Pollenfilter alle 30.000 km oder 2 Jahre
- Bremsflüssigkeit entsprechend der regelmäßigen Wartungen nach Service-Tabelle, jedenfalls alle 2 Jahre
- ATF (das Getriebeöl) der automatischen DSG-Getriebe zur Sicherheit alle 60.000 km (leichte Unterschiede 6- und 7-Gang)

Nach Wartungsarbeiten empfiehlt sich eine Probefahrt zur Kontrolle. Beim Auslesen des Fehlerspeichers in der Werkstatt oder ggf. mit einem Ihnen verfügbaren Diagnose-System die Service-Intervall-Anzeige (SIA) zurücksetzen. Oder SIA nach der unter »Das Schmiersystem« beschriebenen Methode mit der Wippe am Scheibenwischerhebel per Hand zurücksetzen.

Techniklexikon

Das folgende Stichwortverzeichnis soll Ihnen helfen, einige der häufig benutzten Ausdrücke zu verstehen, die Sie im Gespräch mit den Leuten in der Werkstatt, im privaten Kreis von »Experten« und auch in diesem Buch immer wieder hören oder lesen.

Abgasturbolader – von Abgasen angetriebenes Turbinenrad. Die Turbine nutzt die im Abgas enthaltene Energie und drückt zur Leistungssteigerung Frischluft und vorverdichtete Luft in die Zylinder.

ABS – Antiblockiersystem. Drehzahlsensoren an allen vier Rädern melden einem Steuergerät, wenn das jeweilige Rad kurz vor dem Blockieren ist. Der Bremsdruck am Rad wird abwechselnd verringert und erhöht und das Blockieren verhindert.

ACC – Adaptive Cruise Control (adaptive Geschwindigkeitsregelung); hält die gewünschte Fahrzeuggeschwindigkeit konstant.

Achsschenkel – Bauteil der Vorderradaufhängung, schwenkt beim Lenken um die Lenkdrehachse. Auf dem Achsschenkel ist das Vorderrad gelagert.

Achstrieb (Vorder, Hinterachstrieb) – Vorderachstrieb: Baugruppe, die ein Stirnradpaar und das Differenzial zum Antrieb der Gelenkwellen vom Getriebe aus enthält.
Bei Hinterradantrieb sind in einem eigenen Gehäuse ein Kegelradsatz (»Teller und Kegelrad«) und das Differenzial vereinigt.

Achswelle – Angetriebene Welle, starr oder mit Gelenken, an deren Nabe eines der Räder montiert ist.

Adaptives Kurvenlicht – Horizontal schwenkbare Scheinwerfer, die die Kurven optimal ausleuchten, sobald der Fahrer in sie einlenkt.
Sensoren erfassen den Lenkwinkel, die Gierrate (Drehgeschwindigkeit um die Hochachse) und die Fahrgeschwindigkeit. Die Xenon-Scheinwerfer werden elektromechanisch so gesteuert, dass die Kurve ihrem Verlauf entsprechend besser ausgeleuchtet wird.

Airbag – Aufblasbares Luftkissen, das bei Frontalaufprall des Autos auf ein Hindernis die Insassen vor Verletzung schützt.
Gewöhnlich in die Lenkradnabe und die Schalttafel (evtl. auch in die Sitzlehnen = Seiten-Airbags) eingebaut

Aktivkohlefilter (EVAP) – System zur Verminderung der Emission schädlicher Benzindämpfe aus dem Tank. Die Dämpfe werden in einem Filter aus Holzkohle gespeichert und später im Motor verbrannt.

Anlasser – Elektromotor, der zum Anlassen des Motors dient. Sein längs verschiebbares Ritzel wird zuerst in den großen Zahnkranz des Schwungrads eingespurt und dreht dann die Kurbelwelle.

Antriebsriemen – Normalerweise aus Gummigewebe gefertigter Riemen, der über mindestens zwei Riemenscheiben läuft und von der Kurbelwelle aus Nebenaggregate oder die Nockenwelle(n) antreibt (als Keilriemen, Flachriemen oder Zahnriemen).

Antriebsstrang – Oberbegriff für den gesamten Antrieb eines Fahrzeugs mit Motor, Kupplung, Getriebe, Kardanwelle (soweit vorhanden), Achstrieb/Differenzial und Antriebswellen.

Asphärischer Außenspiegel – Außenspiegel mit zweigeteilter, teilweise gebogener (konvexer) Spiegelfläche. Dadurch vergrößert sich die Sichtfläche des Rückspiegels.
Die korrekte Einstellung der Seitenspiegel auf die Sitzposition des Fahrers vermeidet beim asphärischen Außenspiegel den toten Winkel fast vollständig. Alle Modelle aus der Volkswagen-Pkw-Palette sind mit asphärischen Außenspiegeln auf der Fahrerseite ausgerüstet.

ASR – Antriebsschlupfregelung; verhindert Durchdrehen der Antriebsräder, hält den Wagen in den Spur.

ATF –Automatic Transmission Fluid (Getriebeöl für automatische Getriebe).

Aufbohren (Zylinder) – Verfahren zum Nacharbeiten der Zylinderbohrungen bei starkem Verschleiß. In die um ein geringes Maß vergrößerten Bohrungen werden entsprechend größere Kolben eingebaut. Nur nach langer Laufzeit erforderlich.

Ausdehnungsbehälter – Teil der modernen, unter Druck arbeitenden Kühlanlage. In diesen Ausgleichsbehälter kann das infolge des Temperaturanstiegs sich ausdehnende Kühlmittel ausweichen.

Ausgleichsgetriebe – Siehe Differenzial.

Ausgleichscheibe – Stahlscheibe, zumeist in verschiedenen Dicken, zum Ausgleich des Axialspiels beweglicher Bauteile.

Ausgleichswelle – eine zur Kurbelwelle gegenläufig rotierende Welle für einen ruhigen Motorlauf.

Auspuffkrümmer – Sammelrohr, das die Abgase des Motors von jedem der Zylinder in die (gemeinsame) Abgasanlage leitet.

Ausrücklager (Kupplung) – Wälzlager, das axial gleitend auf einer Hülse vorn im Getriebegehäuse montiert ist, beim Auskuppeln vom KupplungsAusrückhebel gegen die rotierende Tellerfeder gedrückt oder gezogen wird und dabei die Kupplungsscheibe freigibt

Auswuchten (Räder) – Prüfen und Korrigieren eines Rades mit Reifen im Hinblick auf statische und dynamische »Unwucht«, d.h. auf Kräfte, die das Rad zu Flatter oder Zitterbewegungen veranlassen könnten.

Automatikgurt – Sicherheitsgurt, der den Fahrzeuginsassen bei normaler Fahrt Bewegungsfreiheit lässt, aber blockiert wird, wenn das Auto stark verzögert wird oder die angegurtete Person plötzliche Bewegungen macht.

AWD – All Wheel Drive (Allradantrieb).

Axialspiel – Bewegungsfreiheit eines Bauteils in Achsrichtung, z.B. die seitliche Bewegung eines Pleuels auf dem Lagerzapfen der Kurbelwelle.

Batterie – (Akkumulatorenbatterie) »Reservoir«, in dem elektrische Energie gespeichert wird. Sie liefert den Strom zum Anlassen des Motors und für die übrigen Verbraucher bei stehendem Motor. Sie wird bei laufendem Motor vom Generator aufgeladen.

Benzindirekteinspritzung – Bei der Benzindirekteinspritzung wird der Kraftstoff mit einem maximalen Druck von bis zu 150 bar direkt in den Brennraum eingespritzt. Eine besondere Brennraumgeometrie sorgt für eine optimale Verwirbelung des Kraftstoff-Luft-Gemischs.

Biodiesel – wird aus nachwachsenden Rohstoffen gewonnen. In Deutschland wird häufig Raps zur Gewinnung von Biodiesel genutzt. Daher haben sich auch die Bezeichnungen RME (Raps-Methyl-Ester) bzw. PME (Pflanzen-Methyl-Ester) durchgesetzt. Aus ökologischer Sicht stellt Biodiesel eine sinnvolle Alternative zu herkömmlichem Dieselkraftstoff dar, da man sich in einem geschlossenen CO_2-Kreislauf bewegt. Das bedeutet, dass die Pflanze während ihres Wachstums soviel an CO_2 aufnimmt, wie nachher bei der Verbrennung wieder abgegeben wird.
Da sich Biodiesel jedoch in seiner Zusammensetzung von herkömmlichem Dieselkraftstoff unterscheidet, kann er nicht uneingeschränkt als direkter Ersatz für Diesel genommen werden. Größtes Problem ist derzeit, dass es keine einheitliche Norm für Qualität und Zusammensetzung von Biodiesel gibt. Der Marktanteil von Pflanzen-Methyl-Ester liegt zur Zeit unter einem Prozent. Selbst bei Ausschöpfung aller Anbaupotenziale könnte Pflanzen-Methyl-Ester nur ein Zehntel des Dieselkraftstoffbedarfs decken.

Bi-Xenon – XenonScheinwerfer für Abblend und Fernlicht (siehe Xenonlicht).

Blattfeder – Lange, schmale, gekrümmte Feder, zumeist als Paket aus mehreren Blättern zusammengesetzt. Heute nur noch bei Lkws, schweren Geländewagen und alten Autos mit hinterer Starrachse zu finden.

Bord-Diagnosesystem – Elektronische Überwachungsanlage für das Motor-Managementsystem. Sie lässt über den Fehlercode Fehlfunktionen erkennbar werden, die sich negativ auf Abgasemissionen, Leistung und Verbrauch auswirken können.

Boxermotor – Motorbauform, bei welcher die Zylinder einander gegenüberliegen; im allgemeinen sind gleich viele Zylinder auf jeder Seite der Kurbelwelle.

Bremsankerplatte – Stahlblechplatte, am Radträger (zumeist nur noch der Hinterräder) befestigt. Daran sind die Bremsbacken der Trommelbremse montiert.

Bremsbacken – Gekrümmtes Bauteil in der Trommelbremse, mit Bremsbelägen bewehrt. Die Backen werden beim Bremsen von innen gegen die Bremstrommel gedrückt.

Bremsbelag – Trommelbremse: auf die Bremsbacken aufgebrachter Reibbelag aus hitzebeständigem Werkstoff; Scheibenbremse: Mit aufvulkanisiertem Reibbelag versehene Metallplatte. Die Bremsbeläge werden von den Hydraulikkolben von beiden Seiten her beim Bremsen an die Bremsscheibe angedrückt.

Bremse entlüften – Entfernen unerwünschter Luft aus einer geschlossenen hydraulischen Bremsanlage.

Bremsflüssigkeit – Spezielles, hitzebeständiges Hydrauliköl für Bremsanlage (ggf. auch für Kupplungsbetätigung).

Bremsscheibe – Mit dem Rad umlaufende, häufig hohl gegossene (»belüftete« Bremsscheibe) Metallscheibe. Beim Betätigen der Bremse werden von beiden Seiten her die Bremsbeläge an die Scheibe angedrückt und verzögern dadurch Scheibe und Rad.

Bremsservo (VakuumBremsverstärker) – Gerät, das die am Pedal aufgebrachte Kraft zum Betätigen des Hauptbremszylinders erhöht. Der Unterdruck, mit dem das Gerät arbeitet, kommt beim Benzinmotor vom Saugrohr, beim Dieselmotor von einer zusätzlichen Pumpe.

Bremstrommel – Mit dem Rad umlaufendes, schüsselförmiges Bauteil der Trommelbremse. Beim Betätigen der Bremse werden von innen her die beiden Bremsbacken an die Trommel angedrückt und verzögern dadurch Trommel und Rad.

Bremszange, -sattel – Bauteil, das am Radträger montiert ist und sattelförmig die Bremsscheibe übergreift. Enthält die Hydraulikkolben und Bremsbeläge.

Brennraum – Raum über dem Kolben, in dem dieser das Gemisch verdichtet, und in dem im Augenblick der Zündung die Verbrennung stattfindet. Der Brennraum kann auch zum Teil in den Kolbenboden eingelassen sein.

CAN – Control Area Network (KontrollNetzwerk); verknüpft elektronische Funktionen.

Carbon – Kohlenstoff; belastungsstarker und extrem leichter Werkstoff für Karosserieteile und Bremse von Supersportwagen und für die Formel 1.

Chip-Tuning – Leistungssteigerung durch Austausch eines elektronischen Speicherbausteins und damit verbundene Steuerprogrammänderung.

Choke (Vergaser) – Manuell oder automatisch betätigtes Klappenventil, das beim Kaltstart durch Drosselung der Luft zum Motor das Gasgemisch anreichert.

CNG – Compressed Natural Gas (komprimiertes Naturgas); Erdgas für speziell ausgerüstete Personenwagen und Transporter.

CO-Gehalt – Anteil von Kohlenmonoxid im Abgas

Common Rail – (gemeinsame Schiene) Diesel-Direkteinspritzer, bei dem alle Zylinder über eine gemeinsame, unter Druck stehender Verteilerleitung mit Kraftstoff versorgt werden.

Comprex-Lader – Druckwellenlader, Mischung aus Turbolader und Kompressor. Wird von der Kurbelwelle über einen Zahnriemen angetrieben.

Crossover – Kreuzung verschiedener Fahrzeug-Gattungen zu neuem Typ.

CVT-Automatik – (Continuously Variable Transmission) Automatische, stufenlose Kraftübertragung mit je einer zweigeteilten, kegeligen Scheibe auf An und Abtriebswelle. Durch axiales Verschieben der Scheiben wird der wirksame Radius eines auf ihnen laufenden Keilriemens oder einer Lamellenkette stufenlos verändert – damit auch die jeweilige Übersetzung.

DB - Dezibel – Einheit für Lautstärke.

DBC – dynamische Bremskontrolle (siehe BAS).

Diagnosesystem – Siehe BordDiagnosesystem.

DiagnoseWarnleuchte – Warnleuchte an der Schalttafel. Zeigt an, dass eine Fehlfunktion vorliegt und als solche im Steuergerät gespeichert wurde.

Dichtung – Verformbares Material, das zwischen zwei Oberflächen eingefügt wird, um gas bzw. flüssigkeitsdichte Verbindungen zu schaffen.

Dieselmotor – Der »Selbstzünder« (Gegensatz: »Ottomotor« = Fremdzünder) arbeitet mit der durch Verdichtung reiner Luft im Zylinder entstehenden Temperatur, die ausreicht, um den zerstäubten Dieselkraftstoff zu entzünden. Hierfür ist freilich eine weit höhere Verdichtung erforderlich als beim Ottomotor.

Differenzial/Ausgleichgetriebe – Zumeist als Kegelrädertrieb ausgeführt, treibt es die beiden Räder einer Achse gemeinsam in gleicher Drehrichtung, erlaubt ihnen aber, sich bei Kurvenfahrt unterschiedlich schnell zu drehen.

Differenzialsperre – schafft starren Durchtrieb zwischen Rädern einer Achse oder beider Achsen für eine bessere Traktion des Fahrzeugs.

Direkteinspritzung – Spezielle Bauart von Motoren, bei denen der Kraftstoff durch Düsen unmittelbar in die Brennräume eingespritzt wird.

DOHC – (Double Overhead Camshaft) Bezeichnung für einen Motor mit zwei obenliegenden Nockenwellen, von denen eine die Ein und eine die Auslassventile betätigt. Dies erlaubt optimale Anordnung der Ventile in Bezug auf Leistung und Emissionen (strömungsgünstigere Kanalführung im Kopf).

DOT-Nummer – auf die Reifenflanke geprägt, verrät den Produktionszeitraum des Pneus.

Drehkolbenmotor – Siehe Wankelmotor.

Drehmoment – Die an einem Hebelarm wirkende Kraft, früher in mkp (MeterKilopond), heute in Nm (Newtonmeter) ausgedrückt (1 mkp = 9,81 Nm).

Drehmomentschlüssel – Werkzeug zum Anziehen von Schrauben und Muttern mit einem vorgegebenen Drehmoment.

Drehmomentwandler/»Wandler« – Flüssigkeitskupplung anstelle einer mechanischen Kupplung zwischen Motor und Automatikgetriebe. Kann das Motordrehmoment nach Bedarf verändern.

Drehstabfederung/Torsionsfederung – Eine in manchen Automodellen angewandte Art der Federung, die auf der Verdrehung eines geraden Stabes (Drehstab) um seine eigene Achse beruht.

Drive-by-wire – (Fahren per Draht). Befehle des Fahrers werden nicht mechanisch übermittelt, sondern elektronisch.

Drosselklappe – Vom Gaspedal betätigte Ventilklappe vor dem Saugrohr, die mehr oder weniger Luft zu den Einlaßventilen strömen läßt.

Drosselklappenschalter – Bauteil des MotorManagementsystems, das dem Steuergerät die jeweilige Stellung der Drosselklappe signalisiert.

Druckfester Verschluss (Kühler) – Schraubkappe auf dem Ausdehnungsgefäß. Wirkt als Sicherheitsventil bei Über und Unterdruck im Kühlsystem, um dieses vor Beschädigungen zu schützen.

Dynamische Kopfstützen – auch aktive Kopfstützen, sollen vor allem bei Auffahrunfall vor Verletzungen der Halswirbelsäule (Schleudertrauma) schützen.

Dynamisches Energiemanagement – sorgt in Abhängigkeit von Batterieladezustand und Temperatur selbstständig dafür, dass stets genügend Energie für einen Motorstart zur Verfügung steht. Dies gilt auch dann, wenn das Fahrzeug einmal für einen längeren Zeitraum abgestellt ist.
Moderne Fahrzeuge entnehmen ihren Batterien selbst im Ruhezustand Energie: Verkehrsfunkspeicher, aber auch Diebstahlwarnanlage oder der Empfänger für die Funkfernbedienung verbrauchen konstant ein geringes Quantum Strom. Wenn ein kritischer Ladezustand der Batterie droht, reduziert das Energiemanagement im Ruhezustand den Verbrauch durch stufenweises Abschalten der Verbraucher. Während der Fahrt kontrolliert das dynamische Energiemanagement laufend die Batteriespannung und die Ladeaktivität. Bei Bedarf erhöht das System die Leerlaufdrehzahl geringfügig, um die Leistung des Ladegenerators zu erhöhen. In extremen Fällen werden kurzzeitig besonders verbrauchsintensive Komponenten wie etwa die Sitz- oder Heckscheibenheizung deaktiviert. Der Komfort leidet darunter nicht.

DynAPS – dynamisches Autopilot-System. Dabei berücksichtigt das Navigationssystem Staumeldungen bei der Routenberechnung.

EBD – Electronic Brake Distribution, sorgt für eine elektronische Bremskraftverteilung.

EBV – elektronische Bremskraftverteilung.

ECE – Economic Comission for Europe (Wirtschaftskommission für Europa), befasst sich mit der Harmonisierung von Vorschriften rund ums Auto.

EDS – elektronische Differentialsperre.

E-Gas – »E« steht für elektronisch. Das Gaspedal wirkt bei Fahrzeugen mit EGas wie ein Sensor. Dieser erkennt anhand der Pedalstellung unmittelbar den Leistungswunsch des Fahrers. Auf Basis dieses Ausgangssignals regelt die Motorelektronik Drosselklappe, Ladedruck und Zündung. Dieses elektronische System löst die bisherige Übertragungstechnik per Seilzug ab und bringt wesentliche Vorteile: EGas erleichtert die elektronische Motorsteuerung, reagiert schneller und ist eine technische Voraussetzung für das elektronische Stabilisierungsprogramm (ESP).

EGR – Exhaust Gas Recirculation. Verfahren zur Abgasentgiftung: Ein Teil der Abgase wird der Ansaugluft wieder zugeführt, um unverbrannte Kraftstoffanteile weiter zu verbrennen.

Einscheiben-Sicherheitsglas – Scheibe aus thermisch behandeltem Glas in nur einer Schicht. Wenn die Scheibe zerspringt, zerfällt sie in viele kleine Teile mit stumpfen Kanten. Zerspringt sie beim Auftreffen eines Körpers nicht, wird der Durchblick sehr stark behindert.

Einspritzdüse – Gerät, das den Kraftstoff direkt oder indirekt in den Brennraum eines Otto- oder Dieselmotors einspritzt.

Einspritzpumpe (Diesel) – Gerät, das beim Dieselmotor für die Zumessung der Kraftstoffmenge und die Einspritzung unter hohem Druck zum genau festgelegten Zeitpunkt sorgt.

Einspritzzeitpunkt (Diesel) – Die kurz vor dem Erreichen des oberen Totpunkts (OT) liegende Stellung des Kolbens, in welcher der Kraftstoff eingespritzt wird.

Einzelradfederung – Federungssystem, bei welchem jedes Rad ohne gegenseitige Wirkung auf die übrigen Räder des Wagens Auf und Abbewegungen ausführt.

Elektrode – An der Zündkerze springt zwischen diesen Metallteilen der Zündfunke über; zwischen Verteilerfinger und Verteilerkappe sorgen Elektroden für die Übertragung des hochgespannten Stroms an die einzelnen Kerzen.

Elektrodenabstand (Kerze) – Einstellbare Distanz zwischen Plus und Masse-Elektrode der Zündkerze.

Elektrolyt – In der Batterie die Strom leitende Flüssigkeit aus Schwefelsäure und destilliertem Wasser.

Elektronische Einspritzung – Kraftstoffeinspritzung mit elektronischer Steuerung.

Elektronische Zündung – Zündanlage, die von einer Elektronik gesteuert wird, welche die Funktion des Verteilers und der Unterbrecherkontakte übernimmt.

Elektronisches Steuergerät – Elektronische Zentraleinheit, die Signale von diversen Sensoren empfängt, verarbeitet und entsprechende Befehle an Zünd-, Einspritz- und andere Systeme erteilt.

Emissionen/Abgasemissionen – Vom Auspuff und verschiedenen anderen Teilen des Autos (Tank, Kurbelgehäuse) in die Atmosphäre abgegebene Substanzen, die gasförmig oder als Partikel auftreten.

Emissionskontrolle – Oberbegriff für diverse Systeme zur Verminderung schädlicher Emissionen.

Endanschlag – Dämpfendes Gummiteil, das beim Durchfedern auf schlechter Fahrbahn das Anschlagen der Radaufhängung an die Karosserie verhindert.

Entkohlen – Entfernen von Verbrennungsrückständen in den Brennräumen, den Kanälen und auf den Kolbenböden bei einer Motorüberholung.

Entlüftung – Öffnung oder Ventil, aus dem Luft oder Gase aus einem Gehäuse (z.B. Kurbelgehäuse) austreten bzw. in ein System eintreten können.

Entlüftungsnippel – Hohlschraube, durch die nach Lösen zur Entlüftung eines geschlossenen Systems (Bremse, Kupplung) Luft und Flüssigkeit austreten.

Entstörgerät – Gerät zur Beseitigung oder Unterdrückung elektrischer Störeinflüsse von Zündung oder anderen Bauteilen der Elektrik.

ESP – elektronisches StabilitätsProgramm; hält durch das Bremsen einzelner Räder die Spur.

Euro-NCAP – New Car Assessment Programme = Programm zur Bewertung der passiven Sicherheit von Kfz. Gilt heute als einer der wichtigsten Maßstäbe für die passive Fahrzeugsicherheit. Es stellt beim Offsetcrash noch härtere Anforderungen als das seit Oktober 1998 geltende EU-Gesetz. Die Aufprallgeschwindigkeit wurde von 56 km/h (Gesetz) auf 64 km/h (Euro NCAP) erhöht, was einer um über 30% höheren Aufprallenergie entspricht. Organisiert wird das Euro-NCAP unter anderem von der englischen und der schwedischen Verkehrsbehörde, vom internationalen Automobilverband FIA, vom ADAC sowie von anderen europäischen Automobilclubs.

Fading (Bremse) – Vorübergehendes Nachlassen der Bremsenfunktion infolge Überhitzung des Reibmaterials (vor allem bei Trommelbremsen).

Federbein – Siehe McPherson.

Federung – Oberbegriff für die Bauteile eines Fahrzeugs, die der Isolierung der Karosserie von den Rädern dienen und dafür sorgen, dass alle vier Räder ständigen Fahrbahnkontakt halten.

Fehlercode – Elektronischer Code, den das Steuergerät eines Diagnosesystems beim Auftreten eines Funktionsfehlers speichert. Der verschlüsselte Code enthält Einzelheiten zur Fehlerquelle und veranlasst, dass eine Warnlampe am Schaltbrett aufleuchtet..

Fehlercode-Transmitter – Elektronisches Bauteil, das den verschlüsselten Code für die Werkstatt lesbar macht.

Festsattelbremse – Fest am Radträger montierter Bremssattel der Scheibenbremse. Der Festsattel besitzt (im Gegensatz zum Schwimmsattel) mindestens zwei einander gegenüberliegende Hydraulikkolben.

Fettes Gemisch – Ausdruck für ein Kraftstoff–Luft–Gemisch mit einem höheren als dem optimalen Kraftstoffanteil.

Fliehkraftregler (Zündung) – Vorrichtung im Zündverteiler, die auf der Fliehkraft von kleinen Gewichten beruht und entsprechend der Motordrehzahl laufend automatisch den Zündzeitpunkt verstellt.

Fluid – Häufig benutzter Ausdruck für Flüssigkeit, Kühlmittel, Bremsöl usw.

Flüssiggas – (LPG = Liquefied Petroleum Gas) Gemisch von aus Rohöl gewonnenen Brenngasen (Butan, Propan...), das in manchen Fällen statt anderer Kraftstoffe für entsprechend eingerichtete Ottomotoren eingesetzt wird.

Frostschutz – flüssiger Kühlwasser-Zusatz, um das Einfrieren der Motorkühlung im Winter zu unterbinden und vor Korrosion zu schützen.

Fühlerlehre – Einfaches Messgerät zum genauen Messen einer Spaltbreite (z.B. den Elektrodenabstand einer Zündkerze); besteht aus einem Satz verschieden dicker Stahlblech-»Fühler«.

Gasgemisch – Mischung aus bestimmten Gewichtsanteilen an Luft und Kraftstoff zur Verbrennung im Ottomotor. Das optimale Verhältnis für eine vollständige Verbrennung beträgt 14,7:1.

Gelenkwelle/Antriebswelle – Welle zum Antrieb eines (Vorder- oder Hinter-)Rades vom Differenzial aus. Gelenkwellen an derselben Achse können gleich oder auch verschieden lang sein und ein oder zwei Gelenke besitzen.

Generator (Wechselstromgenerator) – Stromerzeuger, vom Motor über Riemen getrieben. Er liefert bei laufendem Motor den Strom für die elektrische Anlage des Wagens und zum Aufladen der Batterie.

Getriebe/Schaltgetriebe – Aus Wellen und veränderlichen Zahnradübersetzungen aufgebautes Aggregat, angeordnet zwischen Kupplung und Achstrieb. Mit den im Getriebe wählbaren Übersetzungen kann der Motor trotz veränderlicher Fahrgeschwindigkeiten in seinem günstigsten Arbeitsbereich verbleiben.

Getriebeeingangswelle – Von der Kupplung (oder dem Drehmomentwandler) ins Getriebe (oder in die Automatik) führende Welle.

Gleichlaufgelenk – Variante des Kardangelenks für Gelenkwellen (Antriebswellen) frontangetriebener Wagen. Dieses Gelenk ermöglicht eine gleichförmige, ruckfreie Kraftübertragung trotz der Überlagerung von Federungs- und Lenkbewegungen.

Gleitlager – Metallische oder sonstige verschleißarme Oberfläche an einem Bauteil, gegen die sich ein anderes Bauteil frei bewegen (normal: rotieren) kann, und die zur Minderung von Reibung und Verschleiß ausgelegt ist. Gleitlager werden gewöhnlich geschmiert.

Gleitmittel gegen Fressen – Schmiermittel, das besonders temperatur und druckbeanspruchte Bauteile am »Fressen« (Festgehen bei Trockenlauf) hindert.

Glühkerze – Elektrisches Heizgerät, das in die Brennräume der (zumeist aller) Zylinder eines Dieselmotors hineinragt, um ihn beim Kaltstart vorzuwärmen und damit die Rauchentwicklung unmittelbar nach dem Anspringen zu verringern.

GPS – Global Positioning System. Satellitensystem zur Positionsbestimmung, wird von Navigationssystemen benutzt.

Gürtel-/Radialreifen – Reifen, bei dem die Kordfäden in der Karkasse (Grundstruktur des Reifens) im rechten Winkel zur Reifenflanke verlaufen.

Gurtstraffer – zieht bei einem Aufprallunfall den Gurt fest an den Körper.

Handling – Häufig benutzter Ausdruck für das Fahrverhalten eines Autos, schließt Kurvenverhalten, Geradeauslauf und gefühlsmäßige »Handhabung« ein.

Hauptzylinder (Geberzylinder) – Hydraulikzylinder mit Kolben, gefüllt mit Hydraulikfluid. Das Brems- oder Kupplungspedal wirkt direkt (oder über ein Bremsservo) auf den Kolben und gibt die eingeleitete Kraft über das Fluid an die Nehmerzylinder weiter.

Head-up-Display – Überkopf-Anzeige, spiegelt Armaturanzeigen in die Windschutzscheibe.

Heizungs-Wärmetauscher – Kleiner »Kühler«, der in den Kühlkreislauf des Motors eingefügt und für die Bereitstellung von Warmluft für die Wagenheizung zuständig ist. Die durch die Rippen strömende Kaltluft erwärmt sich am heißen Kühlwasser des Motors, das durch den Wärmetauscher fließt.

Hilfsrahmen – Kleiner Rahmen aus Stahlprofilen, der unter der Karosserie montiert ist und Radaufhängungen und/oder Antriebsaggregate aufnimmt.

Hochspannungskreis (Zündanlage) – Stromkreis mit hoher Voltzahl für die Erzeugung des Funkens an der Zündkerze.

Hub/Kolbenhub – Weg, den der Kolben eines Verbrennungsmotors im Zylinder vom oberen zum unteren Totpunkt zurücklegt.

Hubraum, -volumen – Gesamtes Volumen aller Zylinder eines Motors, gerechnet zwischen dem unteren und oberen Totpunkt der Kolben.

Hybridantrieb – Kombination von zwei verschiedenen Abtriebsquellen.

Hydraktives Fahrwerk – Hydropneumatik (siehe unten) mit elektronischer Steuerung.

Hydraulik – Bezeichnung für ein mit Drucköl arbeitendes Übertragungssystem.

Hydraulikstößel – Ventilstößel, in dem das Ventilspiel bei allen Betriebszuständen durch Drucköl ausgeglichen wird. Dadurch entfällt die Ventilspiel-Einstellung.

Hydropneumatik – Eine mit Gas und Öl gefüllte Kugel übernimmt die Funktion herkömmlicher Dämpfer. Erstmals von Citroën in den 50er Jahren bei ID/DS eingesetzt.

Hydropneumatische Federung – Fahrzeugfederung, bei welcher eine Kombination aus Hydraulik und Luftfederung die Stelle der üblichen Stahlfedern (zuweilen auch der Stoßdämpfer) übernimmt.

IDE – Benzindirekteinspritzer der französischen Hersteller (siehe Direkteinspritzung).

Indirekte Einspritzung – Dieselmotoren-Bauart, bei der der Kraftstoff nicht unmittelbar in den Brennraum, sondern in eine benachbarte Wirbelkammer eingespritzt wird.

IPS – Intelligent Protection System (intelligentes Sicherheitssystem). Es handelt sich um eine Kombination aller passiven Sicherheitssysteme im Auto.

Isofix – International normiertes System zur Befestigung von Kindersitzen

Kardangelenk – Flexible, das Drehmoment übertragende Verbindung zwischen zwei Wellen, die ein mehr oder weniger starkes Abknicken der Wellen zu einander erlaubt. Wird in Kardanwellen und manchen Gelenkwellen verwendet, ergibt jedoch keine gleichförmige, ruckfreie Drehbewegung.

Kardanwelle – Welle, die die Kraft vom Schalt–/Automatikgetriebe zur Hinterachse (Motor vorn und Hinterradantrieb) und ggf. vom Verteilergetriebe zur Vorderachse (bei Vierradantrieb) überträgt.

Katalysator – In die Abgasanlage eines Autos eingebautes Gerät, das die in die Atmosphäre austretenden Schadstoffe auf chemischem Wege reduziert, ohne sich selbst zu verändern.

Kerzen – Siehe Zündkerzen.

Keyless Go – Schlüssel oder Chipkarten, die Signale mit dem Auto tauschen. Berührt der Fahrer den Türgriff, öffnet sich der Wagen. Starten per Knopfdruck, Schlüssel oder Karte bleibt in der Tasche.

Kickdown (Automatik) – Vorrichtung, die bei vollem Durchtreten des Gaspedals einen kleineren Gang einschaltet und starkes Beschleunigen erlaubt.

Kipphebel – Übertragungsteil im Ventiltrieb, in der Mitte gelagert, setzt die Aufwärtsbewegung des Nockens (bzw. der Stoßstange) in eine Abwärtsbewegung des Ventils um.

Klimaanlage (AC) – Anlage zur Kühlung und Entfeuchtung der in den Fahrgastraum von außen einströmenden Luft. Dient dem Fahrkomfort und der Freihaltung der Scheiben von Beschlag.

Klingeln – Siehe Klopfen/Klingeln.

Klopfen/Klingeln – Metallisches Motorgeräusch, das oft bei zu frühem Zündzeitpunkt, zu niedriger Oktanzahl des Kraftstoffs oder starken Ablagerungen im Brennraum auftritt. Es rührt von Druckwellen her, die die Zylinderwände in Schwingungen versetzen.

Klopfsensor – Signalgeber, der beim ersten Auftreten von Klopfgeräuschen einen Befehl ans Steuergerät im Motor-Managementsystem erteilt.

Kolben – Zylindrisches Bauteil, das sich in einer Bohrung linear bewegt. Beim Motor verdichtet der Kolben ein Kraftstoff-Luft-Gemisch, überträgt lineare Kraft durch das Pleuel auf die rotierende Kurbelwelle und schiebt verbranntes Gas durch Auslassventile aus dem Zylinder.

Kolbenring – Federnder Feingussring, der in einer um den Kolben laufenden Nut liegt und sich im Betrieb derart an die Zylinderwand anschmiegt, dass der Kolben im Zylinder praktisch gasdicht ist.

Kompakt-Van – Großraumlimousine auf Basis der Kompaktklasse.

Kompressor – mechanischer Lader, bläst Luft in den Ansaugtrakt; wird vom Keilriemen angetrieben.

Kondensator – Zündanlage: Gerät zur Unterdrückung zu starker Funkenbildung an den Zündkontakten; Klimaanlage: Gerät zur Umwandlung des Kühlmittels vom gasförmigen in den flüssigen Zustand.

Kontakte – Siehe Zündkontakte.

Kontermutter/Gegenmutter – Schraubenmutter, mit der eine Einstellmutter oder ein anderes Gewindeteil gegen Lösen gesichert wird.

Kopfdichtung – Siehe Zylinderkopfdichtung.

Kraftstoff – Bezeichnung für die verschiedenen in Verbrennungsmotoren verwendeten Treibstoffe wie Benzin, Diesel, Flüssiggas usw.

Kraftstoff-Druckregler (Systemdruckregler) – Regler in der Einspritzanlage, der für konstanten Kraftstoffdruck an den Einspritzdüsen sorgt. Arbeitet gewöhnlich mit dem Saugrohr-Unterdruck.

Kraftstoffeinspritzung – siehe Einspritzung.

Kraftstofffilter – Auswechselbarer Filter, der Fremdkörper und Wasser aus dem Kraftstoff abscheidet.

Kraftstoffpumpe/Benzinpumpe – Pumpe, heute

meist elektrisch angetrieben, fördert den Kraftstoff vom Tank zur Vergaser- oder Einspritzanlage.

Kraftübertragung – Allgemeine Bezeichnung für die Baugruppen des Antriebsstrangs (Getriebe, Achsantrieb, Wellen) mit Ausnahme des Motors.

Kugelgelenk – Wartungsfreies, in mehreren Ebenen bewegliches Übertragungsteil, vor allem in Radaufhängungen und Lenksystemen verwendet. Es besteht aus Kugel und Kugelpfanne sowie einer Gummiabdichtung, die kein Fett austreten lässt.

Kugellager – Reibungsarme Wellenlagerung, besteht aus zwei gehärteten Stahlringen und zwischen ihnen abwälzenden Kugeln (»Wälzkörper«).

Kühler – Bauteil des Kühlsystems, durch dessen feine Röhren oder Waben das heiße Kühlmittel fließt. Er ist vorn im Motorraum so angeordnet, daß er vom Fahrtwind durchströmt und dabei das Kühlmittel abgekühlt wird.

Kühlmittel – Mischung aus Wasser und Frostschutzmittel für die Motorkühlung.

Kühlmittel der Klimaanlage – Flüssigkeit, die beim Betrieb der Klimaanlage wechselweise gasförmig und wieder verflüssigt wird.

Kühlmittelpumpe – Siehe »Wasserpumpe«.

Kühlmittelsensor – Sensor, der im Motor-Managementsystem Informationen über die momentane Temperatur des Kühlmittels an das Steuergerät gibt.

Kühlerventilator – Siehe Ventilator.

Kupplung – Auf Reibung beruhende Einrichtung zur Übertragung und zur weichen Einleitung (Einkuppeln) des Drehmoments vom Motor ins Getriebe, ohne dass hierzu eine der beiden Komponenten zum Stillstand kommen muss.

Kupplungs-Ausrückhebel – Überträgt die Pedalkraft auf das Kupplungs-Ausrücklager..

Kupplungsscheibe – Metallscheibe mit verzahnter Nabe, trägt auf beiden Seiten Reibbeläge; gewöhnlich abgefedert zur weichen Einleitung der Kräfte.

Kurbelgehäuse – Der unterhalb der Zylinder liegende Teil des Motorblocks, in welchem die Kurbelwelle gelagert ist.

Kurbelwelle – Welle mit außermittigen (exzentrischen) Kurbelzapfen, durch die die geradlinige Bewegung der Kolben über die Pleuel in Drehbewegung umgewandelt wird.

Kurbelwellensensor – Sensor, der im Motor-Managementsystem Informationen über die momentane Kurbelwellenstellung (und evtl. -drehzahl) an das Steuergerät gibt.

kW/PS – Siehe PS/kW.

Ladeluftkühler – kühlt die vom Turbolader komprimierte Luft.

Lader/Kompressor – Luftverdichter, der Frischluft unter Druck zu den Einlassventilen des Motors fördert, um einen höheren Zylinderfüllungsgrad und damit erhöhte Leistung zu erzielen. Laderantrieb erfolgt entweder mechanisch von der Kurbelwelle oder beim Abgasturbolader über den Abgasdruck und eine Turbine.

Lambda–Regelung (Geregelter Katalysator) – Geschlossener Regelkreis mit Lambda–Sonde und Katalysator zur optimalen Abgasentgiftung. Die von der Lambda-Sonde ans Steuergerät geleiteten Signale sorgen in der Einspritzanlage für eine genaue Kraftstoffzumessung, um die bestmögliche Funktion des Katalysators zu erzielen.

Lambdasonde – Bauteil in der Abgasleitung eines Ottomotors mit geschlossenem Regelkreis (Lambda–Regelung), das den Sauerstoffgehalt der Abgase überwacht. Von L. ans Steuergerät geleitete Signale sorgen in der Einspritzanlage für genaue Kraftstoffzumessung und bestmögliche Katalysator-Funktion.

Längslenker – Parallel zur Fahrtrichtung auf und ab schwenkender Tragarm, an dessen Ende das Rad montiert ist. Seine Schwenkachse liegt im rechten Winkel zur Fahrzeuglängsachse.

LCD–Display/Info Display – Der bedarfsorientierte Aufbau des Info Displays erlaubt sowohl das Reduzieren fester Anzeigen auf den gesetzlichen Minimalum-

fang als auch eine umfangreiche Informationsauswahl. Möglich wird diese Vielfalt durch die Koppelung von mechanischen Zeigern mit LCD-Displays. Ob Navigationshinweise oder Tempomat–Einstellungen – der Fahrer hat alles stets im Blick.
Über das Info Display kann er z.B. den Stufentempomat ab ca. 30 km/h aktivieren. Dieser kann bis zu sechs Wunschgeschwindigkeiten speichern und bei Bedarf aufrufen. Über die Navigationshinweise werden die Routenführung zu einem gewünschten Zielpunkt und aktuelle Staumeldungen angezeigt.
Weiterhin befinden sich insgesamt 14 Kontroll- und Warnleuchten im LCD–Display. Die Palette reicht von »Klassikern« wie »Bitte angurten« über Fahrassistenten wie die Dynamische Stabilitäts Control (DSC) bis hin zur Parkbremse mit Automatic-Hold-Funktion.

LED–Technologie – Die LED (Light Emitting Diode) ist ein Licht emittierender Halbleiter, der eine wesentlich längere Lebensdauer und einen geringeren Stromverbrauch als konventionelle Glühlampen aufweist. Die Vorzüge der LED-Technologie liegen in ihrem niedrigeren Energieverbrauch, kürzeren Ansprechzeiten, geringerem Raumbedarf sowie einer höheren Lebensdauer (Fahrzeuglebensdauer).
Die hohe Betriebssicherheit und Lebensdauer von LEDs erhöhen die Sicherheit durch die verringerte Ausfallwahrscheinlichkeit von Rückleuchten und Bremslichtern.

Leerlaufdrehzahl – Drehzahl des Motors bei geschlossener Drosselklappe.

Leerweg/Spiel – Freie Beweglichkeit eines Bauteils (z.B. eines Pedals), ehe eine Wirkung oder Funktion einsetzt.

Lenkgetriebe – Siehe Zahnstangenlenkung.

Lenkung – Oberbegriff für die Bauteile der Lenkanlage. Das eigentliche Lenkgetriebe ist heute in der Regel eine Zahnstangenlenkung.

LHM–Fluid (Citroën) – Spezielle Hydraulikflüssigkeit auf Mineralölbasis für die Hydraulik von Citroën-Modellen.

LongLife–Öl – Je nach Motor- und Modellvariante sind Intervalle für Service oder Ölwechsel von bis zu 30.000 Kilometern oder maximal zwei Jahren bei Benzinmotoren und bis zu 50.000 Kilometern oder maximal zwei Jahren bei Dieselmotoren möglich.

Lufteinblasung – Maßnahme zur Schadstoffreduktion mit Katalysator. In den Auspuffkrümmer wird Frischluft eingeblasen, um die Abgastemperatur zu erhöhen. Dies hilft dem Kat, seine Betriebstemperatur rascher zu erreichen.

Luftfilter – Ein auswechselbarer Einsatz aus Papier oder Schaumstoff in einem Gehäuse. Hält Fremdkörper aus der zum Motor strömenden Luft zurück.

Luftmengenmesser – Messvorrichtung im Motor–Managementsystem, die die durchfließende Luftmenge zu den Zylindern misst und diese Information an das Steuergerät weitergibt.

Mageres Gemisch – Ausdruck für ein Kraftstoff-Luft-Gemisch mit geringerem als dem optimalen Kraftstoffanteil.

Massekabel – Flexibles Kabel, das den Minuspol der Batterie mit der Karosserie bzw. die Karosserie mit dem Motor/Getriebe-Aggregat verbindet. Die Metallteile dienen der elektrischen Anlage als Rückleitung.

McPherson–Federbein – Einzelradfederung. Kombinierte Einheit aus Schraubenfeder und Stoßdämpfer, bildet bei Einbau an der Vorderachse gleichzeitig die Lenkdrehachse der Vorderräder.

Mehrventiler – Motor mit mehr als zwei Ventilen pro Zylinder, nämlich zumeist vier (2 Einlass-, 2 Auslassventile), seltener drei (2 Einlass-, 1 Auslassventil).

Membrane – Scheibe aus flexiblem, luftundurchlässigem Werkstoff, z.B. im Bremsservo verwendet, wo die Membrane vom Unterdruck gesteuert wird.

Minivan – auf Kleinwagen basierender Van (siehe Van).

Motor–Managementsystem – Anlage in modernen Fahrzeugen, die mit Hilfe eines elektronischen Steuergeräts die Motorfunktionen (Zündung, Einspritzung, Abgasemission) regelt und überwacht.

Motornachlauf – Neigung eines Motors zum Weiterlaufen nach dem Ausschalten der Zündung. Zumeist verursacht durch zu geringe Oktanzahl des Benzins, zu frühe Zündeinstellung, starke Ablagerungen im Brennraum oder schlechte Wartung des Motors.

Motronik – Motorsteuerung von Bosch.

MP3 – Komprimierte digitale Audiodaten. Das MP3-Format ist ein weit verbreiteter Standard zur Komprimierung digitaler Audiodateien. Bei gleicher Klangqualität belegen MP3-Dateien in etwa nur ein Zehntel des Speicherplatzes einer Audio-CD.
MP3 steht für MPEG 1 Audio Layer 3. Es ist ein von der »Motion Picture Experts Group« entwickeltes Verfahren zur Komprimierung digitaler Video- und Audiodaten. Nötig: ein MP3-fähiges Wiedergabegerät.

MPV – Multi Purpose Vehicle (Mehrzweckfahrzeug) – andere Ausdruck für Van (siehe Van).

Multi-Point-Einspritzung – Einspritzanlage bei Ottomotoren mit je einer Einspritzdüse pro Zylinder.

Nachlauf – Winkel zwischen der Lenkdrehachse der Vorderräder und einer Senkrechten durch den Berührpunkt des Rades mit dem Boden.

Nachschleifen (Kurbelwelle) – Verfahren zum Nacharbeiten der Lagerzapfen der Kurbelwelle bei starkem Verschleiß. Die um ein geringes Maß verkleinerten Zapfen werden mit Lagerschalen mit entsprechend kleinerem Durchmesser montiert. Nur nach langer Laufzeit erforderlich.

Navigationssystem – elektronisches Gerät, das zur geographischen Positionsbestimmung dient und gegebenenfalls bei der Erreichung eines gewünschten Zieles behilflich ist.
Das System besteht aus den drei wesentlichen Elementen GPS-Antenne, Navigationsrechner und Display. Mit Hilfe der Antenne für das Global Positioning System (GPS) peilt das Navigationssystem Satelliten an, die sich in einer geostationären Umlaufbahn um die Erde befinden. Diese Peilung ermöglicht es, den exakten Standort des Fahrzeuges auf der Erdoberfläche auf wenige Meter genau zu bestimmen..

NCAP – New Car Assessment Program (Neuwagen–Sicherheitsprogramm). Stellt die Crashtest–Definition für Europa dar.

NEFZ – Neuer europäischer Fahrzyklus; Messverfahren für Durchschnittsverbrauch und Abgas.

Nehmerzylinder (Radbremszylinder) – Hydraulikzylinder mit Kolben unmittelbar an der Radbremse, gefüllt mit Hydraulikfluid. Er erhält den hydraulischen Druck über Rohrleitungen vom Hauptbremszylinder. Seine Kolbenbewegung wirkt auf die Bremsbacken bzw. Bremsbeläge.

NOx (Stickoxide) – Einer der Schadstoffe in den Abgasen von Otto- und Dieselmotoren.

Nocken – Exzentrische Erhebungen an der Nockenwelle zur Betätigung der Ventile.

Nockenwelle – Umlaufende, von der Kurbelwelle angetriebene Welle mit Nocken. Sie betätigt die Ein– und Auslassventile über diverse Zwischenglieder

Nockenwellen-Antriebsriemen/Zahnriemen – Alternative zur Steuerkette. Verstärkter, verzahnter Flachriemen aus Gummi-Gewebe-Material, der über Riemenscheiben mit flachen Zähnen die Nockenwelle(n) von der Kurbelwelle aus antreibt.

Nockenwellensensor – Sensor, der im Motor-Managementsystem Informationen über die momentane Stellung der Nockenwelle(n) ans Steuergerät gibt.

Oberer Totpunkt (OT) – Höchste Position in der Kolbenbewegung. Im OT bleibt der Kolben für Sekundenbruchteile stehen, ehe er abwärts geht.

OHC – (Overhead Camshaft) Obenliegende Nockenwelle(n). Bezeichnet die Motorbauart, bei welcher die Nockenwelle(n) über den Zylindern im Kopf angeordnet ist (angetrieben über Zahnriemen, Kette oder Zahnräder). Infolge der direkteren Betätigung der Ventile für Motoren höherer Leistung vorteilhaft.

OHV – (Overhead Valves) Stoßstangenmotor. Die Ventile sind im Zylinderkopf, werden jedoch von einer unten im Gehäuse liegenden Nockenwelle über Stoßstangen betätigt.

Oktanzahl – Vergleichszahl, die die Klopffestigkeit eines Otto-Kraftstoffs angibt. Siehe dazu auch unter Klopfen/Klingeln.

Ölfilter – Auswechselbares Filter, das Fremdkörper und Kondenswasser aus dem Motorenöl abscheidet.

Ölkühler – Kleiner Kühler, der mit Hilfe des Fahrtwinds hauptsächlich bei Diesel- und Hochleistungsmotoren das Motorenöl zusätzlich kühlen soll.

Ölpeilstab – Metall- oder Kunststoffstab mit mehreren Markierungen zum Prüfen des Ölstands.

Ölsumpf/Ölwanne – Auffangschale und Reservoir unter dem Kurbelgehäuse für das im Motor umlaufende Öl.

O-Ring – Gummi-Dichtring mit kreisrundem Querschnitt. Wird oft zur Abdichtung zylindrischer Flächen in eine Nut eingesetzt.

Oxidations-Katalysator – Die Abgase von Dieselmotoren können, da sie mit Luftüberschuss arbeiten, mit dem Dreiwege-Katalysator nicht nachbehandelt werden. Der Einsatz einer Lambdaregelung ist hier technisch ausgeschlossen. Es kommt zur Reduzierung von Kohlenwasserstoff (HC) und Kohlenmonoxid (CO) in Kohlendioxid (CO_2) der Oxidationskatalysator zur Anwendung. Er eignet sich jedoch nicht zum Abbau von Stickoxiden.

Pleuel – Bauteil im Motor, das den Kolben (auf- und abgehend) mit der Kurbelwelle (rotierend) verbindet.

Pleuellager – Unteres Gleitlager des Pleuels, das dessen Bewegung auf den zugehörigen Zapfen der Kurbelwelle überträgt.

PME/Pflanzen-Methyl-Ester – Pflanzen-Methyl-Ester, oder auch Biodiesel, wird aus nachwachsenden Rohstoffen (Pflanzen) gewonnen. In Deutschland wird häufig Raps zur Gewinnung von Biodiesel genutzt. Daher hat sich auch die Bezeichnungen Raps-Methyl-Ester (RME) durchgesetzt. Aus ökologischer Sicht stellt PME eine sinnvolle Alternative zu herkömmlichem Dieselkraftstoff dar, da man sich in einem geschlossenen CO_2-Kreislauf bewegt. Das bedeutet, dass die Pflanze während ihres Wachstums soviel an CO_2 aufnimmt, wie nachher bei der Verbrennung wieder abgegeben wird. Da sich Biodiesel jedoch in seiner Zusammensetzung von herkömmlichem Dieselkraftstoff unterscheidet, kann er nicht uneingeschränkt als direkter Ersatz für Diesel genommen werden. Größtes Problem ist derzeit, dass es keine einheitliche Norm für die Qualität und Zusammensetzung von Biodiesel gibt. Daher gibt es auch keine bedingungslose Freigabe der Fahrzeughersteller für die Verwendung von Biodiesel in ihren Fahrzeugen.

PS/kW (Leistung) – Ausdruck für die pro Zeiteinheit von einem Motor (Verbrennungs-, Elektromotor) aufgebrachte Arbeit. Die jahrzehntelang nur in PS (Pferdestärken) angegebene Leistung misst man heute in kW (Kilowatt; 1 kW entspricht 1,36 PS).

Querstabilisator – Federstahl-Drehstab, an Vorderachse und/oder Hinterachse montiert, um die Neigung der Karosserie zum »Rollen« (Wankbewegungen um die Fahrzeug-Längsachse) zu reduzieren. Wird nicht in jedem Auto verwendet.

Radbremszylinder – Siehe »Nehmerzylinder«.

Rad(muttern)schlüssel – Werkzeug, mit dem die Radschrauben oder -muttern eines Autos gelöst oder festgezogen werden.

Radträger – Teil der Vorder- oder Hinterradaufhängung, in dem die Radlagerung und der feste Teil der Bremsanlage untergebracht sind.

RDS/Radio Data System – Ein Service der Rundfunkanstalten. Neben dem hörbaren Sendeprogramm werden Zusatzinformationen in Form verschlüsselter Digitalsignale ausgesendet. Durch die Übermittlung des Sendernamens (Program Service) wird nicht die Sendefrequenz, sondern der Name des jeweiligen Senders im Radio angezeigt. Die Angabe von alternativen Frequenzen ermöglicht den Empfang der am jeweiligen Ort am besten zu empfangenden Frequenz des gehörten Programms.

Regensensor/Lichtsensor – Der Regensensor sorgt für mehr Fahrkomfort und -sicherheit. Mittels optischer Messung erkennt er automatisch die Regenstärke. Einmal eingeschaltet, aktiviert der Regensensor automatisch die Scheibenwischer und regelt selbsttätig die Wischfrequenz. Mit der integrierten Fahrtlichtautomatik wird das Fahren noch sicherer und praktischer. Über zwei Lichtsensoren in der Frontscheibe werden die Lichtverhältnisse, etwa Dämmerung, Dunkelheit oder Tunnelfahrten, erkannt und das Abblendlicht wird selbsttätig eingeschaltet.

Reihenmotor – Verbrennungsmotor, bei welchem alle Zylinder in einer Reihe angeordnet sind.

Ritzel – Bezeichnung für ein Zahnrad mit kleiner Zähnezahl, das in eines mit größerer Zähnezahl oder in eine Zahnstange eingreift.

Rußpartikelfilter – Mit diesem Diesel-Partikelfilter werden Rußpartikel zu mehr als 95 Prozent aus dem Abgas entfernt. Der Grenzwert für EU4- und EU5-Norm wird dabei deutlich unterschritten.

Sattel – Siehe Bremssattel.

Saugrohr/Ansaugrohr – Bauteil des Motors, in dem je nach Art der Gemischaufbereitung entweder reine Luft oder Kraftstoff-Luft-Gemisch zu den Einlassventilen befördert wird.

Saugrohrdrucksensor – Gerät, das den Innendruck im Saugrohr eines Ottomotors misst und Signale an das Steuergerät im Motor-Management gibt.

Schaltsaugrohr – In der Länge variabler Ansaugtrakt.

Scheibenwaschmittel – Wasser mit handelsüblichen Zusätzen (Frostschutz- und Reinigungsmittel) zum Befüllen der Scheibenwaschanlage.

Schräglenker – Auf und ab schwenkender Tragarm, an dessen Ende eines der Hinterräder montiert ist. Seine Schwenkachse liegt nicht im rechten Winkel zur Fahrzeuglängsachse.

Schrägverzahnte Räder – Zahnradpaar, dessen Verzahnung unter einem Winkel zur Radachse steht. Sorgt für besseren Zahneingriff und ruhigeren Lauf.

Schraubenfeder – Für Personenwagen-Federungen heute meistverwendete, gewindeförmige Stahlfeder.

Schwimmsattelbremse – Am Radträger seitlich verschiebbar montierter Bremssattel der Scheibenbremse. Besitzt (im Gegensatz zum Festsattel) nur auf einer Seite einen (oder mehrere) Hydraulikkolben.

Schwungrad – Schwere metallene Scheibe am Abtriebsende der Kurbelwelle. Soll die von den Kolbenkräften herrührende Ungleichförmigkeit teilweise ausgleichen.

Selbstbeteiligung – Der vom Versicherten selbst zu übernehmende Kostenanteil im Schadensfall.

Sequenzielles Manuelles Getriebe – Das SMG basiert auf dem bewährten Schaltgetriebe. Die Gangreihenfolge verläuft immer sequenziell (nacheinander) und nicht wie bei konventionellen Schaltungen durch die direkte Ganganwahl.

Service-Heft – Nachweis (wichtig beim Wiederverkauf), dass das Fahrzeug von Anbeginn und lückenlos in Fachwerkstätten gewartet wurde.

Servolenkung – System, das hydraulische Hilfskraft (Servokraft) zur Verfügung stellt, sobald der Fahrer am Lenkrad dreht.

Servo–Unterstützung – Anlage, die mit Hilfskräften (Hydraulik, Pneumatik) die vom Fahrer aufgewendete Kraft (am Lenkrad, am Pedal usw.) unterstützt.

Sicherungsblech – Blechscheibe mit einer oder mehreren Laschen, mit denen eine Mutter oder ein Schraubenkopf gegen Lösen gesichert wird.

Sidebag – Seitenairbag in der Tür oder im Sitz.

Single-Point-Einspritzung – Einspritzanlage mit nur einer Einspritzdüse für alle Zylinder.

SLS – Self Leveling Suspension (automatische Fahrwerk-Höhenverstellung).

SOHC – (Single Overhead Camshaft) Bezeichnung für einen Motor mit nur einer obenliegenden Nockenwelle, die Ein- und Auslassventile betätigt.

Spannungsregler – Elektrischer Regler, der die Spannung des Generators konstant hält.

Speedster – sportliches Cabrio mit extrem flacher Frontscheibe.

Sprengring – Ringförmigige Sicherung in einer Bohrung oder auf einer Welle, eingelassen in eine Innen-

oder Außennut. Der Ring stoppt die ungewollte axiale Bewegung von Bauteilen.

Spurstange – Teil des Lenkgestänges, das die Lenkbewegungen vom Lenkgetriebe zum Vorderradträger überträgt.

SRS – Supplemental Restraint System (Rückhaltesystem); Abkürzung für das Airbag–System.

Starrachse – Aufhängung der Hinterräder an einem sie verbindenden Achskörper. Federbewegung des einen Rades wirkt sich direkt auf das andere aus.

Starthilfekabel – Siehe Überbrückungskabel.

Steuerkette – Metallgliederkette, treibt über Kettenräder die Nockenwelle(n) von der Kurbelwelle aus an.

STC – Stability Traction Control (stabile Traktionskontrolle); anderer Ausdruck für ASR (siehe oben).

Stoß-/Schwingungsdämpfer – Bauteil der Radaufhängung, welches das Auf- und Abschwingen der Federung eines Wagens beim Überfahren schlechter Wegstrecken absorbiert.

Stößel – Siehe Ventilstößel, Tassenstößel.

Sturz, Radsturz – Der Winkel, unter dem sich die Räder von der Senkrechten nach außen neigen. Negativer Sturz bedeutet, dass die Räder nach innen gekippt sind.

SUV – Sport Utility Vehicle, sportliches Nutzfahrzeug.

Synchronisierung – Vorrichtung im Schaltgetriebe. Sie gleicht zum Schalten eines Ganges die Drehzahlen der beiden in Eingriff zu bringenden Teile einander an, um geräuschloses Schalten zu ermöglichen.

Tagfahrlicht – 50 Prozent aller Unfälle an Kreuzungen tagsüber werden durch das nicht rechtzeitige Erkennen anderer Verkehrsteilnehmer verursacht. Als Abhilfe gilt unter Experten das Einschalten des Abblendlichtes am Tag oder der Einsatz von zusätzlichen Tagfahrlichtern.

Tassenstößel – Topfförmiges Zwischenglied, geführt in einer zylindrischen Bohrung, das zwischen den Ventilen des Motors und der (obenliegenden) Nockenwelle eingebaut ist (zuweilen mit einer spielausgleichenden Hydraulik versehen).

Telematik – Verbindung aus Telekommunikation, Informatik und Satelliten-Ortung zur Verkehrsleitung.

Thermostat – Temperaturabhängige Regelanlage im Kühlkreislauf, die das Erwärmen des Kühlmittels beschleunigt, indem sie ihm erst ab einer bestimmten Temperatur den Weg zum Kühler freigibt.

Tire Mobility Set – Reifenreparaturset, mit dem leichte Reifenleckagen behoben werden können. Das Set enthält Dichtmittel und einen Luftkompressor (12 Volt) zum Befüllen des Reifens.

Totpunktmarke/Einstellmarke – Kerben oder Markierungen an der vorderen Riemenscheibe der Kurbelwelle oder am Schwungrad und an den Antriebsteilen der Nockenwelle(n); sie dienen zum exakten Einstellen des Zünd- bzw. Einspritzzeitpunkts eines bestimmten Zylinders.

Transaxle – Kombination von Getriebe und Achstrieb in einem Gehäuse.

Turbolader/Abgasturbolader – Lader (s.d.), dessen Antrieb über den Druck der Abgase des Motors erfolgt, die auf eine Turbine wirken. Der Lader fördert zusätzliche Luft in die Zylinder und erreicht damit einen höheren Füllungsgrad und höhere Leistung.

Überbrückungs-/Starthilfekabel – Kabelsatz (1 rotes, 1 schwarzes) mit großem Querschnitt und kräftigen Klemmen an den Enden. Bei leerer Batterie kann mit Hilfe der Kabel und einer vollen »Spenderbatterie« der Motor angelassen werden.

Ungeregelter Katalysator – »Offenes« System, das die Schadstoffe im Abgas mit Hilfe eines von der Gemischbildung unabhängig arbeitenden (ungeregelten) Katalysators nur teilweise reduzieren kann.

Unterdruckpumpe – Dieselmotor: Für die Servobremse erforderlicher Unterdruck wird von einer vom Motor angetriebenen Pumpe geliefert (»Bremsservo«).

Unterer Totpunkt (UT) – Tiefste Position in der Kolbenbewegung. In diesem UT bleibt der Kolben für Sekundenbruchteile stehen, ehe er sich wieder aufwärts bewegt.

Unverbleites Benzin (Bleifrei) – Benzin, das außer dem im Rohöl enthaltenen Bleianteil bei der Herstellung nicht zusätzlich verbleit wird. Keine Schädigung des Katalysators.

Van – Großraumlimousine.

Variomatic – einfaches CVT-Getriebe (siehe oben) von DAF, erstmals 1958 im DAF 33 eingesetzt.

VDC – (Vehicle Dynamics Control) Fahrzeugdynamische Kontrolle; Fahrdynamik-Regelung für allradgetriebene Autos.

Ventil – Allgemein eine Vorrichtung, die geöffnet und geschlossen werden kann, um den Durchfluss von Gasen oder Flüssigkeiten zu ermöglichen bzw. zu stoppen.

Ventilator – Heute meist elektrisch, früher vom Motor angetriebener, vorn im Motorraum hinter dem Kühler angeordneter Lüfter (Ventilatorflügel). Soll die Kühlung unterstützen.

Ventilatorriemen – Keilriemen, der bei mechanischem Antrieb des Ventilators von der Kurbelwelle aus verwendet wird.

Ventileinstellung – Siehe Ventilspiel.

Ventilspiel – Gesamter Leerweg zwischen dem Ende des Ventilschafts und dem Nocken der Nockenwelle. Das Spiel ist erforderlich, um das völlige Schließen des Ventils trotz Wärmedehnung der Bauteile zu gewährleisten. Es wird entweder an einer Stellschraube manuell eingestellt oder von einem Hydraulikstößel (s.d.) automatisch ausgeglichen.

Ventilsteuerung – Oberbegriff für die Bauteile, die das Öffnen und Schließen der Ein- und Auslasskanäle des Motors bewirken: Nockenwelle(n), Stößel, Stoßstangen, Kipphebel, Ventile usw.

Ventilstößel – Bauteil im Motor, das die Drehbewegung der Nockenwelle in die Auf- und Abbewegung der Ventile umwandelt. Siehe auch »Tassenstößel«.

Verbleites Benzin (Bleibenzin) – Benzin, das außer dem im Rohöl enthaltenen Bleianteil bei der Herstellung zusätzlich verbleit wird. Nicht für Katalysatorbetrieb geeignet, da Blei dem Kat schadet.

Verbundglas – Sicherheitsglas für Autoscheiben. Besteht aus zwei dünnen Schichten aus gehärtetem Glas mit einer dünnen Schicht aus Spezial-Kunststoff dazwischen. Bei einem Aufprall zerbröselt das Glas nicht, und die Sicht bleibt weitgehend erhalten.

Verdichtung (-sverhältnis) – Gibt an, auf welches Volumen die Zylinderfüllung zwischen unterem und oberem Totpunkt des Kolbens verdichtet wird (Volumen eines Zylinders plus Brennraumvolumen im Verhältnis zum Brennraumvolumen allein, z.B. 10:1).

Vergaser – Vorrichtung, mit der (bei älteren Autos) das Kraftstoff-Luft-Gemisch in dem zur Verbrennung nötigen Verhältnis gebildet wird. Heute meist durch ein Einspritzsystem ersetzt.

Verteilerfinger – Im Zündverteiler umlaufendes Teil, dessen Elektrode über weitere Elektroden in der Verteilerkappe den Zündstrom an die Kerzen befördert.

Verteilerkappe – Kunststoffkappe, die auf den Verteiler aufgesetzt wird und von welcher die Zündkabel (Hochspannungskabel) zu den Kerzen führen.

4 T 4 – Eine der vielen Bezeichnungen für den Allradantrieb, die vom jeweiligen Hersteller stammen.

Viertaktmotor – Bezeichnet einen Otto- oder Dieselmotor, der nach dem Viertaktverfahren arbeitet, d.h. für jeden vollständigen Arbeitszyklus zwei Auf- und zwei Abwärtshübe des Kolbens benötigt

Vierventiler/16-Ventiler – Bezeichnung für einen Verbrennungsmotor mit zwei Einlass- und zwei Auslassventilen pro Zylinder. Der Ausdruck 16-Ventiler wird für den weit verbreiteten Vierzylindermotor mit je vier Ventilen pro Zylinder verwendet.

V-Motor – Motorbauweise, bei welcher die (meist 6 oder 8) Zylinder in zwei Reihen angeordnet sind, die von vorn oder hinten gesehen ein »V« bilden. So hat zum Beispiel ein V8-Motor zwei Reihen zu jeweils vier Zylindern.

Vorderachseinstellung – Prüfung und Berichtigung gemäß der werksseitig vorgeschriebenen Einstellung von Vorspur, Sturz und Nachlauf. Einstellbar sind an den meisten Autos nur die Vorspurwerte. Fehlerhafte Einstellung kann hohen Reifenverschleiß und schlechtes »Handling« zur Folge haben.

Vorkammer-Diesel (Wirbelkammer-Diesel) – Traditioneller Dieselmotor. Der Kraftstoff wird vor der eigentlichen Verbrennung im Brennraum in einer Vor- oder Wirbelkammer gezündet.

Vorspur/Nachspur – Der Winkel oder der Betrag, um den die Stellung der Vorderräder bei Geradeausfahrt von einer Geraden parallel zur Fahrzeuglängsachse abweicht. Vorspur bedeutet, dass die Räder vorn leicht einwärts gerichtet sind.

VSA – Vehicle Stability Assistent. Fahrzeug-Stabilitätshelfer; entspricht ESP (siehe ESP).

VTC – Variable Timing Camshaft. Variable Nockensteuerung, steuert Öffnungszeiten der Einlassventile.

VTG – (Variable Turbine Geometrie) Variable Turbolader-Geometrie.

Wankel-/Drehkolben-/Kreiskolbenmotor – Verbrennungsmotor, der im wesentlichen nur rotierende Teile besitzt. Der Kolben (Rotor) ist etwa dreiecksförmig und rotiert in einem Gehäuse mit spezieller, langovaler Innenform (Epitrochoide). Nur wenige Automodelle sind mit einem solchen Motor ausgerüstet.

Wasserpumpe/Kühlmittelpumpe – Vom Motor angetriebene Flügelpumpe, die das Kühlmittel durch alle Teile des Kühlkreislaufs pumpt.

Wertminderung – Mit dem Altern eines Autos (gefahrene Kilometer, Unfallschäden usw.) verbundene Minderung des möglichen Wiederverkaufserlöses.

Windowbag – Airbag vor dem Seitenfenster.

Wirbelkammer (Diesel) – Hohlraum im Zylinderkopf von Dieselmotoren.
Bei Indirekteinspritzung wird Kraftstoff, statt direkt in den Brennraum, in die Wirbelkammer eingespritzt und dort mit der Luft »verwirbelt«.

Xenonlicht – Modernes Autolicht ohne Glühdraht. In der Glühlampe befindet sich unter anderem das Edelgas Xenon. Bringt mehr als die doppelte Lichtleistung gegenüber Halogenlicht.

Zahnriemen – Siehe Nockenwellen-Antriebsriemen.

Zahnstangenlenkung – Heute weit verbreitete Ausführung des Lenkgetriebes, bestehend aus einem Ritzel und einer Zahnstange, welche die Räder über Spurstangen einschlägt.

Zündanlage – Elektrisches System beim Ottomotor für das Zünden des Gasgemisches im Zylinder.

Zündfolge – Reihenfolge, in der die Zylinder eines Motors gezündet werden.

Zündkabel – Besonders stark isolierte Kabel für die Übertragung des hochgespannten Stroms vom Zündverteiler zu den Kerzen.

Zündkerze – Bauteil des Ottomotors. Die Kerze ragt mit zwei Elektroden in den Brennraum hinein, zwischen denen zum Zünden des Kraftstoff-Luft-Gemisches ein Funken erzeugt wird.

Zündkontakte – In der Zündanlage älterer Autos dient ein Kontaktpaar zum Unterbrechen des Niederspannungsstroms und erzeugt dadurch in der Zündspule eine Hochspannung, die an der Kerze Zündfunken überspringen lässt.

Zündspule – Elektrisches Bauteil, das beim Ottomotor die eingeleitete Batteriespannung in Hochspannung (12 Volt) für den Zündfunken umsetzt.

Zündverteiler – Bauteil der Zündanlage, zuständig für die Verteilung der Hochspannungsenergie an die einzelnen Zündkerzen des Motors.

Zündzeitpunkt – Die kurz vor dem Erreichen des oberen Totpunkts (OT) liegende Stellung des Kolbens, in welcher der Zündfunken überspringt.

Zylinder – Hohlraum, in welchem der Kolben eines Motors auf und ab geht. Die Zylinder können entweder direkt in den Motorblock gebohrt sein, oder es werden Laufbüchsen in den Block eingesetzt.

Zylinderblock/Motorblock – Haupt-Bauteil (Gussteil) eines Motors, das im oberen Teil zumeist die Zylinder und im unteren die Lagerung der Kurbelwelle (Kurbelgehäuse) umfasst.

Zylinderbohrung – Innendurchmesser eines Motorzylinders.

Zylinderkopf – Gussteil unmittelbar über dem Motorblock, in dem die Brennräume und die Ein-/Auslaskanäle sowie der Ventiltrieb untergebracht sind. Der Zylinderkopf ist mit dem Block verschraubt.

Zylinderkopfdichtung/Kopfdichtung – Dichtung, die zwischen Zylinderblock und Zylinderkopf liegt und für Abdichtung unter hohem Arbeitsdruck sorgt.

Zylinder-Laufbüchsen – Metallhülsen, die in entsprechende Bohrungen im Zylinderblock eingeschoben werden und in denen die Kolben auf und ab gehen. Wenn verschlissen, können Laufbüchsen und Kolben miteinander ausgetauscht werden.

VW-spezifische Begriffe beim Golf

Adaptive Cruise Control – Das Assistenzsystem ACC ist eine radargestützte automatische Abstandsregelung. ACC regelt die Geschwindigkeit unter Berücksichtigung der Distanz zu einem vorausfahrenden Fahrzeug.

Climatronic – Automatische Klimaanlage mit getrennter Temperaturregelung für Fahrer und Beifahrer.

Bluetooth – Auch von VW genutzte Technologie für die drahtlose Anbindung von Mobiltelefonen an Freisprecheinrichtungen (»Handsfree Profile«). Bluetooth bezeichnet einen offenen und weltweit gültigen Standard zur drahtlosen Nahbereichskommunikation für Sprache und Daten im lizenzfreien 2,4-GHz-Frequenzband. Die Spezifikation stammt von der Bluetooth-TM Special Interest Group.

Downsizing – Zukunftsweisende Technologie des Volkswagenkonzerns zur Reduzierung von Schadstoffemissionen und Kraftstoffverbrauch der TSI- und der TDI-Motoren. Die Einflussnahme geschieht konstruktiv und durch die Steuerung.

DSG – Ein innovatives Automatikgetriebe von Volkswagen. Dieses Doppelkupplungsgetriebe wechselt in Sekundenbruchteilen, fast unmerklich und ohne Zugkraftunterbrechung in den bereits vorgewählten nächsten Gang.

4Motion – Bezeichnung für den permanenten Allradantrieb von VW-Modellen. Sein Herzstück ist ein Mittendifferenzial, ein selbstsperrendes Schneckenradgetriebe.

ParkAssist – Dieser Assistent ermöglicht das Einparken auf Knopfdruck. Ist das System aktiviert und die Fahrgeschwindigkeit nicht höher als 30 km/h, werden Parklücken im Vorbeifahren registriert. Zum Einparken braucht nur der Rückwärtsgang eingelegt zu werden, der Golf parkt sich dann selbstständig ein.

ParkPilot – Warnt beim Einparken mit akustischen und optischen Signalen vor Hindernissen vorn und hinten.

RearAssist – Optionales Assistenzsystem mit einer Rückfahrkamera in der Heckklappe. Auf dem Display wird ein elektronisch entzerrtes Bild der Situation hinter dem Fahrzeug gezeigt.

TDI – Diesel-Direkteinspritzung mit Turboaufladung. VW und Audi gehören weltweit zu den Pionieren, die solche Motoren in der Großserie anbieten. Turbodiesel mit Direkteinspritzung brachten den Durchbruch einer Technik, die überzeugende Antriebskraft und ausgeprägte Sparsamkeit vereint.
Seit zehn Jahren haben die modernen Selbstzündermotoren, welche die Wirbelkammer-Motoren von 1976 ablösten, einen hohen Anteil an der VW-Produktion.

Variant – Der Kombi beim VW Golf. Nachdem Ende 2008 der Golf VI auf den Markt kam, folgte etwa ein halbes Jahr später die Markteinführung der vierten Variant-Generation.

Zeitfracht Medien GmbH
Ferdinand-Jühlke-Straße 7
99095 Erfurt, Deutschland
produktsicherheit@kolibri360.de

Druck:
CPI Druckdienstleistungen GmbH
im Auftrag der
Zeitfracht Medien GmbH
Ein Unternehmen der Zeitfracht - Gruppe
Ferdinand-Jühlke-Str. 7
99095 Erfurt